• 山东省教学改革项目 •

无机非金属材料工艺学

主 编　王　琦

副主编　　刘世权

　　　　　侯宪钦

中国建材工业出版社

图书在版编目(CIP)数据

无机非金属材料工艺学/王琦主编 .—北京:中国
建材工业出版社,2005.10
ISBN 7-80159-973-X

Ⅰ.无... Ⅱ.王... Ⅲ.无机材料:非金属
材料-工艺学 Ⅳ.TB321

中国版本图书馆 CIP 数据核字(2005)第 113667 号

内 容 简 介

《无机非金属材料工艺学》主要阐述了无机非金属材料工艺中的基本概念、基本理论、基本工艺过程及其共性规律,介绍了近年来工艺进展等方面的成果。全书共分为四篇,分别为绪论、无机非金属材料工艺原理、无机非金属材料的物化性能、其他胶凝材料和新材料。

无机非金属材料工艺学

主 编 王 琦

出版发行:中国建材工业出版社
地   址:北京市西城区车公庄大街 6 号
邮   编:100044
经   销:全国各地新华书店
印   刷:北京鑫正大印刷有限公司
开   本:787mm×1092mm　1/16
印   张:20.25
字   数:509 千字
版   次:2005 年 10 月第 1 版
印   次:2005 年 10 月第 1 次
定   价:32.00 元

前　　言

　　《无机非金属材料工艺学》是山东省教育厅教材改革项目,是根据国家教育部对高等学校教材改革的要求,为适应21世纪高校教育的发展而编写的。本书是高等学校材料专业的教学用书。

　　无机非金属材料是三大支柱材料之一,在国民经济的各个领域中占有十分重要的战略地位,对国民经济的发展有着无法替代的推动作用。

　　无机非金属材料种类繁多,传统的无机非金属材料工艺学课程内容分别由《水泥工艺学》《陶瓷工艺学》《玻璃工艺学》三大彼此独立的分散体系为主组成,虽重视了每个体系的独立与完整性,但忽视了在无机非金属材料体系下的统一性。目前,材料研究与应用领域学科之间的交叉渗透日渐发展,由此产生了许多新材料,材料功能也由单一性向多功能方向发展。因此,在编写《无机非金属材料工艺学》过程中,打破传统三大工艺学之间的界限,建立了以"无机非金属材料"基本概念—原料及预处理—材料热加工—制品及制品加工—材料性能为主干,合理渗透原、燃料结构及物化性能的教材体系。

　　本教材由王琦主编,刘世权、侯宪钦任副主编。王琦编写绪论、第1篇第1章、第1篇第2章、第3章第1节、第4章第1至第3节、第5章第1节、第6章第1节、第2篇第1章、第3篇第1章、第3章;刘世权编写第1篇第4章第5节、第5章第3节、第6章第3节、第2篇第3章;侯宪钦编写第1篇第3章第2节和第3节、第4章第4节、第5章第2节、第2篇第2章;李国忠、柳华实、葛曷一编写第3篇第2章;岳云龙编写第1篇第6章第2节;邵明梁编写第1篇第6章第4节。全书由王琦、刘世权统稿。

　　本书在编写过程中得到了济南大学领导及材料学院各位专家的大力支持,对教材编写提出了许多宝贵的意见和建议,谨此致以诚挚的谢意。

　　本教材体系浩繁、内容广泛,加之编者水平有限,不完善之处在所难免,恳请批评指正。

王　琦

2005.6

目　　录

0 绪 论

0.1 材料及无机非金属材料的定义与分类

0.1.1 材料的定义与分类

目前材料(materials)没有一个统一的定义。由于有些材料(如金属材料)能够直接用以制造构、器件及其他物品;而有些材料却是可经单级工序直接制成最终产品(如陶瓷与玻璃制品等)。因此,从广义的角度,材料可定义为能够用以加工有用物质的物质。

材料的种类繁多,分类方法也不尽相同。即可根据化学组成和显微结构特点来分,也可根据性能特征来分等。根据化学组成和显微结构特点一般可分为四大类:金属材料(metal materials)、无机非金属材料(inorganic non-metallic materials)、有机高分子材料(polymeric materials)及复合材料(composite materials 或 composites)。其中复合材料由前三种材料或前三种材料中任意两种材料构成。根据性能特征,材料又可分为结构材料(structure materials)和功能材料(function materials)两大类。

0.1.2 无机非金属材料的定义与分类

无机非金属材料是以某些元素的氧化物、碳化物、氮化物、卤素化合物、硼化物以及硅酸盐、铝酸盐、磷酸盐、硼酸盐和非氧化物等物质组成的材料,是除金属材料和有机高分子材料以外的所有材料的统称。无机非金属材料是 20 世纪 40 年代以后,随着现代科学技术的发展从传统的硅酸盐材料演变而来的。

无机非金属材料主要有陶瓷、胶凝材料、玻璃、耐火材料及天然矿物材料。图 0-1-1 表述了无机非金属材料及其与其他材料组成的复合材料的分类。

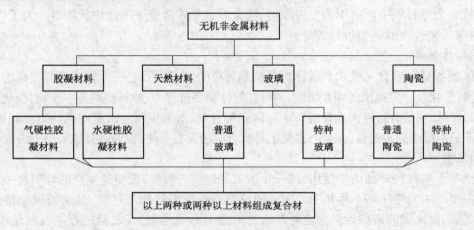

图 0-1-1 无机非金属材料分类

0.1.3 无机非金属材料的特性

一般说来,无机非金属材料在化学组成及化学键组成上与金属材料和有机高分子材料明显不同。无机非金属材料的化学组分主要为元素的氧化物、碳化物、氮化物、卤素化合物、硼化物以及硅酸盐、铝酸盐、磷酸盐、硼酸盐和非氧化物等物质,其化学键主要为离子键或离子-共价混合键。与化学键为金属键的金属材料和共价键的有机高分子材料相比,无机非金属材料有以下特征:

——具有复杂的晶体结构。

——没有自由电子。

——高熔点。

——高硬度。

——较好的耐化学腐蚀能力。

——绝大多数是绝缘体。

——制成薄膜时大多是透明的。

——一般具有低导热性。

——大多数情况下变形微小。

因此,无机非金属材料的基本属性主要体现为高熔点、高硬度、耐腐蚀、耐磨损、高抗压、良好的抗氧化性、隔热性,优良的介电、压电、光学、电磁性能及其功能转换特性等。但大多数无机非金属材料具有抗拉强度低、韧性差等缺点,如将其与金属材料、有机高分子材料复合,将有效地改善无机非金属材料的性能。

0.1.4 无机非金属材料生产过程的共性与个性

(1)原料

无机非金属材料生产是以铝硅酸盐(黏土、长石等)原料、硅质(石英砂等)原料、石灰质原料、铝质原料等为主。主要提供 CaO、SiO_2、Al_2O_3 等。但对于不同的材料,其化学组成是不同的。因此,对原料及其品位的要求也不尽相同。

(2)原料的破碎

无机非金属材料生产所用的主要原料,绝大多数是质地坚硬的大块状物料。为了均化、烘干、配料等工艺过程的需要进行破碎。

(3)粉体制备

粉体制备对大多数无机非金属材料来说是必要的加工环节之一。粉体具有较高的比表面积、一定的形状及一定范围的颗粒级配,同时在粉体制备过程中,物料得到进一步均化,这些因素对产品的产量、质量有着极为重要的影响。陶瓷配合料、水泥生料及水泥制成均需要制备粉体。陶瓷通常采用湿法制备粉体(泥浆);水泥生料既有湿法又有干法,玻璃则必须采用干法制备。

(4)成型

无机非金属材料产品由于使用、进一步加工等过程的需要,成型是生产的环节之一。但成型过程在生产中的顺序却不尽相同。陶瓷的成型是在高温热加工之前,玻璃的成型是在高温热加工之后,而水泥的成型除立窑之外在热加工之前不须成型,其成型过程主要在使用时,如加工混凝土制品等。

(5)烘干

烘干是为了除去物料或坯体中一定量的自由水。由于有些如黏土、砂等天然原料常含有水分,有时为了粉碎、均化、混合又常常要往原料中加水制成浆体,由于下一步工序的需要,这些原材料和浆体都要脱水或烘干。水泥生产在粉体制备前,黏土、混合材等需要烘干。陶瓷成型后的坯体必须经过干燥,才能进入烧成。

(6)高温热处理

无机非金属材料工业所用原料具有很好的稳定性和耐高温性,它们相互反应生成新的物质或使其形成熔融体,必须在较高的温度下进行(一般都在1 000℃以上),因此,大部分无机非金属材料生产都需要高温热处理,而此过程又是整个生产过程中的核心。无机非金属材料的高温热处理一般是在用耐火材料砌筑的窑炉中进行。但不同产品的加热方式、方法和目的有所不同。水泥是通过煅烧使水泥中的有效组分之间发生化学反应,合成水泥熟料矿物;玻璃是通过熔融而获得无气泡结石的均一熔体;陶瓷的烧结是让黏土分解、长石熔化和其他组分生成新的矿物和液相,最后形成坚硬的烧结体。

0.2 典型无机非金属材料

0.2.1 胶凝材料

(1)胶凝材料的定义与分类

凡能在物理、化学作用下,从浆体变成坚固的石状体,并能胶结其他物料而具有一定机械强度的物质,统称为胶凝材料,又称胶结料。

胶凝材料按组成物质的性质可分为无机和有机两大类。沥青和各种树脂属于有机胶凝材料;各种水泥、石灰、石膏、各种耐酸胶结料等属于无机胶凝材料。无机胶凝材料按硬化条件可分为水硬性胶凝材料和气硬性胶凝材料两种。在拌水后既能在空气中硬化又能在水中硬化的材料称为水硬性胶凝材料,如各种水泥等。在拌水后只能在空气中硬化而不能在水中硬化的材料称为非水硬性胶凝材料,如石灰、石膏、各种耐酸胶结料等。

(2)水泥的定义与分类

凡细磨成粉末状,加入适量水后成为塑性浆体,既能在空气中硬化,又能在水中硬化,并能将砂、石等散粒或纤维材料牢固地胶结在一起的水硬性胶凝材料,统称为水泥。

水泥既可以按其用途和性能分类,也可按其组成进行分类。按其用途和性能可分为通用水泥、专用水泥及特性水泥三大类。通用水泥是指大量用于一般土木建筑工程的水泥,如硅酸盐水泥、普通硅酸盐水泥、矿渣硅酸盐水泥、火山灰硅酸盐水泥和粉煤灰硅酸盐水泥等。专用水泥则指具有专门用途的水泥,如油井水泥、道路水泥等。特性水泥是某种性能比较突出的水泥,如快硬硅酸盐水泥、抗硫酸盐水泥、自应力水泥等。按其组成可分为硅酸盐水泥、铝酸盐水泥、硫铝酸盐水泥、氟铝酸盐水泥、铁铝酸盐水泥、少熟料和无熟料水泥等。

(3)水泥的基本特性

作为水硬性胶凝材料的水泥具有:

——水泥浆具有良好的可塑性,与其他材料混合后的混和物可拥有适宜的和易性。

——较强的适应性。

——较好的耐侵蚀、防辐射性能。

——硬化后的水泥浆体具有较高的强度,且强度随龄期的延长而逐渐增长。

——良好的耐久性。

——通过改变水泥的组成,可适当调整水泥的性质。

——可与纤维、聚合物等多种有机、无机材料匹配制得各种水泥基复合材料,充分发挥材料的潜能。

0.2.2 玻 璃

(1)玻璃的定义与基本特性

玻璃是由熔融物冷却、硬化而得到的非晶态固体。其内能和构形熵高于相应的晶体。其结构为短程有序,长程无序。从熔融态转变为固态时有一转变温度 T_g。广义的玻璃包括无机玻璃、有机玻璃、金属玻璃等;狭义上仅指无机玻璃,最常见的是硅酸盐玻璃。本书仅限于硅酸盐玻璃。

玻璃具有一系列非常可贵的特性:透明,坚硬,良好的耐蚀、耐热、电学和光学性质;可以通过化学组成的调整,并结合各种工艺方法(例如表面处理和热处理等)来大幅度调整玻璃的物理和化学性能,以适应不同的使用要求;能够用多种成型制成各种形状和大小的制品;通过焊接和粉末烧结等加工方法制成形状复杂、尺寸严格的器件。

(2)玻璃的通性

1)各向同性。玻璃态物质因其质点排列的不规则和宏观的均匀性,所以,在任何方向上都具有相同的性质。即玻璃态物质在各个方向的硬度、弹性模量、热膨胀系数、导热系数、折射率、电导率等都是相同的。而非等轴结晶态物质在不同方向上的性质是不同的,表现为各向异性。实际上,玻璃的各向同性是统计均质的外在表现。

必须指出,当结构中存在内应力时,玻璃均匀性就遭受破坏,玻璃就显示出各向异性,例如产生双折射现象。此外,由于玻璃表面与内部结构上的差异,其表面与内部的性质也不相同。

2)介稳性。熔融态向玻璃态转变时,黏度急剧增大,质点来不及作有规则的排列,虽然伴有放热现象,但释出的热量小于相应晶体的熔化潜热,而且其热值也不固定,随冷却速度而异。因此玻璃态物质比相应的晶态物质含较大的内能,它不是处于能量最低的稳定状态,而是处于介稳状态。按热力学观点,玻璃态是不稳定的,它有自发释放能量向晶体转化的趋势;但由于玻璃常温黏度很大,动力学上是稳定的,实际上玻璃又不会自发地转化成晶体。仅在具备一定条件时,克服析晶活化能,即物质由玻璃态转化为晶态的势垒,才能使玻璃析晶。

3)无固定熔点。玻璃态物质由固体转变为液体是在一定温度区域(转变温度范围)内进行的,它与结晶态物质不同,没有固定的熔点。从熔体向固态玻璃转变的温度(通常称为 T_g)取决于玻璃的成分,也与冷却速度有关。一般在几十至几百摄氏度的范围内波动。

4)固态和熔融态间转化的渐变性和可逆性。玻璃在固态和熔融态之间的转变是可逆的,其物理化学性质的变化是连续的和渐变的。当物质由熔体向固体转化时,如果是结晶过程,则系统中必有新相出现,在结晶温度,许多性质会发生突变。但当熔体向固态玻璃转化时,是在较宽的温度范围内完成的,随着温度下降熔体黏度剧增,最后形成固态玻璃,不会有新的晶相出现。同样,玻璃加热变为熔体的过程也是渐变的,具有可逆性。

以物质的内能与体积为例,它们随温度变化的曲线如图 0-2-1 所示。从图中可以看出,若

将熔体 A 逐渐冷却,熔体将沿 AB 收缩,内能减小,达到熔点 T 时,固化为晶体,此时内能 Q,体积 V 以及其他一些物理化学性质会发生突然变化(BC)。当全部熔体都晶化后(即达到 C 点后),温度再降低时,晶体体积及内能就沿 CD 减小。显然当熔体冷却转变成晶体时,在 T 温度出现突变。而熔体 A 冷却形成玻璃时,其内能和体积等性质是连续地逐渐变化(在 T 时沿 BK 变为过冷液体),KF 称为转变区。图0-2-2中还可看出,玻璃的体积(包括密度、折射率、黏度等性质)与温度变化有关。降温速度大,形成的玻璃体积大。

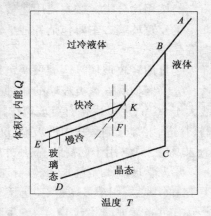

图 0-2-1　物质内能与体积随温度的变化

5)性质随成分变化的连续性和渐变性。在玻璃形成范围内,玻璃的性质将随成分的改变而发生连续和渐变的变化。图 0-2-3 为 $R_2O\text{-}SiO_2$ 系统玻璃弹性模量随玻璃成分变化的趋势图。

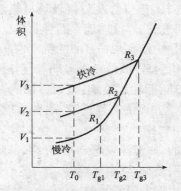

图 0-2-2　不同冷却速度下玻璃的
比容与温度的关系

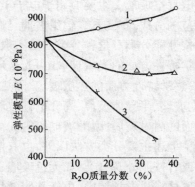

图 0-2-3　$R_2O\text{-}SiO_2$ 系统玻璃的弹性变化
1—Li_2O;2—Na_2O;3—K_2O

(3)玻璃的分类

玻璃的种类繁多,其分类方法也不尽相同。常见的分类方法有按组成分类,按应用分类及按性能分类等。

1)按组成分类。一般玻璃按组成分类有元素玻璃、氧化物玻璃及非氧化物玻璃三类。

①元素玻璃。指由单一元素的原子构成的玻璃。有硫系玻璃、硒玻璃等。

②氧化物玻璃。借助氧桥形成聚合结构的玻璃均归入此类,它包括了当前已了解的大部分玻璃品种。例如:硅酸盐玻璃、硼酸盐玻璃、磷酸盐玻璃、锗酸盐玻璃、锑酸盐、硒酸盐玻璃、铝酸盐、镓酸盐玻璃、砷酸盐、锑酸盐、铋酸盐玻璃、钛酸盐玻璃、钒酸盐玻璃等。

③非氧化物玻璃。当前,这类玻璃主要有两类。

a. 卤化物玻璃。能形成玻璃的卤素化合物远远少于氧化物。玻璃结构中的连接桥是卤族元素。其中主要有氟化物玻璃(如 BeF_2 玻璃,$GdF_3\text{-}BaF_2\text{-}ZrF_4$ 玻璃,$NaF\text{-}BeF_2$ 玻璃等)和氯化物玻璃(如 $ZnCl_2$ 玻璃,$ThCl_4\text{-}NaCl\text{-}KCl$ 玻璃)等。

b. 硫族化合物玻璃。除氧以外的第六族元素为桥连接各种结构单元可以形成一大类硫系玻璃。如硫化物、硒化物玻璃等。

此外还有氧化物和非氧化物的混合玻璃。如 $BaF_2-Al_2O_3-P_2O_5$ 玻璃等。

2)按用途分类。按主要用途玻璃通常可以分为五类：

①建筑玻璃。主要包括各种平板玻璃、压延玻璃、钢化玻璃、磨光玻璃、夹层玻璃、中空玻璃等品种。

②日用轻攻玻璃。这类玻璃包括瓶罐玻璃、器皿玻璃、保温瓶玻璃以及工艺美术玻璃等。

③仪器玻璃。这类玻璃的耐蚀、耐温方面性能优良。主要有高硅氧玻璃（SiO_2 的质量分数大于96%，用以代替石英玻璃作耐热仪器）、高硼硅仪器玻璃（用于耐热玻璃仪器、化工反应器、管道、泵等），硼酸盐中性玻璃（pH=7，用于注射器、安瓿等），高铝玻璃（Al_2O_3 的质量分数为20%~35%，用于燃烧管、高压水银灯、锅炉水表等），以及温度计玻璃、过渡玻璃等。

④光学玻璃。无色光学玻璃按折射率和色散不同分为冕牌玻璃和火石玻璃两大类，共18类141个牌号，用于显微镜、望远镜、照相机、电视机及各种光学仪器。

有色光学玻璃共有13类96个牌号，用于各种滤色片、信号灯、彩色摄影机及各种仪器显示器。此外，在光学玻璃中还包括眼镜玻璃、变色玻璃等。

⑤电真空玻璃。主要应用于电子工业，制造玻壳、芯柱、排气管及封接玻璃材料。按照膨胀系数范围分成石英玻璃、钨组玻璃、铂组玻璃以及中间玻璃、焊接玻璃等品种。

3)按性能分类。这种分类方法一般用于一些专门用途、具有某一方面的特定性能的玻璃。例如光学特性方面的光敏玻璃、声光玻璃、光色玻璃、高折射玻璃、低色散玻璃、反射玻璃、半透过玻璃；热学特性方面的热敏玻璃、隔热玻璃、耐高温玻璃、低膨胀玻璃；电学方面的高绝缘玻璃、导电玻璃、半导体玻璃、高介电性玻璃、超导玻璃；力学方面的高强玻璃、耐磨玻璃；化学稳定性方面的耐碱玻璃、耐酸玻璃等等。

除了上述主要分类方法以外，也有按玻璃形态分类的，如泡沫玻璃、玻璃纤维、薄膜（片）玻璃等。或者按照外观分类，如无色玻璃、颜色玻璃、半透明玻璃、乳白玻璃等。

玻璃材料科学领域中，由于某些新品种是根据特殊用途专门研制的，其成分、性能、制造工艺均与一般工业和日用玻璃有所差别，它们往往被归入专门的一类，叫做特种玻璃。比如在20世纪50年代问世的微晶玻璃以及近年出现的激光玻璃、超声延迟线玻璃、光导纤维玻璃、生物玻璃、金属玻璃、非线性光学玻璃等。

0.2.3 陶 瓷

(1)陶瓷的定义与分类

陶瓷的名称在国际上并没有统一的定义。德国把经高温处理加工具有作为陶瓷制品特有性质的广义非金属制品都称为陶瓷；英国将经成型、加热硬化而得到的无机材料所构成的制品总称作陶瓷；法国则认为陶瓷是由离子扩散或者玻璃相结合起来的晶粒聚集体构成的物质；美国把用无机非金属物质为原料，在制造或使用过程中经高温煅烧而成的制品和材料统称陶瓷；日本将制造和利用以无机非金属为主要组成的材料或制品称为陶瓷。

本书所述陶瓷是指以无机非金属天然矿物或化工产品为原料，经原料处理、成型、干燥、烧成等工序制成的产品。是陶器和瓷器的总称。

陶器通常有一定吸水率，断面粗糙无光，不透明，敲击之声音粗哑，有的无釉，有的施釉。瓷器的坯体致密，吸水率很低，有一定的半透明性，通常都施有釉层（某些特种瓷并不施釉，甚至颜色不白，但烧结程度仍相当高）。炻器介于陶器与瓷器之间的一类产品，坯体较致密，吸水率也小,颜色深浅不一,缺乏半透明性。我国科技文献中提到的炻器、原始瓷器和胎瓷均属于这一类。

随着生产与科学技术的发展,陶瓷产品的种类也日益增多。按组成可分为硅酸盐陶瓷、氧化物陶瓷、非氧化物陶瓷;按性能可分为普通陶瓷、特种陶瓷,普通陶瓷:如日用陶瓷、建筑陶瓷、化工陶瓷等;特种陶瓷:如结构陶瓷、功能陶瓷;按用途可分为日用瓷、艺术瓷、建筑瓷、化工瓷等。我国对日用陶瓷的分类标准如表 0-2-1 所示。

表 0-2-1　我国日用陶瓷分类标准(GB 5001—85)

类　别	性能及特征	吸水率(%)	特　　　征
陶　器	粗陶器	>15	不施釉,制作粗糙
	普通陶器	≯12	断面颗粒较粗,气孔较大,表面施釉,制作不够粗细
	精陶器	≯15	断面颗粒细,气孔较小,结构均匀,施釉或不施釉,制作精细
瓷　器	炻瓷器	≯3	透光性差,通常胎体较厚,呈色,断面呈石状,制作较精细
	普通瓷器	≯1	有一定透光性,断面呈石状或贝壳状,制作较精细
	细瓷器	≯0.5	透光性好,断面细腻,呈贝壳状,制作精细

(2)陶瓷的基本性能与特点

其显微结构由结晶相、气孔和玻璃相组成,组成的比例视不同品种而异。陶瓷材料的离子键、共价键赋予该种材料许多优良的性能。对于普通陶瓷而言,主要有:

——较高的弹性模量。

——强度高,抗压强度远远大于抗拉强度。

——耐磨性能良好。

——好的耐久性,如耐腐蚀、耐高温、抗氧化。

——硬度高。

——优良的电绝缘性能。

除以上性能外,陶瓷的脆性大,理论强度高,但实际强度较低等,这是陶瓷改善性能的主要方面之一。

0.3　无机非金属材料现状及发展趋势

无机非金属材料是当今材料科学与工程领域中发展最为迅速的一大类材料。对于典型无机非金属材料而言,主要体现以下几个方面。

利用其电、磁、声、光、热等性质或其耦合效应以实现某种使用功能的先进陶瓷——功能陶瓷发展迅速。

功能陶瓷的发展与其基础研究的成就息息相关。近一二十年来,通过对复杂多元氧化物系统的组成、结构与性能的广泛研究,发现了一大批性能优异的功能陶瓷,并借助离子互换、掺杂改性等方法调节、优化其性能,从而使功能陶瓷研究开始从经验式探索逐步走向按所需性能进行材料设计,同时发展了溶胶/凝胶法制备超细、高纯粉体及以其烧制陶瓷的新技术,并研究了原料与陶瓷制备的反应过程,表面与界面科学以及这些因素对微观结构和陶瓷性能的影响。近来,为发展功能陶瓷薄膜、多层结构、超晶格材料、复合材料、机敏材料等新材料,陶瓷薄膜制备技术、表面与界面的结构与性质、陶瓷的集成与复合、微加工技术及有关的基础研究,正日益受到重视。

我国的功能陶瓷研究也取得了较大进展。在电容器陶瓷、半导体陶瓷、透明电光陶瓷、快离子导体陶瓷、超导陶瓷等方面均有一批成果进入国际前沿;在组成、结构、性能、应用等更深的层次上开展综合研究;同时研制成功一大批功能陶瓷材料。

世界功能陶瓷的发展趋势主要有:材料组成趋于复杂;超纯超细粉体将进入工业生产;采用低温烧结新工艺;净化制备环境;低维材料、多层结构和梯度功能材料日趋重要;陶瓷复合技术受到广泛重视;机敏陶瓷进入研究、开发阶段等。

结构陶瓷——用于各种结构部件,主要是发挥其机械功能的高性能陶瓷。结构陶瓷包括氮化硅系统、碳化硅系统和氧化锆系统、氧化铝系统的高温结构陶瓷及陶瓷基复合材料两大系列。目前主要应用于切削刀具和要求耐腐蚀、耐磨损的机械部件。

陶瓷的致命弱点在于它的脆性并导致其可靠性差。近年来通过系统的基础研究,在这些问题已取得了突破性的进展,建立了相变增韧、弥散强化、纤维增韧、复相增韧等多种有效的强化、增韧的方法和技术。高纯、超细、均匀粉料及注射成型、高温等静压、微波烧结等所技术的应用,以及有关的相平衡、反应动力学、胶体化学、表面科学、烧结机理等基础研究的新成就,使结构陶瓷从根本上摆脱了落后的传统的合成与制备技术,使其强度和韧性获得了显著的改善,并开始在热机中某些耐冲击、耐热震、耐腐蚀的部位应用。新材料的探索正向组成设计、微观结构设计和优化工艺设计(晶界工程)的方向发展,并深入到纳米层次,展示出结构陶瓷的巨大潜力和崭新的研究前沿。

近年来我国高温结构陶瓷的实验性能和个别产品性能进入了国际先进行列。但总体上与先进国家相比仍有相当大的差距。

展望结构陶瓷未来,将着重发展氮化物、硼化物、碳化物和硅化物,围绕各种热机及切削、耐磨等应用继续提高其性能;开发高纯超细粉料;研究开发品质均匀、尺寸精确、少缺陷甚至无缺陷、少加工甚至不需加工的成型和烧结新技术;研究使用损毁机理和无损评价新方法;开发陶瓷基复合材料(包括纳米级复合材料)。

近一二十年玻璃材料科学由于广泛地采用了 NMR、TEM 等多种先进研究分析手段已从宏观进入了微观、从定性进入了半定量或定量阶段。现在已经可以利用已知晶体结构与玻璃基团的关系,或通过玻璃原始结晶和分相过程的直接观测,或运用计算机模拟与分子动力学方法,对玻璃系统的结构进行分析与推衍,并进而了解玻璃的组成、结构与制备因素对玻璃的形成、分相、析晶以及性能的影响,使玻璃材料从传统硅酸盐向非硅酸盐和非氧化物玻璃领域拓展,发展成功一系列在现代科学技术中占有重要地位的新型玻璃——特种玻璃。其中以光电子功能玻璃、微晶玻璃和溶胶-凝胶、有机-无机玻璃发展最为迅速。

光电功能玻璃包括光纤、基板玻璃、激光玻璃等,主要用于光通信、光存贮、激光及计算技术,其中光纤已形成巨大的产业,基板玻璃产值则居第二。微晶玻璃通过受控结晶的方法形成具有不同性能的玻璃陶瓷物质,有的具有很高的机械强度或耐热、零膨胀特性,有的可供光刻、切削。微晶玻璃与碳纤维复合可取得极强的高温增强效果而成为航天新材料。

今后特种玻璃的基础研究,将主要围绕上述新材料研究组成-结构-性质及玻璃形成-分相-析晶的关系,玻璃中功能转换和失效机理,有机与无机键合材料及低维材料,并建立计算机预测、模拟系统及数据库等。

第二次世界大战后水泥科学在熟料形成、水化化学、微结构和性能关系、高性能水泥等方面均有重大的进展。在水化化学方面,大量工作集中于水化机理、固相结构和杂质的影响及液相作用等。从杂质对矿物结构影响的角度综合研究水化结晶化学及各种高效外加剂是重要的研究超分。

在水泥浆体微结构和性能方面,已经确定混凝土的许多重要性能取决于水泥浆-集料界面区的微结构,并提出了改进界面微结构的建议。今后将借鉴系统论的整体处理方法,研究水泥结构与客观性质的关系并建立两者关系的数学模型。

在水泥设备方面,总体向大型化方向发展,目前,日产 1 万 t 熟料生产线已成熟,并已建设准备投产。

0.4　无机非金属材料在人类生活中的地位与作用

无机非金属材料是国家建设和人民生活中不可缺少的重要物质基础。人类发展的历史证明:材料是社会进步的物质基础和先导,是人类进步的里程碑。纵观人类利用材料的历史可以清楚地看到,每一种重要材料的发现和利用,都会把人类支配和改造自然的能力提高到一个新的水平,给社会生产力和人类生活带来巨大的变化,把人类物质文明和精神文明向前推进一步。

0.4.1　对科学技术发展的作用

传统的无机非金属材料是工业和基本建设所必需的基础材料,无机新材料则是现代新技术、高技术、新兴产业和传统工业改造的物质基础,也是发展现代国防和生物医学所不可缺少的。在科学技术发展中,无机材料占有十分重要的地位。

硅单晶材料和外延薄膜技术及集成电路技术,促进了电子技术的发展;激光振荡最初是在红宝石晶体中发现的,迄今无机晶体和半导体仍在激光工作物质中占据重要地位。用于激光调制、偏转、隔离、光频转换,光信息处理的电光、声光、磁光和非线性光学晶体绝大部分也属无机新材料;低损耗无机光纤的应用开辟了现代通信技术和传感技术的新纪元。用光纤通信代替电缆和微波通信已成为通信技术发展的必然趋势。大力发展的光电子技术的基础技术是微电子技术、激光技术、光纤技术和计算机技术,显然,它对无机新材料的依赖是不言而喻的。就其未来发展而言,在半导体芯片上集成光、电器件的光电子集成技术和在无机介质基片上集成光学、电光、声光等元器件的光集成技术,具有重要的意义。空间技术的发展也依赖于无机新材料的应用。从第一艘宇宙飞船起就采用以无机新材料制成的隔热瓦、涂复碳化硅的热解碳/碳复合材料等;高温、高强弦窗玻璃及各种遥控涂层也普遍用于各种空间飞行器。

0.4.2　对工业及社会进步的作用

无机非金属材料对建立和发展新技术产业、改造传统工业节约资源、节约能源和发展新能源都起着十分重要的作用。

在建立和发展新技术产业方面,以微电子技术为基础的电子工业每年需要大量的半导体材料、电子陶瓷和压电晶体。1989 年全世界生产硅单晶为 7 860t,硅片产值约为 25 亿美元。1992 年硅集成电路产值达 500 亿美元,已形成了十分可观的产业规模。1986 年全世界用于高速、微波电子器件和光电器件的砷化镓单晶的产量约为 600t。1990 年世界电子陶瓷产值约为 60 亿美元,包括陶瓷基片与封装材料、陶瓷电客器与电阻等,压电单晶产量超过 900t,主要为石英。在激光工业中,无机固体激光器和半导体激光器占有重要地位,1992 年的世界产值各为 2.72 亿美元和 2.50 亿美元,两者合计约占当年全部激光器总产值的 1/2。光纤一年的世界产值已超过 30 亿美元,是发展最迅速的工业之一。以半导体和敏感陶瓷为主的传感技术已形成可观的产业,1990 年传感器的世界产值已达 165 亿美元。

在我国,无机非金属材料科学与工程对上述新技术产业的建立与发展做出了重要的贡献。这些新技术产业所需的品种繁多的半导体、功能陶瓷、人工晶体和特种玻璃及兵器件,大部分我国都能生产,无须依赖外国。个别品种,例如无机非线性光学晶体,我国还处于领先地位。

在改造传统工业方面,无机新材料占有重要的战略地位,如高温结构陶瓷的强度和韧性已有大幅度的提高,脆性也获得显著改善。它们已作为热机部件、切削刀具、耐磨损、耐腐蚀部件进入机械工业、汽车工业、化学工业等传统工业领域,推动了产品的更新换代和产业的技术改造。通过改变水泥组成和调整微结构的办法使水泥的耐压强度、抗冻性、抗腐蚀性等一系列性能都获得显著的提高,提高了产业的经济效益和社会效益。

在节能和发展新能源方面,高温陶瓷在热交换器和热机部件上的应用可大大降低燃料消耗;而现在正进行的新能源系统的开发尚有待于无机新材料的研制成功,包括磁流体发电系统所需的耐高温腐蚀部件、钠硫电池所需的固体电解质、太阳能电池所需的高效率光电转换材料等。

0.4.3 对巩固国防、发展军用技术的作用

从海湾战争、科索沃战争到伊拉克战争清楚地表明,当今世界的军备竞争早已不是武器数量的竞争,而是武器性能和军用技术的抗衡。在武器和军用技术的发展上,无机新材料及以无机新材料为基础的新技术占有举足轻重的地位。

具有高韧性和可靠性的先进陶瓷和陶瓷纤维补强陶瓷基复合材料的研制和应用,是制造大于 2 马赫的超音速飞机的关键;陶瓷装甲可以抵御穿甲弹的破坏,已用于装备飞机和车辆;各种导弹和飞机的端头帽、天线罩和红外窗等都采用无机新材料。

0.4.4 在生物医学方面的作用

用于生物医学的无机非金属材料统称生物陶瓷,它的性能一方面须满足人体相应组织或器官功能的需要,另一方面又须与周围组织的生理、生化特征相容。碳、氯化铝、氧化钛、氧化锆、羟基磷灰石、磷酸钠、玻璃、复合材料及涂层等无机材料已应用于人工心瓣、人工膝关节和髋关节、牙齿植入等。据调查,20 世纪 90 年代日本生物陶瓷市场年增长率为 30%,居各种无机材料之首。

由此我们不难看出,无机非金属材料工业在国民经济中占有重要的先行地位,具有超前特性,其发展速度通常高于国民经济总的发展速度。可以说无机非金属材料工业是整个国民经济兴衰的"晴雨表",与人类的文明生活和国民经济的发展息息相关。

0.5 无机非金属材料工艺学的研究内容

材料的性质与其组成及结构息息相关,而组成和结构是合成和制备过程的产物;材料作为产品必须具有一定的效能以满足使用要求从而取得应有的经济效益与社会效益。因此,就材料科学与工程而言,上述四个组元之间存在着强烈的相互依赖关系。无机非金属材料科学与

工艺就是一门研究无机非金属材料领域内这四者之间的关系与规律的科学。

合成与制备是研究如何将原子、分子聚合起来并最终转变为有用产品的一系列连续过程，是提高材料质量、降低生产成本的关键，也是开发新材料、新器件的中心环节。在合成与制备中，工程性的研究固然重要，基础研究也不应忽视。对材料合成与制备的动力学过程的研究可以揭示过程的本质，为改进制备方法、建立新的制备技术提供科学依据。

组成是指构成材料物质的原子、分子、添加物及其分布；结构则指这些组成原子、分子在不同层次上彼此结合的形式、状态和空间分布。组成与结构是材料的基本表征。它们一方面是特定的合成与制备条件的产物；另一方面又是决定材料性能与使用效能的内在因素。了解材料的组成与结构及它们同合成与制备之间、性能与使用效能之间的内在联系，长久以来一直是无机非金属材料科学与工程的基本研究内容。

性能指材料固有的物理、化学特性，是确定材料用途的依据。使用效能则是材料以特定的产品形式在使用条件下所表现的效能，它是材料的固有性能、产品设计、工程特性、使用环境和效能的综合表现，通常以寿命、效率、可靠性、效益、成本等指标衡量。

总之，材料科学的发展前景是从宏观到微观，从定性研究进入定量描述，为新材料的探索和最大限度地使用现有材料提供科学依据。无机非金属材料工艺学的任务就是不断利用材料科学及其他相邻学科的发展成就，实现按使用性能要求来设计和制造材料的目标，如各种精密测试分析技术的不断发展，将有助于按预定性能来设计材料的组成和结构形态。无机非金属材料的跨学科发展，特别是与有机高分子材料的跨学科结合已日渐明显。无机非金属材料的制备正处于从经验积累向材料科学型转变阶段，必将从工艺学逐步向制备科学的方向发展。无机非金属材料生产工艺也将向节能化、大型化、自动化和环境协调化方向迅速迈进，同时将带动原料预均化技术、粉料均化技术、高功能破碎、高效粉磨技术以及为之服务的自动化技术和环境保护技术的全面配套发展，一个崭新的无机非金属材料工业即将展现在世界面前。

就具体材料而言，科学技术的发展对材料提出了更新、更高的要求。陶瓷由多相结构到趋向于单相结构，又趋向于更复杂的多相复合结构；纳米陶瓷的研究正向纵深发展，有望得到性能更好的纳米陶瓷制品；陶瓷强化与增韧的研究取得了明显的成就。新发展的纳米陶瓷和陶瓷的晶界应力设计可望成为解决陶瓷脆性问题的有效途径；先进功能陶瓷的精细复合原理及其工艺的研究为人们所瞩目，无机非金属材料逐步向多功能和良好的环境协调性方向发展；兼具感知和驱动功能于一身的机敏陶瓷研究正在启动。多功能和机敏无机涂层的研究具有极大的发展前景；生物陶瓷和仿生研究将为人类自身造福。

非晶态材料的制备逐步摆脱传统工艺，向氧化物以外的化合物方向发展；溶胶-凝胶法在不需要高温的条件下制备玻璃技术正日益受到重视。这种工艺的应用对于平板玻璃表面进行处理加工，非晶功能薄膜传感器元件的制造以及各种非晶态涂层、多孔膜的制备都具有潜在的价值。采用新的工艺设备，高效地生产优质的传统的玻璃产品，或对它们作深度加工、表面处理、施加变色涂层以求达到具有智能化的节能效果等，也是玻璃未来的发展目标。玻璃超导体、玻璃快离子和质子导体、热释电微晶玻璃、非线性光学玻璃的进一步开发将成为玻璃研究的重要任务。

仿生技术和材料复合新技术的不断发展，使材料科学家正在试图用新的眼光去寻觅水硬性胶凝材料的配方，以期开发出能替代钢材和塑料的制品。而由水泥和超细材料以及一些高强纤维组成的高强胶凝材料即 DSP 材料的开发成功，使水泥基材料的韧性、拉伸强度和断裂柔度提高到了一个崭新的高度。DSP 材料基本上可以很好地替代铸石、橡胶和钢材用作衬里材料，甚至已成功地用于生产工程零部件,如螺丝刀、水泥磨的勺式喂料装置和生产车床的冲压模具等。而与此相类似的 MDF 水泥,由于其强度和刚度可与铝合金媲美,且具有有机玻璃的韧性,因此可作为某些特殊领域的功能性材料。此外,采用碱激发方法生产的混合水泥,可大量利用工业废渣,降低水泥成本和保护环境;活性贝利特水泥、CSA-贝利特水泥和阿利尼特水泥的研究成功,将大幅度降低水泥工业的能耗;磷酸钙水泥的研究和开发有望用于生物硬组织的修补。

0.6　典型无机非金属材料工艺

0.6.1　水泥生产工艺流程

简单地讲,水泥生产工艺流程就是"两磨一烧"。水泥生产工艺流程一般有两种分类方法:一种是按生料制备方法分;另一种是按窑型分。按生料制备方法的不同可分为干法与湿法两大类。其中干法又分为干法和半干法两类;湿法又分为湿法和半湿法两类。原料经烘干、粉碎制成生料粉,然后喂入窑内煅烧成熟料的方法称为干法;将生料粉加入适量的水分制成生料球,再喂入立窑或立波尔窑内煅烧成熟料的方法一般称为半干法。将原料加水粉磨成生料浆,再喂入回转窑内煅烧成熟料的方法亦称为湿法;将原料加水粉磨成的生料浆经除水后,制成料饼打碎后入窑煅烧的方法称为半湿法。按窑型可分为回转窑、立窑两大类。回转窑又可分为干法中空窑、立波尔窑、立筒预热器窑、悬浮预热器窑和窑外分解窑等。由于窑外分解窑生产技术具有能耗低、单机产量高、产品质量好等优点,目前各国均以窑外分解窑生产技术作为优先发展对象。图 0-6-1 为窑外分解窑水泥厂生产工艺流程图。来自矿山的石灰石 1,经过一级破碎 6 和二级破碎 7 成为碎石,进入碎石库 8;矿山开采的黏土 2,由汽车运输进厂,经黏土破碎机 10 破碎后与碎石经计量按一定配比进入预均化堆场 9,经过均化和粗配的碎石和黏土,再经计量秤和铁质校正原料 3 按规定比例配合进入烘干兼粉磨的生料磨 11 加工成生料粉,24

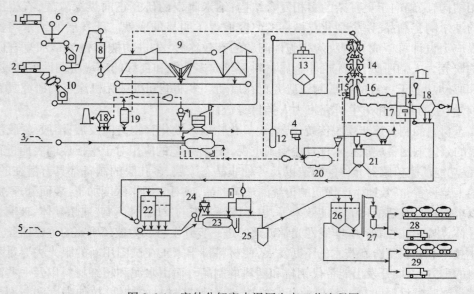

图 0-6-1　窑外分解窑水泥厂生产工艺流程图

为选粉机。生料用气力提升泵 12 送至连续性空气搅拌库 13,经均匀化的生料粉再用气力提升泵送至窑尾悬浮预热器 14 和窑外分解炉 15,经预热和分解的物料进入回转窑 16 煅烧成熟料,熟料经篦式冷却机 17 冷却,用斗式提升机输送至熟料库 22。回转窑和分解炉用的煤 4 经烘干兼粉磨的风扫式煤磨 20 制备成煤粉,经粗细分离器选出的细度合格的煤粉 21,贮存在煤粉仓。生料和煤的烘干所需热气体来自窑尾,冷却熟料的部分热风送至分解炉帮助煤的燃烧。窑尾的多余气体经排气除尘系统排出,18 为电收尘器,19 为增湿塔。熟料经计量秤配入一定数量石膏 5 在圈流球磨机 23 中粉磨成一定细度的水泥,24 为水泥选粉机。水泥经仓式空气输送泵 25 送至水泥库 26 储存。一部分水泥经包装机 27 包装为袋装水泥,经火车或汽车 28 运输出厂;另外,也可用专用的散装车 29 散装出厂。

0.6.2 玻璃生产工艺流程

玻璃生产最基本的工艺流程为:原料预处理—配料—熔化—成型。玻璃用途极为广泛,品种繁多。由于不同用途玻璃的性质、形状等不同,使得玻璃在成型方法上各不相同。图0-6-2为浮法生产平板玻璃工艺流程图。

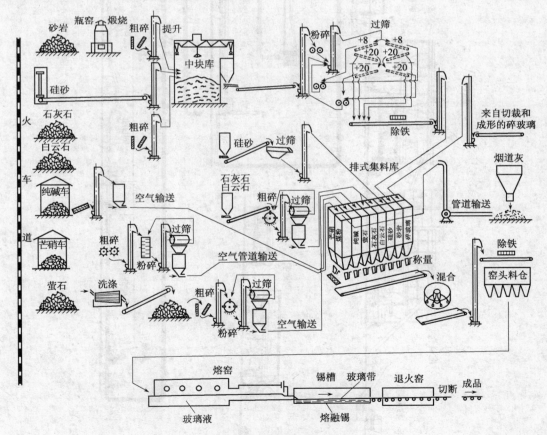

图 0-6-2 浮法生产平板玻璃工艺流程图

0.6.3 陶瓷生产工艺流程

陶瓷生产工艺流程随产品的不同种类很多,图0-6-3为一次烧成彩釉墙地砖生产工艺流程图。

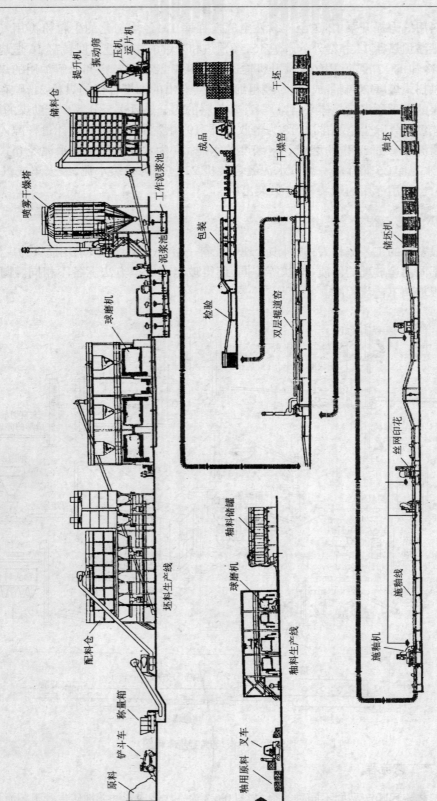

图 0-6-3　一次烧成彩釉陶瓷墙地砖生产工艺流程

1 无机非金属材料工艺原理

1.1 原料及其预处理

1.1.1 钙质原料

(1)钙质原料的种类及性质

无机非金属材料工业常使用的主要钙质原料有：

方解石:方解石的主要成分为 $CaCO_3$。理论组成为 CaO 56%,$CO_2$44%。常混有 Mg、Fe、Mn(8%以下)等碳酸盐。

属三方晶系,晶体呈菱面体,有时呈粒状或板状。一般为乳白色或无色。杂质污染时可呈暗灰、黄、红、褐等色。玻璃光泽,性脆,硬度为3,比重为2.6。分解温度 900℃ 以上。

石灰石:石灰石系由碳酸钙所组成的化学与生物化学沉积岩中的一种。化学成分主要为 CaO、CO_2;主要矿物是方解石,并含有白云石、硅质(石英或燧石)、含铁矿物和黏土质杂质,是一种具有微晶或潜晶结构的致密岩石。在自然界中因所含杂质不同,而呈灰白、淡黄。石灰石一般呈块状,无解理,常包含生物遗骸,结构致密,性脆,普氏硬度 8~10。有白色条痕,密度 2.6~2.8g/cm³;耐压强度随结构和孔隙率而异,在 30~170MPa 之间,一般为 80~140MPa。分解温度一般为 800℃。

泥灰岩:泥灰岩是由碳酸钙和黏土物质同时沉积所形成的均匀混合的沉积岩。它是一种由石灰岩向黏土过渡的岩石。泥灰岩中氧化钙含量超过 45%。硬度低于石灰岩,黏土物质含量愈高,硬度愈低。耐压强度通常小于 100MPa,

白垩:白垩是由海生生物外壳与贝壳堆积而成,主要是由隐晶或无定形细粒疏松的碳酸钙所组成的石灰岩。我国白垩土一般在黄土层下,土层较薄,故埋藏量不大。其中以色白、发亮的为最纯,碳酸钙含量可达 90% 以上。白垩中常夹有软的或硬白裂痕石(主要为 $CaCO_3$)、红黏土和燧石等。白垩易于粉磨和易烧性均较好。

除以上天然石灰质原料外,电石渣、糖滤泥、碱渣、白泥、沉淀碳酸钙等都可作为钙质原料使用。

(2)钙质原料的组成与作用

天然钙质原料化学组成的主要成分为:CaO、CO_2 及少量的 SiO_2、Al_2O_3、Fe_2O_3、MgO 等杂质。其主要作用是提供制成无机非金属材料所需的 CaO。理论化学组成为 CaO 56%,$CO_2$44%。

天然钙质原料中的主要矿物:方解石、少量的白云石、硅质(石英或燧石)、含铁矿物 R_2O、SO_3 和黏土质杂质。

在硅酸盐水泥生产中,钙质原料是烧制硅酸盐水泥熟料的主要原料之一。主要提供生成熟料矿物所需的 CaO。生产 1t 硅酸盐水泥熟料通常需要 1.2~1.3t 干石灰质原料。用于烧制硅酸盐水泥熟料的钙质原料一般为石灰石和泥灰岩。其中方解石的结晶粒度及石英或燧石的含量对水泥生料的易烧性影响很大。其质量要求见表1-1-1。

表 1-1-1　钙质原料的质量要求(%质量)

名　称　品　位		CaO	MgO	R_2O	SO_3	燧石或石英
石灰石	一级品	>48	<2.5	<1.0	<1.0	<4.0
	二级品	45~48	<3.0	<1.0	<1.0	<4.0
泥灰岩		35~45	<3.0	<1.2	<1.0	<4.0

陶瓷使用的钙质材料一般为方解石。在生产中主要起助熔作用,缩短烧成时间,增加瓷器的透明度,使坯釉结合牢固。

玻璃中的CaO主要是通过方解石、石灰石、白垩、沉淀碳酸钙等原料来引入的。在玻璃中的作用主要是稳定剂,即增加玻璃的化学稳定性和机械强度,但含量不宜过高,否则会使玻璃的结晶倾向增大,而且易使玻璃发脆。

CaO在高温时,能降低玻璃的黏度,促进玻璃的熔化和澄清;但当温度降低时,黏度增加得很快,使成型困难。含CaO高的玻璃成型后退火要快,否则易于爆裂。

1.1.2　黏土类原料

(1)黏土类原料的种类

黏土是多种微细的矿物的混合体。它主要是由铝硅酸盐类岩石(火成的、变质的、沉积的)如长石、伟晶花岗岩、斑岩、片麻岩等经长期风化而成。从外观上来看,黏土有白、灰、黄、黑、红等各种颜色;从硬度来说,有的黏土柔软,可在水中分散开来,有的黏土则呈石块状;从含砂量来说,有的黏土较多,有的很少或者不含砂子。各种黏土情况千差万别,但在一定程度上它们或多或少都有可塑性。这种性质是指把黏土细粉加水调匀后,可以塑造成各种形状,干燥后维持原状不变,并且有一定强度。

黏土的熔点不定,也没有固定的化学组成。黏土常见的分类方法见表1-1-2。

表 1-1-2　黏土常见的几种分类方法

按黏土的成因分类	原生黏土	也称一次黏土或残留黏土,母岩风化后残留在原地而形成 特点:质地较纯,颗粒稍粗,可塑性较差,耐火度较高
	次生黏土	也称二次黏土或沉积黏土,由风化形成的黏土受风雨作用迁移到其他地点沉积而形成的黏土层 特点:颗粒细,杂质多,可塑性较好,耐火度较差
按黏土的可塑性分类	高塑性黏土	又称软质黏土、球土或结合黏土 特点:分散度大,多呈疏松或板状,如膨润土、木节土等
	低塑性黏土	又称硬质黏土 特点:分散度小,呈致密块状或石状,如叶蜡石、瓷石等
按黏土的耐火度分类	耐火黏土	耐火度在1 580℃以上,含杂质较少,灼烧后多呈白色、灰色或淡黄色,为瓷器、耐火制品的主要原料
	难熔黏土	耐火度为1 350℃~1 580℃,含易熔杂质在10%~15%左右,可作炻器、陶器、耐酸制品、装饰砖及瓷砖的原料
	易熔黏土	耐火度在1 350℃以下,含有大量的各种杂质,多用于建筑砖瓦和粗陶等制品

续表

按黏土的主要矿物分类	高岭石类黏土,如苏州土、紫木节土
	蒙脱石类(包括叶蜡石类)黏土,如辽宁黑山和福建连成膨润土
	伊利石类(或水云母类)黏土,如河北章村土
	水铝英石类黏土,如唐山 A、B、C 级矾土

(2)黏土类原料的组成

1)黏土类原料的化学组成。由于黏土是含水铝硅酸盐的混合体,所以主要化学组成为 SiO_2、Al_2O_3 和结晶水,同时还含有少量的碱金属 R_2O(K_2O、Na_2O)与碱土金属氧化物(CaO、MgO),以及着色氧化物(Fe_2O_3、TiO_2)等。

2)黏土类原料的矿物组成及性质。在自然界中黏土矿物很少以单矿物出现,经常是数种黏土矿物共生形成的多矿物组合。根据结构与组成的不同,工业所用黏土中的主要矿物可分为高岭石类、蒙脱石类及伊利石类三种。黏土中的杂质矿物为石英、长石、钙和镁的碳酸盐矿物、金红石、铁质矿物、有机物等。黏土矿物常集中在 $2\mu m$ 以下的颗粒中,而非黏土矿物多聚集在稍粗的颗粒中。

最常见的黏土矿物是高岭石,由其作为主要成分的黏土称为高岭土。高岭石的化学通式是:$Al_2O_3 \cdot SiO_2 \cdot 2H_2O$(质量为:$Al_2O_3$ 39.50%、SiO_2 46.54%、H_2O 13.96%),其晶体构造式是:$Al_4(Si_4O_{10})(OH)_8$。

高岭石晶体呈白色,外形一般是六方鳞片状、粒状,也有杆状的,二次高岭土中的粒子不规则,边缘折断,尺寸也小。

高岭土的吸附能力小,遇水不膨胀,可塑性和结合性较差,杂质少,白度高,耐火度高。加热至 400℃～600℃会排出结晶水。

蒙脱石是另一种常见的黏土矿物。以蒙脱石为主要矿物的黏土叫做膨润土。不考虑晶格中的 Al^{3+} 和 Si^{4+} 被其他离子置换时,蒙脱石的理论化学通式为 $Al_2O_3 \cdot 4SiO_2 \cdot nH_2O$($n$ 通常大于 2)。它的晶体构造式是:$Al_4(Si_8O_{20})(OH)_4 \cdot nH_2O$。

蒙脱石呈不规则细粒状或鳞片状,颗粒较小,一般小于 $0.5\mu m$,结晶程度差,晶体轮廓不清。颜色为白色或淡黄色。比重为 2.0～2.5。

膨润土有很强的吸水性,吸水后体积膨胀(这是膨润土名称的由来)。蒙脱石容易碎裂,颗粒微细,可塑性强,干燥后强度大,但干燥收缩也大。蒙脱石中 Al_2O_3 的含量较低,又吸附了其他阳离子,杂质较多,因此烧结温度较低,蒙脱石的离子交换力很强。

伊利石是常见的一种水云母类矿物。它的晶体构造式为:$K_2(Al,Fe,Mg)_4(Si,Al)_8O_{20}(OH)_4 \cdot nH_2O$。伊利石的化学组成介于高岭石与白云母之间。从结构上来说,伊利石和蒙脱石相似。

伊利石在电子显微镜照片上一般呈带有尖角的片状。由于成因和产地不同,也有呈边界圆滑的片状及板条状。

伊利石一般可塑性差,干后强度低,干燥收缩小,烧结温度低,一般在 800℃左右开始烧结,完全烧结在 1 000℃～1 150℃。

3)颗粒组成。颗粒组成是指黏土中不同大小颗粒的百分比含量。黏土矿物的颗粒很细,其直径一般小于1～2μm。黏土的细颗粒(小于 $1\mu m$ 的颗粒)愈多则可塑性愈强、干燥收缩大、干后强度高,而且烧结温度低。这一方面由于细颗粒的比表面大、表面能大的缘故,另外不同细度颗粒的化学、矿物组成也不同。蒙脱石和伊利石颗粒均比高岭石小,加上碱性氧化物含量又多,所以导致可塑性好、烧结温度低。黏土中的石英和长石多半在粗颗粒中,而赤铁矿则在细颗粒中。此外黏土的颗粒形状和结晶程度也会影响其工艺性质。片状结构比杆状结构的颗粒堆积致密、塑性大、强度高。结晶程度差的颗粒可塑性也大。

测定黏土颗粒大小的方法有显微镜、电子显微镜、水簸法、混浊计法、吸附法等等。最常用的方法是筛分析(0.06mm 以上)与沉降法(1~50μm)。

(3)黏土的工艺性质

黏土原料的工艺性质主要取决于其化学、矿物与颗粒组成;黏土的工艺性质是工业生产中合理选择黏土原料的重要指标。

1)可塑性。可塑性是指黏土与适量水混练后形成的泥团,在外力作用下,可塑造成各种形状而不开裂,当外力除去以后,仍能保持该形状不变的性能。通常用塑性限度(塑限)、液性限度(液限)、塑性指数或塑性指标、相应含水率等参数来反映黏土的可塑性。塑限系黏土由固体状态进入塑性状态时的含水量。液限系黏土由流动状态进入塑性状态时的含水量。塑性指数是黏土的液限与塑限之间的差值,见图 1-1-1。塑性指标是指在工作水分下,泥料受外力作用最初出现裂纹时应力与应变的乘积。

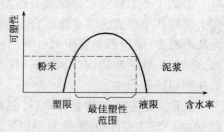

图 1-1-1　黏土坯料与可塑性的关系

从黏土与水的相对关系来看,塑限表示黏土被水湿润后,形成水化膜,使黏土颗粒能相对滑动而出现可塑性的含水量。所谓塑限高,说明黏土颗粒的水化膜厚,工作水分高,但干燥收缩也大。液限反映黏土颗粒与水分子亲和力的大小。液限高的黏土颗粒很细,在水中分散度大,不易干燥;湿坯度低。可塑性指数表示黏土能形成可塑泥团的水分变化范围。指数大则成型水分范围大,成型时不易受周围环境湿度及模具的影响,即成型性能好。但可塑性指数小的黏土调成的泥浆厚化度大、渗水性强,却便于压滤榨泥。可塑性指标也反映黏土的成型性能。但要注意相应的含水率。若相应含水率大,即工作水分多,干燥过程易变形、开裂。黏土颗粒越细,有机质含量越高,可塑性越好;黏土颗粒吸附的阳离子浓度高、半径小、电价高者(如Ca^{2+},H^+),因吸附水膜较厚,可塑性好。

黏土的可塑性根据可塑指数或可塑指标分为以下几类:

强塑性黏土　　　　指数大于 15 或指标大于 3.6;
中塑性黏土　　　　指数为 7~15,指标为 2.5~3.6;
弱塑性黏土　　　　指数为 1~7,指标小于 2.5;
非塑性黏土　　　　指数小于 1。

2)结合性。它是指黏土能结合非塑性原料形成良好的可塑泥团、有一定的干燥强度的能力。一般情况下,可塑性强的黏土,其结合性也大。但这是两个不完全相同的工艺性质。黏土的结合性通常以能够形成可塑泥团时所加入标准石英砂(颗粒组成:0.25~0.15mm 占 70%,0.15~0.09mm 占 30%)的数量及干后抗折强度来反映。

3)离子交换性。黏土粒子由于表面层的断键和晶格内部离子的不等价置换而带电,它能吸附溶液中的异性离子,这种被吸附的离子又可被其他离子所置换。这种性质称为黏土的离子交换性。

离子交换能力的大小可用离子交换容量即 pH＝7 时每 100g 干黏土所吸附的阳离子或阴离子的毫摩尔(mmol)数来表示。其大小和黏土的种类、带电机理、结晶度和分散度等因素有关,并且对黏土泥料的各种工艺性质有一定的影响。

4)触变性。黏土泥浆或可塑泥团在静置以后变稠或凝固,当受到搅拌或振动时,黏土降低而流动性增加,再放置一段时间后又能恢复原来状态,这种性质称为触变性。

触变性的大小可用厚化度来表示。泥浆厚化度指泥浆放置 30min 和 30s 后相对黏度之比。

$$泥浆厚化度 = \frac{\tau_{30min}}{\tau_{30s}}$$

可塑性泥团的厚化度则指静置一定时间后,球体或圆锥体压入泥团达一定深度时剪切强度增加的百分数。

$$泥团厚化度 = \frac{p_n - p_0}{p_0} \times 100\%$$

式中　P_0——泥团开始承受的负荷,g;

　　　P_n——经过一定时间后,球体或锥体压入相同深度时泥团承受的负荷,g。

在水分不变动的情况下,黏土泥料的触变性随时间的变化是不均匀的;开始时黏度增加较快,以后变化缓慢。在一定的含水量范围内,触变性出现最大值。

颗粒表面荷电是黏土产生触变性的主要原因。因此,影响黏土颗粒电荷的各种因素,如矿物组成、颗粒大小和形状、水分含量、电解质种类与用量以及泥浆(或可塑泥料)的温度等也会对泥浆的触变性产生影响。

5)膨化性。黏土加水后,体积会在不同程度上有所增加,这种性质称为膨化性。这种性质主要是因黏土颗粒层间吸水膨胀和颗粒表面水膜形成所致。由于吸附力、渗透力及毛细管力的作用,水分或者进入黏土颗粒的晶层之间,或者胶团之间。因此遇水后,晶层之间的距离不会增大。膨化水的体积基本上和试样的总气孔率相对应。另一个过程是由毛细管吸力及渗透力所引起,使晶粒膨化。

通常用膨胀容来反映黏土的膨化性能。它是指黏土在水溶液中吸水膨胀后,单位重量(g)所占的体积(cm³)。

6)收缩。黏土和坯料的收缩实际上可分为三种:干燥收缩、烧成收缩和总收缩。

黏土经 110℃ 干燥后,由于自由水及吸附水排出所引起的颗粒间距离减小而产生的体积收缩,称为干燥收缩。干燥后的黏土经高温煅烧,由于脱水、分解、熔化等一系列的物理化学变化而导致的体积进一步收缩,称之为烧成收缩。

黏土的收缩情况主要取决于它的组成、含水量、吸附离子及其他工艺性质等。细粒黏土及呈长形纤维状粒子的黏土收缩较大。

线收缩 S_l 可按下式计算:

$$S_l = \frac{L_0 - L_1}{L_0} \times 100\%$$

式中　L_0——试样的原始长度;

L_1——试样干燥后或烧成后的长度。

体积收缩 S_v 可用下式计算：

$$S_v = \frac{V_0 - V_1}{V_0} \times 100\%$$

式中　V_0——试样的原始体积；

　　　V_1——试样干燥后或烧成后的体积。

由于干燥线收缩是以试样干燥前的原始长度为基础，而烧成收缩是以试样干燥后的长度为基准，因此黏土试样的总收缩 S_t 并不等于干燥线收缩 S_1 与烧成线收缩 S_{lf} 之和。其间的数学关系如下：

$$S_{lf} = \frac{S_t - S_{ld}}{100 - S_{ld}} \times 100\%$$

测定收缩是研制模型及制作生坯尺寸放尺的依据。坯体的配方不同，其收缩也不同。在干燥与烧成中，收缩太大将由于应力而导致坯体开裂。此外，同一个坯体水平收缩与垂直收缩，上部与底部的收缩也略有不同，在制模时应予以注意。

7)烧结温度与烧结范围。黏土是多种矿物组成的物质。它没有固定的熔点，而是在相当大的温度范围内逐渐软化。一般说来，当温度超过 800℃ 后，黏土试样体积开始剧烈收缩，气孔率开始明显减少。这种开始剧烈变化的温度称为开始烧结温度(图 1-1-2 中 T_1)。温度继续升高，至一定值时，开口气孔率降至最低，收缩率达到最大，试样致密度最高。此相应的温度称为完全烧结温度或简称烧结温度(图 1-1-2 中的 T_2)。若继续升高温度，试样将因液相不断增多，以至于不能维持试样原有形状而变形，其对应的最低温度称为软化温度(图 1-1-2 中 T_3)。

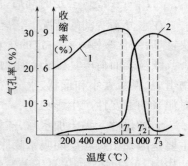

图 1-1-2　黏土加热过程气孔率
和收缩率的变化
1—气孔率；2—收缩率

烧结范围是指完全烧结温度 T_2 与软化温度 T_3 之间的温度范围。

从生产控制来考虑，希望黏土的烧结范围宽些。黏土的烧结范围主要决定于黏土中所含熔剂矿物的种类和数量。优质高岭土的烧结范围可达 200℃，不纯黏土约为 150℃，伊利石类黏土仅 50℃～80℃。

8)耐火度。耐火度是指材料在高温作用下达到特定软化程度时的温度。它反映了材料抵抗高温作用的性能。黏土的耐火度主要取决于化学组成。一般随 Al_2O_3 含量的增加而提高，随杂质含量增加，尤其是随 Fe_2O_3 和碱金属氧化物含量的增加而显著降低。

耐火度的测定是将一定细度的原料制成一截头三角锥(高 30mm、下底边长 8mm、上顶边长 2mm)，在一定的升温制度下，测出三角锥顶端软化下弯至锥底平面时的温度即黏土原料的耐火度，如图 1-1-3 所示。

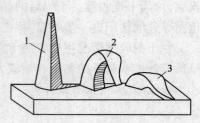

图 1-1-3　三角锥弯倒情况
1—三角锥原貌；2—三角锥顶点
与底面接触；3—三角锥弯倒过大

(4)黏土质工业废渣

某些工业废渣(如:赤泥、粉煤灰、煤矸石等)其化学成分与黏土相近,因此,它们可代替天然黏土作硅酸盐工业生产的原料。

赤泥是制铝工业中用烧结法从矾土中提取氧化铝时所排出的赤色工业渣。每生产 1t 氧化铝约产生 1.5~1.8t 赤泥。赤泥含有大量的硅酸二钙,赤泥含碱、TiO_2 均较高。其化学成分随矾土化学成分不同而异,且经常随之波动,生产中应及时调整配料并保证生料的均化。

煤矸石是采煤时排出的含煤量较少的黑色废石,其烧后呈粉红色。粉煤灰是发电厂排出的工业渣。它们一般含氧化铝较高,含硅较低。使用煤矸石或粉煤灰时也要注意其成分的的波动。

(5)黏土原料的作用

黏土是硅酸盐水泥、陶瓷和耐火材料生产的主要原料之一。在硅酸盐水泥生产中,黏土原料主要提供 SiO_2、Al_2O_3 以及 Fe_2O_3 等成分。衡量黏土质量主要有黏土的化学成分(硅率、铝率)、含砂量、含碱量以及黏土的可塑性、热稳定性、正常流动度的需水量等工艺性能。质地较纯的高岭土可用于制造无碱玻璃、仪器玻璃。

在硅酸盐水泥生产中,通常生产 1t 水泥熟料需要 0.3~0.4t 黏土质原料。为便于配料又不掺硅质校正原料,要求黏土质原料的 SiO_2 与 Al_2O_3 和 Fe_2O_3 之和之比为 2.5~3.5(最好为 2.7~3.1),Al_2O_3 与 Fe_2O_3 之比为 1.5~3.0,此时氧化硅含量相应为 55%~72%。如果黏土的 SiO_2 与 Al_2O_3 和 Fe_2O_3 之和之比值过高,大于 3.5 时,则可能是含粗砂(粒径大于 0.1mm)过多的砂质土;如果 SiO_2 与 Al_2O_3 和 Fe_2O_3 之和之比值小于 2.3~2.5,则是以高岭石为主要矿物的黏土,配料时除非石灰石含有较高的氧化硅,否则就要添加难磨难烧的硅质校正原料。如黏土 Al_2O_3 与 Fe_2O_3 之比不符合要求时,也要加校正原料。

通常黏土应尽量不含碎石、卵石。粗砂含量应小于 5.0%。当湿法生产时,可用淘泥机淘洗分散成泥浆,此时,粗砂含量可略为放宽。含有一定细粒(小于 40~50μm)石英的黏土,它的硅率较高,可以不用硅质校正原料,而且石英颗粒的粒径已接近水泥生产要求,不会给粉磨与煅烧带来特别困难。河流沉积生成的黏土,往往含砂量多而粗,且不稳定,使用时应注意。

黏土中一般均含有碱,由云母、长石等风化、伴生、夹杂而带入。风化程度大的,一般碱含量低;反之,碱含量就高。为使熟料中碱含量小于 1.3%,应控制黏土中碱含量小于 4.0%;当生产低热硅酸盐水泥,或用悬浮预热器窑、窑外分解窑生产硅酸盐水泥时,则要求降低黏土的碱含量。低热水泥熟料中,当有低碱要求时,碱含量以 $Na_2O + K_2O$ 计,小于 1.0%。悬浮预热器窑用生料中碱含量($Na_2O + K_2O$)应不大于 1.0%。当使用含碱量较高的窑灰入窑,或用钾含量较高的原料同时制造硅酸盐水泥熟料和钾肥时,应采取必要的措施和工艺,使熟料煅烧时钾能充分挥发,保证熟料中钾含量符合正常要求。

黏土中的氧化镁含量应小于 3.0%。

黏土的工艺性能对水泥生产影响较大,如黏土的可塑性对成球质量影响很大。对立波尔窑或立窑,生料都需要成球。而料球的大小、强度、均齐程度、抗炸裂性(热稳定性)等,对立窑或立波尔窑加热机内的通风阻力、煅烧均匀程度等都有直接影响,特别是立波尔加热机对成球质量更为敏感。要求生料球在输送和加料过程中不碎裂,煅烧过程中仍有一定强度,热稳定性良好,才能保证窑的正常生产,否则,会恶化窑的煅烧。通常可塑性好的黏土,生料易于成球,料球强度较高,入窑后不易炸裂,热稳定性好。立波尔窑和立窑用黏土的可塑性指数应不小于 12。

因黏土具有独特的可塑性与结合性,调水后成为软泥,能塑造成型,烧后变得致密坚硬。

这样一种性能,构成了陶瓷生产的工艺基础,赋予陶瓷以成型性能与烧成性能以及一定的使用性能。因而它是陶瓷生产的基础原料。

对于含游离石英较多、颗粒又粗、有机物很少的黏土,其可塑性差,使坯料成型困难,干燥后强度低,影响上釉操作。所以工厂多采用淘洗法(也可用水力施流器)将黏土中的石英颗粒除去。若在原料细碎和配方上采取措施,也可不经淘洗工序,将含石英多的黏土直接配料,这样可提高原料利用率和降低成本。

黏土中含铁矿物有针铁矿($HFeO_2$)、褐铁矿($HFeO_2 \cdot nH_2O$)、赤铁矿(Fe_2O_3)、黄铁矿(FeS_2)、菱铁矿($FeCO_3$)等。它们有的呈结核状,有的呈浸染状或网络状分布于黏土中。结核状铁质矿物可用淘洗等方法清除。如果分散度大则往往采用电磁选矿法除铁。黏土原料中的铁质不仅影响产品烧后色泽,也严重影响着制品的介电性能、化学稳定性等。

黏土中混杂的碳酸盐矿物主要是方解石($CaCO_3$)、菱镁矿($MgCO_3$)。混入的硫酸盐主要是石膏($CaSO_4 \cdot 2H_2O$)、明矾石($K_2SO_4 \cdot Al_2(SO)_4 \cdot 6H_2O$)及可溶性硫酸盐 K_2SO_4、Na_2SO_4 等。碳酸盐在高温下分解产生 CaO、MgO 起熔剂作用,能降低陶瓷的烧成温度。硫酸盐在氧化气氛中的分解温度较高,容易引起坯泡。石膏还会和黏土熔化形成绿色玻璃质熔洞。

含碱矿物如长石类、云母类等,它们的熔剂作用强烈,会降低烧结温度,但影响黏土可塑性。

在陶瓷工厂中为了获得成型性能良好的坯料,除了选择适当的黏土外,还常将黏土原矿淘洗、风化,坯料经过陈腐、加入无机或有机塑化剂(如胶体 SiO_2、$Al(OH)_3$、羧甲基纤维素等)。若要降低坯料的可塑性以减少收缩,可加入非塑性原料,如石英、熟料、瓷粉、瘠性黏土等。

1.1.3 石英类原料

(1)石英类原料的种类和性质

石英是自然界中构成地壳的主要成分。部分以硅酸盐化合物状态存在,构成各种矿物岩石。另一部分则以独立状态存在,成为单独的矿物实体。虽然它们的化学成分相同,均为 SiO_2,但由于造岩成矿的条件不同,而有许多种状态和同质异形体;又由于成矿之后所经历的地质作用不同,而呈现出多种状态。从最纯的结晶态二氧化硅(水晶)到无定形的二氧化硅(蛋白石)均属于它的范畴。不同的工业部门和科技领域,只能依据自身的要求,从不同的角度去研究和利用它们。对于硅酸盐工业,石英是一种主要的不可缺少的基本原料。

普通结晶状的二氧化硅矿石通称石英。

水晶:最纯的石英晶体称为水晶。外形呈六方柱锥体,无色透明或被微量元素染成一定的色泽。水晶在自然界蕴藏量不多,产出很少,不作硅酸盐原料使用。

脉石英:在石英的成矿作用过程中,除了极少数的二氧化硅结晶为水晶之外,大量的二氧化硅热水溶液填充在岩石裂隙之间,冷凝之后成为致密块状结晶态石英,或者凝固为玻璃态石英,并呈矿脉状产出,这种石英称为脉石英。外观颜色纯白,半透明,呈油脂光泽,断口呈贝壳状。脉石英的 SiO_2 含量高(SiO_2 大于 99%),杂质少。

石英岩(硅石):由单一的硅酸凝胶胶结的砂岩,经过变质作用,脱水之后其中的石英颗粒再结晶长大,断面变得致密,硬度提高,这种状态的石英称为石英岩。石英岩含有一定量的杂质,SiO_2 含量为 97% 左右。

砂岩:是由黏土或其他物质胶结细粒二氧化硅晶体的水成岩石称为砂岩。根据胶结物不同分为黏土质砂岩(含 Al_2O_3 较多)、长石质砂岩(含 K_2O 较多)、钙质砂岩(含 CaO 较多)。砂岩外观多呈淡黄色、淡红色,铁染现象严重的呈红色。SiO_2 含量小于 95%。

石英砂:石英砂又称硅砂,是石英岩、长石等受水、碳酸酐以及温度变化等作用,逐渐分解风化由水流冲击沉积而成。质地纯净的硅砂为白色,一般硅砂因含有铁的氧化物和有机质,故多呈淡黄色、浅灰色或红褐色。

优质的硅砂是理想的玻璃工业原料。硅砂的质量主要由其化学组成、颗粒组成和矿物组成来评定。硅砂的成分主要是 SiO_2,并含有少量的 Al_2O_3、K_2O、Fe_2O_3、Cr_2O_3、TiO_2 等杂质。

除上述一些石英之外,成矿过程中由于溶液沉积作用,使 SiO_2 填充在岩石裂隙中,形成隐晶质的玉髓和燧石,玉髓呈钟乳状、葡萄状产出,燧石呈结核状与瘤状产出,玛瑙是由玉髓与石英或蛋白石构成。

自然界中尚存在有无定形的非晶质 SiO_2,如外观为致密块状或钟乳状的蛋白石($SiO_2 \cdot nH_2O$),由硅藻的遗骸沉积所形成的硅藻土(含水 SiO_2)等。

(2)石英的组成

石英化学成分为 SiO_2,常含有少量杂质成分,如 Al_2O_3、Fe_2O_3、CaO、MgO、TiO_2 等。这些杂质是成矿过程中残留的其他夹杂矿物带入的。这些夹杂矿物主要有碳酸盐(白云石、方解石、菱镁矿等)、长石、金红石、板铁矿、云母、铁的氧化物等。此外,尚有一些微量的液态和气态包裹物。

(3)石英在加热过程中的晶型转变

石英是由 $[SiO_4]^{4-}$ 互相以顶点连接而成的三维空间架状结构。连接后在三维空间扩展,由于它们以共价键连接,连接之后又很紧密,因而空隙很小,其他离子不易侵入网穴中,致使晶体纯净,硬度与强度高,熔融温度也高。

二氧化硅有许多结晶型态和一个玻璃态。按照 $[SiO_4]^{4-}$ 的连接方式,石英有三种存在状态:石英:870℃以下;方石英:1 713℃以下;鳞石英:1 470℃以下。

超过 1 713℃变为熔融态石英。

最常见的晶态是:α-石英、β-石英;α-鳞石英、β-鳞石英、γ-鳞石英;α-方石英、β-方石英。石英在自然界中大部分以 β-石英的形态稳定存在,只有很少部分以鳞石英或方石英的介稳状态存在。

根据不同的条件与温度,从常温开始逐渐加热直至熔融,这三种状态之间经过一系列的晶型转化趋向稳定,在转化过程中可以产生八种变体。这些晶态在一定温度和其他条件下,型态、结构会互相转化。在型态转化的同时,体积会发生变化。一般说来,石英原料在温度升高时,它的密度减小,结构松散,体积膨胀;当冷却时,它的密度增大,体积收缩。根据不同型态二氧化硅密度的变化可以计算出转化时的体积效应。其转化过程及体积变化如图 1-1-4 所示。

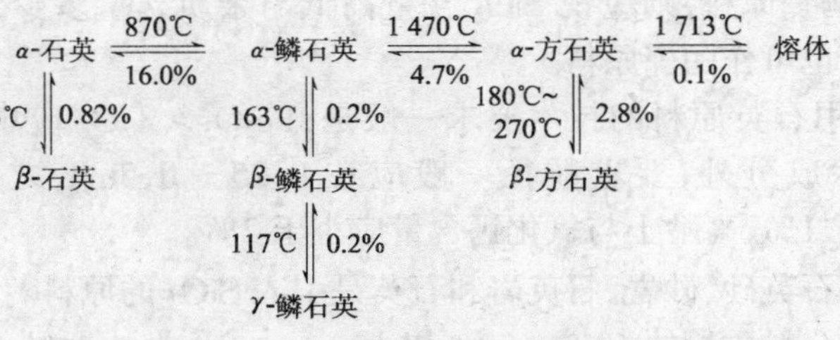

图 1-1-4　石英晶型和体积变化情况

上述转化分为两种情况：

一是高温型的迟缓转化(图中的横向转化)。这种转化由表面开始逐步向内部进行，转化后发生结构变化，形成新的稳定晶型，因而需要较高的活化能。转化进程缓慢，转化时体积变化较大，并需要高的温度与较长的时间。细磨的矿化剂或助熔剂可加速其转化。

二是高低温的迅速转化(图中纵向转化)。这种转化进行迅速，转化是在达到转化温度之后，晶体表里瞬间同时发生的，转变结构不发生特殊变化。因而转化较容易进行，体积变化不大，转化是可逆的。

石英的晶型变化规律可用于指导硅砖、陶瓷和玻璃制品的生产及使用。重建性转变即 α-石英、α-鳞石英、α-方石英间的转变，尽管体积变化大，但由于转化速度慢，对制品的稳定性影响并不大。位移性转即纵向系列间的转变，比如 α-鳞石英、β-鳞石英和 γ-鳞石英之间的转变，由于其转变速度快，较小的体积变化就可能由于不均匀应力而引起制品开裂，影响产品质量。因此，硅砖生产中加入矿化剂的目的就是为了提高产品中鳞石英含量，减少方石英生成量，以减少位移性转变所相起的体积变化。

掌握石英的晶型转化规律对于指导生产具有重要的实际意义。一方面，在使用石英类制品时，可以通过控制升温和冷却速率，来避免体积效应引起的开裂；另一方面，利用其热膨胀效应，比如将石英原料在 1 000℃进行预烧，又有利于石英类原料的破碎。

(4)石英原料的作用

在硅酸盐水泥生产中，当氧化硅含量不足时，需掺加硅质校正原料。常用的有砂岩、河砂、粉砂岩等。一般要求硅质校正原料的氧化硅含量为 70%～90%。大于 90% 时，由于石英含量过高，难于粉磨与煅烧，很少采用。河砂的石英结晶更为完整粗大，只在无砂岩等矿源时才采用。最好采用风化砂岩或粉砂岩，其氧化硅含量不太低，但易于粉磨，对煅烧影响较小。

在陶瓷产品烧成过程中，二氧化硅的体积膨胀可以起着补偿坯体收缩的作用。在冷却过程中，若在熔体固化温度以下降温过快，坯体中未反应的石英剧烈收缩，容易导致开裂，影响产品的热稳定性和机械强度。此外，高温下石英部分地溶解于液相中，增加熔体的黏度，而未溶解的石英颗粒构成坯体的骨架，减少变形的可能性。由于石英属瘠性原料，因而可减小坯体的干燥收缩和缩短干燥时间。

脉石英的二氧化硅含量高，杂质少，是生产日用细瓷的良好原料。杂质少的石英岩也可做生产日用细瓷的良好原料，由于其含有一定量的杂质，通常是制造一般陶瓷制品的良好原料。

自然界中尚存在有无定形的非晶质 SiO_2，如外观为致密块状或钟乳状的蛋白石($SiO_2 \cdot nH_2O$)，由硅藻的遗骸沉积所形成的硅藻土(含水 SiO_2)等，可作多孔陶瓷原料使用。

鹅卵石如用作陶瓷原料，则应视 SiO_2 含量高低与杂质含量多少，粉碎的难易程度决定。此外，质量好的燧石也可作陶瓷原料。

陶瓷生产中使用石英原料的技术要求一般是：$Fe_2O_3 + TiO_2$ 应小于 0.5%，SiO_2 应大于 97%。对石英砂，除成分外，要求粒径一般应在 0.25～0.5mm 之间，SiO_2 不小于 95%，$Fe_2O_3 + TiO_2$ 应小于 1%，高龄土与氧化钙含量应小于 2%。

在玻璃生产中，石英砂、砂岩、石英岩和石英是引入 SiO_2 的原料。它们在一般日用玻璃中的用量较多，约占配合料质量的 60%～70% 以上。

二氧化硅是形成玻璃的重要氧化物，以硅氧四面体[SiO_4]的结构组元形成不规则的连续网络,成为玻璃的骨架。

　　单纯的 SiO_2 可以在 1 800℃以上的高温下,熔制成石英玻璃(SiO_2 的熔点为 1 713℃)。在钠-钙-硅酸盐玻璃中提高 SiO_2 含量能降低玻璃的热膨胀系数,提高玻璃的热稳定性、化学稳定性、软化温度、耐热性、硬度、机械强度、黏度和透紫外光性。但其含量高时,就需要较高的熔融温度,而且可能导致析晶。

　　石英砂的主要成分是 SiO_2,常含有:Al_2O_3、TiO_2、CaO、MgO、Fe_2O_3、Na_2O、K_2O 等杂质。Al_2O_3、MgO、Na_2O、K_2O、CaO 是一般玻璃的组成氧化物,Na_2O、K_2O、CaO 和一定含量以下的 Al_2O_3、MgO 对玻璃的质量并无影响,特别是 Na_2O、K_2O 还可以代替一部分价格较贵的纯碱,但它们的含量应当稳定。一级的石英砂,Al_2O_3 的含量不大于 0.3%。Fe_2O_3、Cr_2O_3、V_2O_5、TiO_2 能使玻璃着色,降低玻璃的透明度,是有害杂质。不同玻璃制品对石英砂允许的有害杂质含量大致如下:

玻璃种类	允许 Fe_2O_3 含量(%)	允许 Cr_2O_3 含量(%)	允许 TiO_2 含量(%)
高级晶质玻璃	<0.015		
光学玻璃	<0.01	<0.001	<0.05
无色器皿	<0.02	<0.001	<0.10
磨光玻璃	<0.03	<0.002	
窗玻璃	0.10~0.2		
电灯泡	<0.05		
化学仪器、保温瓶、药用玻璃	<0.10		
半白色瓶罐玻璃	<0.30		
暗绿色瓶罐玻璃	<0.5		

　　石英砂颗粒度与颗粒组成,是重要的质量指标。颗粒大时会使熔化困难,并常常产生结石、条纹等缺陷。细的石英砂熔化速度快,但过细的砂容易飞扬、结块,使配合料不易混合均匀,同时过细的砂常含有较多的黏土,而且由于其比表面大,附着的有害杂质也较多。细砂在熔制时虽然玻璃的形成阶段可以较快,但在澄清阶段却多费很多时间;当往熔炉中投料时,细砂容易被燃烧气体带进蓄热室,堵塞格子体,同时也使玻璃成分发生变化。一般来说,易于熔制的软质玻璃、铅玻璃,石英砂的颗粒可以粗些;硼硅酸盐、铝硅酸盐,低碱玻璃,石英砂的颗粒应当细一些;池炉用石英砂稍粗一些;坩埚炉用石英砂则稍细一些。通过生产实践,认为池炉熔制的石英砂最适宜的颗粒尺寸一般为 0.15~0.8mm 之间。而 0.25~0.5mm 的颗粒不应少于 90%,0.1mm 以下的颗粒不超过 5%。采用湿法配合料,配合料粒化或制块时,可以采用更细的石英砂。

　　矿物组成也是衡量石英砂质量的一项指标,它与确定矿源和选择石英砂精选的方法有关。石英砂中磁铁矿、褐铁矿、钛铁矿、铬铁矿是有害杂质。蓝晶石、硅线石等,熔点高、化学性质稳定,难以熔化,在熔制时容易形成疙瘩、条纹和结石。

　　优质的石英砂不需要经过破碎粉碎处理,成本较低,是理想的玻璃原料。含有害杂质较多的砂,不经浮选除铁,不宜采用。

　　砂岩、石英岩硬度高(莫氏七级),使用时一般需经过破碎、粉碎、过筛等加工处理,有时还要经过煅烧,再进行破碎、粉碎处理。

脉石英主要用做石英玻璃的原料。

1.1.4 长石类原料

(1)长石的种类与性质

长石是一族矿物的总称,是架状硅酸盐结构。化学成分为不含水的碱金属与碱土金属铝硅酸盐,主要是钾、钠、钙和少量含钡的铝硅酸盐,有时含有微量的铯、铷、锶等金属离子。

自然界中,长石是一种常见的造岩矿物,可以独立存在,也可成为其他岩石的组成部分,因而在地壳中分布广泛,蕴藏量丰富,约占地壳总质量的 50%。一般纯的长石较少,多数是以各类岩石的集合体产出,共生矿物有石英、云母、霞石、角闪石等,其中云母(尤其黑云母)与角闪石为有害杂质。我国著名的长石产地有山西的忻县、湖南的平江、辽宁的海城等。

根据架状硅酸盐的结构特点,主要构成四种基本类型的长石,见表 1-1-3 所示。

表 1-1-3 长石类的矿物组成与物理性质

名 称	化学通式	理论化学组成（%）						晶系	比 重	颜 色
		SiO_2	Al_2O_3	K_2O	Na_2O	CaO	BaO			
钾长石	$K_2O \cdot Al_2O_3 \cdot 6SiO_2$	64.7	18.4	16.9	—	—	—	单斜	2.56~2.59	浅红、浅黄、灰白色含铁
钠长石	$Na_2O \cdot Al_2O_3 \cdot 6SiO_2$	68.8	19.4	—	11.8	—	—	三斜	2.6~2.65	长石呈蔷薇色
钙长石	$CaO \cdot Al_2O_3 \cdot 2SiO_2$	43.3	36.6	—	—	20.1	—	三斜	2.74~2.76	灰、白色带黄
钡长石	$BaO \cdot Al_2O_3 \cdot 2SiO_2$	32.0	27.12	—	—	—	40.88	单斜	3.37	无色、白色或灰色

上述四种长石以前三种居多,后一种较少。它们之间因结构关系彼此可以混合形成固溶,钾长石与钠长石在高温时可以互溶,温度降低时分离(900℃以下)。钠长石与钙长石可按任意比例互溶,低温下也不分离。钾长石与钙长石在任何情况下也不互溶,两者永远分离。上述互溶情况可用图 1-1-5 说明。

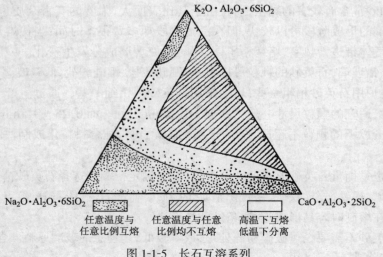

图 1-1-5 长石互溶系列

由于长石的这种互溶特性,地壳中单一的长石很少,多数是几种长石的互溶物。其中最重要的矿物有下列两类:

1)正长石。正长石是指解理面交角为 90°(正角)的长石,属单斜晶系,成分上是钾长石或钾钠长石。解理角稍小于 90°(少 20′)的称为微斜长石(有钾微斜长石、钠微斜长石),属三斜晶系。这类长石以钾长石为主并含有一定量的钠长石(30% 以下,超过 30% 的为纹长石),外观多数为肉红色、粉红色(属铁的均匀着色),有的呈灰白色、淡黄色等。

2)斜长石。斜长石是钠长石与钙长石的互熔物,一般含钙长石在 10% 以下的称为钠长石,含钠长石在 10% 以下的称为钙长石,这中间比例的互熔物统称为斜长石。斜长石外观为白色或浅灰色,比重 2.62～2.76,硬度为 6。

(2)长石类原料的应用

长石类矿物是玻璃和陶瓷工业的主要原料之一,硅酸盐水泥生产中不用此类原料。

1)长石类原料在陶瓷生产中的作用。在陶瓷生产中,这类原料作为熔剂物质,能降低陶瓷产品的烧成温度。它和石英等原料高温熔化后所形成的玻璃态物质又是釉层的主要成分。我们知道,纯高岭石和石英完全熔化的温度都在 1 700℃ 以上。从 Al_2O_3-SiO_2 系统相图来看,出现液相的温度也接近 1 600℃。通过长石引入碱性氧化物可以降低从 Al_2O_3-SiO_2 系统的液相出现温度。例如 K_2O-Al_2O_3-SiO_2 系统中三元低共熔点为(985 ± 20)℃,说明加入长石后,陶瓷坯体组分熔化温度会降低。

高温下生成的长石玻璃能溶解黏土及长石等原料。在液相中 Al_2O_3 和 SiO_2 互相作用,促进莫来石晶体的形成和长大。长石熔化后形成的液相能填充坯体孔隙,增大致密度,提高产品的机械强度、透光性和介电性能。

此外,长石原料为瘠性物质,可提高坯体的干燥速度。

2)陶瓷生产中长石的代用原料。长石虽然是地壳中较普遍的一种矿物,但适用于陶瓷工业的钾长石并不多。而且为了充分利用地方原料,降低成本,也需要采用长石的代用品。常用的代用品主要有以下几种:

①伟晶花岗岩。它是由石英与长石组成的矿物。石英成分波动较大。用于陶瓷工业中石英的含量不能太多,不超过 30%。

②霞石正长岩。它的矿物组成主要为长石类(正长石、微斜长石、钠长石)及霞石的固溶体。次要矿物为辉石、角闪石等。霞石正长岩在 1 060℃ 左右开始熔化,随着碱含量的不同,在 1 150℃～1 200℃ 范围内完全熔融。正长岩不含或很少含游离石英,而且高温下能溶解石英使熔液黏度提高。因而制得的产品不易变形、热稳定性好。但它的含铁量往往较多,需要精选。

③酸性玻璃熔岩。这类原料属火山玻璃质岩石,主要由玻璃质组成,含 SiO_2 较多,一般为 65%～75%。它们的碱金属氧化物含量较高(可达 8%～9%),铁和钛等着色氧化物较少。这类熔岩包括珍珠岩、松脂岩、黑曜岩等。我国浙江、河北、辽宁、内蒙古等地均产这类熔岩。

④含锂矿物。有经济价值的含锂矿物主要有锂辉石、锂云母、透锂长石、磷铝锂石等。

含锂矿物是优良的熔剂。锂的化学活性比钠、钾高。Li_2O 的分子量比 Na_2O、K_2O 都低得多。用 Li_2O 置换等重量的 Na_2O、K_2O,则 Li_2O 的分子数比 Na_2O、K_2O 分子数多,所以其熔剂作用强。此外,锂质溶液溶解石英的能力也比钾、钠长石熔液要大,可降低釉的膨胀系数。还可使其流动性增大、光泽度提高、表面张力减小、软化温度和熔融温度均降低,可以缩短烧成及熔融的时间。用含锂原料配坯时,除可提高其热稳定性外,还具有矿化剂的作用,降低烧结温度,提高产品密度和强度。

我国已陆续发现含锂原料的矿源,如:新疆、湖南、河南、江西、四川等地,在有色金属的尾矿中含有锂辉石或锂云母。

3)陶瓷生产中对使用长石的技术要求是:$K_2O + Na_2O$ 总量不小于 11%,其中 $K_2O:Na_2O$ 应大于 3,$CaO + MgO$ 总量不大于 1.5%,Fe_2O_3 含量在 0.6% 以下为宜。但长石中的铁质成分有两种状态存在:一种是参与结构中的铁离子,均匀分布在晶格内,影响不大;另一种是以氧化物或硫化物的游离状态存在,如 Fe_2O_3、FeS 等,分布不均,粉碎不细时对色泽有影响。

从夹杂矿物上来看,云母与铁化物应少,尤其云母呈片状,难以粉碎,细小的鳞片状云母分布在瓷坯中,在产品表面造成斑点和熔洞。这些杂质应严格要求,使用中要进行选料和除铁处理。

长石的熔融温度应在 1 230℃ 以上,熔融温度范围应不小于 30℃ ~ 50℃,使用时要进行熔烧实验。

(3)长石类原料在玻璃生产中的作用

由于长石在提供 Al_2O_3 的同时,也引入 K_2O、Na_2O、SiO_2 等成分,减少了纯碱用量。因此,在一般玻璃的生产中得到广泛的应用。由于长石的化学成分波动较大,且常含有 Fe_2O_3,所以,质量要求较高的玻璃不采用长石配料。

玻璃生产中长石的技术要求是:Al_2O_3 大于 16%;Fe_2O_3 小于 0.3%;$R_2O(K_2O + Na_2O)$ 大于 12%。

在玻璃生产中长石的代用原料主要有高岭土、叶蜡石等。其技术要求是:

高岭土:Al_2O_3 大于 30%;Fe_2O_3 小于 0.4%;其他成分要求稳定。

叶蜡石:Al_2O_3 大于 25%;Fe_2O_3 小于 0.4%;SiO_2 小于 70%。

1.1.5 其他原料

(1)引入氧化锂的原料

氧化锂 Li_2O,分子量 29.9。Li_2O 是网络外体氧化物。它在玻璃中的作用,比 Na_2O 和 K_2O 特殊。当 O/Si 小时,主要起断键作用,助熔作用强烈,是强助熔剂,锂的离子半径小于钠、钾的离子半径;当 O/Si 大时,主要起积聚作用。Li_2O 代替 Na_2O 或 K_2O 使玻璃的膨胀系数降低,结晶倾向变小,过量 Li_2O 又使结晶倾向增加。在一般玻璃中,引入少量 Li_2O(0.1% ~ 0.5%),可以降低玻璃的熔制温度,提高玻璃的产量和质量。

引入 Li_2O 的原料,主要是碳酸锂和天然的含锂矿物。

碳酸锂 Li_2CO_3,分子量 73.9,含 Li_2O 0.46%,CO_2 59.54%,白色结晶粉末。

天然的含锂矿物主要有锂云母(含 Li_2O 6%)、透锂长石(含 Li_2O 7% ~ 10%)、锂辉石(含氧化锂 Li_2O 8%)。其中锂云母($LiF \cdot KF \cdot Al_2O_3 \cdot 3SiO_2$)易于熔化,适于做助熔剂。

(2)引入氧化钠的原料

氧化钠 Na_2O,分子量 62,密度 2.27。Na_2O 是普通玻璃的主要组分之一。它是网络外体氧化物,钠离子(Na^+)居于玻璃结构网络的空穴中。Na_2O 能提供游离氧使玻璃结构中的 O/Si 比值增加,发生断键,因而可以降低玻璃的黏度,使玻璃易于熔融,是玻璃良好的助熔剂。Na_2O 增加玻璃的热膨胀系数,降低玻璃的热稳定性、化学稳定性和机械强度,所以不能引入过

多 Na_2O，一般不超过 18%。

引入 Na_2O 的原料主要为纯碱和芒硝，有时也采用一部分氢氧化钠和硝酸钠。

1)纯碱(碳酸钠) Na_2CO_3。纯碱是引入玻璃中 Na_2O 的主要原料，分为结晶纯碱($Na_2CO_3\cdot10H_2O$)与煅烧纯碱(Na_2CO_3)两类。玻璃工业中采用煅烧纯碱。煅烧纯碱是白色粉末，易溶于水，极易吸收空气中的水分而潮解，产生结块，因此必须贮存于干燥仓库内。

纯碱的主要成分是碳酸钠(Na_2CO_3)，分子量 105.99，理论上含有 58.53% 的 Na_2O 和 41.17% 的 CO_2。在熔制时 Na_2O 转入玻璃中， CO_2 则逸出进入炉气。纯碱中常含有硫酸钠、氧化铁等杂质。含氯化钠和硫酸钠杂质多的纯碱，在熔制玻璃时会形成"硝水"。

煅烧纯碱可分为轻质和重质两种。轻质的假密度为 $0.1\sim1g/cm^3$，是细粒的白色粉末，易于飞扬、分层，不易与其他原料均匀混合。重质的假密度为 $1.5g/cm^3$ 左右，是白色颗粒，不易飞扬，分层倾向也较小，有助于配合料的均匀混合。

放置较久的纯碱，常含有 9%～10% 的水分，在使用时对其应进行水分的测定。在熔制玻璃时 Na_2O 的挥发量约为本身质量的 0.5%～3.2%，在计算配合料时应加以考虑。

对纯碱的质量要求： Na_2CO_3 大于 98%， $NaCl$ 小于 1%， Na_2SO_4 小于 0.1%， Fe_2O_3 小于 0.1%。

天然碱有时也作为纯碱的代用原料。天然碱是干涸碱湖的沉积盐，我国内蒙、青海等地均有出产。它常含有黄土、氯化钠、硫酸钠和硫酸钙等杂质，而且还含有大量的结晶水。较纯的天然碱，含碳酸钠大约为 37% 左右。天然碱对熔炉耐火材料侵蚀较快，而且其中的硫酸钙、硫酸钠，分解困难，易形成硫酸盐气泡。天然碱还易产生"硝水"。脱水的天然碱可以直接使用。含结晶水的天然碱，一般先溶解于热水，待杂质沉淀后，再将溶液加入到配合料中。在国外，天然碱都经过加工提纯后再用。

2)芒硝。芒硝分为天然的、无水的、含水的多种。无水芒硝是白色或浅绿色结晶，它的主要成分是硫酸钠(Na_2SO_4)，分子量为 142.02，比重 2.7。理论上含 Na_2O 43.7%， SO_3 56.3%。直接使用含水芒硝($Na_2SO_4\cdot10H_2O$)比较困难，要预先熬制，以除去其结晶水，再粉碎、过筛，然后使用。

无水芒硝或化学工业的副产品硫酸钠(盐饼)，884℃熔融，热分解温度较高，在1 120℃～1 220℃之间。但在还原剂的作用下，其分解温度可以降低到 500℃～700℃，反应速度也相应地加快。

还原剂一般使用煤粉，也可以使用焦炭粉、锯末等。为了促使 Na_2SO_4 充分分解，应当把芒硝与还原剂预先均匀混合，然后加入到配合料内。还原剂的用量，按理论计算是 Na_2SO_4 质量的 4.22%，但考虑到还原剂在未与 Na_2SO_4 反应前的煅烧损失以及熔炉气氛的不同性质，根据实际情况进行调整，实际上为 4%～6%，有时甚至在 6.5% 以上。用量不足时， Na_2SO_4 不能充分分解，会产生过量的"硝水"，对熔炉耐火材料的侵蚀较大，并使玻璃制品产生白色的芒硝泡。用量过多时会使玻璃中的 Fe_2O_3 还原成 FeS 和生成 Fe_2S_3，与多硫化钠形成棕色的着色团——硫铁化钠，从而使玻璃着成棕色。

硝水中除 Na_2SO_4 外，还有 $NaCl$ 与 $CaSO_4$。为了防止硝水的产生，芒硝与还原剂的组成最好保持稳定，预先充分混合，并保持稳定的热工制度。

在坩埚熔制中，如发现硝水，挖料时切勿带水进入玻璃液内，否则会发生爆炸。常用烧热的耐火砖或红砖，放在玻璃的液面上，吸收硝水，将其除去。

芒硝与纯碱比较有以下缺点：

①芒硝的分解温度高，二氧化硅与硫酸钠之间的反应要在较高的温度下进行，而且速度慢，熔制玻璃时需要提高温度，耗热量大，燃料消耗多。

②芒硝蒸汽对耐火材料有强烈的侵蚀作用，未分解的芒硝，在玻璃液面上形成硝水，也加速对耐火材料的侵蚀，并使玻璃产生缺陷。

③芒硝配合料必须加入还原剂，并在还原气氛下进行熔制。

④芒硝较纯碱含 Na_2O 量低，往玻璃中引入同样数量的 Na_2O 时，所需芒硝的量比纯碱多 34%，相对的增加了运输和加工储备等生产费用。

用纯碱引入 Na_2O 比芒硝好。但在纯碱缺乏时，用芒硝引入 Na_2O 也是一个解决的办法。由于芒硝除引入 Na_2O 外，还有澄清作用，因而在采用纯碱引入 Na_2O 的同时，也常使用部分芒硝(2%～3%)。芒硝能吸收水分而潮解，应储放在干燥有屋顶的堆场或库内，并且要经常测定其水分。

对于芒硝的质量要求：Na_2SO_4 大于 85%，$NaCl$ 小于 2%，$CaSO_4$ 小于 4%，Fe_2O_3 小于 0.3%，H_2O 小于 5%。

3)氢氧化钠($NaOH$)，俗称苛性钠，白色结晶脆性固体，极易吸收空气中的水分和二氧化碳，变为碳酸钠，易溶于水，有腐蚀性。

4)硝酸钠($NaNO_3$)，又称硝石，分子量 85，密度 2.25，含 Na_2O 36.5%。硝酸钠是无色或浅黄色六角形的结晶。在湿空气中能吸水潮解，溶解于水。熔点 318℃，加热至 350℃，则分解放出氧。继续加热，则生成的亚硝酸钠又分解放出氮和氧。

在熔制铅玻璃等需要氧化气氛的熔制条件时，必须用硝酸钠引入一部分 Na_2O。此外硝酸钠比纯碱的气体含量高，有时为了调节配合料的气体率，也常用硝酸钠来代替一部份纯碱。

硝酸钠既是引入 Na_2O 的原料，也是澄清剂、脱色剂和氧化剂。硝酸钠一般纯度较高。对它的质量要求：$NaNO_3$ 大于 98%，Fe_2O_3 小于 0.01%，$NaCl$ 小于 1%。

硝酸钠应储存在干燥的仓库或密闭箱中。

(3)引入氧化钾的原料

氧化钾 K_2O，分子量 94.2，密度 2.32。

K_2O 也是网络外体氧化物，它在玻璃中的作用与 Na_2O 相似。钾离子(K^+)的半径比钠离子(Na^+)的大，钾玻璃的黏度比钠玻璃大，能降低玻璃的析晶倾向，增加玻璃的透明度和光泽等。K_2O 常引入于高级器皿玻璃，晶质玻璃，光学玻璃和技术玻璃中。由于钾玻璃有较低的表面张力，硬化速度较慢，操作范围较长，在压制有花纹的玻璃制品中，也常引入 K_2O。

引入 K_2O 的原料，主要为钾碱(碳酸钾)和硝酸钾。

1)钾碱 K_2CO_3。玻璃工业中，采用煅烧碳酸钾，分子量 138.2，理论上含 K_2O 68.2%，CO_2 31.8%。它是白色结晶粉末，密度 2.32，在湿空气中极易潮解而溶于水，故必须保存于密闭的容器中。使用前必须测定水分。碳酸钾在玻璃熔制时，K_2O 的挥发损失，可达本身质量的 12%。

对碳酸钾的要求：K_2CO_3 大于 96%，Na_2O 小于 0.2%，$KCl+K_2SO_4$ 小于 3.5%，水不溶物小于 0.3%，水分小于 3%。

2)硝酸钾 KNO_3，又称钾硝石或火硝，分子量 101.11，理论上含 K_2O 46.6%。硝酸钾是透明的结晶，密度 2.1，易溶于水，在湿空气中不潮解，熔点 334℃，继续加热至 400℃则分解而放出氧。

硝酸钾除了往玻璃中引入 K_2O 外,也是氧化剂、澄清剂和脱色剂。对硝酸钾的要求: KNO_3 大于98%,KCl 小于1%,Fe_2O_3 小于0.01%。

(4)镁质原料

镁质原料是生产镁质耐火材料、镁质胶凝材料的主要原料,陶瓷和玻璃工业常用它作熔剂原料,水泥工业生产不用此类原料。

1)镁质原料的种类与性质。工业生产中所使用的主要是天然矿石。常用的天然镁质原料有菱镁矿、白云石、滑石等。

①白云石。白云石又叫苦灰石,是碳酸钙和碳酸镁的复盐,分子式为 $CaCO_3 \cdot MgCO_3$,理论上含 MgO 21.9%,CaO 30.4%,CO_2 47.07%。白云石属三方晶系,晶体常呈菱面体,晶面弯曲如马鞍状。一般为白色或淡灰色,含铁杂质多时,呈黄色或褐色,具有玻璃光泽。密度 2.08~2.95,硬度为3.5~4。白云石中常见的杂质是石英,方解石和黄铁矿。

遇稀盐酸微微起泡。白云石的分解温度在 730℃~1 000℃之间,在750℃左右白云石分解为游离氧化镁与碳酸钙,950℃左右碳酸钙分解。

②菱镁矿。亦称菱苦土。天然菱镁矿属三方晶系。常含有铁、钙、锰等杂质。颜色由白色到暗灰、黄或肉红色,有玻璃光泽。它的主要成分是碳酸镁 $MgCO_3$,分子量84.39,理论上含 MgO 47.8%,CO_2 52.1%。菱镁矿含 Fe_2O_3 较高。密度为2.9~3.1,硬度为4~4.5。与冷盐酸不起作用,与热盐酸则剧烈起泡。菱镁矿在 350℃~400℃即开始分解,但速度缓慢。640℃起分解作用显著,800℃~850℃迅速分解。

③滑石。滑石是天然的含水硅酸镁矿物。它的化学通式为:$3MgO \cdot 4SiO_2 \cdot H_2O$,其理论化学组成为:$MgO$ 31.9%,SiO_2 63.4%,H_2O 4.7%。它有脂肪光泽,手摸有滑腻的感觉。外观呈块状、片状或带矿脉的集合体。颜色有白色、浅黄、浅绿、灰白色等。硬度小,莫氏硬度为1~2,密度2.7~2.8。和滑石共同形成的矿物,有的形态和它接近,如白云石 $CaCO_3 \cdot MgCO_3$、菱镁矿 $MgCO_3$、绿泥石 $9MgO \cdot 3Al_2O_3 \cdot 5SiO_2 \cdot 8H_2O$、蛇纹石 $3MgO \cdot 2SiO_2 \cdot 2H_2O$ 等;也有和它相差较远的如黄铁矿、磁铁矿等,后面这几种是有害的杂质。

由滑石组成具片状结构的变质岩石叫做滑石片岩,其中滑石含量多在75%以上。结构非常致密的滑石片岩叫作块滑石。它通常有粒状结构。滑石的特征是沿一定方向解理,所以多半呈鳞片状。滑石一般在600℃左右开始脱水,880℃~970℃范围内结构水完全排出,变为原顽火辉石。

2)镁质原料的应用与技术要求。菱镁矿是制造电子工业用镁质瓷的原料,其他类型陶瓷坯料中较少采用它。但用它代替部分长石,可以降低坯料的烧结温度,并减少液相量。在釉料中加入 MgO,可提高釉层的弹性及热稳定性。

在陶瓷工业生产中,白云石和方解石及滑石一样,可用来配制釉料起熔剂作用,但它同时引入 CaO 和 MgO。加入白云石的釉不会乳浊,而是透明的;慢冷时釉中会析出少量针状莫来石。白云石能吸水,应储存在干燥处。

滑石是制造滑石瓷、镁橄榄石瓷的主要原料。釉面砖也可用它配料。黏土质匣钵中加入少量滑石可以提高其使用次数。釉料中加入滑石可改善釉层的弹性、热稳定性,加宽熔融范围等。

在玻璃工业生产中,白云石和菱镁矿是引入 MgO 的主要原料。MgO 在钠钙硅酸盐玻璃中是网络体外氧化物。玻璃中以 MgO 代替部分 CaO,可降低玻璃的硬化速度,改善玻璃的成型性能。MgO 还能降低结晶倾向和结晶速度,增加玻璃的高温黏度,提高玻璃的化学稳定性和机械强度。由于菱镁矿含 Fe_2O_3 较高,一般首选白云石作为引入 MgO 的原料。在用白云石引入 MgO 的量不足时,才使用菱镁矿。对白云石的品质要求是:MgO 大于 20%,CaO 小于 32%,Fe_2O_3 小于 0.15%。有时也使用沉淀碳酸镁来引入 MgO,它与沉淀碳酸钙相似,优点是杂质较少,缺点是质轻,易飞扬,不易使配合料混合均匀。

在耐火材料工业,高温煅烧菱镁石、白云石可获得 MgO(也称方镁石)或 CaO 和 MgO,由于其晶格能和熔点都很高,可用以生产普通镁砖、直接结合镁砖等以 MgO 为主要晶相的镁质耐火制品或者以 CaO 和 MgO 为主要成分的白云石耐火材料。电熔菱镁石可得到高纯度的方镁石,用以制造高级镁质耐火材料。

菱镁矿和白云石等镁质原料,经适当温度煅烧使其分解,可获得活性较高的 MgO,这种 MgO 与水或氯盐作用产生较高的强度。因此,又称其为镁质胶凝材料(或镁水泥)。

(5)引入氧化钡的原料

1)氧化钡 BaO,分子量 153.4,密度 5.7。

BaO 是由硫酸钡和碳酸钡来引入的。

①硫酸钡 $BaSO_4$,分子量 233.4,密度 4.5~4.6,白色晶体。天然的硫酸钡矿物称为重晶石,含有石英、黏土、铁的化合物等。

对硫酸钡的要求:$BaSO_4$ 大于 95%,SiO_2 小于 1.5%,Fe_2O_3 小于 0.5%。

②碳酸钡 $BaCO_3$,分子量 197.4,密度 4.4。它是无色的细微六角形结晶,天然的称毒重石。对碳酸钡的要求:$BaCO_3$ 大于 97%,Fe_2O_3 小于 0.1%,酸不溶物小于 3%。

2)氧化钡的作用。BaO 也是二价的网络外体氧化物。它能增加玻璃的折射率、密度、光泽和化学稳定性。少量的 BaO(0.5%)能加速玻璃的熔化,但含量过多时,由于产生 $2BaO + O_2 \rightarrow 2BaO_2$ 反应,使澄清困难。含 BaO 玻璃吸收辐射线的能力较大,但对耐火材料侵蚀较严重。BaO 常用于高级器皿玻璃、化学仪器、光学玻璃、防辐射玻璃等之中。瓶罐玻璃中也常加入 0.5% 的 $BaSO_4$,作为助熔剂和澄清剂。

在制造光学玻璃时,有时用硝酸钡 $Ba(NO_3)_2$ 或氢氧化钡 $Ba(OH)_2$ 来引入 BaO。含钡原料都有毒性,使用时应注意。

在硅酸盐水泥生产中,BaO 可以稳定 β-C_2S。

(6)引入氧化锌的原料

1)氧化锌 ZnO,分子量 81.4,密度 5.6。

引入 ZnO 的原料为锌氧粉和菱锌矿。

①锌氧粉。锌氧粉即氧化锌 ZnO,也称锌白,是白色粉末。氧化锌一般纯度较高,要求 ZnO 大于 96%,并不应含铅、铜、铁等化合物的杂质。锌氧粉颗粒较细,在配制时易结团块,使配合料不易混合均匀。对 ZnO 的要求:ZnO 大于 96%,水溶性盐小于 1.5%,水分小于 0.196。盐酸不溶物小于 0.25%。

②菱锌矿。菱锌矿的主要成分是碳酸锌 $ZnCO_3$,理论上含 ZnO 64.9%,CO_2 35.1%,常含有 SiO_2 等杂质,原矿精选后,可以直接使用。

2)氧化锌的作用。ZnO 是中间体氧化物,在一般情况下,以锌氧八面体 $[ZnO_6]$ 作为网络外体氧化物,当玻璃中的游离氧足够时,可以形成锌氧四面体 $[ZnO_4]$ 而进入玻璃的结构网络,使玻璃的结构更趋稳定。ZnO 能降低玻璃的热膨胀系数,提高玻璃的化学稳定性、热稳定性和折射率。在氟乳浊玻璃中,ZnO 能增加乳白度和光泽。在硒镉着色的玻璃中,ZnO 能阻止硒的大量挥发,并有利于显色。在铅玻璃中加入 $3\% \sim 5\%$ 的 ZnO,可以消除其主要缺陷——条纹。一般玻璃中含 ZnO 不超过 $5\% \sim 6\%$,用量过多时会使玻璃易于析晶。

ZnO 主要用于光学玻璃,化学仪器玻璃,药用玻璃,高级器皿玻璃,微晶玻璃,低熔点玻璃,乳白玻璃和硒与硫化镉着色的玻璃中。

(7)引入氧化铅的原料

1)氧化铅 PbO,分子量 223.0,密度 $9.3 \sim 9.5$。

引入 PbO 的主要原料为铅丹和密陀僧。

①铅丹(四氧化三铅 Pb_3O_4)是橙红色粉末,又称红丹,分子量 685.6,密度 9.07,理论上含 PbO 97.7%,O_2 2.3%。加热至 550℃ 以上则分解放出氧。

铅丹中常含有 SiO_2,Al_2O_3,Fe_2O_3 以及 Pb,Cu 等杂质。对铅丹的要求:Pb_3O_4 大于 95%,Fe_2O_3 小于 0.03%,SiO_2 小于 0.3%。铅易被还原,必须在氧化气氛中熔制。

②密陀僧又称黄丹,即一氧化铅 PbO,它是黄色粉末,分子量 223.0,密度 $9.3 \sim 9.4$,常含有 Pb 等杂质,且易被还原。玻璃工业中常用红丹。

红丹和黄丹都是有毒原料,使用时应当注意。

③硅酸铅 $PbO \cdot SiO_2$,黄色颗粒,系氧化铅与石英砂混合熔融制成,含 PbO 约 85%,SiO_2 15%。硅酸铅的优点是粉尘小、杂质少,还原倾向小,在配合料中不易结团,挥发损失少,易于熔制等。

2)氧化铅的作用。PbO 是中间体氧化物,在一般情况下为网络外体,当 PbO 含量高时,铅离子(Pb^{2+})容易极化变形,或降低其配位数而居于玻璃的结构网中。PbO 能增加玻璃的比重,提高玻璃的折射率,使玻璃具有特殊的光泽,良好的电性能。铅玻璃的高温黏度小,熔制温度低,易于澄清。铅玻璃的硬度小,便于研磨抛光。

在熔制时,必须在氧化条件下进行,否则 PbO 容易还原变为金属铅,使玻璃发黑或变灰,而且金属铅沉积在坩埚底部易使坩埚穿孔。为此,在配合料中必须加入一定量的硝酸盐原料作为氧化剂。铅玻璃对耐火材料的侵蚀比较严重,需要高质量的耐火材料。

铅玻璃的化学稳定性较差,但吸收辐射线的能力很大。

PbO 主要用于生产光学玻璃,晶质器皿玻璃,灯泡芯柱玻璃,X 射线防护与防辐射玻璃,人造宝石等。

(8)引入氧化铍、氧化锶和氧化镉的原料

1)引入氧化铍的主要原料有:

氧化铍,不溶于水的白色粉末。

碳酸铍 $BeCO_3$,不溶于水的白色粉末,含 BeO 36.25%。

绿柱石 $3BeO \cdot Al_2O_3 \cdot 6SiO_2$ 是绿色结晶的天然矿物,含 BeO 13.94%。

铍化合物均有毒性,使用时应当注意。

氧化铍 BeO,分子量 25.01,是中间体氧化物。在游离氧足够时,能以铍氧四面体 $[BeO]$,参加结构网络。$[BeO_4]$ 带有电荷,彼此不能直接连接。BeO 能显著地降低玻璃的热膨胀系数,提高热稳定性及化学稳定性,增加 X 射线和紫外线的透过率,并能提高折射率和硬度。BeO 用于制造照明技术玻璃,X 射线管透射窗,透紫外线玻璃等。

2)引入氧化锶的原料有：

碳酸锶 $SrCO_3$，白色结晶，含 SrO 70.2%。天然的菱锶矿，主要成分是 $SrCO_3$。

天青石 $SrSO_4$，浅蓝色斜方形结晶或无定形的纤维状，含 SrO 56.4%。

氧化锶 SrO，分子量 103.63，是网络外体氧化物，对玻璃的作用介于 CaO 和 BaO 之间。SrO 能吸收软 X 射线，用于制造电视显象管的面板。

3)引入氧化镉的原料有：

氧化镉 CdO 褐色粉末。

氢氧化镉 $Cd(OH)_2$，白色粉末，加热即分解为 CdO 与 H_2O。镉化合物有毒性。

氧化镉 CdO，分子量 128.41，是中间体氧化物。CdO 能增加玻璃中 La_2O_3、ThO_2 的含量，提高玻璃的折射率，并使玻璃易熔，主要用于生产高折射低色散的光学玻璃。

(9)铁质原料

一般铁质原料可分为两类：一类是天然铁矿石；另一类是化工产品及其副产品，如氧化铁、硫铁矿渣、铜矿渣、铅矿渣等。

在陶瓷工业生产中所使用的是氧化铁，用做配制釉料。

在水泥工业生产中，由于所使用的黏土原料中的氧化铁含量不足，因此，绝大部分水泥厂需要使用铁质校正原料。此时铁质原料中的氧化铁含量应大于 40%。氧化铁在水泥熟料煅烧中作用主要是满足熟料矿物组成的要求，同时降低烧成温度和液相黏度，促进熟料煅烧。

(10)铝质原料

铝质原料主要用于生产高铝水泥、铝酸钙水泥、磷铝酸盐水泥、硫铝酸盐水泥、制造高铝陶瓷及高铝质耐火材料。常用的铝质原料主要有铝矾土、工业氧化铝、氢氧化铝以及硅线石族矿物。

1)铝矾土的主要成分是 Al_2O_3，常含有 Fe_2O_3、SiO_2、TiO_2 以及碳酸盐等杂质。

高铝矾土按其成因可分为沉积和风化两种类型。沉积型矾土主要由斜方晶系的一水铝石 α-$Al_2O_3 \cdot H_2O$(又称水铝石)，一水软铝石 γ-$Al_2O_3 \cdot H_2O$(也称波美石，水铝矿)等一水型矿物组成。风化型矾土主要矿物为三水铝石(又称三水铝矿)$Al_2O_3 \cdot 3H_2O$ 等。

在生产高铝水泥时，通常要求矾土中 Al_2O_3 大于 70%，SiO_2 小于 10%，Fe_2O_3 小于 1.5%，TiO_2 小于 5%，Al_2O_3/SiO_2 大于 7；采用熔融法生产时可采用低品位矾土。

耐火材料工业对高铝矾土进行等级划分的情况参见表 1-1-4。

表 1-1-4　耐火材料用铝矾土进行等级的划分

等　级	Al_2O_3(%)	Fe_2O_3(%)	CaO(%)	耐火度(℃)
特　级	>75	<2.0	<0.5	>1 770
一　级	70~75	<2.5	<0.6	>1 770
二　级	60~70	<2.5	<0.6	>1 770
三　级	55~60	<2.5	<0.6	>1 770
四　级	45~55	<2.5	<0.7	>1 770

2)氧化铝 Al_2O_3 与氢氧化铝 $Al(OH)_3$ 都是化工产品，一般纯度较高。氧化铝在理论上含100%的 Al_2O_3，氢氧化铝理论上含 Al_2O_3 65.40%，H_2O 34.60%。因它们的价格较贵，一般玻璃、陶瓷中不常采用，只用于生产光学玻璃，仪器玻璃，高级器皿，温度计玻璃以及氧化铝生物

陶瓷、95 氧化铝瓷、99 氧化铝瓷等。

氧化铝为白色结晶粉末,密度 3.5~4.1,熔点 2 050℃。氢氧化铝为白色结晶粉末,密度 2.34,加热则失水而成 $\gamma\text{-}Al_2O_3$。$\gamma\text{-}Al_2O_3$ 活性大,易与其他物料化合,所以在玻璃生产中,采用氢氧化铝比采用氧化铝容易熔制。同时氢氧化铝放出的水气,可以调节配合料的气体率,并有助于玻璃液的均化。但某些氢氧化铝的配合料在熔制时容易发生溢料(泼缸)现象,常在配合料中加入氟化物,如萤石或冰晶石予以防止。

对氧化铝的要求:Al_2O_3 大于 96%,Fe_2O_3 小于 0.05%。

对氢氧化铝的要求:Al_2O_3 大于 60%,Fe_2O_3 小于 0.05%。

氧化铝生物陶瓷、95 氧化铝瓷、99 氧化铝瓷,采用高纯氧化铝,而不采用氢氧化铝。

3)硅线石族矿物是由氧化铝质水成岩受变质作用而形成,包括硅线石、蓝晶石和红柱石三种同质异形体。硅线石、蓝晶石大多产于区域变质岩,红柱石则产于接触变质岩内。矿床中含量一般在 10%~40%左右,因此,需要选矿后才能使用。三种矿物的化学式均为 $Al_2O_3 \cdot SiO_2$,理论化学组成为 Al_2O_3 62.93%,SiO_2 37.07%,但晶体结构、阳离子配位和物理性质还是互有差别。

(11)含硼原料

1)引入 B_2O_3 的原料,为硼酸、硼砂和含硼矿物。

氧化硼 B_2O_3,分子量 69.62,密度 1.84。

①硼酸 H_3BO_3,分子量 61.82,密度 1.44,含 B_2O_3 56.45%,H_2O 43.55%。

硼酸是白色鳞片状三斜结晶,具有特殊光泽,触之有脂肪感觉,易溶于水,加热至 100℃ 则失水而部分分解,变为偏硼酸(HBO_2)。在 140℃~160℃ 时,转变为四硼酸($H_2B_4O_7$),继续加热则完全转变为熔融的 B_2O_3。在熔制玻璃时,B_2O_3 的挥发与玻璃的组成及熔制温度,熔炉气氛、水分含量和熔制时间有关,一般为本身质量的 5%~15%,也有高达 15%以上的。在熔制含硼酸玻璃时,应根据玻璃的化学分析确定 B_2O_3 的挥发量,并在计算配合料时予以补充。

②硼砂 $Na_2B_4O_7 \cdot 10H_2O$,分子量 381.4,密度 1.72,含 B_2O_3 36.65%,Na_2O 16.2%,H_2O 47.15%。

含水硼砂是坚硬的白色菱形结晶,易溶于水,加热则先熔融膨胀而失去结晶水,最后变为玻璃状物。在熔制时同时引入 Na_2O 和 B_2O_3,B_2O_3 的挥发与硼酸相同。必须注意,含水硼砂在贮放中会失去部分结晶水发生成分变化。

无水硼砂或煅烧硼砂($Na_2B_4O_7$)是无色玻璃状小块。密度 2.37,含 B_2O_3 69.2%,Na_2O 30.8%。在熔制时,它的挥发损失较小。

对硼砂的质量要求:B_2O_3 大于 35%,Fe_2O_3 小于 0.01%,SO_4^{2-} 小于 0.02%。

③含硼矿物。硼酸和硼砂价格都比较贵。使用天然含硼矿物,经过精选后引入 B_2O_3 经济上较为有利。我国辽宁、吉林、青海、西藏等地有丰富的硼矿资源。天然的含硼矿物,主要有:

a. 硼镁石 $2MgO \cdot B_2O_3 \cdot H_2O$,含 B_2O_3 19.07%~40.88%,MgO 3.51%~44.60%,R_2O_3($Al_2O_3 + Fe_2O_3$)0.18%~3.78%。

b. 钠硼解石 $NaCaB_5O_9 \cdot 8H_2O$,含 Na_2O 7.07%,CaO 13.8%,B_2O_3 43.8%,H_2O 35.5%,K_2O 和 MgO 以杂质形式存在。

c. 硅钙硼石 $Ca_2B_2(SiO_4)_2(OH)_2$ 含 CaO 35%,B_2O_3 21.8%,SiO_2 37.6%,H_2O 5.6%。

2)氧化硼的作用。在陶瓷工业中,B_2O_3 降低陶瓷釉料的熔融温度和降低高温黏度,使釉面光滑平整。

B_2O_3 也是玻璃的形成氧化物,它以硼氧三角体[BO_3]和硼氧四面体[BO_4]为结构组元,在硼硅酸盐玻璃中与硅氧四面体共同组成结构网络。B_2O_3 能降低玻璃的膨胀系数,提高玻璃的热稳定性、化学稳定性,增加玻璃的折射率,改善玻璃的光泽,提高玻璃的机械性能。

B_2O_3 在高温时能降低玻璃的黏度,在低温时则提高坡璃的黏度,所以含 B_2O_3 较高的玻璃,成型的温度范围较狭窄,因此可以提高机械成型的机速。B_2O_3 还起助熔剂的作用,加速玻璃的澄清和降低玻璃的结晶能力。B_2O_3 常随水蒸气挥发,硼硅酸盐玻璃液面上因 B_2O_3 挥发减少,会产生富含 SiO_2 的析晶料皮。当 B_2O_3 引入量过高时,由于硼氧三角体增多,玻璃的膨胀系数等反而增大,发生反常现象。

B_2O_3 是耐热玻璃,化学仪器玻璃,温度计玻璃,部分光学玻璃,电真空玻璃以及其他特种玻璃的重要组分。

(12)引入五氧化二磷的原料

在玻璃生产中,引入五氧化二磷(P_2O_5)的主要原料为磷酸铝、磷酸纳、磷酸二氢铵、磷酸钙、骨灰等。

P_2O_5 是玻璃形成氧化物,它以磷氧四面体[PO_4]形成磷酸盐玻璃的结构网络。P_2O_5 能提高玻璃的色散系数和透过紫外线的能力,但降低玻璃的化学稳定性;单纯的磷酸盐玻璃极易水解。P_2O_5 用于制造光学玻璃和透紫外线玻璃。

磷酸钙、骨灰可用于烧制羟基磷灰石生物陶瓷。磷酸铝可用于耐火材料。天然磷灰石是磷铝酸盐水泥的良好原料。

1.1.6 辅助原料

(1)澄清剂

凡在玻璃熔制过程中能分解产生气体,或能降低玻璃黏度,促进排除玻璃液中气泡的物质称为澄清剂。

常用的澄清剂有氧化砷和氧化锑、硫酸盐类、氟化物类等。

1)氧化砷和氧化锑。均为白色粉末。它们在单独使用时将升华挥发,仅起鼓泡作用。与硝酸盐组合使用时,能在低温吸收氧气,在高温放出氧气而起澄清作用。由于 As_2O_3 的粉状和蒸气都是极毒物质,目前已很少使用,大多改用 Sb_2O_3。

2)硫酸盐原料主要有硫酸钠,它在高温时分解逸出气体而起澄清作用,平板玻璃厂大都采用此类澄清剂。

3)氟化物类原料。主要有萤石(CaF_2)及氟硅酸钠(Na_2SiF_6)。它们以降低玻璃液黏度而起澄清作用。对耐火材料侵蚀大,产生的气体(HF、SiF_4)污染环境,目前已限制使用。

4)复合澄清剂多为砷、锑、硫等的化合物,具有高效、低毒的优点。

(2)着色剂

使物质着色的物质,称为物质的着色剂。着色剂的作用,是使物质对光线产生选择性吸收,显出一定的颜色。陶瓷、玻璃、水泥均使用着色剂。在玻璃生产中,根据着色剂在玻璃中呈现的状态不同,分为离子着色剂、胶态着色剂和硫硒化物着色剂三类。

1)离子着色剂主要有以下几类:

①锰化合物。锰化合物常用的有二氧化锰(MnO_2),分子量 86.93,黑色粉末;氧化锰(Mn_2O_3),分子量 157.88,棕黑色粉末;高锰酸钾($KMnO_4$),分子量 158.94,灰紫色结晶。

锰化合物能将玻璃着成紫色,通常是用二氧化锰或高锰酸钾引入的。其着色作用是不稳定的,必须保持氧化气氛和稳定的熔制温度,配合料中的碎玻璃量也要保持恒定。氧化锰与铁共用,可以获得橙黄色到暗红紫色的玻璃。与重铬酸盐共用,可以制成黑色玻璃。

为了制得鲜明的紫色玻璃,锰化合物的用量一般为配合料的 3%～5%。

②钴化合物。钴化合物有一氧化钴(CoO),分子量 165.88,绿色粉末;三氧化二钴(Co_2O_3),分子量 347.76,暗棕色或黑色粉末(为 CoO 和 Co_2O_3 的混合物);所有钴的化合物,在熔制时都转变为一氧化钴。

氧化钴是比较稳定的强着色剂,它使玻璃能获得略带红色的蓝色,不受气氛影响。向玻璃中加入 0.002% 的一氧化钴,就可使玻璃获得浅蓝色,加入 0.1% 的一氧化钴,可以获得明亮的蓝色。

钴化合物与铜化合物和铬化合物共同使用,可以制得色调匀和的蓝色、蓝绿色和绿色玻璃。与锰化合物共同使用,可以制得深红色、紫色和黑色的玻璃。

③镍化合物。镍化合物主要有一氧化镍(NiO),分子量 74.7,绿色粉末;氢氧化镍[$Ni(OH)_2$],分子量 93.27,绿色粉末;氧化镍(Ni_2O_3),分子量 165.38,黑色粉末。常用的为氧化镍。

镍化合物在熔制中均转变为一氧化镍,能使钾-钙玻璃着成浅红紫色,钠-钙玻璃着成紫色(有生成棕色的趋向)。

④铜化合物。铜化合物常用的有硫酸铜($CuSO_4 \cdot 5H_2O$),分子量 249.54,蓝绿色结晶;氧化铜(CuO),分子量 79.54,黑色粉末;氧化亚铜(Cu_2O),分子量 143.08,红色结晶粉末。

在氧化条件下加入 1%～2% 的 CuO,能使钠-钙玻璃着成青色,CuO 与 Cr_2O_3 或 Fe_2O_3 共用,可制得绿色玻璃。Cu_2O 与 $CuSO_4 \cdot 5H_2O$ 的用量可按 CuO 的用量进行计算。

⑤铬化合物。铬化合物主要有重铬酸钾($K_2Cr_2O_7$),分子量 294.22,黄绿色结晶;重铬酸钠($Na_2Cr_2O_7 \cdot 2H_2O$),分子量 298,橙红色结晶;铬酸钾(K_2CrO_4),分子量 194.21,黄色结晶;铬酸钠($Na_2CrO_4 \cdot 10H_2O$),分子量 342.19,黄色结晶。

铬酸盐在熔制过程中分解成为氧化铬(Cr_2O_3),在还原条件下使玻璃着成绿色;在氧化条件下,因同时存在有高价铬氧化物(CrO_3),使玻璃着成黄绿色;在强氧化条件下 CrO_3 数量增多玻璃成为淡黄色至无色。

铬化合物的用量以氧化铬计为配合料的 0.2%～1%,在钠钙硅酸盐玻璃中加入量为配合料的 0.45%。在氧化条件下,氧化铬与氧化铜共同使用,可制得纯绿色玻璃。

铬矿渣也可作为绿色瓶罐玻璃的着色剂,它是用铬铁矿制铬酸盐后的残渣,化学组成为 SiO_2 13%～18%,Al_2O_3 3%～5%,Fe_2O_3 6%～8%,CaO 23%～25%,MgO 21%～26%,Cr_2O_3 3.5%～5%。

⑥钒化合物。钒化合物通常用三氧化二钒(V_2O_3),分子量 149.9;五氧化二钒(V_2O_5),分子量 181.9。钒的氧化物能使玻璃着成黄色(V^{5+}),黄绿色(V^{3+}),蓝色(V^{4+})。但在硅酸盐玻璃中通常分解成 V_2O_3,使玻璃呈黄绿色,但不如铬的氧化物着色能力强。

钒氧化物用以制造吸收紫外线和红外线玻璃,如护目镜等。在强氧化条件下,用量为配合料的 3%～5%。

⑦铁化合物。铁化合物氧化亚铁(FeO),分子量 71.85,黑色粉末,能将玻璃着成蓝绿色;氧化铁(Fe_2O_3),分子量 159.7,红褐色粉末,能将玻璃着成黄色。氧化铁与锰的化合物,或与

硫及煤粉共同使用,使玻璃着成琥珀色。

⑧硫。硫(S),原子量 32.07,黄色结晶。在一般玻璃中,硫不会以单体存在,主要是形成硫化物(硫铁化钠和硫化铁),使玻璃着色棕色或黄色。硫必须与还原剂,如煤粉或其他含炭物质共同使用。在一般瓶罐玻璃中,硫常用硫酸钡引入,它的用量为配合料的 0.02%～0.17%。煤粉的加入量与硫酸钡的加入量大体相等。至于氧化铁因其需要量极少 0.001 9%即可着色,一般原料中均含有一定数量,故不必另加。

⑨铀化合物。铀化合物常用三氧化铀(UO₃),分子量 286.87,棕黄色粉末;铀酸钠(Na₃U₂O₇·3H₂O),分子量 348.06,橙黄色粉末。铀的氧化物使玻璃带荧光的黄绿色或荧光绿色。用量为配合料的 0.5%～2%。

2)胶态着色剂主要有以下几类:

①金化合物。金化合物常用的是氯化金($AuCl_3$)。一般是将纯金用王水溶解制成 $AuCl_3$ 溶液,再将溶液加水稀释使用。

金红玻璃必须经过加热显色才能得到最后的颜色。为了使金的胶态粒子均匀分布,常在配合料中加入 0.2%～2%的二氧化锡,使金发生分散作用。

在配合料中加入 0.01%金,就可以制得玫瑰色的玻璃。在无铅玻璃中,加入 0.02%～0.03%的金,可制得红宝石玻璃。在铅玻璃中,则只需加入 0.015%～0.02%的金,就可得同样颜色的金红玻璃。

②银化合物。银化合物通常采用硝酸银($AgNO_3$),分子量 169.89,无色结晶。硝酸银在熔制时能析出银的胶体粒子,加热显色后使玻璃着成黄色。配合料中加入二氧化锡可以改善银黄的着色。

银黄玻璃中着色剂的用量,以银计,一般为配合料量的 0.06%～0.2%。

③铜化合物。铜化合物主要使用氧化亚铜(Cu_2O),也可以使用硫酸铜($CuSO_4·5H_2O$)。

胶体铜的微粒使玻璃着成红色。它的着色能力很强。加入配合料量 0.15%的氧化亚铜,就足以制得红色的玻璃。考虑到 Cu_2O 不能完全转变为胶体粒子,故一般使用量为配合料量的 1.5%～5%之间。

熔制铜红玻璃时。必须在配合料中加入还原剂,还原剂多采用金属锡、氧化亚锡(SnO)、氯化亚锡($SnCl_2$)与酒石酸钾($KH_5C_4O_6$)。

3)硫、硒化合物着色剂主要有以下几类:

①硒与硫化镉。单体硒的胶体粒子,使玻璃着成玫瑰红色。硒与硫化镉共用可以制成由黄色到红色的玻璃。

硫化镉(CdS),分子量 144.48,黄色粉末。单独用硫化镉,可以使玻璃着成淡黄色,加硒后,可以获得纯正的黄色。

硒与硫化镉共同使用,形成硫化镉与硒化镉的固熔体($CdS·nCdSe$),使玻璃着成黄到红色。100%的 CdS 制成黄色玻璃,CdSe 含量逐渐增高变为橙色而至红色。

硒与硫化镉的用量:硒为配合料的 0.6%～1%,硫化镉为配合料量的 1.5%～2.5%,加入 CdS 过多,玻璃容易产生乳浊。

②锑化合物。在钠-钙玻璃中加入三氧化二锑、硫和煤粉,在熔制过程中生成硫化钠,经过加热显色,硫化钠与三氧化二锑形成硫化锑的胶体微粒,使玻璃着成红色。

锑红玻璃也可以直接使用硫化锑和碳。

锑红玻璃中着色剂的用量:三氧化二锑为配合料量的 $0.1\% \sim 3\%$,硫为 $0.15\% \sim 0.5\%$,碳为 $0.5\% \sim 1.5\%$。使用 Sb_2S_3 时,Sb_2S_3 为 2%,碳为 0.75%。

(3)脱色剂

无色玻璃应当有良好的透明度。但玻璃原料中常含有铁、铬、钛、钒等化合物和有机物等有害杂质;而在玻璃熔制时,从耐火材料中、有时从操作工具上也有熔于玻璃中的铁质,这些物质使玻璃着上不希望的颜色。消除这种颜色的最经济的办法是在配合料中加入脱色剂。

脱色剂按其作用可分为化学脱色剂和物理脱色剂两种。

1)化学脱色剂。化学脱色是主要是借助于脱色剂的氧化作用,使着色能力强的低价铁氧化物变成为着力能力较弱的三价铁氧化物,以便使用物理脱色法进一步使颜色中和,接近于无色,使玻璃的透光度增加。

常用的化学脱色剂有硝酸钠、硝酸钾、硝酸钡、白砒、三氧化二锑、氧化铈等。

①硝酸钠(分解温度350℃)、硝酸钾(分解温度400℃)。由于它们的分解温度低,必须与白砒和三氧化二锑共用,脱色效果才好。

②白砒和三氧化二锑的脱色作用也是氧化作用。它们还能消除用硒和氧化锰脱色时,因用量过多而形成淡的红色。

$$As_2O_3 + 6FeO = 3Fe_2O_3 + 2As$$
$$2As_2O_3 + 3Se = 4As + 3SeO_3$$
$$2Mn_2O_3 + As_2O_3 = 4MnO + As_3O_5$$

③二氧化铈用作脱色剂时能保证最好的脱色,其脱色作用基于在玻璃熔制的温度下分解放出氧,通常与硝酸盐共同使用。

④卤素化合物,如萤石、氟硅酸化钠、冰晶粉以及氯化钠,它们的作用是形成挥发性的 FeF_3 或 $FeCl_3$,或成为无色的氟铁化钠(Na_3FeF_6)。

化学脱色剂的用量与玻璃中铁的含量、玻璃的组成和熔制温度以及熔炉气氛等都有关系。通常硝酸钠的用量为配合料的 $1\% \sim 1.5\%$,As_2O_3 为 $0.3\% \sim 0.5\%$,Sb_2O_3 $0.3\% \sim 0.4\%$。氧化铈与硝酸盐共用时,CeO_2 为配合料的 $0.15\% \sim 0.4\%$,硝酸钠为 $0.5\% \sim 1.2\%$,氟化合物的用量为配合料的 $0.5\% \sim 1\%$。

2)物理脱色剂。物理脱色是在玻璃中加入一定数量的能产生互补色的着色剂,使玻璃由于 FeO、Fe_2O_3、Cr_2O_3、TiO_2 所产生的黄绿色到蓝绿色得到互补而消色。

物理脱色使用的一般不是一种着色剂,而是选择适当比例的两种着色剂。物理脱色法可能使玻璃的色调消除,但却使玻璃的光吸收增加,即使玻璃的透明度降低。物理脱色法常与化学脱色法结合使用。

物理脱色剂有:二氧化锰、硒、氧化钴、氧化钕和氧化镍等。

与化学脱色剂相同,其用量与玻璃中铁的含量、玻璃的组成、熔制温度以及熔炉气氛等都有关系,必须经常检验。

(4)乳浊剂、助熔剂、氧化与还原剂

1)乳浊剂。使熔体降温时析出的晶体、气体或分散粒子出现折射率的差别,在光线的反射和衍射作用下,引起光线散射从而产生乳浊现象的物质称为乳浊剂。乳浊剂可用于生产乳浊玻璃,掺入陶瓷釉料中可保证釉层的覆盖能力。

陶瓷釉料常用的乳浊剂有：

1. 悬浮乳浊剂。不熔于或难熔于釉中，以细粒状态悬浮于釉层，如 SnO_2，CeO_2，ZrO_2，Sb_2O_3 等。

2. 析出式乳浊剂。使釉熔体冷却时析出微晶而引起乳浊，如 $Zr(SiO_4)$，TiO_2 等。

3. 胶体乳浊剂。碳、硫、磷、氟均以胶体状态存在，促使釉层乳浊。

玻璃工业还必须考虑透光性，因此，乳浊剂的选择与釉料有所不同。常用的乳浊剂有氟化物（萤石、氟硅酸钠），磷酸盐（磷酸钙、骨灰、磷灰石）等。

2）助熔剂。能促使玻璃熔制过程加速的原料称为助熔剂（或加速剂）。有效的助熔剂为氟化合物，硼化合物，钡化合物和硝酸盐等。

①氟化合物。氟化合物能加速玻璃形成的反应，降低玻璃液的黏度和表面张力，促进玻璃液的澄清和均化；也可以将有害杂质的 Fe_2O_3 和 FeO 变为 FeF_3 挥发排除或生成无色的 Na_3FeF_6，增加玻璃液的透热性。常用的氟化合物有萤石，硅氟化钠等。往玻璃中引入 $0.5\%\sim1\%$ 的氟可以提高熔制速度 $15\%\sim16\%$。由于氟化合物挥发后污染大气，已不宜使用。

②硼化合物。硼化合物主要是硼砂和硼酸，加入 1.5% 的 B_2O_3 能提高熔制速度 $15\%\sim16\%$，与氟化合物共同使用效果更好。

③硝酸盐。硝酸盐可以和 SiO_2 形成低共熔物，同时还有氧化、澄清作用，因而加速了玻璃的熔制。一般引入量相当于 Na_2O 或 K_2O 的 $10\%\sim15\%$。

④钡化合物。钡化合物主要是碳酸钡（$BaCO_3$）和硫酸钡（$BaSO_4$），引入量为 $0.25\%\sim0.5\%$ 时，提高熔制速度 $10\%\sim15\%$。

3）氧化与还原剂。在玻璃熔制时，能分解放出氧的原料，称为氧化剂；反之，能夺取氧的原料，称为还原剂。它们能给出氧化性或还原性的熔制条件。常用的氧化剂有：硝酸盐，三氧化二砷，氧化铈等。常用的还原剂有：炭（煤粉、焦炭粉、木炭、木屑），酒石酸钾（$KO_7H_5O_6$），锡粉及其化合物（氧化亚锡、二氯化锡），金属锑粉和金属铝粉等。

1.1.7 玻璃生产中碎玻璃的作用与使用

在玻璃生产中的各个工艺环节总会产生一定量的碎玻璃，在运输、使用等过程中也会产生碎玻璃。回收碎玻璃加以重熔，不但具有经济意义，更重要的是，碎玻璃的加入对配合料的熔化和澄清、热耗、玻璃制品的性能、加工性能和熔窑的生产率都有影响。因此，使用碎玻璃配料时必须注意以下一些情况：

(1) 二次挥发：在碎玻璃重熔后，易挥发组分将进行第二次挥发，因而该组分的含量将减少。例如 Na_2O 重熔后比重熔前的含量平均降低 0.15%。对那些更易挥发的组分，其差别更明显。

(2) 二次积累：由于玻璃液对耐火材料的侵蚀，使玻璃中 Fe_2O_3 和 Al_2O_3 含量增加。所以二次熔化就产生二次积累。

(3) 对某些化学稳定性较差的玻璃，由于表面水解造成表面层成分与内层成分之间的差别，若熔制温度较低或玻璃液对流不大时，在熔制后的玻璃液内部往往会留下明显的线痕。

(4) 当碎玻璃重熔时，其中某些组分要发生热分解并释出氧气，因此重熔后的玻璃液具有还原性质。对以变价元素为基础的颜色玻璃会引起色泽的变化。

(5)在碎玻璃中含有少量的化学结合气体,在重熔时产生相当于二次气泡那样的微小气泡。因此,加入碎玻璃多时就难于澄清。

(6)碎玻璃在配合料中的比例与粒度对熔化时间的影响:碎玻璃的粒径小于 $0.25mm$ 和粒径为 $2\sim20mm$ 时,两者对熔化均有良好效果。在生产上应采用后者的颗粒度,以减少粉磨所用的动力。随着碎玻璃的加入量增加,配合料的熔化时间缩短。但碎玻璃加入量过多则将延长澄清时间。

1.1.8 稀土元素氧化物的应用

稀土元素氧化物在玻璃质材料中的应用最为广泛。

在玻璃工业中应用的都是较纯的稀土元素氧化物(La_2O_3),很少直接使用它们的矿物。绝大多数的稀土元素氧化物都可用来制造玻璃。由于 La_2O_3 具有较大的表面张力,因此,它在硅酸盐熔体中的溶解度相当差。La_2O_3 与铝、镓的氧化物不同,后者进入硅氧骨架之中,而所有 La_2O_3-SiO_2 双元系在熔体冷却时都晶化。此外,这些不混溶区比较宽广在 Na_2O-La_2O_3-SiO_2 的三元系中,只有 Na_2O 含量高的玻璃才能获得均匀的玻璃。

(1)磨光介质。氧化铈(CeO_2)可用作玻璃抛光粉,用以代替红粉(α-Fe_2O_3)。使用 CeO_2 能提高玻璃抛光效率和保证制品的光洁度。

(2)着色剂和脱色剂。Nd_2O_3、Pr_2O_3、CeO_2、Ce_2O_3 是着色剂。

含 $4\%Nd_2O_3$ 的玻璃在人工照明时为鲜红色,在日光为红紫色,因而它被称为变色玻璃。Nd_2O_3 常用于高级艺术玻璃制品的着色。Nd_2O_3 也是物理脱色剂。

Pr_2O_3 在厚玻璃中呈绿色,在薄玻璃中呈黄色。

CeO_2 使玻璃带有微红色的鲜艳黄色。与 TiO_2 形成 $TiCeO_4$,使玻璃着成金黄色。CeO_2 又是强的化学脱色剂之一。

另外,如氧化钐(Sm_2O_3)使玻璃着成美丽的黄色。

(3)澄清剂和乳浊剂。CeO_2 兼有澄清剂作用,它优于 As_2O_3 的澄清作用。上已叙述,Ln_2O_3 都是溶解度不大的物质,因此,常用 CeO_2 来生产乳化搪瓷。

(4)光学玻璃。La_2O_3 增加光学玻璃的折射率。因此,La_2O_3 常用来制造高折射低色散的不含 SiO_2 或 SiO_2 含量低的光学玻璃。Pr_2O_3 和 Nd_2O_3 在可见光区域具有特征吸收峰,可用来制造滤光玻璃。在稀土氧化物中使用得最多的是 La_2O_3。

(5)特种玻璃。稀土氧化物是制造激光玻璃的重要材料。例如,Nd^{3+}、Ho^{3+}、Er^{3+}、Tm^{3+}、Yb^{3+} 都能在玻璃中受激辐射。在一定磁力条件下,玻璃中某些成双的稀土离子能彼此转换能量。例如,Nd^{3+} 把所吸收的能量转给了 Yb^{3+} 后,发射出具有 Yb^{3+} 特征波长的冷光。这种能量转换有力地提高了 Yb^{3+} 的冷光强度。

由于铈化合物具有防止透明玻璃在高能射线:辐照下变暗的能力而成为有价值的氧化物。它的耐辐射作用比 As_2O_3 和 Sb_2O_3 显著得多。但由于铈化合物使玻璃着成棕色,因而它的加入量限于 $0.2\sim0.5$ 范围内。

氧化铈对紫外线具有不透性。在 CeO_2 吸收紫外线后能在 $300\sim400nm$ 范围内以光的形式把能量释出,该光可以在某些磷光体中增加锰的活性,效应而发生荧光。

稀土元素氧化物对玻璃的磁光性质有独特的影响。离子 Pr^{3+}、Dy^{3+}、Tb^{3+} 使玻璃的费尔德常数成为最小值(偏光平面的顺磁性质)。离子 Sm^{3+}、Eu^{3+}、Gd^{3+}、Yb^{3+} 只具有微弱的顺磁性质,因此添加这些氧化物对玻璃的抗磁性不变。

1.1.9 原料的预处理

在无机非金属材料工业生产中,为了后续工序的顺利进行,应对所采用的原、燃料进行必要的预处理。这其中主要包括原料的预烧、破碎、干燥、筛分、除铁及燃料的破碎与干燥。

(1)预烧

在玻璃生产中,砂岩或石英岩是玻璃原料中硬度高、用量大的一种原料,为了减小粗碎时,它们对于机械设备的磨损,降低机械铁的引入,在砂岩粗碎之前将它预先在 1 000℃ 以上进行煅烧。这是由于砂岩或石英岩的主要矿物组成是石英,而石英有多种变体,随着温度的变化会发生晶形转变。在晶形转变时伴随着体积的突然变化,因此在砂岩或石英岩的内部产生许多裂纹,提高了破碎率,减少了机械磨损。

煅烧的砂岩(或石英砂)虽然便于粉碎加工,但是要耗用燃料,生产费用增加,工艺流程多,工艺布置不紧凑,而且小块的砂岩不好煅烧,矿石不能充分利用。同时砂岩煅烧后质地分散,在运输过程中易于剥落颗粒,硅尘量增加,对工人健康不利。因此,在后续的工序中可采用耐磨损的设备。

陶瓷工业使用的原料中,一部分有多种结晶型态(如石英、氧化铝、二氧化锆、二氧化钛等);另一部分有特殊结构(如滑石有层片状和粒状结构)。在成型及以后的生产过程中,多晶转变和特殊结构都会带来不利的影响。晶型转变时,必然会有体积变化,影响产品质量。片状结构的原料,干压成型时致密度不易保证,挤坯成型时,容易呈现定向排列,烧成时不同方向收缩不一样,会引起开裂、变形。由于这些情况,就要求配料前先将这些原料预烧一次。经过预烧后,原料晶型稳定下来,原来的结构也破坏了,从而可以提高产品质量。

有多晶型态的天然原料(如石英岩)预烧至一定温度后再行急冷,由于晶型转变引起的体积变化产生应力,使得大块岩石易于破碎。高温预烧还可减少原料中的杂质,提高原料的纯度。此外,有时为了制造尺寸精确的产品,提高产品中某种主要成分的含量,可将灼减较多、收缩较大的原料(如黏土类)先行预烧再来配料,这样可减少产品的收缩,增加坯体中 Al_2O_3 的含量。

预烧固然是保证产品质量的需要,但增加这个工序,会妨碍生产过程的连续化,对于某些原料来说,会降低其塑性,增大成型机械及模具的磨损。

原料的晶型、结构以及物理性能都和温度有一定联系。预烧固然可以改变晶型和结构,但由于不同原料晶型转变的速度不同;而且有的转变是可逆的,有的是单向转变;不同产地的天然原料改变原有结构的温度也不会相同。因此,预烧的温度要根据原料的性能来确定。

1)氧化铝的预烧。氧化铝的晶型中,只有 $\alpha\text{-}Al_2O_3$ 是性能好、高温稳定的晶相。但常用的工业氧化铝,其主要晶相是 $\gamma\text{-}Al_2O_3$。因此,生产中要预烧工业氧化铝,其作用是:

①在高温下使 $\gamma\text{-}Al_2O_3$ 尽量转变为 $\alpha\text{-}Al_2O_3$,保证产品性能稳定。

②预烧工业氧化铝时,所加入的添加物和 Na_2O 生成挥发性化合物,高温下变成气体离开氧化铝,可提高原料纯度。

③由于 $\gamma\text{-}Al_2O_3$ 转变为 $\alpha\text{-}Al_2O_3$ 引起的体积收缩在预烧时已经完成,所以预烧工业氧化铝可以使产品尺寸准确,减少开裂。

④采用经烧过的工业氧化铝配制热压注浆料时,可以减少用蜡的数量。

为了加快 Al_2O_3 的晶型转化,通常加入适量添加物,如 H_3BO_3、NH_4F、AlF_3 等,加入的数量约为 $0.3\% \sim 3\%$。这样促进了 γ-Al_2O_3 转化为 α-Al_2O_3,而且使工业 Al_2O_3 中的 Na_2O 形成挥发性盐类(如 $Na_2O \cdot B_2O_3$)逸出。未加硼酸的氧化铝预烧后,是由微粒组成的多孔聚集体,容易破碎,但粉碎后多数为较小的聚集体,而不能粉碎成单个颗粒。用这种原料配成坯料,生坯密度必然低,烧成收缩也大。而加入硼酸后预烧的氧化铝,颗粒较大,聚集程度不明显,虽粉碎较困难,但球磨后得到单个颗粒。用来制陶瓷时,坯体密度高、烧成收缩小,注浆水分也可以小些。

2)二氧化钛的预烧。生产含钛电容陶瓷时,为了获得要求的电气性质,希望原料中的 TiO_2 都是金红石相,所以要预烧。但生产锆-钛-铅压电陶瓷时,由于 TiO_2 含量少,而且它是和其他氧化物组成固溶体,不是以二氧化钛的晶型存在,因此二氧化钛不需预烧。配釉用的二氧化钛也不需预烧。

二氧化钛预烧至 $1\,250℃ \sim 1\,300℃$,大部分已转变为金红石相。温度过高,它会脱氧还原,降低绝缘性能,因此必须在氧化气氛中进行。

3)滑石的预烧。滑石预烧后,结晶水排出,原有结构破坏,形成偏硅酸镁 $MgO \cdot SiO_2$,不再是鳞片状结构,因而可防止挤制泥料时,因颗粒定向排列而带来的缺陷。

预烧滑石的温度取决于原料的本性。辽宁海城产的滑石有较大的薄片状颗粒,破坏这种结构要求预烧到较高的温度。山东掖南产的滑石呈细片或粒状构造,而且有一定杂质,促使结构破坏的温度较低。根据电子显微镜观察,海城滑石要预烧到 $1\,400℃ \sim 1\,450℃$ 才破坏薄片结构,而掖南滑石在 $1\,350℃ \sim 1\,400℃$ 左右,其片状结构已被破坏加入苏州土、硼酸等,预烧温度可降低 $40℃$。

(2)破碎

破碎是无机非金属材料生产中的重要环节之一。在无机非金属材料生产所使用的原料及大部分固体燃料(如煤、钙质原料、硅质原料、黏土等)是块状物料,由于粒度大,对干燥及准确配料不利,并导致粉磨电耗增加。在玻璃生产中,物料粒度大,玻璃不易均化,导致均化时间延长,劳动生产率降低。

铁对于陶瓷和玻璃生产来讲是有害杂质,因此,在生产中应尽量避免机械铁的引入。

对于玻璃生产,预烧后的原料砂岩或石英岩,用颚式破碎机与反击式破碎机,或笼形碾进行破碎与粉碎。但考虑到经济与环保等因素,一些工厂采用颚式破碎机与对辊破碎机,或反击式破碎机,或颚式破碎机与湿轮碾配合,直接粉碎砂岩或石英岩。

结块纯碱、芒硝用笼形碾或锤式破碎机粉碎。

由于陶瓷产品的性质要求,不希望在原料加工过程中混入铁质。所以粉碎设备的金属部分最好不与原料直接接触(如用花岗岩或隧石作轮碾机的磨盘和碾轮,作球磨机的内衬和磨球等),或者要采用措施多次除铁,以保证原料和坯料的纯度。

在陶瓷生产,破碎天然原料时,应根据其硬度和块度的情况确定破碎时所经历的阶段。通常先经粗碎,使原料达到 $4 \sim 5cm$ 的块度,再中碎至 $0.3 \sim 0.5mm$ 粒级,最后进入细碎设备磨到坯料要求的细度。由于化工原料的细度一般都不大,可直接进入细碎设备加工处理。

在硅酸盐水泥生产中,几乎所有的原材料都要破碎,如石灰石、黏土、石膏、煤等。石灰石破碎一般主要采用颚式破碎机、反击式破碎机、反击锤式破碎机等;黏土破碎主要采用对辊破碎机、反击式破碎机;煤一般采用锤式破碎机;石膏一般采用颚式破碎机。

在所有破碎加工中,在满足产量要求的前提下,破碎的粒度越小越好。

(3)干燥

为了控制水分,保证配料的准确,原料的储存以及后续工序的顺利进行,无机非金属材料生产中使用的原材料绝大部分需要干燥。干燥的方法主要有两种,即自然干燥与强制干燥。一般以强制干燥为主。

原材料的水分主要来自三个方面:一是天然水——来自开采;二是在运输与堆放过程中雨雪的侵袭;三是在原料加工过程中添加的水。

(4)筛分

原料的筛分主要用于陶瓷和玻璃生产。

在陶瓷生产中筛分具有以下作用:

1)使原料颗粒适合下一制造工序的需要。例如,轮碾后的原料需经筛分除去较大颗粒,以保证球磨机进料的均匀性。

2)在粉碎过程中,筛去已符合细度的颗粒,使粗粒获得充分粉碎的机会,可提高设备的粉碎效率。

3)确定颗粒的大小及其比例,并限制原料或坯料中粗(允许的)颗粒的含量,从而可以提高成品的品质。

筛分有干筛和湿筛两种。干筛的筛分效率主要取决于物料湿度、物料相对于筛网的运动形式以及物料层的厚度。当物料湿度和黏性较高时容易粘附在筛面上,使筛孔堵塞影响筛分效率。当料层较薄而筛面与物料之间的相对运动愈剧烈时,筛分效率就愈高。湿筛的筛分效果主要取决于料浆的稠度和黏度。

在玻璃生产中,石英砂和各种原料粉碎后,必须经过过筛,将杂质和大颗粒部分分离,使其具有一定的颗粒组成,以保证配合料均匀混合和避免分层。

不同原料要求的颗粒不同,过筛时所采用的筛网也不相同。过筛只能控制原料粒度的上限,对于小颗粒部分则不能分离出来。原料的颗粒大小是根据原料的密度,原料在配合料中的数量以及给定的熔化温度等来考虑的。

工厂常用的过筛设备,有六角筛(旋转筛),振动筛和摇动筛。也有使用风力离析器进行颗粒分级的。

(5)除铁

原料中含铁杂质可分为金属铁,氧化铁与含铁矿物。这些含铁杂质或者来自原矿,或者来自制备过程中设备的磨耗。原矿中夹杂的铁质多半为含铁矿物,如黑云母、普通角闪石、磁铁矿、褐铁矿、赤铁矿与菱铁矿等等。

陶瓷坯料中混有铁质将使制品的外观质量受到影响,如降低白度与半透明性,也会产生斑点。因此,在原料处理与坯釉料制备的各工序中,除铁是一个很重要的工序。

玻璃原料中铁杂质不但对生产工艺造成不良影响,而且使玻璃着成黄绿色,透明度降低。其中以硅质原料的影响为最大,不但它的含铁量高,而且它的用量也最大,所以当制品有较高的要求时,对硅质原料进行选矿是必要的。

除铁的方法很多,一般可分为物理法和化学法。

物理除铁法。有筛分、淘洗、水力分离、超声波、浮选、磁选等。前四种方法主要是除去含铁较多的黏土杂质和含铁的重矿物以及原料表面的含铁层。浮选是利用各种矿物原料的表面湿润性不同,在浮选剂的作用下,鼓入的空气和浮选剂形成泡沫吸附在有害杂质的表面,从而把有害杂质漂浮排出。磁选法是利用不同原料有不同的磁性而进行磁选。磁选可以把含铁矿物和机械铁除去。例如,菱铁矿、磁铁矿、赤铁矿、氢氧化铁、机械铁等都具有大小不同的磁性。选用不同强度的磁场,就可以把它们吸引除去。磁选设备可用滚轮磁选机(装在皮带末端)、悬挂式电磁铁(装在皮带上方)、振动磁选机(粉料经过磁铁落下)和湿式磁选等。它们的磁场强度为 4 000～20 000A/m 不等。

化学除铁法。分为湿法和干法两种。湿法是把原料在盐酸和硫酸溶液中侵蚀。有人认为用氢氟酸盐与次亚硝酸钠溶液清洗,其效果更好一些。干法则在 700℃ 以上的高温下,通入氯化氢气体,使原料中的铁转为三氯化铁($FeCl_3$)而挥发除去。

1.2　无机非金属材料的组成及配料计算

元素周期表中的绝大多数元素的氧化物或单质都可以组成无机非金属材料,但组成材料的性质却明显不同。由此,选择不同的氧化物或单质,可以制得性质不同的无机非金属材料。

1.2.1　无机非金属材料的组成

(1)$CaO\text{-}SiO_2\text{-}Al_2O_3$ 系统

在 $CaO\text{-}SiO_2\text{-}Al_2O_3$ 系统中,随着各氧化物之间比例的不同,生成的矿物组成极其复杂。其中主要有:硅酸三钙 C_3S、硅酸二钙 C_2S、钙铝黄长石 C_2AS、铝酸一钙 CA、铝酸三钙 C_3A、七铝酸十二钙 $C_{12}A_7$、二铝酸一钙 CA_2 和六铝酸一钙 CA_6 等。图 1-2-1 为 $CaO\text{-}SiO_2\text{-}Al_2O_3$ 系统相图。

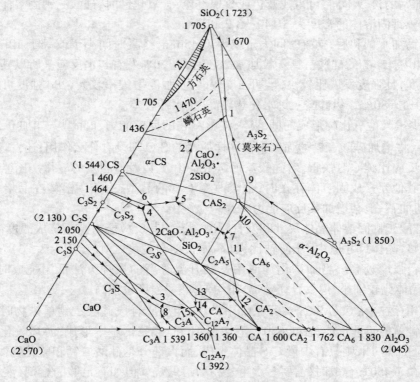

图 1-2-1　$CaO\text{-}SiO_2\text{-}Al_2O_3$ 系统相图(℃)

1)硅酸三钙(C_3S)。主要由硅酸二钙和氧化钙反应生成。纯 C_3S 只在 1 250℃～2 065℃时稳定,在 2 065℃以上不一致熔融为 CaO 与液相,在 1 250℃以下分解为 C_2S 和 CaO。实际上 C_3S 的分解反应进行得比较缓慢,致使纯 C_3S 在室温下可以呈介稳状态存在。

随着温度的降低,C_3S 在不同温度下的多晶转变如下:

$$R \rightleftharpoons M_{III} \rightleftharpoons M_{II} \rightleftharpoons M_I \rightleftharpoons T_{III} \rightleftharpoons T_{II} \rightleftharpoons T_I$$

由上可知,C_3S 又分属于三个晶系的七种变型:三方晶系的 R 型;单斜晶系的 M_{III}、M_{II}、M_I 型和三斜晶系的 T_{III}、T_{II}、T_I 型。

硅酸三钙可以固溶少量的其他氧化物,如氧化镁、氧化铝等形成固溶体。由于其他氧化物的含量及其在硅酸三钙中固溶程度的不同而变化较大,不同研究者所得结果有所差异。电子探针分析表明,在硅酸三钙固溶体中除含有氧化镁和氧化铝外,还含有少量的氧化铁、碱、氧化钛、氧化磷等,但其成分仍然接近于纯硅酸三钙。几种硅酸三钙固溶体的组成范围为:CaO 70.90%～73.10%;SiO_2 24.90%～25.30%;Al_2O_3 0.70%～2.47%;MgO 0.3%～0.98%;TiO_2 0.2%～0.4%;Fe_2O_3 0.4%～1.6%;K_2O 0.20%左右;Na_2O 0.1%左右;P_2O_5 0.1%左右。

纯 C_3S 在常温下,通常只能保留三斜晶系(T 型),如含有少量 MgO、Al_2O_3、SO_3、ZnO、Cr_2O_3、Fe_2O_3 和 R_2O 等稳定剂形成固溶体,便可保留 M 型或 R 型。由于熟料中硅酸三钙总含有 MgO、Al_2O_3、Fe_2O_3、ZnO 和 R_2O 等氧化物,故硅酸三钙通常为 M 型或 R 型。

纯硅酸三钙颜色洁白,当熟料中含有少量氧化铬(Cr_2O_3)时,硅酸三钙固溶体呈绿色;含有氧化钴时,随钴的价数不同,可得浅蓝色或玫瑰红色;含氧化锰时,硅酸三钙固溶体还会带其他色泽。硅酸三钙固溶体的密度为 3 140～3 250kg/m^3。

硅酸三钙加水调和后,初凝时间大于或等于 45min,终凝时间小于或等于 12h。它水化较快,粒径为 40～45μm 的硅酸三钙颗粒加水 28d 后,有 70%左右与水反应。所以硅酸三钙可产生较高的强度,且强度发展比较快,早期强度较高,且强度增进率较大,28d 强度可以达到它一年强度的 70%～80%。但硅酸三钙水化热较高,抗水性较差。

C_3S 含少量其他氧化物形成的固溶体,将影响它的反应能力和晶型。如加 0.3%～0.5% BaO 或 P_2O_5,将增加硅酸三钙的强度。而同样质量的 SrO 却没有什么作用;还发现含 4%硅酸三钙与水的反应比纯 C_3S 快得多,硅酸三钙含 1%Al_2O_3 以及等当量的氧化镁比纯 C_3S 早期强度高得多。其他元素成固溶体存在时,也会改变 C_3S 的晶型;由于固溶体在晶格中产生的变位、应变和扭曲,一般会增加其反应能力。

另外,硅酸三钙固溶体晶体尺寸和发育程度会影响其反应能力。当烧成温度高时,C_3S 固溶体晶形完整,晶体尺寸适中,几何轴比大(晶体长度与宽度之比 $L/B=2～3$),矿物分布均匀,界面清晰,强度较高。当加矿化剂或用急剧升温等新的煅烧方法低温烧成时,虽然很多 C_3S 固溶体晶体比较细小,但发育完整、分布均匀,熟料强度也很高。

如无液相存在,在 CaO-SiO_2 二元系统中,以固相反应合成硅酸三钙单矿物时,在 1 800℃下只要几分钟就能迅速形成;在 1 650℃下加热 1h,硅酸三钙基本形成,游离氧化钙为 1%左右;1 450℃下加热 1h,则只有少量 C_3S 晶体生成,而大部分是硅酸二钙和氧化钙。因此,硅酸三钙单矿物在 1 450℃合成时,需要多次重复粉磨再煅烧。但如有足够的熔剂(液相)存在,在 1 250℃～1 450℃时,就可使 C_2S 在液相中吸收 CaO,比较迅速地形成硅酸三钙。

2)硅酸二钙(C_2S)。硅酸二钙由氧化钙与氧化硅反应生成。纯硅酸二钙在 1 450℃温度以下时,进行下列多晶转变,如图 1-2-2:

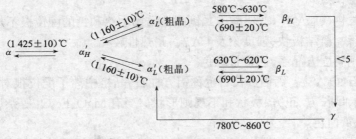

图 1-2-2 C_2S 晶型转变图

各种硅酸二钙变型的晶系和密度见表 1-2-1。

表 1-2-1 硅酸二钙变型的晶系和密度

变型	α	α'	β	γ
晶系	三方或六方	斜方	单斜	斜方
密度(g/cm³)	3.04	3.40	3.28	2.97

在室温下,硅酸二钙有水硬性的 α、α'_L、α'_H、β 变型都是不稳定的,有转变为水硬性微弱的 γ 型的趋势。当温度低于 500℃时,硅酸二钙由 β 型转变为 γ 型,体积膨胀 10% 而导致物料粉化。

硅酸二钙可固溶其他少量氧化物——氧化铝、氧化铁、氧化镁、氧化钾、氧化钛、氧化磷等,使硅酸二钙也形成固溶体。根据硅酸二钙固溶体中固溶的氧化物的种类、数量以及冷却开始的温度、速率,可以将不同的高温变型,由于所固溶的氧化物不同,同一晶型的硅酸二钙与水反应后所得的强度不同。

α' 型的硅酸二钙强度较 β 型高,α 型的强度试验结果不一致,有的高于 β 型,有的低于 β 型,有的甚至在常温下只有微弱的胶凝性,γ 型的硅酸二钙几乎无水硬性。

纯硅酸二钙颜色洁白,当有氧化铁时呈棕黄色。硅酸二钙固溶体与水反应速度较慢,28d 仅有 20% 左右反应,凝结硬化较慢,早期强度低,但后期强度增进率较高,一年后可赶上或超过硅酸三钙固溶体;硅酸二钙固溶体的水化热较小,耐水性好。

3)铝酸三钙(C_3A)。纯铝酸三钙属等轴晶系。铝酸三钙中也可固溶部分其他氧化物——SiO_2、Fe_2O_3、MgO、K_2O、Na_2O 和 TiO_2 等。

现已发现在少量氧化物,如 Na_2O 等存在的条件下,铝酸三钙有立方、斜方、四方、假四方以及单斜等五种多晶形态。

在偏光镜下,纯铝酸三钙无色透明。在反光镜下,快冷呈点滴状,慢冷呈矩形或柱状。它的反光能力弱,呈暗灰色。

铝酸三钙水化迅速,放热多,凝结很快,如不加缓凝剂,就会急凝。铝酸三钙硬化也很快,它的强度 3d 内就大部分发挥出来,故早期强度较高,但绝对值不高,以后几乎不再增长,甚至倒缩。铝酸三钙的干缩变形大,抗硫酸盐性能差。

4)铝酸一钙(CA)。铝酸一钙具有很高的水硬活性,其特点是凝结正常,硬化迅速,强度发展集中在早期,后期强度增进率不显著。

5)二铝酸一钙(CA_2)。CA_2水化硬化较慢,早期强度低,但后期强度能不断增高,耐热性能良好。

6)七铝酸十二钙($C_{12}A_7$)。七铝酸十二钙晶体结构中铝和钙的配位极不规则,晶体结构有大量空腔,水化极快,凝结极快,强度不及CA高,耐热性较差。

七铝酸十二钙属立方晶系,通常带绿色。

7)钙铝黄长石(C_2AS)。钙铝黄长石也称铝方柱石,晶格中离子配位很对称,正方晶系,因此,水化活性很低,呈长方、正方、板状和不规则形状。当有MgO、Fe_2O_3等杂质存在时,具有多色性,偏光下呈浅黄白色。

8)六铝酸一钙(CA_6)。六铝酸一钙是惰性矿物,没有水硬性,耐热性好。

(2)K_2O-SiO_2-Al_2O_3系统

图1-2-3为K_2O-SiO_2-Al_2O_3系统相图。

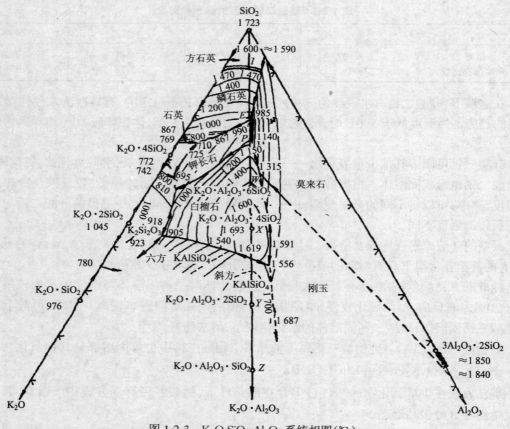

图1-2-3 K_2O-SiO_2-Al_2O_3系统相图(℃)

在图1-2-3中,其主要矿物有莫来石、二氧化硅、刚玉、长石及液相等,通过冷却所得到的莫来石、二氧化硅等晶相及玻璃相在一般介质中都非常稳定,而且耐温性能较好。

(3)Na_2O-CaO-SiO_2系统

图1-2-4为Na_2O-CaO-SiO_2系统相图。

在 $Na_2O\text{-}CaO\text{-}SiO_2$ 系统中,富硅部分共有四个二化合物 NS、NS_2、N_3S_8、CS 及四个三元化合物 N_2CS_3、NC_2S_3、NC_3S_6、NCS_5。

试验结果表明,组成位于低共熔点的熔体比组成位于界线上的熔体析晶能力小;而组成位于界线上的熔体又比组成位于初晶区内的熔体析晶能力小。这是由于从组成位于低共熔点或界线上的熔体中,有几种晶体同时析出的趋势,而不同析晶晶体结构之间的相互干扰,降低了每种晶体的析晶能力。除了析晶能力较小,这些组成的配料熔化温度一般也比较低,这对玻璃的熔制也是有利的。

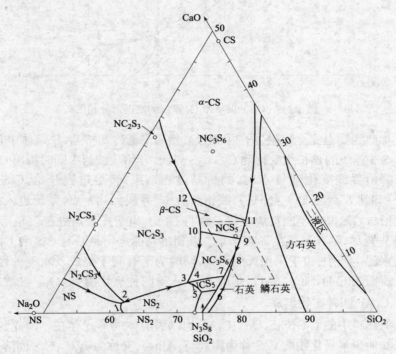

图 1-2-4　$Na_2O\text{-}CaO\text{-}SiO_2$ 系统相图(wt%)

(4)其他体系

在组成无机非金属材料的以上三个基本体系外,还有 $CaO\text{-}Al_2O_3\text{-}SO_3$ 系、$MgO\text{-}Al_2O_3\text{-}SiO_2$ 系、$BaO\text{-}CaO\text{-}B_2O_3$ 系等,这些系统组成了丰富的无机矿物,从而使得无机非金属材料的种类更加丰富。

1.2.2　无机非金属材料的组成设计及配料计算

(1)硅酸盐水泥的组成设计

1)硅酸盐水泥对矿物组成的要求。硅酸盐水泥是一种水硬性胶凝材料,因此水泥熟料矿物必须具有良好的与水反应的能力,具有相当的强度与良好的耐久性,反应速度可以满足生产的要求。

2)硅酸盐水泥组成矿物的选择。在 $CaO\text{-}SiO_2\text{-}Al_2O_3$ 系统中的主要矿物中的绝大多数具有水硬性,但对于硅酸盐水泥而言,最符合硅酸盐水泥性质要求的矿物组成是硅酸三钙和硅酸二钙。

通过 CaO-SiO$_2$-Al$_2$O$_3$ 系统相图分析,以图 1-2-5 上的点 3 为例,分析一下结晶路程。

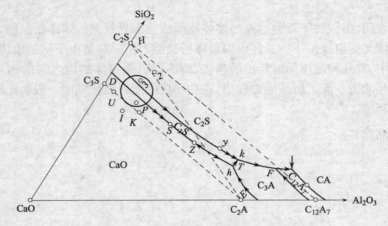

图 1-2-5　CaO-SiO$_2$-Al$_2$O$_3$ 系统的富硅部分相图

将配料 3 加热到高温完全熔融(约 2 000℃),然后平衡冷却析晶,从熔体中首先析出 C$_2$S,液相组成沿 C$_2$S-3 连线的延长线变化到 C$_2$S-C$_3$S 界线,开始从液相中同时析出 C$_2$S 与 C$_3$S。液相点随温度下降沿界线变化到 y 点时,共析晶过程结束,转熔过程开始,C$_2$S 被回吸,析出 C$_3$S。当系统冷却到 k 点温度(1 455℃),液相点沿 yk 界线到达 k 点,系统进入相平衡的无变量状态,L$_k$ 液相与 C$_3$S 晶体不断反应生成 C$_2$S 与 C$_3$A。由于配料点处于三角形 C$_3$S-C$_2$S-C$_3$A 内,最后 L$_k$ 首先耗尽,结晶过程在 k 点结束。获得的结晶产物是 C$_2$S、C$_3$S 和 C$_3$A。

在硅酸盐水泥生产中,由于采用天然原料,同时为了有利于烧成及水泥的性能,在以组成 C$_2$S、C$_3$S、C$_3$A 所需的 CaO、SiO$_2$、Al$_2$O$_3$ 基础上,引入第四种氧化物 Fe$_2$O$_3$。硅酸盐水泥熟料由 C$_2$S、C$_3$S、C$_3$A、C$_4$AF 四种矿物组成。

硅酸盐水泥熟料中的 C$_2$S、C$_3$S、C$_3$A、C$_4$AF 均以固溶体的形式存在。因此,在硅酸盐水泥熟料中固溶了其他少量氧化物的 C$_3$S 称为阿利特(Alite),又称为 A 矿;C$_2$S 固溶体称为贝利特(Belite),又称为 B 矿;C$_3$A 固溶体由于在偏光显微镜下反光能力弱,一般称为黑色中间相。

铁铝酸四钙(C$_4$AF)—铁相固溶体:铁铝酸四钙,属斜方晶系,常呈棱柱状和圆粒状晶体,密度为 3 770kg/m^3。在偏光镜下,具有从浅褐到深褐的多色性,二轴晶,负光性,光轴角中等。在反光镜下,由于反射能力强,呈亮白色,故在硅酸盐水泥熟料中又称白色中间相。

在铁铝酸钙矿物中,可固溶 MgO、SiO$_2$、Na$_2$O、K$_2$O、TiO$_2$ 和 Mn、Cr 氧化物等。MgO 和 SiO$_2$ 替代的(Al、Fe)$_2$O$_3$ 高达 10 % mol;而 C$_4$AF 中的 Al$_2$O$_3$ 可由 Mn 的氧化物替代达 60 %。固溶了其他少量氧化物的 C$_4$AF 称为才利特(Celite),又称为 C 矿。

铁铝酸四钙的水化速度在早期介于铝酸三钙与硅酸三钙之间,但随后的发展不如硅酸三钙。它的早期强度类似于铝酸三钙,而后期还能不断增长,类似于硅酸二钙。铁铝酸四钙的抗冲击性能和抗硫酸盐性能较好,水化热较铝酸三钙低。

铁铝酸四钙和铝酸三钙在煅烧过程中熔融成液相,可以促进硅酸三钙的顺利形成,这是它们的一个重要作用。如果物料中熔剂矿物过少,易生烧,氧化钙不易被吸收完全,导致熟料中游离氧化钙增加,影响熟料质量,降低窑的产量,增加燃料消耗。如果熔剂矿物过多,在立窑内易结大块,结炉瘤;在回转窑内易结大块,甚至结圈等。液相的黏度,随 C$_3$A/C$_4$AF 值增减而增减。铁铝酸四钙多,液相黏度低,有利于液相中离子的扩散,促进硅酸三钙的形成;但铁铝酸四钙过多,易使烧结范围变窄,不利于窑的操作。

3)硅酸盐水泥的组成设计。硅酸盐水泥熟料中含有 C_3S、C_2S、C_3A、C_4AF 四种矿物,相应的组成氧化物为 CaO、SiO_2、Al_2O_3、Fe_2O_3。因为 Fe_2O_3 含量较低(2%～5%),可以合并入 Al_2O_3 一并考虑,C_4AF 则相应计入 C_3A,这样可以用 CaO-Al_2O_3-SiO_2 三元系统来表示硅酸盐水泥的配料组成。

根据三角形规则,配料点落在哪个副三角形内,最后析晶产物便是这个副三角形三个角顶所表示的三种晶相。图 1-2-5 中 1 点配料处于三角形 CaO-C_3A-C_3S 中,平衡析晶产物中将有游离 CaO。2 点配料处于三角形 C_2S-C_3A-$C_{12}A_7$ 内,平衡析晶产物中将有 $C_{12}A_7$,而没有 C_3S,前者的水硬活性很差,而后者是水泥中最重要的水硬矿物。因此,这二种配料都不符合硅酸盐水泥熟料矿物组成的要求。硅酸盐水泥生产中熟料的实际组成是 CaO 含量为 62%～67%、SiO_2 为 20%～24%,Al_2O_3 + Fe_2O_3 为 6.5%～13%,即在三角形 C_3S-C_3A-C_2S 内的小圆圈内波动;相应的矿物组成为 C_3S + C_2S 约 75%,其中 C_3S 为 50%～60%,C_2S 一般为 20%;C_3A + C_4AF 约 22%;其他物质约 3%～5%。从相平衡的观点看,这个配料是合理的,因为最后析晶产物都是水硬性能良好的胶凝矿物。以 C_3S-C_2S-C_3A 作为一个浓度三角形,根据配料点在此三角形中的位置,可以读出平衡析晶时水泥熟料中各矿物的含量。

4)熟料中的其他物质及其作用:

①玻璃体:在硅酸盐水泥熟料煅烧过程中,熔融液相如能在平衡条件下冷却,就可全部结晶析出而不存在玻璃体。但在工厂中,熟料通常冷却较快,有部分液相来不及结晶就成为玻璃体。玻璃体的主要成分为 Fe_2O_3、Al_2O_3、CaO,也有少量的 MgO 和碱(K_2O 和 Na_2O)等。

②游离氧化钙和方镁石:当配料不当,生料过粗或煅烧不良时,熟料中就会出现没有被吸收的以游离状态存在的氧化钙,称为游离氧化钙,又称游离石灰(Free lime 或 f-CaO),在偏光镜下为无色圆形颗粒,有明显解理,有时有反常干涉色。在反光镜下用蒸馏水浸蚀后呈彩虹色,很易识别。在烧成温度下,死烧的游离氧化钙结构比较密,水化很慢。通常要在加水 3d 以后反应才比较明显。游离氧化钙水化生成氢氧化钙时,体积膨胀 97.9%,在硬化水泥石内部造成局部膨胀应力。因此,随着游离氧化钙含量的增加,首先是抗拉、抗折强度的降低,进而 3d 以后强度倒缩,严重时甚至引起安定性不良,使水泥制品变形或开裂,导致水泥浆体的破坏。为此,应严格控制游离氧化钙的含量。

立窑熟料中的游离氧化钙含量,比回转窑熟料可略为放宽。因为立窑熟料中的游离氧化钙有一部分是没有经过高温死烧的,这种熟料虽然强度较低,但其中游离氧化钙水化速度较快,对建筑物的破坏力不大。

方镁石系游离状态的氧化镁晶体。熟料煅烧时,氧化镁有一部分可和熟料矿物结合成固溶体以及溶于液相中。因此,当熟料含有少量氧化镁时,能降低熟料液相的生成温度,增加液相数量,降低液相黏度,有利于熟料形成,还能改善熟料色泽。在硅酸盐水泥熟料中,氧化镁的固溶总量可达 2%(如前所述,在阿利特中可溶解 1%～2%,C_4AF 中 0.4%～3.2%,而在 C_2S 和 C_3A 中通常均小于 1.0%)。多余的氧化镁即结晶出来呈游离状态的方镁石。

方镁石属等轴晶系的立方体或八面体,集合体呈粒状,硬度 5.5～6.0,密度 3.56～3.65 g/cm³,折射率 1.736 3 在偏光镜下,一般很难看到。在反光镜下呈多角形,一般为粉红色,并有黑边。方镁石结晶大小随冷却速度不同而变化,快冷时结晶细小。方镁石的水化比游离氧化钙更为缓慢,要几个月甚至几年才明显起来。水化生成氢氧化镁时,体积膨胀 148%,也会导致安定性不良。方镁石膨胀的严重程度与其含量、晶体尺寸等都有关系。方镁石晶体小于 $1\mu m$,含量 5%时,只引起轻微膨胀;方镁石晶体 $5\sim7\mu m$,含量 3%时,就会严重膨胀。为此,国家标准规定,熟料中氧化镁含量应小于 5%。但如水泥经压蒸、安定性试验合格,熟料中氧化镁的含量可允许达 6%,但应采取快速冷却、掺混合材料等措施,以缓和膨胀的影响。

综上所述,从硅酸盐水泥熟料的化学组成看,其氧化钙的低限大约为 62%(以免熟料中硅酸二钙过多)。过低的氧化钙含量,会降低水泥的胶凝性,增加硅酸二钙由 β 型向 γ 型的转化的趋势,导致粉化。氧化钙的高限可达 67%,此时要求几乎全部的酸性氧化物(SiO_2、Al_2O_3、Fe_2O_3)与石灰反应生成铝酸三钙、铁铝酸四钙和硅酸三钙(几乎没有硅酸二钙),以求避免反应不完全而增加游离氧化钙。氧化铝和氧化铁的含量太少时,由于要求较高的煅烧温度、因而增加煅烧费用,不经济。氧化铝含量太高时,液相黏度太大,不利于熟料的形成;同时,此种熟料水化时,凝结非常迅速而难以控制。当铝酸三钙含量高于约 15%时,有时加石膏也不足以控制规定的凝结时间。铁铝酸四钙不像铝酸三钙那样引起急凝,故有时氧化铁多一些是允许的。当然,氧化铁过多,易使窑内结大块,甚至结圈,操作不易控制。生产硅酸盐水泥时,一般倾向于氧化钙含量稍高一些,使熟料中含有较多的硅酸三钙。

(2)配料计算

1)熟料的率值。水泥熟料是一种多矿物集合体,而这些矿物又是由四种主要氧化物化合而成。因此,在生产控制中,不仅要控制熟料中各氧化物的含量,还应控制各氧化物之间的比例即率值。这样,可以比较方便地表示化学成分和矿物组成之间的关系,明确地表示对水泥熟料的性能和煅烧的影响。因此,在生产中,用率值作为生产控制的一种指标。

①石灰饱和系数(KH)。在熟料四个主要氧化物中,CaO 为碱性氧化物,其余三个为酸性氧化物。两者相互化合形成 C_3S、C_2S、C_3A、C_4AF 四个主要熟料矿物。从理论上讲,酸性氧化物应形成碱性最高的熟料矿物——C_3S、C_3A、C_4AF、CaO,含量一旦超过所有酸性氧化物的需求,必然以游离氧化钙形态存在,含量高时将引起水泥安定性不良,造成危害。因此,从理论上说,存在一个极限石灰含量。据此,古特曼与杰耳提出了他们的石灰理论极限含量的观点。为便于计算,将 C_4AF 看作为"C_3A"和"CF",并把"C_3A"与 C_3A 视为同一相。则每 1%酸性氧化物所需石灰含量分别为:

$$1\% Al_2O_3 \text{ 形成 } C_3A \text{ 所需 } CaO = \frac{3\times CaO \text{ 摩尔量}}{Al_2O_3 \text{ 摩尔量}} = \frac{3\times56.08}{101.96} = 1.65$$

$$1\% Fe_2O_3 \text{ 形成 } CF \text{ 所需 } CaO = \frac{CaO \text{ 摩尔量}}{Fe_2O_3 \text{ 摩尔量}} = \frac{56.08}{169.70} = 0.35$$

$$1\% SiO_2 \text{ 形成 } C_3S \text{ 所需 } CaO = \frac{3\times CaO \text{ 摩尔量}}{SiO_2 \text{ 摩尔量}} = \frac{3\times56.08}{60.09} = 2.8$$

1%酸性氧化物所需石灰量乘以相应的酸性氧化物含量,就可得到石灰理论极限含量计算公式:

$$CaO = 2.8SiO_2 + 1.65Al_2O_3 + 0.35Fe_2O_3 \tag{1-2-1}$$

金德和容克认为,在实际生产中,Al_2O_3 和 Fe_2O_3 始终为 CaO 所饱和,唯有 SiO_2 可能不完全被饱和 CaO 生成 C_3S,而存在一部分 C_2S。否则,熟料就会出现游离氧化钙。因此应在

(1-2-1)式中的 SiO_2 之前加一系数——石灰饱和系数 KH。故式(1-2-1)为：

$$CaO = KH \times 2.8SiO_2 + 1.65Al_2O_3 + 0.35Fe_2O_3 \qquad (1-2-2)$$

对上式进行整理，可得到：

$$KH = \frac{CaO - 1.65Al_2O_3 - 0.35Fe_2O_3}{2.8SiO_2} \qquad (1-2-3)$$

式中，CaO、SiO_2、Al_2O_3 和 Fe_2O_3 分别代表熟料中各氧化物的质量百分数。石灰饱和系数 KH 是熟料中全部氧化硅生成硅酸钙（$C_3S + C_2S$）所需的氧化钙量与全部二氧化硅理论上全部生成硅酸三钙所需的氧化钙含量的比值，即 KH 表示熟料中二氧化硅被氧化钙饱和形成硅酸三钙的程度。

式(1-2-3)适用于 $Al_2O_3/Fe_2O_3 \geqslant 0.64$ 的熟料。若 $Al_2O_3/Fe_2O_3 < 0.64$，则熟料的矿物组成为 C_3S、C_2S、C_4AF 和 C_2F。同理将 C_4AF 视为"C_2A"和"C_2F"的加和，可得到式(1-2-4)。

$$KH = \frac{CaO - 1.1Al_2O_3 - 0.7Fe_2O_3}{2.8SiO_2} \qquad (1-2-4)$$

考虑到熟料中还有游离 CaO、游离 SiO_2 和石膏，当 $Al_2O_3/Fe_2O_3 \geqslant 0.64$ 时，式(1-2-3)可写为式(1-2-5)；当 $Al_2O_3/Fe_2O_3 < 0.64$ 时，式(1-2-4)可写为式(1-2-6)。

$$KH = \frac{CaO - f-CaO - 1.65Al_2O_3 - 0.35Fe_2O_3 - 0.75SO_3}{2.8(SiO_2 - f-SiO_2)} \qquad (1-2-5)$$

$$KH = \frac{CaO - f-CaO - 1.1Al_2O_3 - 0.7Fe_2O_3 - 0.75SO_3}{2.8(SiO_2 - f-SiO_2)} \qquad (1-2-6)$$

石灰饱和系数 KH 与熟料矿物组成的关系式，可用数学式表示如下：

$$KH = \frac{C_3S + 0.883\,8C_2S}{C_3S + 1.325\,6C_2S} \qquad (1-2-7)$$

式中，C_3S、C_2S 分别为熟料中相应矿物的质量百分数。当 $C_3S = 0$ 时，$KH = 0.667$，即此时的熟料矿物只有 C_2S、C_3A、C_4AF 而无 C_3S；当 $C_2S = 0$ 时，$KH = 1$，即此时的熟料矿物只有 C_3S、C_3A、C_4AF 而无 C_2S。因此，在正常硅酸盐水泥熟料中，石灰饱和系数 KH 应控制在 $0.667 \sim 1.0$ 之间。在实际生产中，为了使水泥具有较好的力学性能，应适当提高 C_3S 在熟料中的含量，KH 一般控制在 $0.82 \sim 0.94$，立窑最高可达 0.96。

不同的国家，用于控制石灰含量的率值公式不尽相同，常见的有以下几种：

水硬率
$$HM = \frac{CaO}{SiO_2 + Al_2O_3 + Fe_2O_3} \qquad (1-2-8)$$

水硬率 HM 是熟料中氧化钙与酸性氧化物之和的质量百分数的比值，通常波动在 $1.8 \sim 2.4$ 之间。

石灰标准值
$$KSt = \frac{100CaO}{2.8SiO_2 + 1.1Al_2O_3 + 0.7Fe_2O_3} \qquad (1-2-9)$$

斯波恩导出石灰标准值 KSt 的前提是，认为酸性氧化物最高的熟料矿物组成为硅酸三钙、"铝酸二钙"（C_2A 是将 C_4AF 视为"C_2A"和"C_2F"的假想物）和铁酸二钙，KSt 一般波动在

$90\sim102$ 之间。

李和派克石灰饱和系数
$$LSF = \frac{CaO}{2.8SiO_2 + 1.18Al_2O_3 + 0.65Fe_2O_3} \tag{1-2-10}$$

李（F·M·Lee）和派克（T·W·Parker）根据对 $CaO\text{-}SiO_2\text{-}Al_2O_3\text{-}Fe_2O_3$ 四元相图的研究，提出硅酸盐水泥熟料中，虽可形成硅酸三钙、铝酸三钙和铁铝酸四钙，但不应直接按这些矿物成分确定它的石灰最大允许含量。由于熟料在实际冷却过程中不可能达到平衡冷却，这就可能析出游离氧化钙，因此有必要控制石灰含量比较低的数值。据此，李和派克导出了修正的石灰最大限量，并提出了石灰饱和系数（Lime Saturation Factor，简写为 LSF）。硅酸盐水泥熟料 LSF 波动在 $0.66\sim1.02$ 之间，通常取 $0.85\sim0.95$。

②硅率（P 或 SM）。硅率又称为硅酸率，其数学表达式是：

$$P = \frac{SiO_2}{Al_2O_3 + Fe_2O_3} \tag{1-2-11}$$

式中 SiO_2、Al_2O_3、Fe_2O_3 分别代表熟料中该氧化物的质量百分数。硅率是表示熟料中氧化硅含量与氧化铝、氧化铁之和的质量比，也表示了熟料中硅酸盐矿物与熔剂矿物的比例。当 Al_2O_3/Fe_2O_3 大于 0.64 时，经推导硅率和矿物组成之间关系的数学式是：

$$P = \frac{C_3S + 1.325C_2S}{1.434C_3A + 2.046C_4AF} \tag{1-2-12}$$

式中 C_3S、C_2S、C_3A、C_4AF 分别代表熟料中该矿物的质量百分数。可见，硅率随硅酸盐矿物与熔剂矿物之比而增减。如果熟料中硅率过高时，则煅烧时由于液相量显著减少，熟料煅烧困难。特别当氧化钙含量低，硅酸二钙含量多时，熟料易于粉化。硅率过低，则熟料中硅酸盐矿物太少而影响水泥强度，且由于液相过多，易出现结大块、结炉瘤、结圈等，影响窑的操作。

通常，硅酸盐水泥熟料的硅率在 $1.7\sim2.7$ 之间，有的品种，如白色硅酸盐水泥熟料的硅率可高达 4.0 左右。

③铝率（n 或 IM）。铝率又称为铁率，其数学表达式为：

$$n = \frac{Al_2O_3}{Fe_2O_3} \tag{1-2-13}$$

铝率是表示熟料中氧化铝和氧化铁含量的质量比，也表示熟料熔剂矿物中铝酸三钙与铁铝酸四钙的比例。当铝率大于 0.64 时，铝率和矿物组成关系的数学式是：

$$n = \frac{1.15C_3A}{C_4AF} + 0.64 \tag{1-2-14}$$

式中 C_3A、C_4AF 分别代表熟料中该矿物的质量百分数。可见，铝率随 C_3A/C_4AF 值而增减。铝率高低，在一定程度上反映了水泥煅烧过程中高温液相的黏度。铝率高，熟料中铝酸三钙多、相应铁铝酸四钙就较少，则液相黏度大，物料难烧；铝率过低，虽然液相黏度较小，液相中质点易于扩散，对硅酸三钙的形成有利，但烧结范围变窄，窑内易结大块，不利于窑的操作。硅酸盐水泥的率铝在 $0.8\sim1.7$ 之间，而抗硫酸盐水泥或低热水泥的铝率可低至 0.7。

我国目前采用的是石灰饱和系数 KH、硅率 P 和铝率 n 三个率值。为使熟料既顺利烧成,又保证质量,保持矿物组成稳定,应根据各厂的原料、燃料和设备等具体条件来选择三个率值,使之互相配合,不能单独强调某一率值。通常,不能三个率值同时都高,或同时都低。

④熟料矿物组成的计算。熟料矿物组成可用岩相分析、X 射线定量分析等方法测定,也可根据化学成分进行计算,岩相分析基于在显微镜下测出单位面积中各矿物所占百分率,再乘以相应矿物的密度,得到各矿物的含量。计算用矿物密度值(g/cm^3)见表 1-2-2:

表 1-2-2　计算用矿物密度值(g/cm^3)

C_3S	C_2S	C_3A	C_4AF	玻璃体	MgO
3.13	3.28	3.0	3.77	3.0	3.58

这种矿物测定方法,测定结果比较符合实际情况,但当矿物晶体较小时,可能因重叠而产生误差。

X 射线分析则基于熟料个各矿物的特征峰强度与单矿物特征峰强度之比以求得其含量。这种方法误差较小,但含量太低时则不易测准。红外光谱分析误差也较小。近来已开始用电子探针,X 射线光谱分析仪(带扫描装置)等对熟料矿物进行定量分析。

常用的从化学成分计算熟料矿物组成的方法有两种,即石灰饱和系数法和鲍格法。

a. 石灰饱和系数法。为了计算方便,先列出有关摩尔量的比值:

$$C_3S \text{ 中的 } \frac{M_{C_3S}}{M_{CaO}} = 4.07; \quad C_2S \text{ 中的 } \frac{M_{C_2S}}{M_{CaO}} = 1.87;$$

$$C_4AF \text{ 中的 } \frac{M_{C_4AF}}{M_{Fe_2O_3}} = 3.04; \quad C_3A \text{ 中的 } \frac{M_{C_3A}}{M_{Al_2O_3}} = 2.65;$$

$$CaSO_4 \text{ 中的 } \frac{M_{CaSO_4}}{M_{SO_3}} = 1.7; \quad \frac{M_{Al_2O_3}}{M_{Fe_2O_3}} = 0.64。$$

设与 SiO_2 反应的 CaO 为 Cs;与 CaO 反应的 SiO_2 为 Sc,则

$$Cs = CaO - (1.65Al_2O_3 + 0.35Fe_2O_3 + 0.7SO_3) \tag{1-2-15}$$

$$Sc = SiO_2 \tag{1-2-16}$$

正常煅烧情况下,CaO 与 SiO_2 反应先生成 C_2S,剩余的 CaO 再与部分 C_2S 反应先生成 C_3S。则由该剩余的 CaO 量$(Cs-1.87Sc)$,可以算出 C_3S 含量:

$$C_3S = 4.07(Cs - 1.87Sc) = 4.07Cs - 7.6Sc \tag{1-2-17}$$

将(1-2-16)代入(1-2-17)式中,并将 KH 值计算式(1-2-3)代入,整理后得:

$$C_3S = 4.07(2.8KHSc) - 7.6Sc = 3.8(3KH - 2)SiO_2 \tag{1-2-18}$$

由 $Cs + Sc = C_2S + C_3S$,可计算出 C_2S 含量:

$$C_2S = Cs + Sc - C_3S = 8.6Sc - 3.07Cs \tag{1-2-19}$$

将式(1-2-16)、(1-2-3)代入(1-2-19),整理后得:

$$C_2S = 8.6(1 - KH)SiO_2 \tag{1-2-20}$$

C_4AF 含量可直接由 Fe_2O_3 含量算出：

$$C_4AF = 3.04\ Fe_2O_3 \tag{1-2-21}$$

C_3A 含量的计算，应先从总 Al_2O_3 量中减去形成 C_4AF 所需的 Al_2O_3 的量（$0.64\ Fe_2O_3$），则可知可用于形成 C_3A 的 Al_2O_3 量。

$$C_3A = 2.65(Al_2O_3 - 0.64\ Fe_2O_3) \tag{1-2-22}$$

$$CaSO_4 = 1.7\ SO_3 \tag{1-2-23}$$

同理，可计算出 $IM < 0.64$ 时的矿物组成。

b. 鲍格（$R \cdot H \cdot Bogue$）法（也称代数法）。以 C_3S、C_2S、C_3A、C_4AF、$CaSO_4$ 以及 CaO、SiO_2、Al_2O_3、Fe_2O_3、SO_3 分别代表熟料中各矿物和氧化物的百分含量，则四种矿物和硫酸钙的化学成分百分数可列成表 1-2-3。

表 1-2-3 熟料中四种矿物和硫酸钙的化学成分（%）

氧化物	C_3S	C_2S	C_3A	C_4AF	$CaSO_4$
CaO	73.69	65.12	62.27	46.16	41.19
SiO_2	26.31	34.88			
Al_2O_3			37.73	20.98	
Fe_2O_3				32.86	
SO_3					58.81

按表 1-2-3 数值，可列出下列方程式：

$$C = 0.736\ 9\ C_3S + 0.651\ 2\ C_2S + 0.622\ 7\ C_3A + 0.461\ 6\ C_4AF + 0.411\ 9\ CaSO_4$$

$$S = 0.263\ 1\ C_3S + 0.348\ 8\ C_2S$$

$$A = 0.377\ 3\ C_3A + 0.209\ 8\ C_4AF$$

$$F = 0.328\ 6\ C_4AF$$

解上述联立方程组，即可得由氧化物计算各矿物的百分含量公式：

$$C_3S = 4.07C - 7.60S - 6.72A - 1.43F - 2.86\ SO_3 \tag{1-2-24}$$

$$C_2S = 8.60S + 5.07A + 1.07F + 2.15SO_3 - 3.07C$$

$$= 2.87S - 0.754C_3S \tag{1-2-25}$$

$$C_3A = 2.65A - 1.69F \tag{1-2-26}$$

$$C_4AF = 3.04F \tag{1-2-27}$$

$$CaSO_4 = 1.70SO_3 \tag{1-2-28}$$

根据前面的公式，导出的由率值计算化学组成的的公式如下：

$$Fe_2O_3 = \frac{\sum}{(2.8KH + 1)(IM + 1)SM + 2.6IM + 1.35} \tag{1-2-29}$$

$$Al_2O_3 = IM \cdot Fe_2O_3 \tag{1-2-30}$$

$$SiO_2 = SM(Al_2O_3 + Fe_2O_3) \tag{1-2-31}$$

$$CaO = \sum - (SiO_2 + Al_2O_3 + Fe_2O_3) \tag{1-2-32}$$

式中：$\sum$ 为熟料中 CaO、SiO_2、Al_2O_3、Fe_2O_3 四种氧化物的总量估计值,一般在 95% ~ 97%。

⑤熟料真实矿物组成与计算矿物组成的差异。硅酸盐水泥熟料矿物组成的计算,是假设熟料平衡冷却,并生成 C_3S、C_2S、C_3A 和 C_4AF 四种纯矿物,其计算结果与熟料真实矿物组成并不完全一致,有时甚至相差很大。其原因是:

a. 固溶体的影响。计算矿物为纯 C_3S、C_2S、C_3A 和 C_4AF,但实际矿物为溶有少量其他氧化物的固溶体,即阿利特、贝利特、铁相固溶体等。例如,若阿利特组成按 $C_{54}S_{15}MA$ 考虑,则计算 C_3S 的公式中 SiO_2 前面的系数就不是 3.80 而是 4.30,这样实际含量就要提高 11%。而 C_3A 则因有一部分 Al_2O_3 固溶进阿利特而使它的含量减少。

b. 冷却条件的影响。硅酸盐水泥熟料的冷却过程,若缓慢冷却而平衡结晶,则液相几乎全部结晶出 C_3A、C_4AF 等矿物。但在工业生产条件下,冷却速度较快,因而液相可部分或几乎全部变成玻璃体。此时,实际 C_3A、C_4AF 含量均比计算值低,而 C_3S 含量可能增加,使 C_2S 减少。

c. 碱和其他微量组分的影响。碱的存在可能与硅酸盐矿物形成 $KC_{23}S_{12}$,与铝酸三钙形成 NC_8A_3,析出 CaO,从而使 C_3A 减少;碱也可能影响 C_3S 含量。其他次要氧化物如 TiO_2、MgO、P_2O_5 也会影响熟料的矿物组成。

计算的仅是理论上可能生成的矿物,称之为"潜在矿物"组成。尽管计算的矿物组成与实测值有一定差异,但它能基本上说明对熟料煅烧和性能的影响,是设计某一矿物组成的水泥熟料时,计算生料组成的唯一可行的方法,因此,在水泥工业中仍得到广泛应用。

2)配料

①熟料组成的选择及影响因素。熟料组成的选择,一般应该根据水泥品种、原料、燃料的品质、生料制备、生料的易烧性与熟料煅烧工艺等进行综合考虑,以达到保证水泥质量、提高产量、降低消耗和设备长期安全运转的目的。

a. 水泥品种。国家标准对于硅酸盐水泥除了规定应具有正常凝结时间、良好的安定性以及符合相应标号的强度等基本性能外,没有其他特殊要求。其成分可在一定范围内波动。因此,可以采用诸如低铁、高铁、低硅、高硅、高石灰饱和系数等多种配料方案进行生产。但应注意三个率值要配合适当,不能过分强调某一率值。当熟料组成与要求指标偏离过大时,会给生产带来较多困难,甚至影响熟料质量。因此,选择适应工厂特定条件的配料方案是生产顺利进行的重要保证。

生产特殊用途的硅酸盐水泥,应根据它的特殊技术要求,选择合适的熟料组成。例如,用于紧急施工或生产预制构件的快硬硅酸盐水泥,需要较高的早期强度,则应适当提高熟料中硅酸三钙与铝酸三钙的含量;若提高铝酸三钙含量有困难,可再适当提高硅酸三钙含量。前者由于氧化钙的吸收数量随硅酸三钙含量而增加,以及液相黏度随铝酸三钙含量而增大,熟料易烧性下降,为了易于烧成,可适当降低硅率以增加液相数量;后者由于石灰饱和系数较高,对易烧性虽不利,但液相黏度并未增大,熟料并不一定充分煅烧,因而硅率不一定过分降低。

又如水泥水化时放出的热,往往会使堤坝等大体积混凝土构筑物因内外温度差产生巨大应力而导致开裂。为此,应适当减少低热水泥熟料中的铝酸三钙与硅酸三钙含量。但水泥强度、抗冻性与耐磨性会因硅酸三钙含量过分减少而显著降低。因此,首先应降低熟料中铝酸三钙的含量,同时适当降低低热水泥中硅酸三钙含量。通常这种水泥的熟料矿物组成为: C_3S 40%～55%; C_3A 不大于6.0%。

b. 原料品质。硅酸盐水泥生产所采用的原料主要是:石灰石、黏土以及校正原料。而原料的化学成分与工艺性能,往往对熟料组成的选择有很大影响。在一般情况下,为了简化工艺流程,便于生产控制,即使熟料组成略为偏离理想要求,也仍然应采用两种或三种原料的配料方案,除非这种配料不能保证正常生产时,才考虑更换某种原料或掺加另一种校正原料。为此,必须进行全面的技术经济分析。

例如,某厂以石灰石、黄土、铁粉三种原料配料,用干法生产普通硅酸盐水泥。后来生产低热水泥,要求降低铝酸三钙、相应提高铁铝酸四钙的含量,并适当降低硅酸三钙含量,如仍用三种原料配料就有困难。要保持正常的硅率,就不能减少黏土的配合比,铝酸三钙含量就无法降低;要降低铝酸三钙含量,就必须减少黏土,增加铁粉配合比,这样硅率就过低,增加了熔剂矿物量,烧结范围变窄而影响窑的煅烧。为此,不得不采用掺加砂岩的四种原料配料方案。

c. 燃料品质。燃料品质对熟料组成选择有较大影响。

用气体与液体作燃料着火快,燃烧时间短,在回转窑内热力较集中,易造成短焰急烧,熟料反应时间不足,但基本上无灰分掺入熟料。用煤作燃料时,煤的灰分将大部或全部掺入熟料中。据统计,由于煤灰的掺入,将使熟料饱和系数降低0.04～0.16;硅率降低0.05～0.20;铝率提高0.05～0.30。理论上,在配料计算中把煤灰作为一个原料组分考虑;但实际上除立窑全黑生料外,煤灰的掺入很不均匀,造成一部分熟料的石灰饱和系数偏低,另一部分又偏高,结果熟料矿物形成不匀,岩相结构不良。煤粉愈粗、灰分愈高,影响也愈大。江南水泥厂曾作过统计,结果表明:煤灰从18.10%增加到31.39%时,在熟料组成和水泥细度基本相同的情况下,熟料游离氧化钙随煤灰含量增加而提高,熟料强度下降近一个标号(28d强度为10MPa左右)。因此,当煤的灰分变化时,适当调整熟料组成是十分重要的。如广州水泥厂煤的灰分增大到26%～31%时,仍保持原熟料组成的配料方案($KH = 0.87 \sim 0.91$ 、 $P = 1.8 \sim 2.00$ 、 $n = 1.1 \sim 1.3$)。结果游离氧化钙增加,质量下降。后来提高了煤粉细度,采用了萤石作矿化剂,并适当降低了石灰饱和系数,使熟料组成调整为: $KH = 0.85 \sim 0.89$ 、 $P = 1.9 \sim 2.1$ 、 $n = 1.2 \sim 1.4$ 。结果,烧成情况比较正常,窑快转率提高,熟料游离氧化钙下降,强度有较大提高。

煤的挥发物含量对熟料假烧也有直接影响。挥发物过高(通常煤的热值偏低)将使回转窑中黑火头缩短,易造成热力分散,形成低温长带煅烧;反之,煤的挥发分过低(通常热值较高)易造成热力集中,短焰急烧。某厂回转窑用煤挥发物为13%～15%、灰分28%、低热值为25 080kJ/kg煤。由于煤的挥发分太低,形成短焰急烧,热力相当集中,窑生产情况恶化,熟料游离氧化钙增加,强度下降,耐火衬料寿命缩短。该厂采取的措施是:除设法使煅烧带延长外,在配料上适当降低了石灰饱和系数,相应提高了铝率。从而使窑的煅烧和熟料质量逐渐趋于正常。立窑使用挥发分高的煤时,由于烟煤燃烧速度快,使底火层较薄,物料在高温带反应时间不足,而影响熟料质量。另外由于不完全煅烧现象加剧,也增加了单位熟料的热耗。

近年来,燃煤的均匀性受到世界各国的重视。特别是应用低品位燃料而且煤质变化较大时,应该进行燃煤的预均化,才能保证熟料成分的稳定和水泥质量的提高。

d. 生料细度和均匀性。生料化学成分的均匀性,不但影响窑的热工制度的稳定和运转率的提高,而且还影响熟料的质量以及配料方案的确定。

一般说来,生料均匀性好,KH 可高些。生料碳酸钙滴定值的均匀性达到 $\pm 0.25\%$ 时,即生料碳酸钙含量的标准偏差为 0.2%($KH \pm 0.02$,$P \pm 0.1$,$n \pm 0.1$)时,可生产 42.5 级以上的熟料。若生料成分波动大,对回转窑而言,其熟料及 KH 应适当降低;但对立窑而言,由于低 KH 易引起立窑结大块,为了保证立窑正常煅烧,宜采用高 KH 低 P 方案。若生料粒度粗,由于化学反应难以进行完全,KH 也应适当降低。

e. 窑型与规格。物料在不同类型的窑内受热和煅烧的情况不同,因此熟料的组成也应有所不同。回转窑内物料不断翻滚,与立窑、立波尔窑相比,物料受热和煤灰掺入都比较均匀,物料反应进程较一致,因此 KH 可适当高些。

立波尔窑的热气流自上而下通过加热机的料层,煤灰大部分沉降在上层料面,上部物料温度比下部的高,因此形成上层物料 KH 值低,分解率高,而下层物料 KH 值高、分解率低,因此,应适当降低 KH。

立窑通风、煅烧都不均匀,因此不掺矿化剂的熟料 KH 值要适当低些。对于掺复合矿化剂的熟料,由于液相出现较早且黏土较低,烧成温度范围变宽,一般采用高 KH、低 P 和高 n 配料方案。

预分解窑生料预热好,分解率高,另外,由于单位产量窑筒体散热损失少,耗热量最大的碳酸盐分解带已移到窑外,因此窑内气流温度高,为了有利于挂窑皮和防止结皮、堵塞、结大块,目前趋于低液相量的配料方案。我国大型预分解窑大多采用高硅率、高铝率、中饱和比的配料方案。

影响选择熟料组成的因素很多,一个合理的配料方案既要考虑熟料质量,又要考虑物料的易烧性;既要考虑各率值和矿物组成的绝对值,又要考虑它们之间的相互关系。原则上,三个率值不能同时偏高或偏低。不同窑型硅酸盐水泥熟料各率值参考范围见表 1-2-4。

表 1-2-4　不同窑型硅酸盐水泥熟料各率值参考范围

窑　　型	KH	P	n	熟料热耗（kJ/kg）
预分解窑	0.86~0.89	2.2~2.6	1.4~1.8	2 920~3 750
湿法长窑	0.88~0.91	1.5~2.5	1.0~1.8	5 833~6 667
干法窑	0.86~0.89	2.0~2.4	1.0~1.6	5 850~7 520
立波尔窑	0.85~0.88	1.9~2.3	1.0~1.8	4 000~5 850
立窑（无矿化剂）	0.85~0.90	1.9~2.2	1.2~1.4	4 200~5 430
立窑（掺复合矿化剂）	0.92~0.97	1.6~2.2	1.1~1.5	3 750~5 000

f. 水泥生料的易烧性。水泥原料和生料的特性及其评价,对于实现生料的正确设计以及回转窑、立窑的顺利操作都十分重要。生料的化学、物理和矿物性质对易烧性和反应活性影响很大。易烧性和反应活性可基本反映固、液、气相环境下,在规定的温度范围内,通过复杂的物理、化学变化,形成熟料的难易程度。

水泥生料的易烧性可用如下两种表达方式:

在某一已知温度下测量经规定时间后的 $f\text{-}CaO$,$f\text{-}CaO$ 数值的降低与易烧性的改善相对应;测量规定温度下达到 f-CaO 小于或等于 2.0% 的时间(t),t 的减少数值与易烧性的改善相对应。所谓"实用易烧性"即是在 1 350℃恒温下,在回转窑内煅烧生料达到 CaO 小于 2% 所需的时间。

还可以用各种易烧性指数或易烧性值来表示。生料易烧性指数的经验公式如下其中 BF_1、BF_2 较为实用;而 B_{th} 更精确些,其中考虑了化学性质、颗粒大小、液相量等因素。

$$BI_1 = C_3S/(C_4AF + C_3A) \tag{1-2-33}$$

$$BI_2 = C_3S/(C_4AF + C_3A + M + K + Na) \tag{1-2-34}$$

$$BF_1 = LSF + 10SM - 3(M + K + Na) \tag{1-2-35}$$

$$BF_2 = LSF + 6(SM - 2) - (M + K + Na) \tag{1-2-36}$$

$$B_{th} = 55.5 + 11.9R_{+90\mu m} + 1.58(LSF - 90)^2 - 0.43L_C^2 \tag{1-2-37}$$

式中　C_3S、C_4AF、C_3A 分别代表计算生料的潜在矿物组成;$R_{+90\mu m}$ 为生料在 $90\mu m$ 筛的筛余量;L_C 为在 1 350℃时的液相量(按 $L \cdot A \cdot Dabl$ 计算)。

在水泥熟料的煅烧过程中,温度必须很好地满足阿利特相的形成。生料易烧性愈好,生料煅烧的温度愈低;易烧性愈差,煅烧温度愈高。通常生料的煅烧温度为 1 420℃~1 480℃。有关试验表明,生料的最高煅烧温度与生料成分也就是熟料潜在矿物组成的关系,如下列回归方程式所示:

$$T(℃) = 1 300 + 4.15 C_3S - 3.74 C_3A - 12.64 C_4AF \tag{1-2-38}$$

综上所述,影响生料易烧性的主要因素有:

a. 生料的潜在矿物组成:KH、P 高,生料难烧;反之易烧,还可能结圈;P、n 高,生料难烧,要求较高的烧成温度。

b. 原料的性质和颗粒组成:原料中石英和方解石含量多,难烧,易烧性差;结晶质粗粒多,易烧性差。

c. 生料中的次要氧化物和微量元素:生料中的少量次要氧化物 MgO、Na$_2$O、K$_2$O 等有利于熟料形成,易烧性好,但量过多,不利于煅烧,并对质量产生严重的不良影响。

d. 生料的均匀性和细度:生料的均匀性好,细度细,易烧性好。

e. 矿化剂:掺加各种矿化剂,均可改善生料的易烧性。

f. 生料的热处理:生料易烧性差,烧成温度就高,煅烧时间越长。生料煅烧过程中升温速度快,有利于提高新生态物质的活性。

g. 液相:生料煅烧时,液相出现温度低,数量多,液相黏度小,表面张力小,离子迁移速度大,易烧性好,有利于熟料的烧成。

h. 燃煤的性质:燃煤热值高、煤灰分少、细度细,燃烧速度快,燃烧温度高,有利于熟料的烧成。

i. 窑内气氛:窑内氧化气氛煅烧,有利于熟料的形成。

因此,生料易烧性好,可以选择较高石灰饱和系数、高硅率、高铝率(或低铝率)的配料方案;反之,只能配低一些。

应该指出,熟料的石灰饱和系数、硅率、铝率三个率值是互相影响、互相制约的,不能片面强调某一率值而忽视其他两个率值,必须相互配合。如石灰饱和系数较高,则硅率和铝率就要相应低一些,以保证硅酸三钙的顺利形成。

综上所述,影响熟料组成的因素是多方面的。设计一个合理的配料方案,应根据生产水泥的品种和质量要求、原料资源的可能性和各厂具体条件结合起来,具体问题具体分析,才能既保证质量,又使技术经济指标比较先进,达到优质、高产、低消耗、长期安全运转的目的。

②配料计算。熟料组成确定后,即可根据所用原料进行配料计算,以求出符合要求熟料组成的原料配合比。

配料计算的依据是物料平衡。任何化学反应的物料平衡是:反应物的量应等于生成物的量。随着温度的升高,生料煅烧成熟料的经历是:生料干燥蒸发物理水;黏土矿物分解放出结晶水;有机物质的分解挥发;碳酸盐分解放出二氧化碳;液相出现使熟料烧成。因为有水分、二氧化碳以及某些物质逸出,所以,计算时必须采用统一基准。

干燥基:蒸发物理水以后,生料处于干燥状态。以干燥状态质量所表示的计算单位,称为干燥基准。干燥基准用于计算干燥原料的配合比和干燥原料的化学成分。

如果不考虑生产损失,则干燥原料的质量应等于生料的质量,即:

$$干石灰石 + 干黏土 + 干铁粉 = 干生料$$

灼烧基:去掉烧失量(结晶水、二氧化碳与挥发物质等)以后,生料处于灼烧状态。以灼烧状态质量所表示的计算单位,称为灼烧基准。灼烧基准用于计算灼烧原料的配合比和熟料的化学成分。

如果不考虑生产损失,在采用基本上无灰分掺入的气体或液体燃料时,则灼烧原料、灼烧生料与熟料三者质量应相等,即:

$$灼烧石灰石 + 灼烧黏土 + 灼烧铁粉 = 灼烧生料 = 熟料$$

如果不考虑生产损失,在采用有灰分掺入的燃煤时,则灼烧生料与掺入熟料的煤灰之和应等于熟料的质量,即:

$$灼烧生料 + 煤灰(掺入熟料的) = 熟料$$

在实际生产中,由于总有生产损失,且飞灰的化学成分不可能等于生料成分,煤灰的掺入量也并不相同。因此,在生产中应以生熟料成分的差别进行统计分析,对配料方案进行校正。

熟料中的煤灰掺入量可按下式计算:

$$G_A = \frac{qA^Y S}{100 Q^Y} = \frac{PA^Y S}{100} \tag{1-2-39}$$

式中　G_A——熟料中煤灰掺入量,%;

　　q——单位熟料热耗,kJ/kg 熟料;

　　Q^Y——煤的应用基低热值,kJ/kg 煤;

　　A^Y——煤的应用基灰分含量,%;

　　S——煤灰沉落率,%;

　　P——煤耗,kg/kg 熟料。

煤灰沉落率因窑型而异,如表 1-2-5 所示。

表 1-2-5　不同窑型的煤灰沉落率(%)

窑　　型	无电收尘	有电收尘
湿法长窑($L/D=30\sim50$)有链条	100	100
湿法短窑($L/D<30$)有链条	80	100
湿法短窑带料浆蒸发机	70	100
干法短窑带立筒、旋风预热器	90	100
预分解窑	90	100
立波尔窑	80	100
立　窑	100	100

注:电收尘窑灰不入窑者,按无电收尘器者计算。

　　生料配料计算方法繁多,有代数法、图解法、尝试误差法(包括递减试凑法、累加试凑法)、矿物组成法、最小二乘法等。随着科学技术的发展,微机的应用已逐渐普及到各个领域,市面上的《水泥厂化验室专家系统》中已配置有成熟的智能化配料计算程序。

　　现主要介绍累加试凑法,其原理是:根据熟料化学成分要求,依次加入各种原料,同时计算所加入原料的化学成分,然后进行熟料成分累计验算,如发现成分不符要求,再进行试凑,直至符合要求为止。

　　例:已知原、燃料的有关数据如表 1-2-6、表 1-2-7 所示,假设用预分解窑以三种原料配料进行生产,要求熟料的三个率值为:$KH=0.89,P=2.1,n=1.3$;单位熟料热耗为 3 350kJ/kg$_{熟料}$,计算其配合比。

表 1-2-6　原料与煤灰的化学成分(%)

名　称	烧失量	SiO_2	Al_2O_3	Fe_2O_3	CaO	MgO	其　他	合　计
石灰石	42.66	2.42	0.31	0.19	53.13	0.57	0.72	100.00
黏　土	5.27	70.25	14.72	5.48	1.41	0.92	1.95	100.00
铁　粉	0.00	34.42	11.53	48.27	3.53	0.09	2.16	100.00
煤　灰	0.00	53.52	35.34	4.46	4.79	1.19	0.70	100.00

表 1-2-7　煤的工业分析

$W^Y(\%)$	$V^Y(\%)$	$A^Y(\%)$	$C^Y(\%)$	$Q_{DW}^Y(kJ/kg)$
0.60	22.42	28.56	49.02	20 930

解:1.确定熟料组成

　　根据题意,已知熟料率值为:$KH=0.89,P=2.1,n=1.3$。

2.计算煤灰沉落率

　　据式(1-2-39):

$$G_A=\frac{qA^YS}{100Q^Y}=\frac{PA^YS}{100}=\frac{3\ 350\times28.56\times100}{100\times20\ 930}=4.57\%$$

3.由式(1-2-30)~(1-2-32)计算要求熟料的化学成分

　　设:$\sum=99.75\%$

$$Fe_2O_3 = \frac{\sum}{(2.8KH+1)(IM+1)SM+2.6IM+1.35} = 4.53\%$$

$$Al_2O_3 = n \cdot Fe_2O_3 = 5.89\%$$

$$SiO_2 = P(Al_2O_3 + Fe_2O_3) = 21.88\%$$

$$CaO = \sum - (SiO_2 + Al_2O_3 + Fe_2O_3) = 67.45\%$$

4. 以100kg熟料为基准,列累加试凑表,见表1-2-8。

表 1-2-8　累加试凑表(%)

计算步骤	SiO$_2$	Al$_2$O$_3$	Fe$_2$O$_3$	CaO	MgO	其他	合计	备　　注
要求熟料成分	21.88	5.89	4.53	67.45			99.75	
煤灰(+4.57)	2.446	1.615	0.204	0.219	0.054	0.032		
石灰石(+122)	2.952	0.378	0.232	64.819	0.695	0.878		$(65.41-0.219)/0.531\ 3\approx122$
黏土(+23)	16.158	3.386	1.260	0.324	0.212	0.449		$(21.47-2.446-2.952)/0.702\ 5\approx23$
铁粉(+5.8)	1.996	0.669	2.800	0.205	0.005	0.125		$(4.5-0.204-0.232-1.26)$ $/0.482\ 7\approx5.8$
累计熟料成分	23.552	6.048	4.496	65.567	0.966	1.484	102.11	$KH=0.819, P=2.23, n=1.35$
黏土(−2.6)	1.827	0.383	0.143	0.037	0.024	0.051		$KH=0.899, P=2.17, n=1.30$
累计熟料成分	21.725	5.665	4.353	65.530	0.942	1.433	99.65	热耗$=100\times3\ 350/99.65=3\ 362$
铁粉(+0.3)	0.103	0.035	0.145	0.011	0.000	0.006		$KH=0.893, P=2.14, n=1.27$
累计熟料成分	21.828	5.700	4.498	65.541	0.942	1.439	99.95	热耗$=100\times3\ 350/99.95=3\ 352$

表1-2-8中,最后一个累计熟料成分即为所配熟料的实际化学成分,备注栏中的三个率值和热耗即为所配熟料的实际率值和热耗,可见已十分接近要求值。值得注意的是,累计熟料的合计值不一定非要等于100,只要验算的熟料率值和热耗符合要求即可,但此时熟料成分必须换算成百分数。

5. 计算干原料料耗(熟料料耗)

由表1-2-8可知,配制100kg熟料所需的干原料如下:

石灰石 $= 122/99.95 \times 100 = 122.06$

黏　土 $= (23-2.6)/99.95 \times 100 = 20.41$

铁　粉 $= (5.8+0.3)/99.95 \times 100 = 6.10$

6. 计算生料的干原料配合比

石灰石 $= 122.06/(122.06+20.41+6.10) \times 100\% = 82.16\%$

黏　土 $= 20.41/(122.06+20.41+6.10) \times 100\% = 13.74\%$

铁　粉 $= 6.10/(122.06+20.41+6.10) \times 100\% = 4.10\%$

(3) 玻璃的组成设计及配料计算

玻璃的化学组成是计算玻璃配合料的主要依据。玻璃的化学组成对玻璃的物理和化学性质有重要的影响。改变玻璃的组成即可以改变玻璃的结构状态,从而使玻璃在性质上发生变化。在生产中,往往通过改变玻璃的组成来调整性能和控制生产。对于新品种玻璃的研制或对现有玻璃性质的改进,都必须首先从设计和确定它们的组成开始。玻璃的科学研究,特别是性质和组成依从关系的研究,为玻璃组成的设计提供了重要的理论基础。但是理论只能定性地指出设计的方向,要得到合乎预定要求的玻璃,还必须通过实践,对拟定的玻璃组成进行反复的试验调整,最后才能够把组成确定下来。

1)玻璃的组成与结构

①玻璃的组成。许多氧化物或元素是玻璃的组成物质,根据各氧化物在玻璃结构中所起的作用,一般可将它们分为三类:玻璃形成体(网络形成体)、玻璃中间体(网络中间体)和玻璃调整体(网络外体)。

a.玻璃形成体(网络形成体)。能单独形成玻璃,在玻璃中能形成各自特有的网络体系的氧化物,称为玻璃的网络形成体,如 SiO_2,B_2O_3 和 P_2O_5 等。

以 F 代表网络形成离子,则 F—O 键是共价键与离子键的混合键,键的离子性约占 50% 左右;F—O 的单键能较大,一般大于 335kJ/mol;阳离子 F 的配位数是 3 或 4,阴离子 O^{2-} 的配位数为 2;构成的配位多面体 $[FO_4]$ 或 $[FO_3]$ 一般以顶角相连,见表 1-2-9。

b.调整体(或网络外体)。凡不能单独生成玻璃,一般不进入网络而是处于网络之外的氧化物,称为玻璃的网络外体。它们往往起调整玻璃一些性质的作用。常见的有 Li_2O,Na_2O,K_2O,MgO,CaO,SrO 和 BaO 等。

以 M 代表网络外离子,则 M—O 键一般为离子键,电场强度较小,单键能一般小于 251kJ/mol,见表 1-2-9。

由于 M 的离子性强,键强小,氧离子易摆脱阳离子的束缚,成为“游离氧”,在玻璃结构中,网络外体 M 离子往往起断网作用。阳离子给出“游离氧”的能力与其电场强度的大小有关;阳离子场强越小,则给氧能力越大,如 K^+,Na^+,Ba^{2+},Ca^{2+} 等;阳离子场强越大,给氧能力越小,如 Mg^{2+},Zn^{2+},La^{3+} 等;在阳离子(特别是高电价、小半径的阳离子)的场强较大时,可能对非桥氧起积聚作用,它们将使结构变得较为紧密,而在一定程度上改善玻璃的性质,但对玻璃的析晶也有一定的促进作用,如 Zr^{4+},In^{3+} 等。

c.中间体。一般不能单独形成玻璃,其作用介于网络形成体和网络外体之间的氧化物,称之为中间体,如 Al_2O_3,BeO,ZnO,Ga_2O_3,TiO_2 和 PbO 等,见表 1-2-9。

表 1-2-9　各种氧化物的类型和单键强度

元　素	原子价	每个 MO_x 的解离能 (kJ/mol)	配位数	M—O 的单键强度 (kJ/mol)	类　型
B	3	1 400	3	498	
Si	4	1 771	4	444	
Ge	4	1 804	4	452	
Al	3	1 083~1 327	4	423~331	网络形成体(F)
B	3	1 400	4	373	
P	5	1 850	4	465~368	
V	5	1 880	4	469~377	
As	5	1 461	4	364~293	
Sb	5	1 419	4	356~285	
Zr	4	2 020	6	339	

续表

元　素	原子价	每个 MO_x 的解离能 (kJ/mol)	配位数	M—O 的单键强度 (kJ/mol)	类　型
Th	4	2 461	8	308	
Ti	4	1 821	6	303	
Zn	2	603	2	301	
Pb	2	607	2	303	
Al	3	1 327~1 633	6	221~280	中间体（I）
Be	2	1 047	4	303	
Zr	4	2 060	8	254	
Gd	2	498	2	249	
Se	3	1 515	6	249	
Ld	3	1 704	7	243	
Y	3	1 670	8	209	
Th	4	2 461	12	205	
Sn	4	1 164	6	191	
Gd	3	1 116	6	186	
In	3	1 034	6	181	
Pb	4	971	6	162	
Mg	2	920	6	155	
Li	1	603	4	151	
Pb	2	607	4	152	络外体（M）
Zn	2	603	4	154	
Ba	2	1 088	8	136	
Ca	2	1 076	8	135	
Sr	2	1 072	8	131	
Cd	2	498	4	125	
Na	1	502	6	84	
Cd	2	498	6	83	
K	1	484	9	53	
Rb	2	484	10	48	
Hg	2	285	6	47	
Cs	1	477	12	40	

　　以 I 代表中间体阳离子，则 I—O 键具有一定的共价性，但离子性是主要的；I—O 的单键能一般在 251~335kJ/mol，阳离子配位数主要根据玻璃结构中"游离氧"的数目而定，当"游离氧"充足时，阳离子可以夺取"游离氧"以四配位参加网络结构，与网络形成体共同构成统一的结构网络（又称补网作用），当"游离氧"不足时，则以其他配位数（比如六配位等），处于网络之外，与网络外体作用相似。

在含有不只一种中间体氧化物的复杂系统玻璃中,中间体能否进入结构网络主要由其电场强度大小来决定,电场强度大的阳离子,夺氧能力大,可以进入结构网络,而电场强度小的阳离子,在"游离氧"不足时,只可能处于网络之外。一般情况下,中间体离子大致按下列次序进入网络:

$$[BeO_4] \longrightarrow [Al_2O_3] \longrightarrow [GaO_4] \longrightarrow [TiO_4] \longrightarrow [ZnO_4]$$

应当指出,将氧化物分成以上三类,是为了说明它们分别或共同产生和保持玻璃态无序特征形式的能力。实际上在网络形成体,网络外体和中间体之间,并无明显的分界线,而键强大小的判别虽然符合大部分实验结果,但也有不少例外。

氧化铅是一个例外,Pb^{2+} 被 8 个氧离子所包围,其中 4 个氧离铅离子较远(4.29Å),另外 4 个氧离铅较近(2.3Å),形成不对称配位。Pb^{2+} 外层的惰性电子对受到较近的 4 个氧排斥,推向另外 4 个氧离子一边,成四方锥体[PbO_4]结构单元,见图 1-2-6 和图 1-2-7。铅离子处于四方锥顶端。其惰性电子对则远离 4 个氧的另一面。一般认为,高铅玻璃中均存在这种四方锥体,它形成一种螺旋形的链状结构,在玻璃中与硅氧四面体[SiO_4]形成不对称键,形成共顶或共边连接,也参加网络形成,然而形成的网络较之 SiO_2 单独形成的网络要开放得多。

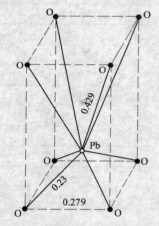

图 1-2-6 正方形 PbO 原子间距(nm)示意图

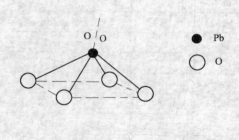

图 1-2-7 PbO 结构示意图

②玻璃结构。玻璃结构是指玻璃中质点在空间的几何配置、有序程度以及它们彼此间的结合状态。

玻璃结构可以分为三种尺度来讨论:a. 0.2~1nm 的尺度或原子排布范围;b. 3 至几百纳米的尺度或亚微结构范围;c. 在微米到毫米或其以上的尺度,即在显微组织或宏观结构的范围。

基于玻璃态是处于热力学不稳定状态的事实,玻璃的不同成分,玻璃形成的热历史及一些生成条件都会对其结构产生影响,进而显示出种种不同的宏观物理化学性能。多年以来,学者们提出过各种有关玻璃结构的假说,从不同角度揭示了玻璃态物质结构的局部规律,其中有门捷列夫的"似合金"假说、泰曼的"过冷液体"假说、杜尔的"类凝胶"假说以及索斯曼的"分子集聚体"假说等。但影响最大的是查哈里阿生的"无规则网络学说"、兰德尔和列别捷夫的"晶子学说"。现分述如下:

现代玻璃结构理论主要是晶子学说和无规则网络学说。

a. 晶子学说。兰德尔(Randell)于 1930 年提出了玻璃结构的微晶学说。因为一些玻璃的衍射花样与同成分的晶体相似,认为玻璃由微晶与无定型物质两部分组成。微晶具有正规的原子排列并与无定型物质间有明显的界限,微晶尺寸为 1.0～1.5nm(相当于 2～4 个多面体的有规则排列),其含量占 80% 以上,这就是微晶无序。列别捷夫在研究硅酸盐光学玻璃的退火时,发现玻璃折射率随温度的变化曲线上 520℃ 附近的突变,他认为这是石英微晶在 520℃ 的同质异变。即玻璃折射率的急剧变化与内部的结构变化有关,玻璃中存在石英"晶子",这些"晶子"与石英晶体有类似结构,但又与一般"微晶"不同。它们是尺寸极其微小的、晶格极度变形的有序排列区域。玻璃中的这些晶子分散在无序区域中,从晶子到无序区的过渡是逐步完成的,没有明显的界限,晶子中心部位有序程度最高,离中心愈远,有序程度愈低,不规则程度也愈显著。

图 1-2-8 为玻璃晶子结构示意图。

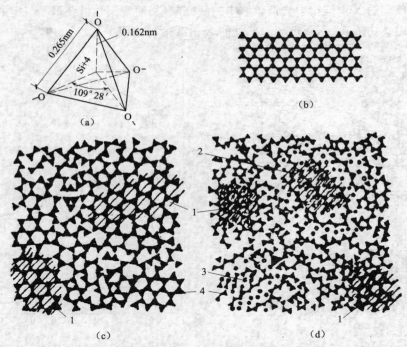

图 1-2-8　[SiO$_4$]石英晶体结构以及石英玻璃、钠硅酸盐玻璃晶子结构示意
(a)硅氧四面体结构;(b)石英晶体结构;(c)石英玻璃晶子结构;(d)钠硅酸盐玻璃晶子结构
1—石英晶子;2—硅酸钠晶子;3—钠离子;4—四面体

晶子学说的价值在于它第一次指出了玻璃中存在微不均匀性,即玻璃中存在一定的有序区域,这对于玻璃分相、晶化等本质的理解有重要价值。

b. 无规则网络学说。1932 年,查哈里阿森借助哥德施密特的离子结晶化学原则,利用晶体结构阐述玻璃结构,即查氏把离子结晶化学原则和晶体结构知识推演到玻璃态物质,描述了离子—共价键的化合物,如熔融石英、硅酸盐和硼酸盐玻璃。

查氏提出[SiO$_4$]为硅酸盐玻璃的最小结构单元。玻璃中的这种结构单元或者说键状态与晶体类似,构成连续的三度空间网络,只是[SiO₄]四面体不像在结晶化合物中那样相互对称均匀地排列,缺乏对称性和周期性的重复。

查氏还提出了氧化物形成玻璃的四个条件(假定物质的玻璃态和结晶态的能量相近):

ⓐ一个氧离子不能和两个以上的阳离子结合——氧的配位数不大于2;

ⓑ阳离子周围的氧离子数不应过多(3或4)——阳离子的配位数为3或4;

ⓒ网络中氧配位多面体之间只能共角顶,不能共棱、共面;

ⓓ如果网络是三维的,则网络中每一个氧配位多面体必须至少有三个氧离子与相邻多面体相连,以形成向三度空间发展的无规则网络结构。

根据上述条件,SiO_2,B_2O_3,P_2O_5,GeO_2 等是很好的玻璃形成体。不符合上述条件的氧化物则为网络改良体,如碱金属、碱土金属氧化物。还有一些阳离子氧化物,如 BeO、Al_2O_3、ZrO_2 等可以部分参加网络结构,称为网络中间体。

图 1-2-9 为无规则网络结构学说的玻璃结构模型示意图。

瓦伦在玻璃的 X 射线衍射光谱领域中的研究成果,使查氏学说获得了一定的实验证明。

图 1-2-10 为方石英、石英玻璃和硅胶的 X 射线衍射曲线。

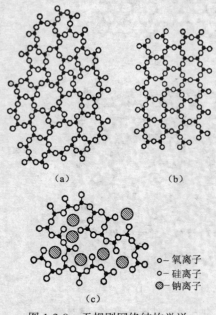

图 1-2-9 无规则网络结构学说
的玻璃结构模型示意图
(a)石英玻璃结构模型;(b)石英晶体结构模型;
(c)硅钠玻璃结构模型

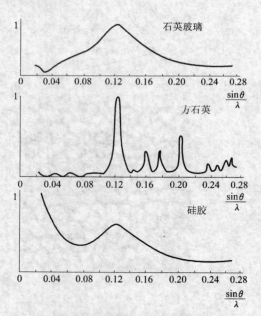

图 1-2-10 方石英石英玻璃和
硅胶的 X 射线衍射图

综上所述,查氏学说宏观上强调了玻璃中多面体相互间排列的连续性、均匀性和无序性,而晶子学说则强调了不连续性、有序性和微不均匀性。玻璃是连续性、不连续性,均匀性、微不均匀性,无序性、有序性几对矛盾的对立统一体,条件变化,矛盾双方可能相互转化。

c.硅酸盐玻璃结构

ⓐ石英玻璃结构。一般采用无规则网络学说的模型描述石英玻璃。石英玻璃的结构单元和晶体石英一样,都是硅氧四面体,不同的是石英玻璃结构主要是无序而均匀的,见图 1-2-11

(b),有序范围大约只有 0.7～0.8nm,这样小的有序区,实际上已失去晶体的意义了。此外晶体石英中 Si—O 键距为 1.61Å,而在石英玻璃中 Si—O 键距为 1.62Å,说明后者原子间距稍大,结构较为疏松。

X射线衍射分析证明,Si—O—Si 键角分布范围为 120°～180°,最大概率在 145°附近,见图 1-2-11(a)所示。键角的这种不一致性引起原子间距的可变性,使结构失去对称性。因此,石英玻璃的三维网络是不规则的。

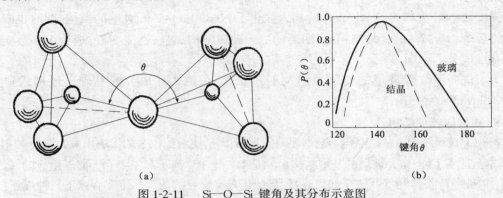

图 1-2-11　Si—O—Si 键角及其分布示意图
(a)相邻两硅氧四面体之间的 Si—O—Si 键角;(b)石英玻璃和方石英晶体的 Si—O—Si 键构分布曲线

Si—O 键是极性共价键,据估计离子键和共价键的成分各占 50%,因此,硅离子周围 4个氧离子的四面体分布,必须满足共价键的方向性和离子键所要求的阴阳离子的大小比。硅氧键强相当大,约为 443.5kJ/mol,整个硅氧四面体正负电荷重心重合,不带极性。加上它的结构特征,即完全由硅氧四面体构成的三维架状结构,从而决定了石英玻璃具有机械强度高,热膨胀系数小,耐热、介电性能和化学稳定性好等优良性质。一般硅酸盐玻璃中 SiO_2 含量越高,上述性能也越好。

X射线衍射分析证明,石英玻璃与方石英具有类似的结构,结构比较开放,内部存在许多空隙(空隙直径平均为 2.4Å)。因此,在高温、高压下,石英玻璃具有明显的透气性,这在石英玻璃作为功能材料时值得注意。

ⓑ碱硅酸盐玻璃结构。碱硅酸盐玻璃是碱金属氧化物(R_2O)和 SiO_2 的二元玻璃,它可看作在熔融石英玻璃中加入 R_2O。如前所述,石英玻璃是由[SiO_4]构成的三维空间架状结构,其硅氧比为 1:2。而在碱硅酸盐玻璃中,碱金属氧化物提供氧使硅氧比值有所下降,玻璃结构中氧的数量增多,开始出现非桥氧,使硅氧网络发生断裂,破坏了完整的三维结构(如图 1-2-12 所示)。因碱金属仅带一个正电荷,与氧结合力弱,故在玻璃结构中活动性大,在一定条件下,它能从网络的一个空隙迁移到另一空隙,或连续地迁移,这可以从玻璃的析碱、离子交换、电导等性质中得到反映。含 Na^+ 硅酸盐玻璃结构如图 1-2-9(c)所示。

在熔融石英玻璃中、碱金属氧化物的加入,使原有的石英玻璃结构疏松,并导致玻璃的物理化学性质变坏,如热膨胀系数上

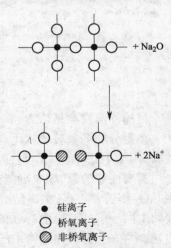

● 硅离子
○ 桥氧离子
◐ 非桥氧离子

图 1-2-12　氧化钠与氧化硅四面体间作用示意图

升,机械强度,化学稳定性,热稳定性和透紫外性下降等。

一般来说,碱金属氧化物引入量越大,玻璃的性能越差。

ⓒ钠钙硅酸盐玻璃结构。在实用的硅酸盐玻璃成分中,除含有碱金属氧化物以外,还含有碱土金属氧化物,最常见的是 CaO 的引入,从而构成了 Na_2O-CaO-SiO_2 三元系统玻璃。CaO 与 Na_2O 一样,也能提供游离氧,使硅氧网络断裂,出现非桥氧,但由于 Ca^{2+} 的离子半径(9.9×10^{-2}nm)虽然与 Na^+ 的离子半径(9.8×10^{-2}nm)相近,而 Ca^{2+} 的电荷却比 Na^+ 大一倍,它的电场强度比 Na^+ 大得多,因此 CaO 的加入强化了 Na_2O-SiO_2 二元玻璃的结构,同时也限制了 Na^+ 的活动。与碱硅二元玻璃相比,钠钙硅二元玻璃结构加强,性能变好,成为大多数实用玻璃的基础成分。

为了进一步改善玻璃的使用性能及工艺性能,在钠钙硅成分的基础上还加入适量的 Al_2O_3 和 MgO 等组分。

d. 硼酸盐玻璃结构

ⓐB_2O_3 玻璃结构。从结晶化学基本规则(即阴阳离子比对配位数的影响出发),结合 X 射线研究,基本上证实了纯 B_2O_3 玻璃的基本结构单元是由一个 B^{3+} 离子和三个 O^{2-} 离子组成的[BO_3]三角体。但硼氧配位体相互间究竟如何连接,目前还未有统一的认识。主要有以下三种观点:

Ⅰ. 呈无序层状结构,见图 1-2-13(a);

Ⅱ. 以分子 B_4O_6 为基础的结构,见图 1-2-13(b);

Ⅲ. 呈链状结构,见图 1-2-13(c)。

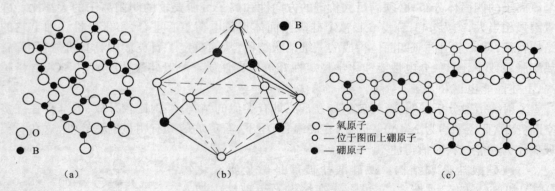

图 1-2-13 B_2O_3 玻璃结构模型

(a)无序层状网络结构;(b)分子 B_4O_6 结构;(c)链状结构

目前倾向性意见认为:氧化硼玻璃属于层状或链状结构,较符合实际情况。

单组分的硼氧玻璃软化点低(约 450℃),化学稳定性差(置于空气中发生潮解),热膨胀系数高(约为 $150 \times 10^{-7}K^{-1}$),因而没有实用价值。

需要注意的是,硼氧键能很大(约略大于硅氧键),但 B_2O_3 玻璃的一系列物理化学性能却比 SiO_2 玻璃差得多,主要是由于 B_2O_3 玻璃的层状(或链状)结构的特性决定的。尽管在 B_2O_3 玻璃中同一层(或链)中有强的 B—O 键相连,但层间(或链间)是由很弱的分子引力(范德华力)维系在一起,成为结构中的薄弱环节,导致 B_2O_3 的一系列性能比 SiO_2 玻璃要差很多。

ⓑ碱硼酸盐玻璃以及硼硅酸盐玻璃结构。玻璃态氧化硼中加入氧化物 R_2O 或 RO 后所引起结构变化也有着很多争论。从玻璃成分与性质关系的研究结果出发,可有以下观点:

Ⅰ.玻璃态氧化硼中加入 R_2O 或 RO 后,分子体积、膨胀系数下降,可能是氧化硼由链状或层状的硼氧三角体$[BO_3]$向三维空间连接的硼氧四面体$[BO_3]$变化的结果。

Ⅱ.由于硼氧四面体$[BO_4]$带有负电,周围必须围绕若干阳离子以达到电性中和。并且因电荷的斥力原因,$[BO_4]$相互间不能直接连接,在$[BO_4]$之间必有一定数量的不带电的硼氧三角体$[BO_3]$加以隔离。

根据上述观点,在 R_2O-B_2O_3 二元玻璃中,碱金属氧化物提供的氧,可使硼从三配位转变成四配位,即在一定范围内,它们提供的氧不像在熔融石英玻璃中使网络断裂而成为非桥氧,相反是使硼氧三角体转变成由桥氧构成的硼氧四面体,使部分形成三维空间架状结构,使原有二维结构有所加强,并因此引起玻璃的各种理化性能变好。这种与相同条件下碱硅酸盐玻璃相比出现相反变化的现象,人们称为"硼氧反常性。"

以 Na_2O、B_2O_3、SiO_2 为基本成分的玻璃,称为硼硅酸盐玻璃。著名的"Pyrex"玻璃是它的典型代表。这类玻璃的特点是含有两种玻璃形成的氧化物,由于 SiO_2 和 B_2O_3 在结构上的差异,难以形成均一的熔体,冷却过程中将形成互不溶解的二层玻璃(分相),当加入 Na_2O 后,通过 Na_2O 提供的游离氧使二维的硼氧三角体$[BO_3]$转变为三维连接的$[BO_4]$,为 B_2O_3 和 SiO_2 形成均匀的玻璃创造条件。

$[BO_3]$三角体转变为$[BO_4]$四面体的数量与 Na_2O/B_2O_3 的比值有关,当 Na_2O/B_2O_3 大于1时,认为 B^{3+} 以四面体结构为主,与$[SiO_4]$组成均匀、连续、统一的网络结构,Na^+ 则以网络外离子配置在$[BO_4]$四面体附近,以维持电荷平衡。当 Na_2O/B_2O_3 小于1时,结构中有部分 B^{3+} 离子仍处于$[BO_3]$结构状态且不能与$[SiO_2]$组成统一、均匀、连续的结构网络,而独立形成层状结构,玻璃会产生分相现象,$[BO_3]$三角体数量越多,则分相区域也越大。

由此可见,Na_2O-B_2O_3-SiO_2 系统玻璃中,如果氧化硼的含量超过一定限度时,结构和性质会发生逆转现象,在性质变化曲线上则出现极大值或极小值,这种现象也称为"硼反常"现象。显然,它是因硼的配位数变化而引起结构改变所产生的。

2)原料的选择

采用什么原料来引入玻璃中的氧化物,是玻璃生产中的一个主要问题。原料的选择,应根据已确定的玻璃组成,玻璃的性质要求,原料的来源、价格与供应的可靠性等全面地加以考虑。原料的选择是否恰当,对原料的加工工艺,玻璃的熔制过程,玻璃的质量、产量、生产成本均有影响。一般来说,选择原料时,应注意以下几个原则。

①原料的质量,必须符合要求,而且成分稳定。原料的化学成分,矿物组成,颗粒组成都符合规定的要求。首先是原料的纯度必须符合要求。有害杂质,特别是铁的含量,一定要在规定范围之内。其次是化学成分要比较稳定,其波动范围一般是根据玻璃化学成分所允许的偏差值进行确定。

如原料的化学成分变化较大,则要调整配方,以保证玻璃的化学组成。含水的或吸湿性原料对水分也应要求稳定。

②易于加工处理。选用易于加工处理的原料,不但可以降低设备投资,而且可以减少生产费用,如石英砂和砂岩,若石英砂的质量合乎要求就不用砂岩,因为石英砂一般只要经过筛分和精选处理就可以应用,而砂岩要经过煅烧、破碎、过筛等加工过程。这样,采用砂岩时,其加工处理设备的投资以及生产费用都比较高,所以在条件允许时,应尽量采用石英砂。

有的石灰石和白云石含 SiO_2 多,硬度大。增加了加工处理的费用。应尽量采用硬度较小的石灰石和白云石。白垩质地松软,易于粉碎,如能采用白垩,就可以不用石灰石。

③成本低,能大量供应。在不影响玻璃质量的前提下,应尽量采用成本低,离厂区近或就地的原料。如瓶罐玻璃厂制造深色瓶时,采用就近的含铁量较多的石英砂等即可。

④少用过轻相对人体健康有害的原料。轻质原料易飞扬,所得配合料容易分层。如能采用重质纯碱,就不用轻质纯碱。再如尽量不用沉淀的轻质碳酸镁,碳酸钙等。

对人体有害的白砒等应尽量少用,或与三氧化二锑共用,使用铅化合物等有害原料时,要注意劳动保护并定期检查身体。

⑤对耐火材料的侵蚀要小。氟化物,如萤石等是有效的助熔剂,但它对耐火材料的侵蚀较大,在熔制条件允许不需使用时,最好不用。硝酸钠对耐火材料的侵蚀也较大,而且价格较贵,除了作为澄清剂,脱色剂以及有时为了调节配合料气体率少量使用外,一般不作为引入 Na_2O 的原料。

3)设计玻璃组成应注意的原则

①根据组成,结构和性质的关系,使设计的玻璃能满足预定的性能要求。

②根据玻璃形成图和相图,使设计的组成能够形成玻璃,析晶倾向小(微晶玻璃除外)。

③根据生产条件,使设计的玻璃能适应熔制、成型、加工等工序的实际要求。

④所设计的玻璃应当价格低廉,原料易于获得。

在设计玻璃组成时,首先要依据玻璃所要求的性能选择适宜的氧化物系统,以确定玻璃的主要组成,通常玻璃的主要组成氧化物为 3~4 种,它们的总量往往达到 90%。在此基础上再引入其他改善玻璃性质的必要氧化物,拟定出玻璃的设计组成,如设计耐热和耐蚀性要求较高的化工设备用玻璃时,首先要考虑采用热膨胀系数小、化学稳定性好、机械强度高的 $R_2O\text{-}B_2O_3\text{-}SiO_2$ 或 $RO\text{-}Al_2O_3\text{-}SiO_2$ 系统的玻璃等。为了使设计的玻璃析晶倾向小,可以参考有关相图,在接近共熔点或相界线处选择组成点。这些组成点在析晶时会形成两种以上不同的晶体,引起相互干扰,成核的几率减小,不易析晶。同时这些组成点熔制温度也低。应用玻璃形成图时,应当远离析晶区选择组成点,设计的组成应当是多组分的,这也有利于减小析晶倾向,一般工业玻璃其组成氧化物在 5~6 种。对于引入其他氧化物及其含量,则主要考虑它们对玻璃性能的影响。例如引入离子半径小的氧化物有利于减小膨胀系数和化学稳定性,也可以利用双碱效应来改善玻璃的化学稳定性和电性能等,有时可应用性能计算公式进行预算。也要考虑对 $[BO_3]$ 与 $[BO_4]$ 和 $[AlO_4]$ 与 $[AlO_6]$ 的转变影响。最后还要添加适当的助熔剂和澄清剂,以使玻璃易于熔制。

4)设计与确定玻璃组成的步骤

①列出设计玻璃的摄能要求。列出主要的性能要求,作为设计组成的指标。针对设计玻璃制品的不同,分别有重点的列出其热膨胀系数、软化点、热稳定性、化学稳定性、机械强度、光学性质、电学性质等。有时还要将工艺性能的要求一并列出,如熔制温度、成型操作性能和退火温度等,作为考虑因素。

②拟定玻璃的组成。按照上述设计原则,根据设计玻璃的性能要求,参考现有玻璃组成,采用适当的玻璃系统并结合给定的生产工艺条件,拟定出设计玻璃的最初组成(原始组成)。然后按有关玻璃性质计算公式,对设计玻璃的主要性质进行预算,如果不合要求,则应当进行组成氧化物的增删和其引入量的调整,然后,再反复进行预算、调整,直至初步合乎要求时,即作为设计玻璃的试验组成。对于新品种玻璃则参考有关相图和玻璃形成图选择组成点,拟出玻璃的原始组成,再进一步设计出玻璃的试验组成。

③实验、测试、确定组成。按照拟定的玻璃试验组成,制备配合料,在实验室电炉中进行熔制试验,并对熔好的玻璃进行有关性能的测试。通过试验和测试,对组成逐次调整,直至设计的玻璃达到给定的性能和工艺要求。然后在池炉中进行生产试验。在生产试验时对熔化、澄清、成型、退火等都应取得数据。必要时,再对组成氧化物进行调整,最后确定为新设计玻璃的组成。

5)玻璃组成设计举例

设计一瓶罐玻璃,使其化学稳定性和机速比现有玻璃提高,价格降低。

现有玻璃的组成为:SiO_2 72.9%,Al_2O_3 1.6%,CaO 8.8%,B_2O_3 0.4%,BaO 0.5%。(Na_2O+K_2O)15.6%,SO_3 0.2%。

按上述步骤:

①列出设计玻璃的主要性能要求:

a. 提高化学稳定性;

b. 增加机速;

c. 降低价格。

(其他性能不应低于原有玻璃,工艺条件与原来基本相同。)

②拟定玻璃组成。以现有玻璃为参考,进行组成的调整。

a. 在瓶罐玻璃中,碱金属氧化物(Na_2O,K_2O)对玻璃的化学稳定性影响最大。为了提高设计玻璃的化学稳定性,必须使设计玻璃中的 Na_2O,K_2O 比现有玻璃降低,同时将 SiO_2,Al_2O_3 适当增加,但因熔制条件与现有玻璃应当基本上相同,故 Na_2O,K_2O 的降低与 SiO_2,Al_2O_3 的增加不能过多。

b. 由于要求增加机速,设计玻璃的料性应当比原有玻璃短,同时考虑到 MgO 对提高化学稳定性有利,又能防止析晶,为此在设计玻璃中强加了 MgO,并使($MgO+CaO$)的含量比原有玻璃中 CaO 的含量高。

c. 为了降低玻璃的价格,将原玻璃组成的 B_2O_3,BaO 减去。

d. 采用萤石为助熔剂,并增加澄清剂(芒硝)的用量,以加速玻璃的熔化和澄清。根据综合考虑拟定出设计玻璃的组成,并通过有关性质公式预算与原有玻璃比较,可以符合要求。设计玻璃的组成和现有玻璃组成对比如表 1-2-10。

表 1-2-10　玻璃组成对比表

氧化物组成	SiO_2	Al_2O_3	CaO	MgO	BaO	B_2O_3	Na_2O+K_2O	Fe	SO_3
现有玻璃的组成(%)	72.9	1.6	8.8		0.5	0.4	15.6		0.2/100
设计玻璃的组成(%)	73.2	2.0	6.4	4.5			13.5	0.25	0.25/100.1
氧化物差值	+0.3	+0.4	-0.24	+4.5	-0.5	-0.4	-2.1	+0.25	+0.25/+0.1

③实验、测试。通过熔制试验和对熔化玻璃的性质进行测试,设计的玻璃符合原提出的性能要求,即确定为新玻璃的组成。

为了简便起见,可以只测定玻璃的热膨胀系数、软化温度和退火点。其他性能,按下列公式进行计算。

a. 相对机速

$$相对机速 = \frac{S - 450}{(S - A) + 80} \qquad (1\text{-}2\text{-}40)$$

式中　　S——软化温度，即黏度 $= 10^{6.65}$ Pa·s 的温度；

　　　　A——退火点，即黏度 $= 10^{12}$ Pa·s 的温度。

上式必须在同样生产条件，即同样的成型设备、生产同样的产品和同样的操作下，才能和已知玻璃比较。

b. 工作范围指数

$$工作范围指数 = (S - A) \qquad (1\text{-}2\text{-}41)$$

式中　　S——软化温度，即黏度 $= 10^{6.65}$ Pa·s 的温度；

　　　　A——退火点，即黏度 $= 10^{12}$ Pa·s 的温度。

c. 析晶指数

$$析晶指数 = 工作范围指数 - 160 \qquad (1\text{-}2\text{-}42)$$

正数为不析晶，负数为有析晶潜力。即当玻璃在低温供料、成型大尺寸制品或压制成型时，有析晶可能。

d. 料滴温度

$$料滴温度 = 2.63(S - A) + S \qquad (1\text{-}2\text{-}43)$$

式中　　S——软化温度，即黏度 $= 10^{6.65}$ Pa·s 的温度；

　　　　A——退火点，即黏度 $= 10^{12}$ Pa·s 的温度。

根据上述实验，测试结果满足要求，确定上述组成作为新玻璃的组成。

6) 配合料的计算，是以玻璃的质量百分组成和原料的化学成分为基础，计算出熔化 100kg 玻璃所需的各种原料用量，然后再算出每副配合料中，即 500kg 或 1 000kg 玻璃配合料各种原料的用量。如果玻璃是以分子百分组成或分子式表示，则应将分子百分组成或分子式首先换算为质量百分组成。

在精确计算时，应补足各组成氧化物的挥发损失，原料在加料时的飞扬损失以及调整熔入玻璃中的耐火材料对玻璃成分的改变等。

计算配合料时，通常有预算法和联立方程式法，但比较实用的是采用联立方程式法和比例计算相结合的方法。列联立方程式时，先以适当的未知数表示各种原料的用量，再按照各种原料所引入玻璃中的氧化物与玻璃组成中氧化物的含量关系，列出方程式，求解未知数。

下面以普通玻璃为例，根据所设计玻璃成分和所用原料成分进行配合料计算。

① 配合料计算中的几个工艺参数

a. 纯碱挥散率

纯碱挥散率指纯碱中未参与反应的挥发、飞散量与总量的比值，即：

$$纯碱挥散率 = \frac{纯碱挥发量}{纯碱用量} \times 100\% \qquad (1\text{-}2\text{-}44)$$

它是一个实验值，它与加料方式、熔化方法、熔制温度、纯碱的本性（重碱或轻碱）等有关。在池窑中飞散率一般在 $0.2\% \sim 3.5\%$。

b. 芒硝含率

芒硝含率指芒硝引入的 Na_2O 与芒硝和纯碱引入的 Na_2O 总量之比,即:

$$芒硝含率 = \frac{芒硝引入的\ Na_2O}{芒硝引入的\ Na_2O + 纯碱引入的\ Na_2O} \times 100\% \qquad (1\text{-}2\text{-}45)$$

芒硝含率随原料供应和熔化情况而改变,一般掌握在 $5\% \sim 8\%$。

c. 煤粉含率

煤粉含率指由煤粉引入的固定碳与芒硝引入的 Na_2SO_4 之比,即:

$$煤粉含率 = \frac{煤粉 \times C\ 含量}{芒硝 \times Na_2SO_4} \times 100\% \qquad (1\text{-}2\text{-}46)$$

煤粉的理论含率为 4.2%。根据火焰性质和熔化方法来调节煤粉含率。在生产上一般控制在 $3\% \sim 5\%$。

需要指出的,由于现代浮法玻璃生产中芒硝的用量已大大减少,煤粉已不使用。

d. 萤石含率

萤石含率指由萤石引入的 CaF_2 量与原料总量之比,即:

$$萤石含率 = \frac{萤石 \times CaF_2\ 含量}{原料总量} 100\% \qquad (1\text{-}2\text{-}47)$$

它随熔化条件和碎玻璃的储存量而增减,在正常情况下,一般在 $18\% \sim 26\%$。

②计算步骤

第一步先进行粗算,即假定玻璃中全部 SiO_2 和 Al_2O_3 均由硅砂和砂岩引入;CaO 和 MgO 由白云石和菱镁石引入;Na_2O 由纯碱和芒硝引入。在进行粗算时,可选择含氧化物种类最少,或用量最多的原料开始计算。

第二步进行校正,如,在进行粗算时,在硅砂和砂岩用量中没有考虑其他原料引入的 SiO_2 和 Al_2O_3,所以应进行校正。

第三步把计算结果换算成实际配料单。

③配料计算实例

a. 玻璃的设计成分(见表 1-2-11);

表 1-2-11　玻璃的设计成分(%)

SiO_2	Al_2O_3	Fe_2O_3	CaO	MgO	Na_2O	SO_3	总计
72.4	2.10	<0.2	6.4	4.2	14.5	0.20	100

b. 各种原料的化学成分(见表 1-2-12);

c. 配料的工艺参数与所设数据。

纯碱挥散率	3.10%	玻璃获得率	82.5%
碎玻璃掺入率	20%	萤石含率	0.85%
芒硝含率	15%	计算基础	100kg 玻璃液
煤粉含率	4.7%	计算精度	0.01

表 1-2-12 原料的化学成分（%）

原　料	含水率	SiO_2	Al_2O_3	Fe_2O_3	CaO	MgO	Na_2O	Na_2SO_4	CaF_2	C
硅　砂	4.5	89.7	5.12	0.34	0.44	0.16	3.66			
砂　岩	1.0	98.76	0.56	0.10	0.14	0.02	0.19			
菱镁石		1.73	0.29	0.42	0.71	46.29				
白云石	0.3	0.69	0.15	0.13	31.57	20.47				
纯　碱	1.8						57.94			
芒　硝	4.2	1.10	0.29	0.12	0.50	0.37	41.47	95.03		
萤　石		24.62	2.08	0.43	51.56				70.28	
煤　粉										84.11

具体计算如下：

Ⅰ. 萤石用量的计算

根据玻璃获得率得原料总量为：

$$\frac{100}{0.825} = 121.21 \text{kg}$$

设萤石用量为 Xkg，根据萤石含率得：

$$0.85\% = \frac{X \times 0.702\,8}{121.21} \qquad X = 1.47 \text{kg}$$

引入 1.47kg 萤石将带入的氧化物量为：

SiO_2 　　　　$1.47 \times 24.62\% - 0.12 = 0.24$kg

Al_2O_3 　　　$1.47 \times 2.08\% = 0.03$kg

Fe_2O_3 　　　$1.47 \times 0.43\% = 0.01$kg

CaO 　　　　$1.47 \times 51.56\% = 0.76$kg

$-SiO_2$ 　　　　　　　$= -0.12$kg

上式中的 $-SiO_2$ 是 SiO_2 的挥发量，按下式计算：

$$SiO_2 + 2CaF_2 = SiF_4 + 2CaO$$

设有 30% 的 CaF_2 与 SiO_2 反应，生成 SiF_4 而挥发，设 SiO_2 的挥发量为 Xkg，SiO_2 的摩尔量为 60.09，CaF_2 的摩尔量为 78.08，则：

$$X = 60.09 \times 1.47 \times 70.28\% \times 30\% \times \frac{1}{2 \times 78.08} = 0.12 \text{kg}$$

Ⅱ. 纯碱和芒硝用量的计算

设芒硝引入量为 Xkg，根据芒硝含率得下式：

$$\frac{X \times 0.414\,7}{14.5} = 15\% \qquad X = 5.24 \text{kg}$$

芒硝引入的各氧化物量见表 1-2-13。

表 1-2-13 由芒硝引入的各氧化物量(kg)

SiO$_2$	Al$_2$O$_3$	Fe$_2$O$_3$	CaO	MgO	Na$_2$O
0.06	0.02	0.01	0.03	0.02	2.18

$$纯碱用量 = \frac{14.5 - 2.18}{0.579\,4} = 21.26\text{kg}$$

Ⅲ. 煤粉用量

设煤粉用量为 Xkg，根据煤粉含率得：

$$\frac{X \times 0.841\,1}{5.24 \times 0.950\,3} = 4.7\% \qquad X = 0.28\text{kg}$$

Ⅳ. 硅砂和砂岩用量的计算

设硅砂用量为 Xkg，砂岩用量为 Ykg，则：

$$0.897X + 0.987Y = 72.4 - 0.24 - 0.06 = 72.1$$
$$0.051\,2X + 0.005\,6Y = 2.10 - 0.03 - 0.02 = 2.05$$
$$X = 35.60\text{kg} \qquad Y = 40.68\text{kg}$$

由硅砂和砂岩引入的各氧化物量见表 1-2-14。

表 1-2-14 由硅砂和砂岩引入的各氧化物量(kg)

原料	SiO$_2$	Al$_2$O$_3$	Fe$_2$O$_3$	CaO	MgO	Na$_2$O
硅砂	31.93	1.82	0.12	0.16	0.06	1.28
砂岩	40.18	0.23	0.04	0.06	0.01	0.08

Ⅴ. 白云石和菱镁石用量的计算

设白云石用量为 Xkg，菱镁石用量为 Ykg，则：

$$0.315\,7X + 0.007\,1Y = 6.4 - 0.76 - 0.03 - 0.16 - 0.06 = 5.39$$
$$0.204\,7X + 0.462\,9Y = 4.2 - 0.02 - 0.06 - 0.01 = 4.11$$
$$X = 17.04\text{kg} \qquad Y = 1.34\text{kg}$$

由白云石和菱镁石引入的各氧化物量见表 1-2-15。

表 1-2-15 由白云石和菱镁石引入的各氧化物量(kg)

原料	SiO$_2$	Al$_2$O$_3$	Fe$_2$O$_3$	CaO	MgO
白云石	0.12	0.03	0.02	5.38	3.49
菱镁石	0.02		0.01	0.01	0.62

Ⅵ. 校正纯碱用量和挥散量

设理论纯碱用量为 Xkg，挥散量为 Ykg，则：

$$0.579\,4X = 14.55 - 2.18 - 1.28 - 0.08$$
$$X = 18.92\text{kg}$$

$$\frac{Y}{18.92+Y}=0.031$$

$$Y=0.61\text{kg}$$

Ⅶ. 校正硅砂和砂岩用量

设硅砂用量为 X kg,砂岩用量为 Y kg,则:

$$0.897\ 0X+0.987\ 6Y=72.4-0.24-0.06-0.12-0.02=71.96$$

$$0.051\ 2X+0.005\ 6Y=2.10-0.03-0.02-0.03=2.02$$

$$X=34.96\text{kg} \qquad Y=41.11\text{kg}$$

Ⅷ. 把上述计算结果汇成用原料量表,见表 1-2-16。

表 1-2-16　原料用量表(kg)

原　料	用量	%	SiO_2	Al_2O_3	Fe_2O_3	CaO	MgO	Na_2O	SO_3	含水	干基	湿基
硅　砂	34.96	28.9	31.36	1.79	0.12	0.15	0.06	1.28		4.5	277.44	290.51
砂　岩	41.11	34	40.60	0.23	0.04	0.06	0.01	0.08		1.0	326.4	329.69
白云石	17.04	14.1	0.112	0.03	0.02	5.38	3.49			0.3	135.36	135.76
菱镁石	1.34	1.1	0.02		0.01	0.01	0.62					10.56
纯　碱	18.92											
挥　发	0.61	16.1						10.96		1.8	154.56	157.39
芒　硝	5.24	4.3	0.06	0.02	0.03	0.02	0.02	2.18		4.2	42.24	44.09
萤　石	1.47	1.2	0.24	0.03	0.76						11.52	11.52
煤　粉	0.28	0.23								0.21	2.21	2.79
合　计	120.97	100	72.4	2.1	6.4		4.2	14.5	0.2		960.29	982.34
碎玻璃						4.2						240
总　计												1 222

Ⅸ. 玻璃获得率的计算

$$玻璃获得率=\frac{100}{120.97}=82.7\%$$

Ⅹ. 换算单的计算

已知条件:碎玻璃掺入率为 20%;各种原料含水量见表 1-2-16,配合料含水量为 4%;混合机容量为 1 200kg 干基。计算如下:

1 200kg 中硅砂的干基用量为:

$$[1\ 200-(1\ 200\times20\%)]\times28.9\%=277.44\text{kg}$$

$$硅砂的湿基用量=\frac{277.44}{1-4.5\%}=290.51\text{kg}$$

同理可计算其他原料,结果见表 1-2-16。

根据要求,配合料的水分为 4%,所以,拟定配合料的加水量为:

$$加水量=\frac{粉料干基}{1-水分\%}-粉料湿基$$

$$\frac{1\ 200-240}{1-4\%}=1\ 000\text{kg}$$

$$1\,000 - 982.34 = 17.66\text{kg}$$

(4)陶瓷的组成设计及配料计算

1)陶瓷的组成与结构。陶瓷材料具有许多优良的性能,从结构上看,陶瓷是由以下相组成:

①结晶物质;

②玻璃态物质;

③气孔。

陶瓷烧结体的显微组织结构如图 1-2-14 所示。

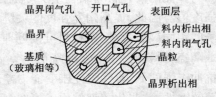

图 1-2-14　陶瓷烧结体的显微组织结构

研究表明,陶瓷的性能一方面受到其本征物理量(如热膨胀系数、电阻率、弹性模量等)的影响,同时又与其显微结构密切相关(陶瓷烧结体的显微结构见图 1-2-14)。决定显微结构和本征物理量的是陶瓷的化学组成及其加工工艺。其中陶瓷化学组成对显微结构乃至性能起决定性作用,常见的几种陶瓷的化学组成见表 1-2-17。

表 1-2-17　几种常见陶瓷的化学组成及配方举例(%)

瓷　　种	坯体化学组成范围	配　方　举　例
日用陶瓷 (长石质瓷等)	SiO_2 65~75,Al_2O_3 20~28,($R_2O + RO$) 4~6, ($K_2O + Na_2O$)≥2.5	长石 20~30,石英 20~35,黏土 35~50
卫生陶瓷	SiO_2 64~70,Al_2O_3 21~25,MgO 1~3,CaO 0.5~0.6,R_2O 2.5~3.0	石英 32,滑石 1,章村土 16,大同土 18,王平土 5,废瓷 4,洪山土 24
建筑陶瓷 (锦砖)	SiO_2 67.03,Al_2O_3 21.17,Fe_2O_3 0.28,TiO_2 0.43,CaO 0.36,MgO 0.16,K_2O 5.92,Na_2O 1.35,灼减 2.4	石英 25,长石 35,紫木节 10,大同土 10,章村土 20
电瓷 (高铝质)	SiO_2 39.0~55.5,Al_2O_3 40.0~56.0,($K_2O +$ Na_2O)3.5~4.7,Fe_2O_3 < 1.0,($CaO + MgO$)< 1.5,TiO_2<0.4~0.8	黏土 50~58,石英 0~5,长石 7~20,矾土 25~ 38

例如,普通陶瓷中以长石作为助熔剂的"长石-石英-高岭土"三组分系统的长石质瓷,是国内外日用陶瓷工业普遍采用的瓷质。其瓷胎由石英-方石英-莫来石-玻璃相构成(玻璃相50%~60%,莫来石晶相 10%~20%,残余石英 8%~12%,半安定方石英 6%~10%),因而其瓷质洁白,呈半透明状,吸水率低,瓷质坚硬,机械强度高,化学稳定性好。

2)陶瓷性能与材料键性、结构的关系。陶瓷材料的键性主要是离子键与共价键,而且往往是两种键杂交在一起。如岛状硅酸盐中,阳离子和硅氧四面体是以离子键相联,四面体中Si—O 是共价键与离子键的混合键。多数氧化物以离子键相结合,而在一些非金属的碳化物、氮化物中,共价键占主导地位。如 SiC 的强共价键使其硬度大、耐高温。Si_3N_4 中 Si 与四个 N 共价形成坚固联系的四面体,因而其强度及分解温度均高,而且热膨胀系数小、抗热震性好。

陶瓷材料中原子或分子的排列方式和结构也是决定性能的重要依据。如具有对称中心的晶体不可能具有压电性;在正尖晶石型结构中,相反方向排列的磁矩数相等,使得晶体的总磁矩为零,因而不显磁性;在反尖晶石结构中,相反方向排列的磁矩数不等,因而晶体呈现磁性。

此外,结构缺陷对陶瓷材料的性能也有显著的影响。如点缺陷中的肖脱基缺陷、弗仑克尔缺陷及价电子位移产生的色心都会增大离子晶体的导电性。若晶体中离子或原子排列错乱,发生位错或缺陷,自然会影响晶体的生长和材料的机械强度。

3)陶瓷强度的控制和脆性的改善。陶瓷材料的实际强度为理论强度的 $1/10\sim1/100$。这是因为多晶的陶瓷材料结构中实际上存在着多种缺陷,这些缺陷强烈影响着材料的断裂性能与强度值。因此,提高陶瓷强度的关键即是控制其裂纹和位错,如,若能将裂纹长度控制到和原子间距同一数量级,则材料可接近理论强度。

陶瓷材料的另一个强度特征是室温下具有脆性,表现为在外加应力作用下会突然断裂。其抗冲击强度低,承受温度剧变能力差。这是因为组成陶瓷材料的化合物往往是离子键和共价键的键性,这些化学键的原子不像金属键键合的原子那样排列紧密,而是有许多空隙,难以引起位错移动。从陶瓷的显微结构来说,其多晶体的晶界也会阻碍位移的通过,聚集的位移应力会导致裂纹的形成,并在超过一定的临界值后突然扩展。另外,组成陶瓷材料的晶体和玻璃相也多是脆性的。

提高材料的常温强度不但要降低其总气孔率,而且要控制好气孔的大小、形状和分布。还要控制晶粒的大小、数量和形状,例如针状莫来石若呈网络状分布在玻璃相中,可提高瓷件的断裂强度。脆性是与强度密切相关但又不相同的性质,它是强度与塑性的综合反映。提高强度并不会明显改善脆性,但降低脆性(即增韧)对提高强度有利。增韧的方法一般有表面补强(例如陶瓷表面的施釉、表面离子交换)、复合增韧(例如金属与陶瓷的复合、纤维与陶瓷的复合)和相变增韧(如 ZrO_2 的增韧作用)。

除强度和脆性外,陶瓷材料的高温力学性能(加热稳定性)、光学性能(白度、透明度等)、介电、磁学性能都与材料的组成和结构密切相关。许多陶瓷工艺和陶瓷物性方面的著作均对此有所论述。但总的来说,陶瓷材料的组成、结构与性能的关系在理论上远不完善,还有待深入进行研究。

4)坯料的配制

①坯料组成的表示方法

a. 配料比表示。这是最常见的方法,列出每种原料的质量百分比,如刚玉瓷的配方:工业氧化铝 95.0%、苏州高岭土 2.0%、海城滑石 3.0%。又如卫生瓷乳浊釉的配方:长石 33.2%、石英 20.4%、苏州高岭土 3.9%、广东锆英石 13.4%、氧化锌 4.7%、煅烧滑石 9.4%、石灰石 9.5%、碱石 5.5%。这种方法具体反映原料的名称和数量,便于直接进行生产或试验。但因为各地区、各工厂所产原料的成分和性质不会相同,因此无法互相对照比较或直接引用。即便是同种原料,若成分波动,则配料比例也必须作相应地变更。

b. 矿物组成(又称示性矿物组成)表示。普通陶瓷生产中,常把天然原料中所含的同类矿物含量合并在一起,用黏土矿物、长石类矿物及石英三种矿物的质量百分比表示坯体的组成。这种方法的依据是同类型的矿物在坯料中所起的主要作用基本上相同。但由于这些矿物种类很多,性质有所差异,它们在坯体中的作用也还是有差别的,因此这种方法只能粗略地反映一些情况。用矿物组成进行配料计算时较为简便。

c. 化学组成表示。根据化学全分析的结果,用各种氧化物及灼烧减量的质量百分比反应坯和釉料的成分。

利用这些数据可以初步判断坯、釉的一些基本性质。再用原料的化学组成可以计算出符合既定组成的配方。由于原料和产品中这些氧化物不是单独和孤立存在的,它们之间的关系和反应情况又比较复杂,因此这种方法也有其局限性。

d. 实验公式(赛格式)表示。根据坯和釉的化学组成计算出各氧化物的分子式,按照碱性氧化物、中性氧化物和酸性氧化物的顺序列出它们的分子数。这种式子称为坯式或釉式。普通陶瓷的坯和釉料常用这种方法表示。一些原料也可用同样方法列出其实验公式,以反映其组成。

坯式通常以中性氧化物 R_2O_3 为基准,令其分子数为1,则可写成下列形式:

$$(x \cdot R_2O + y \cdot RO)1 \cdot R_2O_3 \cdot z \cdot SiO_2 \tag{1-2-48}$$

另外也可以 R_2O 及 RO 的分子数之和为基准,令其为1,则坯式可写成:

$$1 \cdot (R_2O + RO) m \cdot R_2O_3 \cdot n \cdot SiO_2 \tag{1-2-49}$$

这种表示方法便于坯和釉料进行比较,以判断二者的结合性能。

在釉料中碱金属及碱土金属氧化物起熔剂作用,所以釉式中常以它们的分子数之和为1,写成的釉式为:

$$1 \cdot (R_2O + RO) u \cdot R_2O_3 \cdot \nu \cdot SiO_2 \tag{1-2-50}$$

(1-2-49)式和(1-2-50)式是相似的。可根据 Al_2O_3 和 SiO_2 前面的系数值来区别它们是坯式或釉式。一般说来,用(1-2-50)式的形式表示的坯式,Al_2O_3 和 SiO_2 的分子数较多,而釉式中 Al_2O_3 和 SiO_2 的分子数都很少。硬瓷的坯式为:$1(R_2O + RO) \cdot (3 \sim 5)Al_2O_3 \cdot (15 \sim 21)$ SiO_2,硬瓷的釉式为:$1(R_2O + RO) \cdot (0.5 \sim 1.2)Al_2O_3 \cdot (6.0 \sim 12.0)SiO_2$;软瓷的坯式为:$1(R_2O + RO) \cdot (1.8 \sim 3.0)Al_2O_3 \cdot (10 \sim 23)SiO_2$,软瓷的釉式为 $1(R_2O + RO) \cdot (0.1 \sim 0.4)$ $Al_2O_3 \cdot (2.0 \sim 4.0)SiO_2 \cdot (0.0 \sim 0.5)B_2O_3$。

电子工业用的陶瓷常用分子式表示其组成,如最简单的锆-钛-铅固溶体的分子式为:$Pb(Zr_xTi_{1-x})O_3$。它表示 $PbTiO_3$ 中的 Ti 有 x% 分子被 Zr 取代。为了使这种压电材料的性质满足使用的要求,常加入一些改性物质。它们的数量用质量百分数或分子百分数表示,如:$Pb_{0.920}Mg_{0.040}Sr_{0.025}Ba_{0.015}(Zr_{0.53}Ti_{0.47})O_3 + 0.500$ 质量%$CeO_2 + 0.225$ 质量%MnO_2,上式表示:$Pb(Zr_{0.53}Ti_{0.47})O_3$ 中的 Pb 有 4% 分子被 Mg 取代,2.5% 分子被 Sr 取代,1.5% 分子被 Ba 取代;在 $PbTiO_3$ 中的 Ti 有 53% 分子被 Zr 取代,或者说 $PbTiO_3$ 中的 Zr 有 47% 被 Ti 取代。外加的 CeO_2 和 MnO_2 为改性物质。

①设计配方的依据

在进行配料试验和配方计算之前,必须对所用原料的化学组成、矿物组成、物理性质以及工艺性能作全面的了解。只有这样,才能科学地指导配方工作顺利进行。与此同时,对产品的质量要求,如哪些性能指标必须保证,哪些指标可以兼顾,作到心中有数。这样才能有的放矢,结合生产条件获得预期的效果。

确定陶瓷配方时,应注意下列几个问题。

a. 产品的物理-化学性质、使用要求是考虑坯、釉料组成的主要依据。如日用瓷要求有一定的白度与透明度、釉面光泽好;配套餐具更要求器型规正、色泽一致。电瓷要有较高的机械强度(包括抗张强度、机电负荷强度等)和电气绝缘性能(如工频击穿电压、工频火花电压等)。

釉面砖的尺寸规格要求一致、釉面光滑平整、吸水率在一定数值以下等。电容器陶瓷材料希望介电常数高、介质损耗低、有优良的温度、湿度与频率稳定性。这些是各类陶瓷材料的基本要求。具体到各种品种，还有其专门的要求。各种陶瓷产品的性能指标分别列在有关的国家标准、部颁标准及企业标准中，考虑配方时必须熟悉相应的内容。

b. 在拟定配方时可采用一些工厂或研究单位积累的数据和经验，这样可以节省试验时间，提高工作效率。如，各类型陶瓷材料和产品都有经验的组成范围。前人还总结了原料对坯、釉性质影响的关系。无论是定性的说明或定量的数据都值得参考。由于原料性质的差异和生产条件的不同，自然不应机械地引用。对于新材料或新产品的配方来说，也可以把原有的经验和相近的规律作为基础进行试验创新。

c. 了解各种原料对产品性质的影响是配料的基础。陶瓷是多组分材料。每种坯、釉的配方中都含有几种原料。不同原料在生产过程中以及在产品的结构中起着不同的作用。有些原料构成产品的主晶相，有些原料是玻璃相的主要来源，有些少量添加物可以调节产品的性质。在陶瓷产品的性质中，有些原料能互相吻合和促进，有些原料是互相矛盾着的。采用多种原料的配方有利于控制产品的性能，制造稳定的材料。因此配料时应掌握原料对产品性质的影响。

d. 配方要能满足生产工艺的要求。具体来说，坯料应能适应成型与烧成的要求。用于自动生产线上的坯料，一方面要求组成和性能稳定，还要求有较高的生坯强度，坯料的烧成范围希望宽些，以利于烧成。采用快速烧成制度时，坯料的干燥与烧成收缩希望小些，膨胀系数要求小，且希望它随温度的变化呈直线关系；最好原料的反应活性和导热性强以便物理-化学反应能快速进行。釉料是附着在坯体表面的，它不能单独存在。釉料的配方应结合坯体的性质一起考虑。如，釉和坯体化学性质不宜相差过大，以免坯体吸釉，产生干釉现象。釉的熔融温度宜和坯体烧结温度相近。釉的膨胀系数稍小于坯体，这样可增加产品的机械强度及防止变形。

e. 希望采用的原料来源丰富、质量稳定、运输方便、价格低廉。这些是生产优质、低成本产品的基本条件。为了适应机械化、自动化生产的需要，原料质量更要求标准化。

③配料计算。如前所述，坯料组成有多种表示方法，为了更好地设计陶瓷的组成，应掌握几种不同表示方法的换算。

a. 由坯料的化学组成计算坯式。知道坯料的化学组成，可按下列步骤计算坯式（实验式）：

Ⅰ. 若坯料中的化学组成包含有灼减量成分，首先应将其换算成不含灼减量的化学组成；

Ⅱ. 以各氧化物的摩尔质量，分别除各该项氧化物的质量百分数，得到各氧化物的摩尔数；

Ⅲ. 以碱性氧化物或中性氧化物摩尔数之和，分别除各氧化物的摩尔数，即得到一套以碱性氧化物或中性氧化物的摩尔数值，按 $RO \cdot R_2O_3 \cdot RO_2$ 的顺序排列的实验式。

【例】 某瓷坯的化学组成如表 1-2-18 所示，试求该瓷坯的实验式。

表 1-2-18 某瓷坯的化学组成（%）

SiO_2	Al_2O_3	Fe_2O_3	CaO	MgO	K_2O	Na_2O	灼减量	总计
63.37	24.87	0.81	1.15	0.32	2.05	1.89	5.54	100.00

经上述计算步骤可得该瓷坯实验式为：

$$\left.\begin{array}{l} 0.087\,2\ K_2O \\ 0.122\,4\ Na_2O \\ 0.082\,3\ CaO \\ 0.031\,9\ MgO \end{array}\right\}\left.\begin{array}{l} 0.979\,5\ Al_2O_3 \\ 0.020\,5\ Fe_2O_3 \end{array}\right\}4.232\ SiO_2$$

b. 由坯式(或分子式)计算配方

【例】　今欲配制压电陶瓷的分子式为：

$$Pb_{0.95}Sr_{0.05}(Zr_{0.5}Ti_{0.5})O_3 + 0.5\%\ Cr_2O_3 + 0.3\%\ Fe_2O_3$$

所采用的原料及纯度见表 1-2-19,欲配料 1kg(不包含外加改性剂),试计算各原料的配比。

表 1-2-19　原料及纯度(%)

原料名称	纯　　度	原料名称	纯　　度
铅　丹	Pb_3O_4 98.0	二氧化钛	TiO_2 99.0
碳酸锶	$SrCO_3$ 97.0	三氧化二铁	Fe_2O_3 98.9
二氧化锆	ZrO_2 99.5	三氧化二铬	Cr_2O_3 99.0

解：

ⓐ先计算坯式的分子量。将坯式改写为：$(PbO)_{0.95}$　$(SrO)_{0.05}$　$(ZrO)_{0.5}$　$(TiO_2)_{0.5}$ 1mol 坯料的质量如表 1-2-20,即 1mol $Pb_{0.95}Sr_{0.05}(Zr_{0.5}Ti_{0.5})O_3$ 的质量为 318.79kg。

表 1-2-20　摩尔坯料质量

项　　目	PbO	SrO	ZrO_2	TiO_2	1mol 坯料质量
氧化物摩尔数	0.95	0.05	0.50	0.50	
氧化物分子质量	223.21	103.62	123.22	79.9	
氧化物质量	212.05	5.18	61.61	39.95	318.79

ⓑ计算各主要原料所需的质量(%)

$$PbO:212.05/318.79 = 66.52\%$$
$$SrO:5.18/318.79 = 1.62\%$$
$$ZrO_2:61.61/318.79 = 19.33\%$$
$$TiO_2:39.95/318.79 = 12.53\%$$

把 PbO、SrO 数量折算为 Pb_3O_4 及 $SrCO_3$ 的数量：

Ⅰ. 由 Pb_3O_4 分解生成 PbO 的百分比为：

$$\frac{3PbO}{Pb_3O_4} = \frac{3\times223.21}{685.63}\times100 = 97.67\%$$

即需要 Pb_3O_4：

$$\frac{66.52}{97.67} \times 100 = 68.11\%$$

Ⅱ. 由 $SrCO_3$ 分解生成 SrO 的百分比为：

$$\frac{SrO}{SrCO_3} = \frac{103.62}{147.63} \times 100 = 70.18\%$$

即需要 $SrCO_3$：

$$\frac{1.62}{70.18} \times 100 = 2.3\%$$

Ⅲ. 计算外加剂铅及改性剂的质量(%)

在坯料烧结过程中氧化铅会挥发一部分，为弥补这个损失，配料时通常多加一些氧化铅，其质量约占总质量的 0.5%～1.5%。这里确定多加入 Pb_3O_4 1.5%。

外加改性剂的质量百分数在分子式中给出为：0.5% Cr_2O_3，0.3% Fe_2O_3。

Ⅳ. 按原料纯度计算原料用量，见表 1-2-21。

表 1-2-21　按原料纯度计算的原料用量(%)

	Pb_3O_4	$SrCO_3$	ZrO_2	TiO_2	Cr_2O_3	Fe_2O_3
纯原料需要量(%)	68.11+1.5	2.3	19.32	12.53	0.5	0.3
原料纯度(%)	98	97	99.5	99	99	98.9
实际原料用量(%)	71.0	2.37	19.4	12.65	0.51	0.30
1kg 坯料实际配料量(kg)	1 000×0.71 =710	1 000×0.023 7 =23.7	1 000×0.194 =194	1 000×0.126 5 =126.5	1 000×0.005 1 =5.1	1 000×0.003 0 =3.0

c. 由化学组成计算配料量

【例】 某厂的耐热瓷坯料及原料的化学组成如表 1-2-22，试计算此耐热瓷坯的配料量。

解：将原料干燥基化学组成换算成灼烧基(不含灼减量)的化学组成。如所给定的坯料组成中有灼减量，也须同样换算成不含灼减量的各氧化物的百分组成。

上述原料经换算后的灼烧基化学组成如表 1-2-23(K_2O、Na_2O 以合量计)。

表 1-2-22　耐热瓷坯及原料的化学组成(%)

化学成分　　原料名称	SiO_2	Al_2O_3	Fe_2O_3	CaO	MgO	K_2O　Na_2O	灼减量
耐热瓷坯料	68.51	21.20	2.75	0.82	4.35	1.68　0.18	—
膨润土	72.32	14.11	0.78	2.10	3.13	2.70	4.65
黏 土	58.48	28.40	0.80	0.33	0.51	0.31	11.16
镁质黏土	66.91	2.84	0.83	—	22.36	1.20	6.35
长 石	63.26	21.19	0.58	0.13	0.13	14.41	—
石 英	99.45	0.24	0.31	—	—	—	—
氧化铁	—	—	9.30	—	—	—	—
碳酸钙	—	—	—	56.00	—	—	44.00

表 1-2-23 原料灼烧基化学成分(%)

化学成分 原料名称	SiO_2	Al_2O_3	Fe_2O_3	CaO	MgO	K_2O Na_2O
膨 润 土	75.8	14.8	0.82	2.21	3.28	2.84
黏 土	65.6	31.9	0.90	0.37	0.57	0.35
镁质黏土	71.5	3.03	0.88	—	23.8	1.28
碳酸钙	—	—	—	100.0		—

列表。用化学成分满足法进行配料计算,其坯料中膨润土用量规定不超过5%,兹定为4%。计算过程见表 1-2-24。

表 1-2-24 配料量计算过程(%)

化学成分 类 别	SiO_2	Al_2O_3	Fe_2O_3	CaO	MgO	K_2O Na_2O
耐热瓷坯	68.51	21.20	2.75	0.82	4.35	1.86
膨润土 4(%)	3.03	0.59	0.03	0.09	0.13	0.11
余量	65.48	20.61	2.72	0.73	4.22	1.75
镁质黏土 100×4.22/23.8=17.75(%)	12.70	0.54	0.16		4.22	0.23
余量	52.78	20.07	2.56	0.73	0	1.52
长石 100×1.52/14.41=10.57(%)	6.67	2.24	0.06	0.01		1.52
余量	46.11	17.83	2.50	0.72	0	0
黏土 100×17.83/31.9=55.8(%)	36.7	17.83	0.50	0.21		
余量	9.41	0	2.00	0.51		
石英 100×9.41/99.45=9.48(%)	9.41		0.03	—		
余量	0		1.97	0.51		
氧化铁 100×1.97/93=2.1(%)			1.97	—		
余量			0	0.51		
氧化钙 0.51(%)				0.51		

计算原料干燥基的百分含量

	灼烧基比例(%)	干燥基比例(%)	原料百分含量(%)
膨润土	4.00	4.20	3.85
镁质黏土	17.75	18.95	17.40
长石	10.57	10.57	9.68
黏土	55.80	62.80	57.60
石英	9.48	9.48	8.70
氧化铁	2.10	2.10	1.93
氧化钙	0.51	0.91	0.84
		109.01	100.00

在计算黏土用量时所带入的 MgO 及 K_2O、Na_2O,如含量很少,可以不予考虑。

1.3 配合料的制备与加工

配合料的制备与加工是无机非金属材料生产中的一个重要环节,其作用是得到符合配料要求的配合料,并将该配合料进一步加工,为下一工序的顺利进行奠定基础。

配合料的一般制备与加工的工艺为:

(原料的)精选──→破碎──→烘干──→配料──→破碎──→粉磨(配合料的制备)──→成型

原料的精选主要适用于陶瓷和玻璃生产;破碎适用于水泥、陶瓷、玻璃生产;粉磨和成型主要适用于陶瓷及水泥生产。

1.3.1 配合料的制备与加工

配合料的制备过程主要有破碎和粉磨。

(1)破碎

1)定义与意义。破碎是对块状固体物料施用机械方法,使之克服内聚力,分裂为若干碎块的作业过程。

工业生产部门破碎的物料多为脆性材料,往往在很小的变形下就发生破坏。但也有些物料具有较高的韧性和塑性,需要采取特殊措施。

2)作用。破碎的作用在于减小块状物料的粒度,这在不同的工业部门中有不同的意义。如陶瓷、玻璃、水泥行业都要求把块状原料破碎到一定粒度以下,以便后续粉磨。原料粒度直接影响生产控制和产品质量。冶金行业则需要将矿石破碎到指定粒度,才能实施剔除杂质的选矿作业。

(2)粉磨

物料的粉磨作业是在外力作用下,通过冲击、挤压、研磨等克服物体变形时的应力与质点之间的内聚力,使块状物料变成细粉的过程。粉磨物料所需的功除用于克服应力、内聚力,并使物料生成新的表面,转变为固体的表面能外,大部分则转变为热量等散失于空间。在实际生产中,输入磨机进行粉磨作业的功转变为有效粉碎功非常少(一般仅 1%~3%,最高达 15%)。而在无机非金属材料的生产中,产量高,需要粉磨的物料量大,粉磨作业的原料粒度一般在10~20mm,其产品的粒度,则视具体的工艺要求而定,通常为数十微米,最细可至 2~3μm。因此,提高粉磨效率,提高输入功率的利用率是改进粉磨作业的最为重要的课题。

1)粉磨工艺

①常用的粉磨设备:球磨机、无介质磨、辊式磨、辊压机、振动磨、搅拌磨和冲击磨等。

②粉磨方式与工艺。无机非金属材料的粉磨方式主要有两种:一种是干磨;另一种是湿磨。辊式磨、辊压机、振动磨、搅拌磨、冲击磨等一般适用于干磨,而球磨机、无介质磨即可湿磨又可干磨。湿磨的效率一般高于干磨。

物料在粉磨过程中所采用的工艺流程很多,较为常见的有开路和闭路两种。开路系统无分级设备,物料从磨机中出来即为产品;闭路系统配分级设备,出磨物料须经分级设备分选,合格细粉为产品,粗粉返回磨内重磨。

多台粉磨设备串联运行时,构成多级粉磨流程,其中串联的每台设备为一级。多级粉磨系统也有开路和闭路之分。

开路系统,流程简单,设备少,操作简便,基建投资少。其缺点是物料必须全部达到合格细度才能出磨,容易产生过粉磨,并在磨内形成缓冲垫层,妨碍粗料进一步磨细。因而开路系统粉磨效率低,电耗高,产量低。

闭路系统可以消除过粉磨现象,可调控产品粒度,且能提高粉磨效率和产量。其缺点是流程复杂,设备多,基建投资大,操作管理复杂。

2)影响粉磨效率的因素。通过大量的试验研究和对生产磨机经验的分析总结,影响粉磨作业动力消耗和生产能力的因素有以下几个方面:

①粉磨物料的性质。克服物体变形时的应力与质点之间的内聚力以及生成新的被粉磨物料的表面能,主要决定于被粉磨物料的性质、入磨物料粒度、易磨性、温度、水分含量。

a.入磨物料粒度大,则研磨体的尺寸也要相应增大,而研磨体个数减少削弱了粉磨效率,从而降低了产量,增加了电耗。

b.易磨性是表征物料粉磨难易程度的物理参数,易磨性好产量高,反之则产量低。它的影响因素比较复杂,如原料中二氧化硅总量与游离二氧化硅含量、胶结物料的性质、晶型畸变程度、风化程度、断裂结构等。但总的说来,结晶物质的粒度越大,风化程度低,结构完整易磨性就越差。

c.入磨物料的温度如高于常温,则有多余热量带入磨内,致使磨内温度升高,物料易磨性下降。温度越高则此现象越严重。

d.入磨物料水分应适中。水分过大易使细颗粒粘在研磨体和衬板上,形成"物料垫",或出现堵塞和"饱磨"现象;水分过少则影响磨内散热,易产生"窜磨"跑粗现象。适宜的物料水分为 $1\% \sim 1.5\%$。

②助磨剂。在粉磨过程中添加少量助磨剂,可以消除细粉粘附和聚集现象,提高粉磨效率,降低电耗,提高产量。

③粉磨产品细度。产品要求越细,则磨机产量越低。

④设备和流程。设备规格越大产量越高,此外,设备内部结构配置,如各仓长度、衬板、隔仓板的形式等均对粉磨过程有影响。流程则以闭路流程为佳。

⑤研磨体。研磨体的形状、大小、装填量、级配以及补充等对磨机产量有明显的影响。

⑥干法磨机通风。良好的磨内通风可冷却磨内物料,改善易磨性,排出水蒸气,增加极细物料的流速,使之及时卸出磨机。这些都有利于提高粉磨效率和增加产量,但要注意风速不得过大。

⑦干法磨水冷却。主要是磨内雾化喷水,可有效带出磨内热量,消除静电凝聚,有利于提高产量。

⑧磨机的操作。喂料量适当且均衡稳定是提高产、质量的重要措施。先进的操作方法,完善的管理制度有利于提高产、质量。

(3)水泥生料的粉磨

1)生料细度。生料粉磨细度影响燃烧时熟料的形成速度。生料磨得愈细,其比表面积愈大。生料在窑内的反应,如碳酸钙分解、固相反应、固液相反应等速度愈快,愈有利于游离氧化钙的吸收。但随着粉磨细度的降低,磨机产量愈低,粉磨电耗愈高。需要指出的是,由于粉磨产品的粒度是不均匀的、有粒度较粗的粗粒,有较小的颗粒以及微粒,当细微颗粒和较小颗粒反应已经结束、而较粗颗粒尚未反应完毕;特别是石英和方解石颗粒,它反应速度较慢且又难磨,因此应控制生料中的粗粒含量。通常以筛析法用 $200\mu m$ 和 $80\mu m$ 方孔筛的筛余来表示生料的细度。按过去生产经验,通常考虑到生料反应速度和磨机产量、电耗的综合经济效果、生料细度以 $80\mu m$ 筛余 10%左右为宜。但如按粗粒含量($200\mu m$ 筛余)作为主要指标,试验研究和生产实践表明:用棒球磨生产生料时,由于产品粒度较均匀,粗粒含量较少。$80\mu m$ 筛余可适当放宽到 12%~16%,甚至可达 20%以上,但 $200\mu m$ 筛余应小于 1.5%;有的工厂 $200\mu m$ 筛余达 2%~3%,$80\mu m$ 筛余则控制在 16%以下。闭路粉磨时,由于粗粒较少,特别是石英、方解石颗粒密度较大。粗粒易于被选出重新粉磨,粗粒中含量也较低,且产品粒度均匀。$200\mu m$ 筛余往往小于 1.5%,有时只有 0.5%,因而可以相应放宽 $80\mu m$ 筛余。为此,当粉磨由一般的石灰石、黏土所配的普通硅酸盐水泥生料时,其细度可控制如下:

$200\mu m$ 筛余 1.0%~1.5%,$80\mu m$ 筛余则控制在 10%~16%。

当生料中含有石英、方解石时(一般小于 4.0%):$200\mu m$ 筛余小于 0.5%~1.0%,$80\mu m$ 筛余则控制在 10%~14%。

2)生料粉磨系统。随生产方法不同,生料粉磨可以分为湿法和干法生料粉磨两大类。

①湿法生料粉磨系统通常采用中长磨或棒球磨,可以组成开路或闭路生产。

②干法生料粉磨系统,应对含有水分的原料进行烘干。物料是经过单独烘干设备烘干后入磨的,因而粉磨系统可以组成开路或闭路生产。随着干法生产技术的发展,特别是悬浮预热器窑和窑外分解窑的出现和发展,为充分利用窑的废气余热作为生料磨烘干原料的热源。并简化生产工艺过程(原料水分含量不高时,可以节省单独的烘干机),提高粉磨效率。近年来大都发展为同时烘干兼粉磨的系统(闭路生产)。

烘干兼粉磨系统,是将烘干和粉磨两者结合在一起。同时在磨机内完成;也可以将闭路系统中选粉机等设备同时用于烘干过程;有的还在磨前增设预烘干装置或预破碎兼烘干机组,以扩大对原料含水分的适用范围,并提高烘干与粉磨效率。

生料粉磨系统按粉磨设备不同可以分为三类,即:钢球磨系统,可以干法或湿法生产,也可组成开路、闭路(包括同时烘干兼粉磨系统);立式(辊式)磨系统,均为干法生产,可以组成闭路(包括同时烘干兼粉磨系统);气落磨系统(或称无介质磨系统),可以干法或湿法生产,也可组成闭路(也可用于烘干兼粉磨系统)。

目前,水泥工业应用最广泛的是钢球磨机系统。近年来,立式磨发展较快,而无介质磨则应用不多。

钢球磨系统除普通开路磨机以外,目前应用较广泛的有:风扫磨、提升循环磨和预破碎兼烘干的粉磨系统等。

风扫磨系统多用于煤粉的烘干兼粉磨,有些水泥厂也把它用于烘干粉磨生料。由于这种系统是利用热风从磨内抽出粉磨过的物料,经粗粉分离器分离出粗粉再入磨,细粉作为成品;物料被热风从磨内抽出以及分离过程中进行烘干,其烘干能力较强,可适用原料平均水分达 8%的物料。若设热风炉供应高温热风、可烘干含 12%水分的原料,如再设预破碎烘干机,则可烘干水分达 15%的原料。但由于该系统的选粉效率与循环负荷较低,且风机电耗约占粉磨系统总电耗的 35%以上,经济效益较差。近年来,德国已生产风扫磨机规格达 $\Phi 5.8m \times 14.75m$,电机功率 5 200kW,台时产量 320t/h 生料,可处理水分高达 15%的物料,其缺点是动力消耗较大,尤其当用于处理含水较少而又易磨的物料时,显得不太经济。

提升循环烘干磨系统,是利用机械方法使磨内卸出的物料经提升机等送入选粉机,有中卸和尾卸循环粉磨两种系统。此种系统烘干能力较风扫磨小,一般适用于水分小于 5.0% 左右的物料;在用高温气体烘干物料时,烘干水分可达 8%;如增设烘干破碎机,不但可提高进入烘干粉磨系统时的粒度,而且烘干原料水分可达 12%。

近年来,采用立式磨(辊式磨)粉磨生料的日渐增多。它是风扫磨的另一种型式。图 1-3-1 为立式磨系统流程图。20 世纪 50、60 年代时,立式磨在水泥工业中仅用于粉磨煤粉和含水分 5%~10% 的软质原料。70 年代以后,立式磨由于结构上和材质上的改进,设备的大型化问题逐步得到解决。目前辊式磨已有十余种之多,在美国、日本以及德国等国家中均已较多地应用。

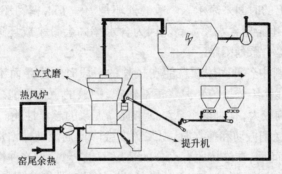

图 1-3-1　立磨系统工艺流程图

立式磨有一系列优点:它主要靠磨辊和磨盘间压力来粉碎物料,使物料在磨内受碾压、剪切、冲击等作用,不必像钢球磨要提升研磨介质来冲击碾磨物料,粉磨有用功效率较钢球磨高得多,且磨机本身带选粉机构,因此单从磨机本身的碾磨和选粉来讲,电耗可降低近 100% 之多。还由于利用风扫式,其烘干能力很强,利用窑尾废气可烘干 8% 水分的物料,加设热风炉可烘干含水达 15%~20% 的物料。入磨粒径可达 100mm,大型磨机甚至可达 150mm,可节省二级破碎系统,节省投资和消耗。占地面积小,细度易调节,也便于实现微机控制操作自动化,特别是大型立式磨的通风量较大,可以更好地利用窑尾废气余热进行生料烘干。因此,随着悬浮预热器窑和窑外分解窑的发展而得到迅速发展。目前各种立式磨系统的粉磨能力已达 500t/h 以上,产品系列中生产能力最大者可达 1 000t/h。

但立式磨的磨辊和磨盘磨损较大,要求材质的耐磨性能较高。虽然,近年来在结构上有所改进,对检修问题得到了改善,但检修、更换磨辊、磨盘还较复杂;如不及时检修、更换,单位产品的粉磨电耗又会随之增加,这是目前需要进一步解决的问题。

综上所述,近年来生料粉磨系统的发展特点为:设备日趋大型化,同窑的大型化相适应;同时,原料的烘干和粉磨作业一体化,在干法生产厂中烘干兼粉磨系统得到了广泛的应用;磨机与新型高效选粉与输送设备或者辊压机相匹配。组成各种新型干法闭路粉磨系统;粉磨系统操作自动化,应用电子计算机配合有关控制设备,组成调节回路,控制磨机生产等,都可为稳定生产、均化生料成分、提高产量、质量、降低电耗、材料消耗创造良好的条件。

(4)陶瓷坯料的制备

将陶瓷原料经过配料和加工后,得到的具有成型性能的多组分混合物称为坯料,根据成型方法的不同,坯料通常可分为三类:

①注浆坯料。其含水率为 28%~35%,如生产卫生陶瓷用的泥浆。

②可塑坯料。其含水率 18%～25%，如生产日用陶瓷用的泥团(饼)。

③压制坯料。含水率为 3%～7%，称为干压坯料；含水率为 8%～15%，称为半干压坯料，如生产建筑陶瓷用的粉料。

1)对坯料的质量要求。对各种坯料的基本质量要求是配料比较准确，组分均匀，细度合理，所含空气量较少。对某类坯料还有各自的具体要求，现分述如下。

①注浆坯料。注浆坯料一般是各种原料和添加剂在水中悬浮的分散体系。为了便于加工后的贮存、输送及成型，注浆坯料应满足以下要求：

a. 流动性好。保证泥浆浇注成型时要能充满模型的各个部位。流动性用 100ml 的泥浆从恩格拉黏度计中流出的时间来表示。一般的瓷坯是 10～15s，精陶坯为 15～25s。注浆成型时希望流动性好，但又不希望含水率太高。因为含水率高会带来成坯速率低、易塌坯、石膏模易老化和坯体干燥慢等一系列困难。

b. 悬浮性好。浆料中各种固体颗粒能在较长的一段时间悬浮而不沉淀的性质称为泥浆的悬浮性。它是保证坯体组分均匀和泥浆正常输送、贮放的重要性能之一。黏土的种类和加入量对泥浆悬浮性影响较大，有时也用悬浮剂来提高泥浆的悬浮性能。

c. 触变性适当。受到振动和搅拌时，泥浆黏度会降低而流动性增加，静置后又恢复原状，此外，泥浆放置一段时间后，在维持原有水分的情况下也会变稠，这种性质称为触变性。泥浆的触变性是用厚化系数来表征的，100ml 泥浆在恩格拉黏度计中静置 30′30″后，两者流出时间的比值就是厚化系数。空心注浆的泥浆厚化系数为 1.1～1.4，实心注浆为 1.5～2.2。泥浆触变性过大，容易堵塞泥浆管道，且坯体脱模后易塌落变形；触变性过小，生坯强度较低，影响脱模和修坯。

d. 滤过性好。滤过性也称渗模性，是指泥浆能够在石膏模中滤水成坯的性能。滤过性好，则成坯速率较快。当细颗粒过多时，易堵塞石膏模表面的微孔脱水通道，不利于成坯。熟料和瘠性原料较多时有利于泥浆的脱水成坯。

②可塑坯料。可塑坯料是由固相、液相和气相组成的塑性-黏性系统。具有弹性-塑性流动性质。一般要求具有如下性质：

a. 良好的可塑性。可塑坯料在一定的外力作用下产生形变但不开裂，当外力去掉以后仍能保持其形状不变，这种性质就是坯料的可塑性。通常用可塑性指数和可塑性指标来衡量。坯料的可塑性一般取决于强可塑原料(黏土)或塑化剂的用量。

b. 一定的形状稳定性。指可塑坯料在成型后不会因自身重力下塌或变形，尤其是对大件制品更应如此。可以通过调节强可塑原料的用量和含水量来控制。

含水量适当。可塑坯料的含水量与成型方式有一定的对应关系。产品品种不同时含水率也可能有差异。劈裂砖在硬挤压成型时坯料含水率为 12%～18%。软挤压成型时为 15%～20%。当强可塑性原料用量较大时，含水量较高。大件制品的可塑坯料含水量比小件制品低些。

c. 坯体的干燥强度和收缩率。可塑坯料成型的坯体应有较好的干燥强度(不低于 1MPa)，大件制品应有更高的干燥强度。生产上常用干坯的抗折强度来衡量它的干燥强度。大的干燥强度有利于成型后的脱模、修坯、施釉、送坯等工序。但干燥强度大时，坯体的收缩率也会相应增大，这一点可能影响坯体的造型和尺寸的准确性，坯体也容易变形和开裂。影响坯体干燥强度和收缩率的主要因素是坯体中强可塑原料的用量和水分含量。

③压制坯料。压制坯料是指含有一定水分或其他润滑剂的粉料。这种粉料中一般包裹着气体。为了在钢模中压制的形状规整而致密的坯体,对粉料有以下要求:

a. 流动性好。要求粉料能在短时间内填满钢模的各个角落,以保证坯体的致密度和压坯速度。

b. 堆积密度大。粉料的堆积密度常用单位容积的粉料质量来表示。堆积密度大,气孔率就小,压制后的坯体就越致密。喷雾干燥制得的粉料堆积密度约为 $0.75 \sim 0.90 t/m^3$。

c. 含水率和水分的均匀性。水是粉料成型时的润滑剂和结合剂。当成型压力较大时粉料含水可以少些,反之粉料含水可以多些。墙地砖成型用的粉料含水率一般在 6% ~ 9%。当粉料含水不均匀,即局部过干和过湿时,便会出现压制困难,且砖坯在以后的干燥和烧成中易出现开裂和变形。

造粒工艺技术对粉料的性能有决定性的影响。喷雾干燥制得的粉料团粒(假颗粒)是圆形的空心球。且有较好的颗粒分布,故流动性好且易压实,排气性能也较佳;经轮碾造粒的粉料虽然堆积密度较大,但形状不规整,且细颗粒多,容易形成拱桥效应,增大了粉料的空隙率,不利于压制排气,故砖坯质量难以保证。

2)坯料的制备工艺。图 1-3-2 表明了上述三种坯料制备的一般工艺流程,实际上各个瓷器或不同品种的坯料制备的具体过程都有一定的差异,工艺参数(如球磨细度,料球水比等)也有所不同。现将坯料制备的主要工序叙述如下:

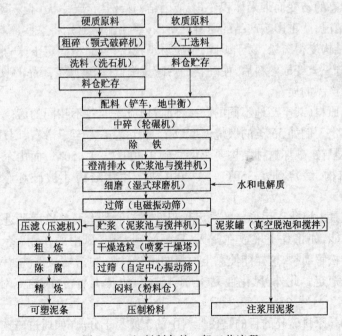

图 1-3-2 坯料制备的一般工艺流程

①原料的精加工。天然矿物原料一般都含有一些杂质,如黏土矿物中常含有一些未完全风化的母岩、游离石英、铁和钛的化合物以及树皮、草根等。这些杂质如引入到坯料中,必然影响陶瓷产品的质量。原料的精加工是指对原料进行分离、提纯和除去各种有害杂质的过程。不同种类的陶瓷对原料精加工的深度是不一样的,高档的卫生陶瓷和日用陶瓷一般比建筑陶

瓷对原料的纯度要求高些,特种陶瓷对纯度要求更高。原料精加工的方法一般包括物理方法、化学方法和物理化学方法。物理方法是指用淘洗槽、水力旋流器、振动筛和磁选机等使原料分级和去除杂质。化学方法包括溶解法和升华法两种。溶解法是用酸或其他反应剂对原料进行处理,通过化学反应将原料中所含的铁变为可溶盐,然后用水冲洗将其除去;升华法是在高温下使原料中的氧化物(Fe_2O_3)和氯气等气体反应,使之生成挥发性或可溶性的物质而除去。物理化学方法包括浮选法和电解法等。浮选法是利用各种矿物对水的润湿性不同,从悬浮液中将憎水颗粒粘附在气泡上浮游分离的方法。浮选时,一般要用浮选剂(捕集剂),如石油碘酸、铵盐、磺酸盐等。此法适用于精选含铁、钛矿物和有机物的黏土。电解法是基于电化学原理除去混杂在原料颗粒中含铁杂质的一种方法。

总体来说,我国的原料精加工水平较低,许多建筑卫生陶瓷厂都是使用未经加工的各种天然矿物。使得坯料的质量无法稳定,严重影响了我国陶瓷产品质量的稳定和提高。国外(如日本、德国、英国和意大利等)十分注重原料的精加工,严格按矿物组成、化学组成和颗粒组成并考虑使用的对象进行合理分级,如英国瓷土公司(ECC)用三种不同的黏土配制了一种高质量的黏土向厂家供应。我国的许多陶瓷学者已提出了"原料标准化"的问题,并进行了小规模的生产研究(如在景德镇建成了一条高岭土精选的生产线),但要全面实现原料标准化的目标仍有许多工作要做。

②原料煅烧和黏土风化。陶瓷生产所用的某些原料,如石英、滑石以及少数黏土,它们或因有多种结晶形态的转变而带来体积变化,或因结构特殊(有层片状)不易磨细,或因灼减量较大、收缩较大等情况,严重影响产品的质量。所以,要在配料前先将这些原料煅烧一次。经过煅烧后,石英的结构变得疏松,易于破碎,杂质易于找出,且晶型稳定下来;滑石的鳞片状结构也破坏了;一部分黏土变成熟料后,使坯料的灼减量降低(即可减少产品的收缩)。所有这些变化都有利于提高产品的质量。

不同种类的原料(甚至产地不同的同一种原料)应采取各不相同的煅烧制度,需依据各自的性能特性来确定。例如,石英的煅烧温度取1 000℃左右。至于滑石,因辽宁海城产的滑石有较大的薄层状颗粒,破坏这种结构要求煅烧到1 400℃~1 450℃;而山东掖县产的滑石,因呈细片或粒状结构,煅烧到1 350℃~1 400℃时,片状结构才被破坏。ZnO煅烧温度为1 000℃~1 200℃。

大多数黏土是由风化作用形成的。风化程度较差的黏土开采以后若进一步风化,可以提高黏土的成型性能,如将黏土堆放在露天,夏天受到太阳、风雨的作用,冬天受到冰冻作用,料块就会进一步松解崩裂,这样能使黏土原料的颗粒变细,可溶性盐被洗去一些,可塑性增高,其他工艺性能也稳定。此外,风化使黏土原料破裂,使其更易粉碎,这点对硬质黏土意义更大。

③原料破碎。原料破碎的目的是使原料中的杂质易于分离(如通过磁选机除去磁性物质,通过筛网除去片状云母矿物等);使各种原料能够均匀混合,使成型后的坯体致密;增大各种原料的表面积,使其易于进行固相反应或熔融,提高反应速度并降低烧成温度。

根据原料的硬度和块度的不同,破碎设备和分级方式是不同的。长石、石英、石灰石、焦宝石等块状硬质岩石,要先粗碎、中碎,然后再与其他原料配合后送去细碎、混合。粗碎一般是采用颚式破碎机,出料块度约为40~60mm(有时用两级连续破碎来达到此块度);中碎是采用轮碾机和反击式破碎机等使原料粒径小于0.7mm。有些工厂也采用雷蒙机(环辊磨机),使破碎后的原料进一步磨至 $0.044\sim0.125mm$,不经细碎直接可以用于造粒。但后一种制备工艺制得的成型粉料不如球磨机细碎后再造粒制得的粉料性能更好。

间歇式球磨机(如干基装料量为 2.5t、5t、8t、15t 等)是国内陶瓷行业普遍使用的细碎设备。影响球磨效率的因素有球磨机转速、内衬的材质、研磨体(材质、直径和形状)、料球水比等。实际上,在生产中应注意提高球磨的综合经济效益,即应将内衬的寿命、研磨体的消耗、球磨时间、耗电量等放在一起考虑。如有人认为 Al_2O_3 刚玉瓷球石只适合于加工釉料、特种陶瓷坯料等,如加工卫生瓷、玻化砖、釉面砖等坯料可选用优质的鹅卵石和普通瓷球石;加工彩釉和粗陶产品的坯料则使用价格较低的鹅卵石、花岗岩质的人工球石。有关资料认为球石直径配比大约是:45%~50%小直径球石(20~30mm),25%~30%中直径球石(40~50mm),20%~25%大直径球石(50~60mm)。

采用湿法球磨比干法球磨效果好。主要是因为液体能渗透到固体颗粒缝隙之中,使颗粒胀大、变软而易于粉碎,此外,液体介质润湿粉料时能渗透到颗粒内部(沿裂纹扩伸),加速粉料的劈裂。

对于普通陶瓷坯料,料球水比约为 1:(1.5~2.0):(0.8~1.2);釉料的料球水比为 1:(2.3~2.7):(0.4~0.6);对于难磨且细度要求高的粉料,研磨体的比例可适当提高。对吸水多的原料(软质黏土较多时)可多加一些水,以免球石和料粘在一起,降低球石的研磨和冲击作用;硬质料较多时,可少加水。

两次加料对提高球磨效果有明显的作用。即将硬质料(长石、石英等)和少量黏土(作为悬浮剂)先球磨一段时间后,再加入黏土混磨。有人认为大量的黏土不宜加入球磨机,而是只球磨硬质料,然后与软质料容积配料后在泥浆池中混合。

橡胶内衬比隧石内衬寿命长,磨损小,有效容积较大且节约电能。但一次性投资较大,而且当球磨时间过长(超过 20h 时)会使内衬发热。温度超过 80℃~90℃时,易使橡胶老化。另外,橡胶内衬会使注浆料稠度有所增加,生坯强度降低,脱模时间稍有延长。近年来采用陶瓷内衬(普通瓷或高铝瓷)的球磨机有增加的趋势。主要是使其容积扩大的同时,不会在坯料中引入过多的杂质(如隧石内衬会引入 SiO_2 等),改变坯料的化学成分。但陶瓷内衬的价格相对偏高。

值得注意的是,国外一些工厂使用的一种连续湿法研磨设备——管式球磨机。该机使坯用原料和水连续地从球磨机一侧进入,而料浆从另一侧流出,机内料的质量可达 20~30t(指干质量)。其前端连有连续性的计量和配料系统,一组料仓及其喂料装置在微机的控制下连续按比例地让原料进入一个预载料仓和一个铲式搅拌机(将料、水以及球磨机出料口返回的筛上料混匀),然后进入连续式磨机球磨,泥浆出磨后经振动筛进入浆池。这种类似于水泥旋转磨的设备比间歇式球磨机有更高的效率,也有利于坯料质量的稳定。但是,使用连续式球磨机要求所用的每种原料均是标准化的,即要求原料的成分很稳定。

④过筛和除铁。过筛是控制坯料(泥浆粉料)粒径的有效方法。一般采用振动筛,其特点是产量高,不易堵塞。除铁对减少产品的色斑是重要的措施。例如含铁的矿物常产生褐色或黑色斑点,在生产玻化砖时会影响其色差。一般采用磁选机和恒磁铁块除铁。湿式除铁(即在泥浆状态下除铁)比在粉料状态下的干式除铁效果好。高档日用陶瓷和高强度电瓷对除铁过筛要求十分严格。

⑤泥浆贮存、搅拌。泥浆贮存有利于改善和均化泥浆的性能。建筑陶瓷坯料泥浆一般需

在浆池内贮存 $2\sim3d$ 再使用。浆池一般是圆形或六角形的,内设搅拌器,以防止泥浆分层和沉淀。

⑥泥浆脱水和造粒。生产陶瓷时常采用两种脱水和造粒的方式:一是把泥浆用双缸隔膜泵压入压滤机中成为泥饼(含水率 $20\%\sim25\%$),将泥饼烘干后再用轮碾机压成粉料(含水率 $8\%\sim9\%$);二是直接将泥浆送入喷雾干燥器中得到含水率 $6\%\sim8\%$ 的粉料,一步完成脱水和造粒过程。现代化的陶瓷厂用第二种方法。

压滤的初期,用低压(约 $0.3\sim0.4$ MPa)输送泥浆,以防压力过高,形成致密泥层,降低压滤速率。随压滤进行,压力逐渐升高,最高压力一般为 $0.8\sim1.5$ MPa。压滤周期约为 $1\sim2h$。泥饼水分约为 $20\%\sim25\%$。目前,国内外有些厂采用高压压滤机,压力高达 7.5 MPa。压滤周期 $15\sim40$ min,泥饼水分可减至 15.5%。

喷雾干燥是用热风使泥浆脱水的工艺过程。它是用柱塞泵把泥浆送入特制的喷嘴,雾化成细小的滴珠,在干燥塔内与热风进行热交换,将雾状滴珠的水分蒸发,从而得到具有不同粒径的圆球形的粉料。此粉料的颗粒度、含水率和颗粒级配均可以通过一定手段调整。陶瓷工业中常用离心式或压力式喷雾干燥塔,其中压力式喷雾干燥塔更常用。在喷雾干燥工艺中,影响粉料性能和干燥效率的主要因素是泥浆浓度、进塔热风温度、排风温度、喷雾压力等。这些因素不但直接影响粉料的性能和干燥效率,而且彼此之间也相互影响。

3)调整坯料性能的添加剂。为了使坯料性能符合成型及后续工序的要求,常向坯料中加入添加剂(additives)。如,特种陶瓷(简称特陶)坯料中瘠性料所占比例很大,用水无法将这些粉料粘结在一起,因此,特陶坯料要使用各种特殊的结合剂。陶瓷坯料用的添加剂分为以下几类。

①解凝剂(解胶剂或稀释剂)。用来改善泥浆的流动性,使其在低水分的情况下黏度适当,便于浇注。它可以是无机电解质(用于黏土质泥浆),也可以是有机盐类或聚合电解质(用于黏土质泥浆或瘠性料浆)。常用的无机解凝剂有硅酸钠(水玻璃)、碳酸钙、六偏磷酸钠和四焦磷酸钠等;有机盐类的解凝剂有腐殖酸钠、单宁酸钠等;聚合电解质有聚丙烯酸盐、羧甲基纤维素(CMC)等。特陶料浆用的解凝剂见表 1-3-1。

表 1-3-1 特种陶瓷用的泥浆解凝剂

原　　料	pH	解　　凝　　剂
氧化铝	$2.0\sim4.0$	HCl、HNO_3、$AlCl_3$、$MgCl_2$
氧化铝	$13\sim14$	$NaOH$、$(CH_3)_4NOH$(季胺)
二氧化锆 氧化钍 氧化铍	$3.0\sim5.0$	$HCl+MgF_2$、$HCl+AlCl_3$
硅线石 莫来石	$3.0\sim5.0$	HCl、HNO_3、$HCl+Na_4P_2O_7$
二氧化钛 氧化铬	$2.0\sim4.0$	HCl
尖晶石	$2.0\sim4.0$	HCl
氧化铁	2.0	HCl
氧化铁	9.0	KOH、$LiOH$

②结合剂。用来提高可塑泥团的塑性,增强生坯的强度。有一类结合剂在常温下能将坯料颗粒粘合在一起,使其具有成型能力,而烧成时,它们会挥发、分解、氧化,这类称为粘合剂,多数是有机物及其溶液。另一类结合剂在常温下可提高坯料的塑性,高温下仍留在坯体中,这类称为粘结剂,多数为无机物质,如硅酸盐和硫酸盐等。塑化剂在特陶坯料生产中起着提高坯料塑性和生坯强度的作用。生产中使用的塑化剂由粘合剂、增塑剂和溶剂以适当比例调配而成。表 1-3-2 列出了与成型方法相对应的塑化剂。

表 1-3-2 一些成型方法所用的塑化剂举例

成型方法	粘 合 剂	增 塑 剂	溶 剂
挤压法	聚乙烯醇、羧甲基纤维素、桐油、糊精	甘油、钛酸二丁酯、乙酸三甘醇、乙基草醇	水、无水酒精、丙酮、醋酸乙酯
轧膜法	聚乙烯醇、聚醋酸乙烯酯、甲基纤维素、聚乙烯醇缩丁醛	甘油、邻苯二甲酸二丁酯、乙酸三甘醇	水、乙醇、甲苯
流延法	聚乙烯醇、聚乙烯、聚丙烯酯酸、聚氯乙烯、聚甲基丙烯树脂	硬脂酸丁酯、钛酸二丁酯、乙酸三甘醇、松香酸甲酯	丙酮、乙醇、丁醇、苯、甲苯、二甲苯、三氯乙烯、溴氯甲烷
压制法	聚乙烯醇、聚苯乙烯、石蜡、淀粉、甘油		水、汽油、乙醇、甲苯、二甲苯

③润滑剂。用于提高粉料的湿润性,减少粉料颗粒之间及粉料与模壁之间的摩擦,以增大压制坯体的密度,促进其均匀化。通常采用含极性官能团的有机物作润滑剂。

实际上一种添加物往往不只起着一种作用,如石蜡既可粘结粉料颗粒,也可减少粉料的摩擦力;一些表面活性物质既可作解凝剂,又具有湿润作用。

对各种添加物的共同要求是:和坯料颗粒不发生化学反应,不会影响产品性能;分散性好,便于和坯料混合均匀;有机物质在较低温度下烧尽,灰分少;氧化分解的范围较宽,以防引起坯体开裂。

(5)超微粉合成

与通常意义上的粉状物料不同,超微粉的粒径要小得多,一般为 $1 \sim 100nm$。这样细微的颗粒,目前尚不能用机械粉碎方法获得。当物质微细化到这种程度时,将表现出与原固体显著不同的性质,成为物质的新状态,所谓"超微粉"是基于这一认识提出的新概念。

一般认为"体积效应"和"表面效应"两者之一显著出现的颗粒称为超微颗粒。颗粒的体积小到某一程度时,其某些性能与同质大颗粒相比出现较大差异的现象即为体积效应,如大颗粒金属粉具有连续的导电能带,而超微金属粉的电子能级却是离散的。表面效应则是指颗粒物质表面原子与内部原子的数量之比达到不可忽略的程度时,某些物性发生改变的现象。如熔点下降、晶体结构异常等。

超微颗粒的制备工艺可分为物理工艺和化学工艺两类。物理工艺主要为构筑法,通过各元素的原子、分子的凝聚生成超微粉。化学工艺的制备过程以化学反应为主,有些化学工艺中也使用了物理的单元操作,但形成超微粉的基本过程仍要借助化学反应。

1)化学反应法。多以固相物质为原料,利用氧化还原反应、固体热分解反应、固相反应等化学方法制备超微粉。氧化还原反应常用于合成金属或金属氧化物微粉,如金属硅可先氧化成四氯化硅,然后在锌蒸气中还原成硅金属微粉。

在常温常压下不易氧化的物质,可借助水热氧化装置,在水热条件下氧化合成微粉。如以

Al_2O_3-ZrO_2 水热合成 Al_2O_3-ZrO_2 系微粉,在压力为 100MPa、温度为 250℃~700℃ 条件下可得单一相单斜晶体氧化锆微粉,粉末粒径为 25nm 左右。改变温度和压力则可得到平均粒径为 110~120nm 的 α-Al_2O_3 微粉。

热分解法是利用晶体的热分解反应来制备微粉,其产品粒径可通过调节反应速度加以控制,反应速度快时,成核数量多,粒径小;反之则粒径较大。

固相反应的最小反应单元取决于固体物质颗粒的大小,反应在接触部位所限的区域内进行,生成相对反应进程有重要影响。此外,如反应在高温条件下进行,则接触部位反应物的扩散凝集易导致颗粒粗大化。故以固相反应制备超微粉,须先将反应物制成超微粉,再通过固相反应合成新的超微粉。

2)冷冻干燥法。首先制备含有金属离子的盐溶液,然后将溶液雾化成微小液滴,同时进行急速冷冻使之固化,可得冻结液滴,经升华将水分完全汽化,成为溶质无水盐,最后在低温下煅烧,即可合成超微粉。图 1-3-3 所示的盐水溶液系统的压力温度相图,可以清楚地反映其冷冻及升华过程。设盐水溶液的初始状态为点①,经急速冷冻至状态点②,成为冰与盐的固体混合物。再将物系恒温减压至状态点③,该点的压力低于四相共存点 E。随后恒压升温至状态点④,将蒸气相排出物系,成为无水盐超微粉体。

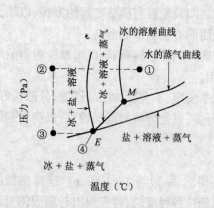

图 1-3-3 盐水溶液的压力温度相图

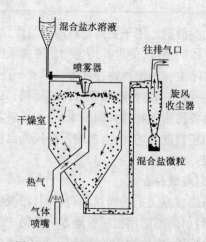

图 1-3-4 喷雾干燥法微粉制备系统

3)喷雾干燥法。用雾化喷嘴将盐溶液处理为雾状,随即进行干燥和捕集,捕集物可直接或经热处理后作为产物颗粒。图 1-3-4 所示的装置可用于制备软铁氧体超微颗粒。以镍、铁、锌的硫酸盐制成混合溶液,经雾化干燥、捕集后得到粒径为 10~20nm 的混合硫酸盐颗粒。将此颗粒在 800℃~1 000℃下焙烧,即可得镍、锌铁氧体微粉。

4)生成沉淀法。以溶液为原料,利用沉淀或水解反应制备超微粉的化学类方法。溶液中的离子 A^+ 和 B^- 的浓度超过其浓度积 $[A^+] \times [B^-]$ 时,A^+ 和 B^- 开始结合,进而形成晶格,当晶格生长到一定程度时发生重力沉降,将此沉淀物过滤、洗涤、干燥,再反应形成微粉。用沉淀法制备微粉的关键是控制沉淀物的粒径和组成的均一性。目前应用较为广泛的是共沉淀法和化合物沉淀法。

①共沉淀法。所谓共沉淀,即溶液中所用的离子完全沉淀,从制备微粉的角度,希望溶液中的金属离子能同时沉淀,以获得组成均匀的沉淀物颗粒。但由于溶液中的沉淀生成条件因

不同金属而异,让组成材料的多种离子同时沉淀十分困难。共沉淀法多以氢氧化物、碳酸盐、硫酸盐等为原料,pH 值是影响沉淀的重要因素,在沉淀过程中不同金属离子随 pH 值上升,按满足沉淀条件的顺序依次沉淀。为了抑制这种分别沉淀的倾向,共沉淀法采用先提高沉淀剂(氢氧化钠或氨水溶液)的浓度,再导入金属盐溶液的操作方式,使溶液中金属离子同时满足沉淀条件。同时辅之以剧烈的搅拌。这些措施虽然可以在一定程度上防止分别沉淀,但在进行由沉淀物向产物转化的加热反应时,仍不能保证其组成的均匀性。要靠共沉淀法使微量成分均匀分布在主成分中,参与沉淀的金属离子的 pH 值大致应在 3 以内。

②化合物沉淀法。化合物沉淀法可弥补共沉淀法的缺点,其溶液中的金属离子是以具有与配比组成相等的化学计量组成的化合物形成沉淀的,因而,沉淀物一般具有在原子尺度上的均匀组成。不过得到最终产物,还需进行热处理,其组成均匀性可能由于加热过程中出现热稳定性不同的中间产物而受到影响。

③醇盐水解法。金属醇盐属有机金属化合物,其通式为 $M(OR)_x$,R 是烷基。金属醇盐可与水反应生成氧化物、氢氧化物、水合物等沉淀。这种水解反应一般进行地很快,只有个别情况例外。如沉淀为氧化物,可直接干燥成为成品微粉,氢氧化物水合物沉淀则需经焙烧才能获得氧化物微粉。

金属醇盐可由金属在保护性气氛下直接与醇反应得到。不能直接与醇反应的金属,可用该金属的卤化物与醇反应,如,合成 $BaTiO_3$ 微粉,其初始原料是 Ba 和 Ti 的醇盐,Ba 醇盐可由金属 Ba 和醇直接反应获得,钛醇盐则由四氯化钛在 NH_3 存在条件下和醇反应,反应结束后将溶剂换成苯,过滤掉副产物 NH_4Cl 而得到。两种醇盐按 Ba∶Ti = 1∶1 的摩尔比例混合,并进行 2h 左右反应,再向这种溶液中逐步加入蒸馏水,一面搅拌一面进行水解,即得到白色结晶的 $BaTiO_3$ 超微粉沉淀。

这样制得的 $BaTiO_3$ 微粉不仅具有化学计量组成,而且其一次颗粒的粒径只有 $10\sim15nm$。一般说来,用醇盐结合成的粉末的粒径不依物质而变化,几乎都由 $10\sim100nm$ 的微粉组成。

5)蒸发凝聚法。以固体为原料的物理类方法。目前比较普遍的做法是将金属在惰性气氛中加热,使之熔融蒸发,气化的金属原子被周围的惰性气体冷却,凝聚成原子的集合体,形成微细颗粒。用这种方法可制备出最小粒径为 2nm 的超微颗粒,颗粒的粒径可由加热温度和冷却速度控制。温度低且冷却速度高,则粒径较小;反之,则粒径较大。

使金属熔融的加热方式有多种方式,如电阻加热法、等离子体喷射法、高频感应法、电子束法、激光束法、等离子体溅射法等。

长期以来,蒸发凝聚法主要用于制备金属超微颗粒,但近年来,已有人用此法制备出无机化合物、有机化合物及复合金属超微颗粒。

6)气相反应法。该法以金属卤化物、氢氧化钠、有机金属化合物的气相物质为原料,通过热分解反应及化学反应使之生成超微粉。

激光合成法是气相合成法近期的成功尝试,其激管装置示意图见图 1-3-5,其所产生的二氧化碳激光束的入射方向与反应气流方向垂直。其最大输出功率为 150kW,波长为 $10.6\mu m$。激光束射到气流上时,在反应室内形成反应焰,超微粉即在反应焰内生成,用氩气流作载体,可将微粉收集在微过滤器上。

激光合成法的特点是杂质含量少,可生成超纯微粉,且合成条件容易控制。如用 SiH_4 可以合成 Si、SiC、Si_3N_4 三种超微粉,其反应式如下:

$$SiH_4(g) \rightarrow Si(s) + 2H_2(g)$$

$$3SiH_4(g) + 4NH_3(g) \rightarrow Si_3N_4(s) + 12H_2(g)$$

$$SiH_4(g) + CH_4(g) \rightarrow SiC(s) + 4H_2(g)$$

$$2SiH_4(g) + C_2H_2(g) \rightarrow 2SiC(s) + 6H_2(g)$$

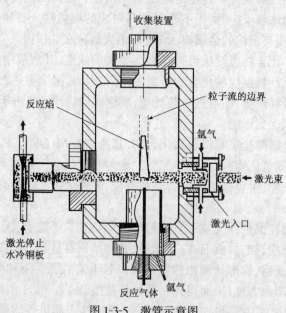

图 1-3-5　激管示意图

所得颗粒都是球型。Si 的平均粒径为 50nm，Si_3N_4 的平均粒径为 10～20nm，SiC 的平均粒径为 18～26nm，所得的 Si 和 Si_3N_4 属高纯粉，SiC 微粉则富 Si 或富 C。所有的颗粒都凝聚成链状。

1.3.2　成　型

将制备好的物料(坯料)制成具有一定大小形状的颗粒或坯体的过程称为成型。为了满足制品形状或下一工序的要求，制备好的混合料需要成型。对水泥生产而言，立窑、立波尔窑的入窑生料，混凝土的使用要成型；陶瓷生产中坯料需成型；在玻璃生产中，玻璃配合料一般不需要成型。在此我们首先讲立窑、立波尔窑入窑生料及陶瓷坯料的成型。

(1)粒化(成球)

工业生产上的粒化过程，从广义上讲，泛指将粉体(或浆液)加工成型状和尺寸都比较匀整的球块的机械过程。颗粒大小根据用途而不同，一般限制在 50mm 以下，最小约 0.3mm。粉体粒化的意义在于：能保持混合物的均匀度在贮存、输送与包装时不发生变化；有利于改善物理化学反应的过程(包括固-气、固-液、固-固的相互反应)；可以提高物料流动性，便于输送与贮存；大大减少粉尘飞扬；扩大微粉状原料的适用范围；便于计量以及满足商业上要求等。

在水泥立窑烧成中，物料首先要成球，这主要是为了增加物料间接触的紧密度，以利于反应的进行，球状的料块在立窑中煅烧，便于通风，煅烧完全，能达到反应所需的高温。陶瓷压制成型时为了提高粉料的体积密度、增加物料的流动性等，常将泥浆喷雾干燥造粒。

在各个制造部门采用各种造粒方法,并且随着加工对象不同而异。造粒方法可按照原料分类,也可以按照造粒形式进行分类,如表 1-3-3。

表 1-3-3　造粒方法及分类

造粒类型	原料状态	造粒机理	粒子形状	主要适用领域	备　注
熔融成型	熔融液	冷却、结晶、削除	板状、花料状	无机、有机药品、合成树脂	包含回转筒、蒸馏法
回转筒型	粉末、液体	毛细管吸附力、化学反应	球状	医药、食品、肥料、无机、有机化学药品、陶瓷	转动型
回转盘型	粉末、液体	毛细管吸附力、化学反应	球状	医药、食品、肥料、无机、有机化学药品	粒状大的结晶
析晶型	溶液	结晶化、冷却	各种形状	无机、有机化学药品、食品	
喷雾干燥型	溶液、泥浆	表面张力、干燥、结晶化	球状	洗剂、肥料、食品、颜料、燃料、陶瓷	
喷雾水冷型	熔融液	表面张力、干燥、结晶化	球状	金属、无机药品、合成树脂	
喷雾空冷型	熔融液	表面张力、干燥、结晶化	球状	金属、无机药品、合成树脂无机、有机药品	使用沸点高的冷却体
液相反应型	反应液	搅拌、乳化、悬浊反应	球状	无机药品、合成树脂	硅胶微粒聚合
烧结炉型	粉末	加热熔融、化学反应	球状、块状	陶瓷、肥料、矿石、无机药品	有时不发生化学反应
挤压成型	溶解液糊剂	冷却、干燥、剪切	圆柱状、角状	合成树脂、医药、金属	
板上滴下型	熔融液	表面张力、冷却、结晶、削除	半球状	无机、有机药品、金属	
铸造型	熔融液	冷却、结晶、离型	各种形状	合成树脂、金属、药品	制品形状过大就不能造粒
压片型	粉末	压力、脱型	各种形状	食品、医药、有机、无机药品	压缩成型
机械型	板棒	机械应力、脱型	各种形状	金属、合成树脂、食品	冲孔、切削、研磨
乳化型		表面张力、相分离硬化作用,界面反应	球状	医药、化妆品、液晶	微胶束

1)转动粒化

①圆筒粒化机

图 1-3-6 为圆筒粒化机,筒内设有加水装置。制得的粒化料,粒径不均匀,必须经过筛分。优点是单机产量大,运转比较平稳。圆筒内的装料率较低,一般仅为筒身容积的 10% 以下。筒身倾角在 6°以内,转速为 5~25r/min。

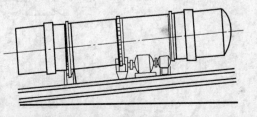

图 1-3-6　圆筒粒化机

②圆盘粒化机

圆盘粒化机目前应用较为广泛。它由斜置带边圆盘、垂直于盘底的中心轴、安在盘面上的刮刀及加水装置组成，如图 1-3-7。粉状料与水或粘结剂自上方连续供入，由于未粒化料与已粒化料在摩擦系数上的差异，后者逐渐移向上层，最后越过盘边而排出。这种分离作用使球粒均匀，不需过筛。圆盘倾斜角可以借助螺旋杆在 30°～60°间作调整。目前水泥厂生料成球常用此法。

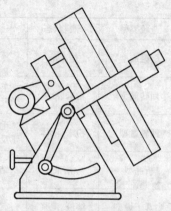

图 1-3-7　圆盘粒化机

水分是粒化过程的先决条件，干粉料不可能滚动成球粒；黏土的可塑性是必要条件。水分不足或过多，都会影响粒化效率和料粒质量，粉料被水所润湿，一般认为分四个阶段进行：先是形成吸附水，然后是薄膜水、毛细管水，最后为重力水。在粉料的表面性质中对粒化过程起作用的主要有颗粒表面的亲水性、形状与孔隙率。亲水性高，易被水润湿，毛细管力大，毛细管水和薄膜水的数量就多，受毛细管力影响的毛细管水的迁移速度也大，粒化性能好。表面形状决定了接触表面积，接触表面积大，易于粒化，球粒强度高。表面孔隙率大，则物料的吸水性大，有利于粒化。粒径小并具有合适的粒径分布，则接触面积增加和排列紧密，表面水膜减弱，毛细管的平均半径也减小，使粉料粘结力增大。配合料中加入粘结剂，可以改善粒化，如玻璃配合料中的纯碱，在适量水分下，能起粘结作用，一般粒化温度在 20℃～31℃之间，球粒形成良好。

粒化过程一般可分为三个阶段：即形成球粒；球粒长大；长大了的球粒变得紧密。上述三个阶段主要依靠加水润湿和用滚动的方法产生机械作用力来实现。

2)喷雾干燥造粒

喷雾干燥是从浆体中排除水分并得到近于球形粉状颗粒的过程。如图 1-3-8 所示，浆料经高压强制雾化，表面积迅速增大，与热气流相遇时，水分便迅速蒸发。又由于浆料雾化过程中水的表面张力作用，粉料会形成粒状的空心球。因此喷雾干燥的优点是料浆脱水效率高，同时，又可以得到流动性（成型性能）好的粉状颗粒。它是一种较理想的造粒方法。

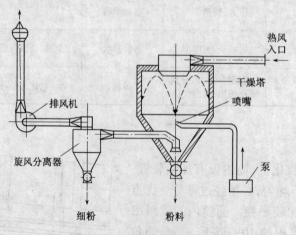

图 1-3-8　喷雾干燥原理示意图

喷雾干燥制得的粉料性能对压制坯体乃至产品质量具有重要的影响。其中最重要的是粉料的水分和颗粒级配。日用陶瓷采用等静压成型时,对粉料的要求则更高。

调整粉料水分一般可采取以下两种方法:

①当粉料水分与预定水分相差较大时,可调整热风炉温度。其可调的热风温度一般为400℃～650℃。

②当粉料水分与预定水分相差1%左右时,可调节柱塞泵的压力。其压力可调范围为0.2～0.3MPa。

此外,还可调整出口尾气温度等。现在已有红外测定仪与微机联合使用自动调节粉料水分的装置。

影响粉料颗粒级配的因素很多,如料浆含水率、料浆黏度、供料压力、喷嘴孔径等。料浆含水率或流动性增加,会促进料浆雾化并产生较小的粉粒。料浆黏度大,会产生大的颗粒。喷嘴直径大显然颗粒大,因此喷嘴如果磨损,要及时更换。实验证明,在相同的条件下,干燥塔直径越大,则颗粒越大。

(2)成型

成型就是将制备好的坯料,用各种不同的方法制成具有一定形状和尺寸的坯件(生坯)。成型后的坯件仅为半成品,其后还要进行干燥、上釉、烧成等多道工序。因此,成型工序应满足下列要求:

①坯件应符合产品所要求的生坯形状和尺寸(由于有收缩生坯尺寸应大于产品尺寸);

②坯体应具备相当的机械强度,以便于后续工序的操作;

③坯体结构均匀,且有一定的致密度;

④成型过程适合于多、快、好、省地组织生产。

1)成型方法的种类与选择。日用陶瓷制品的种类繁多,坯体性能各异,制品的形状、大小、烧成温度不一,对各类制品的性质和质量的要求也不相同,因此所用的成型方法也多种多样,造成了成型工艺的复杂性。不过从工艺上来说,我们可以根据坯料的性能和含水量的不同,将陶瓷的成型方法分为三大类,即可塑法成型,注浆法成型和干压法成型。

日用陶瓷的可塑法成型使用的坯料是呈可塑状态的泥团,其含水量约为泥团质量的18%～26%。它是较古老也是最广泛使用的一种成型方法。日用陶瓷的可塑成型按其操作法不同可分为雕塑、印坯、拉坯、旋压和滚压等种类。目前日用瓷成型使用最广泛的是旋压和滚压两种。

注浆法成型使用含水量高达30%以上的流动性泥浆,通过浇注在多孔模型中来进行成型的。日用瓷亦经常使用这种成型方法,凡形状复杂的、薄壁的制品都可采用此法成型。另外在其他陶瓷工业中还常用不含有水分,以石蜡等有机物作粘结剂的非可塑性物料,在热塑状态下,用压缩空气将热浆压入金属模内而成型的方法,叫热铸成型。

干压法成型使用的是具有少量水分或粘结剂的粉状坯料,在模型中用较高的压力成型的。凡要求尺寸准确,小型的制品常用此法成型。干压成型常用钢模通过一面或二面加压来成型,近来发展到使用弹性模,用等静压来成型,称为等静压成型。特大件产品,如大花瓶、大瓷瓶则采用拉坯手工成型。

值得注意的是,同一产品我们可以用不同的方法来成型。而不同的产品也可用同一方法来成型。因此,对于某一类产品采用什么样的成型方法,就需要进行选择。在生产中可按下列几方面来考虑：

①产品的形状、大小、厚薄等。一般形状复杂或较大，壁较薄的产品，可采用注浆法成型。而具有简单回转体形状的器皿可采用最常用的旋压、滚压法可塑法成型。

②坯料的性能。可塑性较好的坯料适用于可塑法成型，可塑性较差的坯料可用注浆或干压法成型。

③产品的产量和质量要求。产量大的产品可采用可塑法的机械成型，产量小的产品可采用注浆法成型，产量很小质量又要求不高的产品可考虑采用手工可塑成型。

④设备要简单，劳动强度要小。

⑤经济效果要好。

总之，在选择成型方法时，希望在保证产品的产量与质量的前提下，选用设备最简单，生产周期最短，成本最低的一种成型方法。

2)可塑法成型。可塑法成型是在外力作用下，使可塑坯料发生塑性变形而制成坯体的方法。日用陶瓷生产中有手捏、雕塑、印坯、拉坯、挤压、刀压和滚压等方法。挤制成型也属可塑法成型，多用于工业陶瓷的生产。

手捏、雕塑和印坯较多用于艺术陶瓷的生产。拉坯是一种传统的成型方法，在我国有悠久的历史，至今在南方某些产瓷区仍沿用此法生产一些旋转体形坯体。挤压成型法目前主要用于制作异形盘类制品。目前工厂普遍采用的成型方法是刀压和滚压，可用于生产盘、碗、杯、碟等制品。

①可塑成型工艺原理

a. 可塑泥料的流变性特征

可塑泥料是固体物料、水分和少量残留空气所构成的多相系统。当它受到外力作用而产生变形时，既不同于悬浮液的黏性流动，也不同于固体的弹性变形，而是同时含有"弹性-塑性"的流动变形过程。这种变形过程是"弹性-塑性"体所特有的力学性质，称为流变性。

可塑泥料的这种流变性特征可通过"塑性泥料的应力-应变"图具体描述(见图1-3-9)。

由图可知，当可塑泥料受到小于 σ_A 应力作用时，泥料出现的变形呈弹性性质，并且应力与应变几乎成直线关系。撤除外力后，泥团能恢复原状。当应力超过 σ_A，则泥料呈现不可逆的塑性变形，直至增大到 σ_B，泥团出现裂纹而失去塑性。通常将 σ_A 称作屈服应力或屈服值，A 点则为屈服点。σ_B 称作塑性极限应力，B 点为破裂点。破裂点所对应的变形量为泥料的延展变形量。

泥料的弹性变形是由于所含瘠性物料与空气的弹性作用，以及粒子的溶剂化作用而产生的。塑性变形则是黏土本身的可塑性赋予的。

b. 成型工艺对流变特性的要求。泥料的流变特性，在成型工艺中，决定着泥料的成型能力及其操作适应性，并通过屈服值和延展量这两个重要参数进行描述。

泥料的屈服值与延展变形量，二者相互依存。一般说来，对同一坯料，若含水率低时，屈服值增高而延展变形量减小；含水率高时，屈服值则降低但延展变形量增大。即两者随含水率

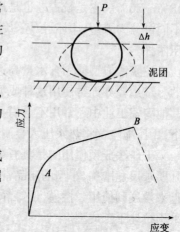

图1-3-9 塑性泥料的应力-应变曲线

P—外力；Δh—变形量

不同而相互转化,但其乘积值变化不大。因此,可用屈服值与破裂前延展变形量的乘积来评价泥料的成型能力。积值越高,泥料成型适应能力越好。

成型时采用的工艺方法不同,对泥料屈服值的要求就不同。滚压成型和刀压成型相比因泥料所承受的成型作用力大,因而适应于较硬的泥料,即要求屈服值高,以保证泥料受压时不致粘滚头。而刀压成型的泥料屈服值则应低些。为了适应各种不同的塑性成型方法,则要求泥料不仅具有较高的屈服值,同时应有足够的延展变形量,也就是要求二者的积值应尽量高些。在生产实际中,可通过变更或调整泥料配方的主黏土种类和配比,来调节泥料的流变特性参数,使其屈服值与延展变形量满足各种成型工艺方法的要求。

②可塑成型的方法

a.刀压成型

Ⅰ.成型过程。刀压成型也称旋压成型。它是利用型刀和石膏模型进行成型的一种方法。成型时,取定量的可塑泥料,投入旋转的石膏模中,然后将型刀慢慢压入泥料。由于型刀与旋转着的模型存在相对运动,因此型刀以压挤和刮削的作用机理,随着模型的旋转而把坯泥沿着石膏模型的工作面上展开形成坯件。多余的泥料则贴附于型刀排泥板上,并用手清除。同时割除模型口沿处余泥。显然,刀口的工作弧线形状与模型工作面的形状构成了坯体的内外表面,而型刀口与模型工作面的距离即为坯体的厚度。图 1-3-10 为刀压成型的示意图。刀压成型,根据模型工作面的形状不同,有阴模和阳模之分,由图 1-3-10 可见,阴模成型时,模型工作面决定着坯体的外表面,型刀决定其内表面。阳模成型时,模型工作面决定坯体内表面,型刀决定坯体的外表面。阴模成型适用于生产杯、碗等深型坯体,阳模成型适用于生产盘碟等扁平制品。

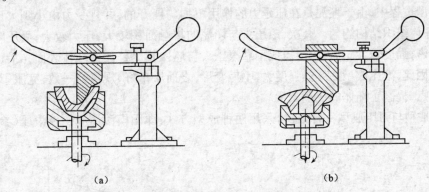

(a) (b)

图 1-3-10 刀压成型示意图

(a)阴模成型;(b)阳模成型

Ⅱ.对泥料的要求。由于刀压成型是通过型刀对泥料的挤压和刮削作用来实现成型的,因此要求泥料不能太硬,也就是泥料的屈服值要低些。这样才能保证泥料在剪切作用力下顺利延展而成坯。泥料屈服值的大小是通过调整含水率来达到的。致使刀压成型的泥料一般含水率稍高,常在 21%～26%。但是,泥料含水率越高,成型出的坯体致密度越低。为此,刀压成型泥料应根据成型的坯件种类、尺寸大小和配料特点来选择适宜的含水率,并通过实验来确定。原则是在保证成型操作及坯件质量的前提下,尽量降低泥料含水率。同时应使水分分布均匀,混练充分。

Ⅲ.对型刀的要求。型刀是刀压成型的主要工具,通常用钢板制成,厚度在 5～8mm。

型刀工作端的刀口应稍钝,并具有一定的角度。角度小些,可相应提高正压力,有利于坯体致密度提高,但会增大旋坯阻力,一般以 15°～45° 为宜。在型刀内侧装有木质排泥板,以便自动挤压泥层并排出余泥。为保持型刀良好的工作条件,要求定期修挫,一般每星期修挫一次。

Ⅳ. 主轴转速要适当。主轴转速高低,取决于成型方式与旋制坯件的直径。一般来说,采用阴模成型及旋制直径小的坯件时,转速可以高一些;反之,则转速应相应减小。转速高,有利坯体表面光滑,但容易引起"跳刀"、"飞坯"。一般控制在 320～600r/min。

Ⅴ. 模型质量要保证要求。石膏模型应外形圆正,厚薄均匀,干湿一致。工作表面应光润、无空洞。使用时,含水率应不低于 4%,但也不高于 14%。并根据模型质量和使用情况进行定期成批更换。

另外,旋坯机在安装和使用过程中应确保机架的稳固以及主轴、模型和型刀三者的"同心",避免因设备摇晃、偏心所引起的成型缺陷。

刀压成型的特点是,设备简单,适用性强,可旋制大型和深腔制品。但是,刀压成型产品质量差,成型耗泥量大,生产效率低,劳动强度大,并需要一定的操作技能。为了提高产品质量和生产效率,目前已广泛应用滚压成型代替刀压成型。

b. 滚压成型

Ⅰ. 成型过程与特点。滚压成型是由刀压成型发展而来的,它与刀压成型的不同之处是将扁平的型刀改为回转型的滚压头。成型时,盛放泥料的模型和滚压头分别绕自己的轴线以一定速度同方向旋转。滚压头一面旋转一面逐渐压入泥料,泥料受"滚"和"压"的作用而形成坯体。

在成型过程中,由于坯泥是在压延力的作用下均匀展开的,并且受力由小到大比较缓和、均匀,使坯体组织结构均匀。其次,滚压头与坯泥的接触面积较大,压力较大,受压时间较长,坯体较致密,强度较大。另外,滚压成型靠滚压头与坯体相"碾"而使坯体表面光沿,无需再加水赶光。因此,滚压成型的坯体强度大,不易变形,表面质量好,规格易一致,克服了刀压成型的基本弱点,提高了坯体的成型质量。

滚压成型与刀压成型一样,也可采用两种成型方式:即阳模滚压和阴模滚压(参见图 1-3-11)。

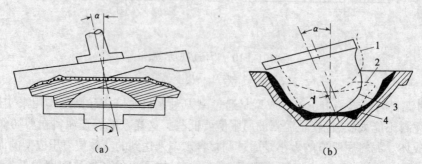

(a)　　　　　　　　　(b)

图 1-3-11　滚压成型原理示意图

1—成型初的滚压头位置;2—泥饼;3—滚压头终止位置;4—成型的坯体

α-倾斜角;γ-1/2 滚头中心角

　　阳模滚压是用滚压头决定坯体外表的形状和大小,又称外滚。它适用于盘、碟等扁平坯件及内表面饰有花纹外,坯体的成型,阴模滚压系用滚压头来形成坯体的内表面,又称内滚。它适用于杯、碗等深腔制品的成型。

　　另外,滚压成型还有冷滚和热滚之别。所谓热滚,即是在滚压头内安装加热装置(常用电加热)。使滚压头在工作时达到一定温度(通常为 120℃ 左右),当滚压头接触湿泥料时,表面产生一层蒸气膜,可防止泥料粘滚压头。采用热滚时,对泥料的水分要求不严格,适应性较广。但是,热液压要严格控制滚压头温度,操作麻烦并增加附属设备,常需维修。故目前仍以冷滚(常温下)为多。并通过对泥料配方的调整、含水率控制及滚头材料等各种措施来防止泥料粘滚头的现象发生。

　　Ⅱ. 对泥料的要求。滚压成型时,由于泥料的受压面积及正向压力显著增大,因而要求泥料含水率应低,即泥料屈服值要高,以保证泥料顺利延展且不粘滚压头。这就要求泥料应当具有良好的可塑性,从而在较低含水率下获得足够的延展变形量。

　　滚压成型对泥料可塑性及含水率的要求又依成型方式和产品尺寸不同而异。阳模滚压较之阴模滚压,要求泥料可塑性高一些,含水率低一些;冷滚较之热滚,泥料可塑性应高一些,含水率可低一些;成型小件及深腔制品时,含水率可高些,成型大件产品时,含水率应低一些。通常滚压成型泥料的含水率变动在 18%~23%。

　　Ⅲ. 滚头材料的选用。滚头材料应具有憎水性好、耐磨性高及便于加工等特点。常用的有普通碳素钢,普通灰口铸铁、球墨铸铁及聚四氟乙烯等。

　　ⓐ普通碳素钢:耐磨性好,但憎水性差,故只适于作热滚头。

　　ⓑ普通灰口铸铁:与碳素钢相比耐磨性较差,但憎水性好。作冷、热滚头均可。

　　ⓒ球墨铸铁:耐磨性比普通碳素钢好,憎水性比灰口铸铁强,适于作冷滚头。

　　ⓓ聚四氟乙烯:憎水性好,表面光滑,不易粘泥,有良好的加工性能,可在滚压成型机上进行修整与加工。非常适于作冷滚头。但材料价格昂贵,耐磨性较差,由于表面易被坯泥中的硬颗粒损坏,需要经常进行修整。

　　近年来,国内开始用一种超高分子量聚乙烯材料制作冷滚头。这种材料与聚四氟乙烯相比,憎水性更好,价格低,硬度高,耐磨件好,磨损率(mg/1 000r)仅为 70,而聚四氟乙烯为 250,因而使用周期长,修整次数少。因此,是一种很有前途的滚头材料。

　　Ⅳ. 滚头倾角的确定。滚头倾角系滚头中心线与模座中心线之间的夹角,即图 1-3-11 所示的 α 角。滚头倾角的大小对成型操作和坯体质量都有影响。如倾角过小,滚头太大,坯体受压大而容易压坏模型,并且不易脱模。同时,由于滚头太大,使滚头与模型之间的排泥间隙减小,造成排泥困难,甚至坯体中心的空气也排不出去,而造成"鼓气"的缺陷;如滚头倾角大,则滚头较小,成型时余泥容易排出,但坯体受压小而致密度较差,并且容易粘滚头。因此,应在保证排泥顺畅,模型强度足以承受,机器又不发生振动的条件下,尽可能采用较小的滚头倾角,即用大滚头,这样泥料受压面积大,坯体比较致密,不易变形。

　　目前,国内各瓷厂采用的滚头倾角,因产品品种、大小及滚压方法的不同而有所差异,一般在 14°~25° 之间。

　　Ⅴ. 滚头的平移。滚头的平移是指将滚头旋转轴平行地向坯体中心超前一定距离。如图 1-3-12 中由 $X—X$ 轴移至 $X'—X'$ 轴上。

　　滚头的中心线与模座中心线相交于一点"O","O"点即是滚压坯底的中心点,在这点上旋转线速度趋近于零,几乎没有运动,其周围泥料受到的压力也很小,故该点周围部分的坯体结构较疏松,而其他部位泥料压得比较致密。烧成后,底部中心不平,表面光洁程度也较差。为了克服这一缺陷,一般把滚头旋转轴向坯体中心方向平移1～2mm的距离。平移后,滚头超过坯体中心的锥尖部分可截掉,加工成弧形球体。

Ⅵ.转速和转速比。主轴(模型轴)和滚压头有不同的转速。主轴转速(n_1)、滚头转速(n_2)及转速比(n_1/n_2),这三项重要工艺参数直接关系到制品的质量和数量。为了在短时间内对泥料多次加压以及提高产量,主轴转速应快些。但是,要使模型稳定旋转,尤其是对阳模液压来说,主轴转速不宜太快。否则易引起泥料飞离模型或坯体边缘发生折口、底部出现花纹等缺陷。对阴模滚压来说,其主轴转速可比阳模滚压适当快些,过慢则易粘滚头。无论阴模或阳模滚压,制品的口径大,滚头和主轴的转速均应稍慢;反之,则可适当加快。目前我国所用的按压成型设备,按不同的产品和成型方式,主轴转速一般在300～800r/min。

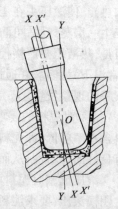

图 1-3-12 滚压头中心线平移示意图

主轴转速与滚头转速应有一定的差别。使滚头与泥料之间既有滚动又有滑动。二者的线速度相差越大,则相对滑动的成分越多,由此可能引起不同部位的泥料展开的速度不同,从而造成制品变形。故一般要求二者的线速度既有差别,又不宜过大,以利于成型时展开均匀,使坯体表面光滑。一般阴模成型的主轴与滚头的转速比为1:(0.3～0.7)。阳模成型的转速比为1:(0.65～0.9)。

Ⅶ.滚压过程的要求。滚压过程是指滚压头从开始接触泥料至离开坯体表面的一段过程。这一过程所经过的时间只有几秒钟。通常把这一短暂过程分为三个阶段,而各个阶段对压泥的要求并不相同。滚压头从开始接触泥料至定压前为布泥阶段。这个阶段泥料在模型工作面上展布,要求滚压头的动作要轻,压泥速度要适当,一般以6～7mm/s为宜。如动作太重或速度过快则会压坏模型或引起"鼓气"。若下压太慢,泥料容易粘住滚头。接着进入定压阶段,这时泥料已压制成所要求的厚度,为使坯体表面光滑,要求滚头的动作重而平稳,泥料受压时间要适当,一般以2～3s为宜。最后为抬滚阶段,是滚压头抬离坯体直至完全脱离的一瞬间。要求缓慢地减轻泥料所受的压力,以消除残余应力。

滚压操作的全过程是靠成型机的凸轮来控制的。各阶段的时间分配和压力大小是设计凸轮的主要依据。

Ⅷ.滚压成型常见缺陷分析。滚压成型常见缺陷有粘滚头、坯体开裂、鱼尾、底部上凸和花底等。

粘滚头。滚压成型时,泥料脱离模型粘附在滚头上或在滚头边缘沟槽处粘有零星泥料。

产生的原因主要是泥料的可塑性过强或水分过多;滚头转速太快;滚头过于光滑及下压速度过慢以及滚头倾角过大。

解决办法:
- 适当降低泥料的可塑性或水分。
- 用细砂布将滚头表面擦粗糙些。
- 将滚头的倾斜角减小,适当降低滚头转速,调整凸轮曲线。

坯体开裂。坯体有大小不同的裂纹。

产生的原因主要是坯料可塑性太差;水分太少且不均匀;热滚压时滚头温度太高,使坯体水分蒸发太快,引起坯体内应力增大。

解决办法:

●改善泥料可塑性或适当提高泥料水分。

●热滚压时适当降低滚头的温度。

●适当调整滚头平移距离,使坯体中心部位结构致密。

鱼尾。坯体表面呈现似鱼尾状微凸起的痕迹。

产生的原因主要是凸轮曲线设计不合理,滚头抬离坯体太快。此外,滚头支架摆动、模型与模座不吻合或轴承松动,也会引起此缺陷。

解决办法:

●适当调整凸轮曲线,使滚头抬离坯体时动作较缓。

●将刀架紧固。

●调整主轴或滚头的转速。

●检修模座衔口和轴孔。

底部上凸。与滚头接触的坯体底部中心出现的小范围凹凸。

产生的原因主要是滚头造型设计不当,角度不合适或滚头顶部磨损;滚头中心超过坯体中心过多或未对准坯体中心;泥料水分过低也易引起坯体底部上凸。

解决办法:

●将滚头的尖锥适当修整,如过圆则挫尖一些。

●适当调整滚头尖锥顶点与坯底中心的距离或适当降低滚头的转速。

●适当增加泥料水分。

花底。坯体甲心部分呈菊花心形开裂。

产生的原因主要是石膏模干燥时间太长,模型过干、过热;泥料的水分过低;投泥过早;转速太快;该头中心部位温度过高;滚头下压时接触坯料过猛等。新石膏模有油污也易发生这种缺馅。

解决办法:

●严格控制模型的水分和温度。

●适当增加泥料水分,投泥要及时。

●适当调整转速、滚头下压的速度与压力,降低滚头中心部位的温度。

●清除新石膏模工作面的灰尘及油污。模型很干时,须用排笔抹水。

●此外,还可能产生刀花、变形等缺陷,应严格操作规程,达到提高产品质量的目的。

c. 塑性挤压成型

成型过程。塑性挤压成型简称塑压成型。它是将可塑泥料置于底模(阴模)中;塑压时将上模(阳模)与底模对面施压,在挤压力的作用下,泥料均匀展开充填于底模与上模所构成的空隙中而成坯。两个模具间的空隙决定了坯体的形状、大小和厚度。塑压成型在工业陶瓷生产中早已采用,如用冷模(或热模)来生产悬式及针式瓷绝缘子。

20世纪70年代以来,国内一些日用陶瓷厂开始应用这一方法来生产鱼盘等广口异形产品。

塑压成型模具。塑压成型模包括上模和底模,每块模型由 1 个石膏模体和 1 个金属模框构成(见图 1-3-13)。

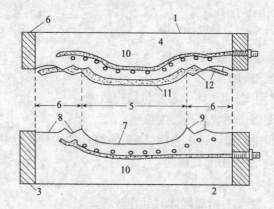

图 1-3-13　塑压成型工具模

1—工作模或上模的阳模;2—工作模或底模的阴模;3—框架;4—石膏浆胶结体;5—制品成型区;
6—檐沟区;7—阴模内模面;8—沟槽;9—沟槽凸边;10—制品排气盘束;11—塑压制品;12—余泥

塑压成型模内部埋有透气性玻璃纤维软管,成型脱模排气盘束。盘束形状与制品外形轮廓相一致,埋放在模具的下方。排气盘束的作用是把压缩空气压至模面,塑压时使坯体排除水分达到一定致密度;坯体压成后,使其从模子上托起而容易脱模。

对泥料的要求。塑压成型,要求泥料屈服值应低些,即含水率要稍高些。以便于泥料在挤压力下迅速延展而填充于模腔。但是,水分也不宜太多,否则将加重模型的吸水与排水负担及成型坯体的致密度。一般含水率控制在 23% ~ 25% 为宜。

塑压成型时,要控制好塑压速度、成型压力和施压时间。成型速度越慢,单位面积承受的成型压力越高;加压时间越长,坯体脱水率与致密度越高。当成型速度快、成型压力小、加压时又未曾停顿时,成型坯体的脱水率及致密度最低。

塑压成型的特点是设备结构简单,操作方便,劳动强度低,生产效率较高,适用于成型鱼盘等异型产品。不足之处是模具制作较为麻烦且模型使用次数偏低。

3)注浆法成型。注浆法成型是把泥浆注入多孔模型内。借助于模型的吸水能力而成型的方法。这种成型方法对器型的适应性较强,一些形状复杂、不规则及对尺寸要求不严格的制品、薄胎器皿及一些大型厚胎制品均可采用此法生产。得到的坯体致密,机械强度也高,但因坯件含水量较大,干燥收缩比较大。注浆成型要消耗较多的石膏模,且要占用较大的生产场地。

①注浆成型的原理

a. 成型过程。注浆成型过程可以分为吸浆成坯和巩固脱模两个阶段。

●吸浆成坯阶段。在这一阶段,由于石膏模的吸水作用,先在靠近模型的工作面上形成一薄泥层,随后泥层逐渐增厚达到所要求的坯体厚度。在此过程的开始阶段,成型动力是模型的毛细管力,即由于模型的毛细管力作用,靠近模壁的泥浆中的水、溶于水的溶质质点及小于微米级的坯料颗粒被吸入模内的毛细管中。由于水分被吸走,使泥浆颗粒互相靠近,依靠模型对颗粒、颗粒对颗粒的范德华吸附力而贴近模壁,形成最初的薄泥层。另外,在浇注的最初阶段,石膏模中的 Ca^{2+} 离子与泥浆中的 Na^+ 离子进行交换,也促进了泥浆凝固成泥层。在薄泥层形成后的浇注成型过程中,成型动力除模型的毛细管力作用外,还有泥浆中的水通过薄泥层向模内扩散的作用。其扩散动力为泥层两边水分的浓度差和压力差。此时,泥层好象一个滤网,随着泥层增厚,水分扩散阻力逐渐增大。当泥层增厚到预定的坯厚时,即倒出余浆,而形成了雏坯。

●巩固脱模阶段。虽然在吸浆成坯阶段模内已经形成规定厚度的坯体,但并不能立即脱模,而必须在模内继续放置,使坯体水分进一步降低。通常将这一过程称作巩固过程。在这一过程中,由于模型继续吸水及坯体表面水分蒸发,坯体水分不断减小,并伴有一定的干燥收缩。当水分降低到某一点时,坯体内水分减少的速度会急剧变小。此时由于坯体收缩并且有了一定的强度,脱模便变得比较容易。

b. 影响注浆成型的主要因素。从上述分析可见,浇注过程本质上是一种物理的脱水过程。良好的注浆过程应能在较短的时间内形成雏形坯;成坯后应有充分的保持形状的能力和比较容易脱模。这些主要取决于泥浆的性能、模型的吸水能力和浇注时的泥浆压力。

研究表明,泥浆性能是影响成坯速度、坯体保形性和离模性能的主要因素。泥浆中固体粒子越细,细颗粒含量越多,粒子表面积就越大,形成的坯层就越致密,水在泥层中的渗滤速度便会降低,从而使吸浆成坯速度和坯件在模内收缩离模的速度降低。塑性原料的饱水性比瘠性原料的大,所以注浆料中塑性原料较多时,模型的吸水量则相应增加,也会降低吸浆成坯速度。减小泥浆黏度和密度,能提高泥浆中的渗透速度,缩短成坯时间,还有利于得到表面光洁无泥缕的坯件。

模型的吸水能力与模型的气孔率及模壁厚度有关。模型吸水能力过小,成坯速度慢,但吸水能力过大,又会因最初形成的薄泥层比较致密,降低后一阶段水的渗透速度,反而导致成坯速度下降。熟石膏粉与水的适当比值和较大的模壁厚度能使石膏模具有最好的吸水能力。

增大泥浆压力能显著提高吸浆成坯速度。因为较大的泥浆压力会使泥浆与模型之间具有一定的压力差。生产中常用压力注浆和真空注浆方法来强化注浆过程。

②泥浆的工艺性能要求

a. 泥浆流动性。注浆成型用泥浆,必须具有良好的流动性,以保证成型时泥浆能充满模型的每个部位,空浆后得到的坯体表面平滑光洁,并且可以减少或避免注件气泡、缺泥及泥缕等缺陷的产生。

泥浆流动性用相对黏度和相对流动性来表示。相对黏度是泥浆在同一温度下,搅拌后静置 30s 从恩氏黏度汁中流出 100mL 体积所需时间(t_2)与流出同体积水所需时间(t_1)之比,即 t_2/t_1。而相对流动性为相对黏度的倒数(即 t_1/t_2)。

影响泥浆流动性的主要因素有:

●注浆坯料中黏土原料与瘠性原料的配比量。黏土原料多,尤其是塑性强的黏土多时,泥浆黏土大,流动性差。因此工厂常用适当增加瘠性物料或加入少量黏土熟料的方法来调整流动性。

●选择适当的稀释剂种类和用量。这一点在坯料制备一章已做过具体的说明。

●泥浆中固相颗粒的粒度和形状。在一定浓度的泥浆中,固相颗粒越细,细颗粒含量越多,则颗粒间平均距离越小,位移时需克服的阻力增大,流动性减小。

颗粒形状对泥浆黏度也有一定影响,它们之间的关系可用爱因斯坦提出的下列经验公式表示：

$$\eta = \eta_0(1 + K_V) \tag{1-3-1}$$

式中　η——悬浮液黏度；

　　　η_0——液体介质黏度；

　　　V——悬浮液中同相体积百分数；

　　　K——形状系数。

各种不同形状颗粒的 K 值分别是：球形 2.5；椭圆形 4.8；层片状 53；棒状 80。由上式可见，球形颗粒与其他不规则的颗粒相比，会提高泥浆流动性。由公式还可以看出，悬浮液中固相体积百分率大，泥浆密度增加，也会降低其流动性。工厂在生产中根据不同的成型方法和产品，将注浆料的密度控制在一定范围。

●泥浆温度。由式 1-3-1 可见，提高泥浆温度，分散介质（水）的黏度会下降，也会改善泥浆流动性。

●泥浆的 pH 值。生产中常把 pH 值作为控制泥浆性能的一项参数，泥浆 pH 值应控制在合适的范围内，偏高或偏低都会降低其流动性。

b. 泥浆触变性（即稠化度、厚化系数）。泥浆的触变性是指泥浆在静置后变稠，而一经搅拌又立即恢复流动的性质。触变性太大，不仅增加管道输送的困难，而且注成的坯件脱模后稍遇震动就会变形和软塌。而触变性太小，则泥浆悬浮性较差，会产生颗粒沉淀，模内难以形成一定厚度的坯体，成坯后脱模也困难。如果泥浆中黏土含量较多，含水量太低，固相颗粒太细或稀释剂用量不当，均会使触变性增大。

触变性可用泥浆搅动及静置一段时间后，通过黏度计出口的两次流动变化值来表示：

$$\tau = n_2/n_1 \tag{1-3-2}$$

式中　τ——泥浆的触变性；

　　　n_2——泥浆搅拌静止 30s，流出 $100cm^3$ 所需的时间；

　　　n_1——泥浆搅拌后静置 30min，流出 $100cm^3$ 所需的时间。

c. 泥浆稳定性。良好的稳定性（即悬浮性）能保证泥浆在较长时间存放时不发生沉淀、分层和触变性变坏。泥浆中固相粒度适宜、泥浆密度适当及注浆料中黏土和稀释剂用量合理，都有利于提高泥浆稳定性。

d. 泥浆渗透性。泥浆应有一定的渗透性。如果渗透性太差，势必延长成坯时间，容易粘模，脱模困难。空心注浆时还会出现坯件内部分层或"溏心"，造成变形、坯裂等缺陷。坯料中塑性强的黏土引入量过多、固相颗粒太细或电解质加入过量，都会降低泥浆的渗透性。

③注浆成型有两种基本方法：实心注浆和空心注浆。为了强化注浆过程，还有压力注浆、真空注浆与离心注浆等方法。

a. 实心注浆。实心注浆是泥浆中的水分被模型吸收，注件在两模之间形成，没有多余泥浆排出的一种注浆方法。两模工作面的形状决定了制品的外形，而模型工作面之间的距离就是制品的厚度。

实心注浆多用来浇注钥匙、鱼盘和瓷板等大型厚壁产品及一些外形比较复杂的制品。图1-3-14为实心浇注鱼盘的操作过程图。

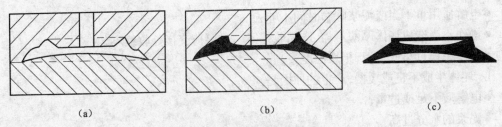

图 1-3-14　实心浇注鱼盘操作示意图
(a)装配好的模型；(b)浇注及补浆；(c)坯体

实心注浆时，泥浆中的水分同时被模型的两个工作面吸收。当坯体较厚时，靠近工作面处坯层较致密，远离工作面的中心部分较疏松，坯体结构的均匀程度会受到一定影响。由于注浆过程没有余浆倒出。因而在保证适当流动性的条件下，泥浆应稍浓些，以减少模型吸水量，缩短成坯时间。

b. 空心注浆。空心注浆是将泥浆注入模型，当注件达到要求的厚度时，排除多余的泥浆而形成空心注件的注浆方法。

空心注浆利用石膏模型单面吸浆。模型工作面的形状决定坯体的外形，坯体厚度取决于泥浆在模型中停留的时间。一般适用于注制壶、罐、瓶等空心器皿及一些艺术陶瓷制品。图1-3-15为空心注浆花瓶的过程示意图。

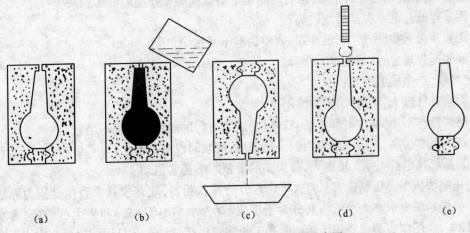

图 1-3-15　为空心注浆花瓶的过程示意图
(a)石膏模；(b)注浆；(c)倒余浆；(d)修口；(e)注件

c. 强化注浆过程的方法。强化注浆过程的方法主要是离心注浆。其目的是加快空心注浆的成坯速度。

④常见缺陷分析

a. 开裂，这主要是工作时所产生的应力所致。产生的原因是：

●石膏模各部分干湿程度不一致，因而吸水不均匀；

- 石膏模过干或过湿;
- 泥浆中塑性与瘠性原料配比不当;
- 固相颗粒粗大;
- 电解质用量不当或泥浆陈腐时间不够;
- 操作不当造成坯体厚薄不均,产品收缩不一或厚薄交接处收缩不匀;
- 坯体脱模过早或过迟,干燥温度过高。

b. 坯体生成不良或缓慢,产生的原因是:
- 电解质不足或过量;
- 泥浆的水分过高;
- 石膏模型含水量过高;
- 泥浆温度太低;
- 模型的气孔率分布不良或气孔率过低。

c. 坯体脱模困难,产生的原因是:
- 泥浆中的可塑黏土过量;
- 泥浆中水分过多或模型过湿;
- 泥浆中颗粒过细;
- 新石膏模使用前,末清除表面油类涂料。

d. 气泡与针孔,产生的原因是:
- 石膏模过于干燥或过湿或温度过高;
- 石膏模型设计不妥,妨碍气泡排出;制模操作不当,致使模型各部分吸水不均或石膏模内夹有沙子或碳酸钙之类的杂质,也有可能是未清除模型工作面的油污和灰尘;
- 泥浆存放过久或泥浆温度过高;
- 泥浆水分太少,密度大,黏性强,致使气泡不易排出;
- 泥浆搅拌过急,注浆速度太快等。

e. 泥缕,产生的原因是:
- 泥浆黏性过大,密度大,流动性不良;
- 注浆操作不当,浇注时间过长,放浆快,缺少一定的斜度或回浆不净;
- 室内温度过高,泥浆在模型内起一层皱皮,倒浆时没有去掉;
- 制品形状也有关系。坡度大,曲折多的模型影响泥浆流动。

4)压制法成型。压制成型是将含一定水分的粒状粉料,放在模具中直接受压力而成型的方法。根据粉料含水率大小可将其分为干压成型(含水率小于6%)和半干压成型(含水率为6%~12%)。压制成型主要用于墙地砖和工业陶瓷生产,目前,在日用陶瓷生产中正逐渐得到应用。

①压制坯体的形成过程。压制成型过程中,随着压力增加,粉料颗粒产生移动和变形而逐渐靠拢粉料中所含的气体同时被挤压排出。模腔小松散的粉料形成了较致密的坯体,在这一短暂过程中,坯体的相对密度和强度有规律地发生变化。

图1-3-16(a)给出了坯体相对密度和成型压力的关系曲线。图示说明,在加压的第一阶段,松散的粉料在挤压作用下容易产生移动,致使颗粒靠拢,坯体密度急剧增加。在第二阶段中压力继续增加,由于颗粒间的内摩擦力使颗粒进一步靠拢受到影响,坯体密度增加缓慢,但

压制塑性粉料时,此阶段并不明显。在第三阶段中,当压力超过一定数值(极限变形应力)后,颗粒在高压下产生变形和破裂,从而使颗粒堆积更加紧密,密度随压力而提高。

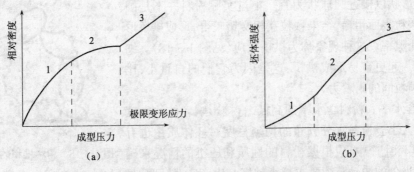

图 1-3-16　坯体相对密度、坯体强度与成型压力的关系曲线
(a)坯体相对密度与成型压力的关系;(b)坯体强度与成型压力的关系

图 1-3-16(b)给出的是坯体强度与成型压力的关系曲线。图中表明,这一变化也可以分为三个阶段。第一阶段压力较低,虽然粉料颗粒位移填充孔隙,但此时颗粒接触面积仍小,所以强度并不高。第二阶段随着成型压力增加,颗粒继续产生位移并填充孔隙,而且粉料颗粒发生变形,使颗粒间接触面积大大增加,出现分子间力的相互作用,因此强度迅速提高。在第三阶段,压力继续增加,但强度提高并不明显。

在压制成型过程中,成型压力是通过颗粒接触来传递的。由于颗粒移动和重新排列时,颗粒之间产生的内摩擦力、颗粒与模壁间产生外摩擦力,致使力在传递过程中产生一定的压力损失,在坯体内部会产生不均匀的压力分布。由图 1-3-17 中所给出的单面加压时坯体内部的压力分布情况可见,压力分布状况同坯体厚度(H)及直径(D)的比值有关。H/D 比值越大,压力分布则越不均匀,因此厚而小的产品不宜用压制法成型,而较薄的墙地砖则可用单面加压方式压制。施压时压力的中心线必须与坯体和模具的中心对正,如出现错位则会加剧压力分布的不均匀性。

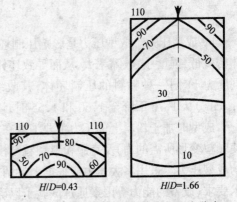

图 1-3-17　单面加压时坯体内部压力分布

②影响压制成型坯体质量的工艺因素。从上述分析可见,影响压制成型坯体质量的工艺因素主要是粉料的工艺性能、成型压力的大小、加压制度以及模具的质量。

a. 粉料的工艺性能:

●粒度和粒度分布。干压粉料的粒度包括坯料的颗粒细度和造粒后的团料(假颗粒)大小。它们都直接影响坯体的致密度、收缩和强度。粉料团粒是由许多坯料颗粒、水和空气所组成的集合体,其大小与坯体的尺寸相关,一般团粒大小在 0.25～2mm 之间,最大的团粒不可超过坯体厚度的 1/7。

粒度分布是指粉料中不同粒级所占的质量百分数。要求团粒有适当的颗粒级配,即有适当比例的粗、中、细颗粒,这样可减少粉料堆积时的孔隙率,提高自由堆积密度,有利于提高成型时粉料的初始密度以及坯体的致密度。用太细或太粗的粉料都不能得到密度高的坯体。

团粒的形状以接近圆球状为宜。不过实际粉料并不是圆球形,由于颗粒表面粗糙,结果颗粒互相交错咬合,形成拱桥形空间,增大孔隙率。这种现象称为拱桥效应(见图1-3-18)。细颗粒堆积在一起更容易形成拱桥:这是因为它们的自重小,比表面积大,颗粒间的附着力大。

图 1-3-18 粉料堆积的拱桥效应

●粉料含水率。粉料含水率的高低,直接影响坯体的密度和收缩率的大小。粉料水分分布的均匀程度对坯体质量也有很大影响,实际生产中,应根据粉料的性质和压机的情况来确定含水率。水分的波动范围要求越小越好。生产实践证明,只要加强管理,不管用哪种方法制粉,将粉料含水率波动范围控制在 1.5% 是可行的。

●粉料的流动性。粉料流动性决定着成型时它在模型中的充填速度和充填程度。流动性好的粉料在成型时能较快地填充模型的各个角落。粉料的流动性与颗粒之间的内摩擦力及粉粒颗粒的形状、大小、表面状态和粒度分布等工艺因素有关。

目前常用以下方法测定流动性:将 $\phi30mm$、高 50mm,内壁光滑的圆筒放在玻璃板或瓷板上,用粉料装满刮平,然后提起圆筒,让粉料自然流散,再测出料堆的高度,粉料的流动性 f 可用下式表示:

$$f = 50 - H(\text{mm}) \tag{1-3-3}$$

b. 成型压力。成型压力是影响压制坯体质量的一个极重要的因素。成型压力不够,则坯体密度低,强度小,收缩率大,从而导致坯体变形、开裂以及规格不准等缺陷。有资料报道,不同压力下,同一种粉料的压制坯体,其收缩率随坯体密度不同而有明显差异。当坯体密度 (g/cm^3) 从 1.76 下降至 1.60 和 1.55 时,坯体收缩率(%)从 0 提高至 0.45 和 0.75。

成型时加于粉料上的压力主要消耗在克服粉料的阻力(包括克服颗粒之间的内摩擦力和使颗粒变形所需的力)及克服粉料颗粒与模壁间的外摩擦力上。上述两者之和即是通常所说的成型压力。采用多大压力应根据上述两方面及粉料的含水量和流动性、坯体形状大小和技术要求、设备的能力等因素通过试验予以确定。对某种坯料来说,要压制一定致密度的坯体所需的单位面积上的压力为一定值,而压制坯体所需的成型总压力即等于所需单位压力乘以受压面积。一般含黏土的粉料,单位成型压力约 $10\sim60$MPa,工业陶瓷制品的单位成型压力约为 $40\sim100$MPa。

c. 加压方式。压制成型有三种加压方式,即单面加压、双面同时加压和双面先后加压。单面加压是从一个方向对粉料进行施压。由于作用力在传递过程中要克服粉粒间及粉粒与模壁之间的摩擦阻力,必然会导致压强分布不均。当坯体较厚时,将形成低压区和死角,严重影响坯体的致密度和均一性。因此,单面加压不适于压制厚件制品。双面同时加压系同时从上下两个方向对粉料进行施压。这种方式虽然能够消除下部死角并改善其压强的分布状况,但此时粉料中的空气易被挤压到模型的中部,使生坯中部的密度减小,效果也并不理想。而采用双面先后加压时,因其作用力是先后分别施加于粉料,既可克服单面加压的不足,又便于排出粉料中的空气,不仅有效地增加生坯致密度而且较为均匀,是压制厚件坯体的好方法。

d. 加压速度和时间。根据对压制过程中坯体密度变化的分析,成型时加压速度不能过快,开始加压时不能过重。否则,由于粉料中的气体没有充分的时间排出,容易造成坯体开裂。所以,生产中采用先轻后重,多次(2~3次)加压的操作方法。

e. 成型模具。就目前常用的单面加压方式来说,模具对坯体质量的影响主要表现在以下几个方面:①模具的结构;②模套与模芯的配合公差;③模具的尺寸精度及与坯体相关表面的粗糙度;④模具的安装。

目前广泛采用一种活模套结构的模具(又称盖模,见图1-3-19),这种模具的上模在压制坯体时,不进入模套内,只压在模套上,与模套一起向下运动,将坯体压实。压制结束托出坯体时,坯体与模套上表面相平。由于模套内孔有一定锥度,随着压力加大和模套下降,下模与模套间的空隙加大,从而有利于气体从下部逸出。同时气体还可以从上模板与模套平面之间的可变间隙中逸出。所以用这种模具能得到结构和致密度较为均匀的坯体。

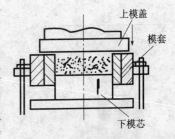

图1-3-19 盖模模具结构示意图

③等静压成型。随着陶瓷工业和科学技术的发展,日用陶瓷成型也出现了一些新的工艺技术。等静压成型即是其中的一种。

等静压成型是一种压制成型方法。它是应用帕斯卡定律,把粒状粉料置于有弹性的软模中,使其受到液体或气体介质传递的均衡压力而被压实成型的方法。

由于等静压成型过程中粉料受压均匀,无论坯体的外形曲率如何变化,所受到的压力全部为均匀一致的法向正压力。所以坯体结构致密、强度高、烧成收缩小,产品不易变形。特别适用于压制盘类、汤碗类制品。这种成型方法,所用设备自动化程度高,压制的坯体不需干燥,经修坯,上釉即可入窑,缩短了生产周期。

a. 分类。在室温下操作的等静压法称为常温等静压(又称冷等静压)。日用陶瓷制品的等静压都是采用这类方法。近些年来已发展了高温下操作的等静压(又称热等静压),这种方法已应用于一些特种陶瓷制品的生产。

常温等静压成型,根据使用模具不同可分为湿袋和干袋等静压,见图1-3-20。

●湿袋法等静压。湿袋法等静压所用的是弹性模子,装满粉料并密封扎紧后装入高压容器中。模具与加压的液体直接接触。容器中可同时放几个模具。这种方法使用较普遍,适用于科研和小批量生产。

●干袋法等静压。这种等静压法是在高压容器中封紧一个加压橡皮袋,加料后的模具送入橡皮袋中加压,压成后又从橡皮袋中退出脱模。也可将模具直接固定在容器中。此法模具不与施压液体直接接触,可以减少或免去在施压容器中取放模的时间,能加快成型过程,因而目前都用这种方法压制日用瓷盘类产品。

b. 工艺控制:

●颗粒形状。圆形或椭圆形颗粒间的吸附力和摩擦力小,所以,在生产中用喷雾干燥工艺制备等静压成型用的球状粉粒,使其具备较好的流动性,有利于模内布料和布料后具有最大的堆积密度,以提高生坯密度。

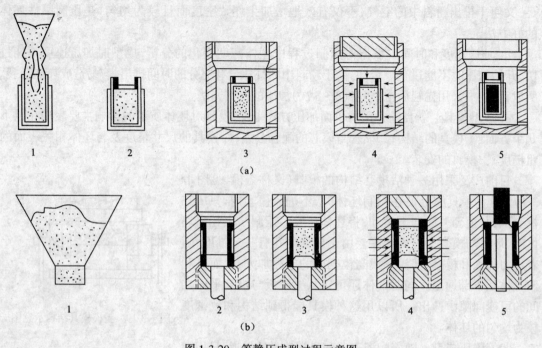

图 1-3-20　等静压成型过程示意图

(a)湿袋法

1—装模;2—封闭塞紧模具;3—放入高压容器;4—加压;5—取模

(b)干袋法

1—粉料斗;2—压力室;3—装入粉料;4—加压;5—取坯

要获得较高的堆积密度,就应使粉粒具有合理的颗粒级配。据有关资料介绍,供等静压成型的粉料级配如下:

>0.5mm	约2%
0.4~0.5mm	13%
0.315~0.4mm	37%
0.2~0.315mm	35%
0.1~0.2mm	10%
<0.1mm	3%

●粉料含水率。粉料含水率低,压制的坯体不需经过干燥,从而大大减少了制品变形的可能性。

等静压成型用粉料含水率应控制在 1.5%~3%。粉料含水过多,可能使制品产生分层现象;含水量过多还会使坯体变形。

c.成型压力。等静压成型的坯体强度随着压力的增大而提高,但当压力达到定值时,压力继续增加,强度的提高趋势逐渐减弱。因此,无限增压对提高强度并没有帮助,反而提高了成本。日用陶瓷制品等静压成型压力一般在 20MPa 以上。

d.添加剂。等静压成型对泥料可塑性要求不高,但一般都在原料中加入粘结添加剂以增加颗粒间的结合力,从而提高生坯强度。常用的有水溶性树脂或甲基纤维素之类的有机物。

e. 模具及弹性软模。等静压成型采用金属材料制成两块合拢的模具。在金属阳模表面涂覆了一层弹性塑胶软模,软模的表面形状就是制品的内形。在金属阴模表面覆盖有高弹性软模,金属模和软模之间留有充填液体的空隙。成型时,具有高流动性的粉料自由流入或用气体压入已合拢的模腔内,模具互相靠拢对粉料施压。同时,金属阴模和软模之间腔内液体的压力逐渐增加到所需值,通过弹性软模使模腔内的粉料压实为坯体。

弹性软模是指金属阳模表面的涂层材料和金属阴模表面的隔膜材料。它应能均衡传递成型压力,并能保证坯体的平整光洁和易于脱模。

涂层和模片厚度均约 5mm,要求能承受高压的的间断作用,并连续工作 3~5 万次而不会损坏。因此,要求它不但具有韧性、耐压、耐磨,而且质地密度要一致,才能保证产品的质量和器型符合要求。软模材料用聚氨基甲酸脂或氯丁二稀橡胶等。金属阴、阳模通常用 45# 钢锻后调质处理,再进行加工而成。

弹性软模与金属模用粘结剂粘结。其与金属阳模直接粘结为一体,阴模则要求软模周边与金属模牢固粘结,能够传递 30~40MPa 的压力而不漏油。

5)修坯与粘结

①修坯。成型制得的粗坯,表面不太光滑,边口常有毛边。一般均需经过干修与湿修,使器型及表面光洁程度达到要求。

a. 干修(磨坯)。干修适用于盘、碟、碗和杯类。注浆鱼盘和圆形产品在辘轳车上修坯。干修坯体含水率一般控制在 3% 以下,车速为 280~600r/min,采用 0#、1#、1.5# 刚玉砂布或 60~80 目铜丝网将坯体表面擦光。口部擦圆,然后再进行水洗。

b. 湿修。按要求的器型,用刀具对粗坯进行修薄、修平和修光的一种修坯操作。它适用于器形复杂、异形或大件制品,如缸类、壶类等。包括修理足部、假口、模缝、底部。使用工具为各种形状的普通铁制锋利的小刀具等。湿修坯体含水率要高些,一般在 16% 左右。

②粘结

a. 粘结的方法。粘结是将分别成型好的部件粘成完整坯体的操作。目前国内多用手工将嘴、把和耳等附件粘结于坯体主件上。

根据粘结时坯体水分,分为干结和湿结。湿结时坯体含水率为 15%~19%。坯体较软,易产生变形,但粘结头处不易开裂,粘结泥易调配,粘结效率高。干结时坯体含水率为 3% 以下。由于坯体已干透变硬,操作时坯体不易变形,但结头处易开裂。粘结技术要求高。工厂中普遍采用湿结。对一些接头面积较大,附件又重的粘结件需要采用干结。

b. 粘结泥(结头泥)。粘结泥是指粘结时所用的泥浆或软泥。

良好的粘结泥应具备下列工艺性能:

● 粘着性好;
● 干燥收缩率小,干燥强度大,干燥时不开裂;
● 与坯、釉结合良好,烧结性能、烧成温度与坯釉相适应;
● 烧成后,应与被粘结物熔为一体。其内聚力要求大于坯身与附件之间的收缩应力,以保证接缝牢固不开裂;
● 热稳定性好。

粘结泥可用本坯泥,也可另外配制。为了使坯体粘结部位结合牢固,一般要求它的干燥收缩和烧成温度均低于坯料,故在粘结浆料组成中,需增加少量瘠性原料和熔剂原料。

配制粘结泥的方法有：

- 采用本坯泥掺部分釉料；
- 以本坯泥为主，引入部分熔剂原料，如长石、滑石或白云石等；
- 除本坯泥外，加一些有机添加剂或强可塑性黏土，如羧甲基纤维素、树胶、腐植酸钠或紫木节等；
- 本坯泥中加入少量瘠性原料，如废瓷粉、素坯粉或石英粉等。

粘结泥以本坯泥为主，引入部分釉料或其他熔剂原料，可使其工艺性能与坯料相似。烧后色泽与坯体一致，烧成温度比坯料稍低，与坯体熔合良好。引入长石、滑石、废瓷粉或石英粉等瘠性原料，可降低粘结泥的干燥收缩率，避免开裂。引入有机添加剂或强可塑性黏土可提高黏着性，有利于接合。从各厂的粘结泥化学组成看，SiO_2 一般含量为 62% ~ 70%，Al_2O_3 含量与熔剂氧化物含量（$RO + R_2O_3$）分别介于坯料和釉料之间。这样可使附件粘结牢固，烧后不会移位或脱落。

粘结泥的细度与坯料差不多。干接用的粘结泥比坯料要稍粗些。粘结泥含水率可根据品种、规格及季节进行调整。一般瓷器外体用 30% ~ 40%、炻器和精陶坯体用 30%、普陶坯体用 26% 左右。

1.3.3 干 燥

(1)概述

在无机非金属材料生产过程中，原料或半成品中常含有高于工艺要求的水分，因此，需要脱去其中的部分水分，以满足生产工艺的要求。

脱水的方法一般有三种：一是根据水和物料的密度不同实现重力脱水；二是用机械的方法实现脱水；三是用加热的方法使物料的水分蒸发，达到脱水的目的。用加热的方法达到除去物料中部分物理水分的过程称之为干燥，也叫烘干。

干燥过程被广泛地应用于无机非金属材料的生产过程中。如在干法粉磨水泥生料时，入磨物料水分一般要求在 1.5% 以下，否则会大大降低磨机的粉磨效率，因此，原料在进磨机之前通常都需要进行干燥。再如，作为陶瓷、耐火材料和砖瓦等半成品的坯体，在入窑燃烧之前也必须进行干燥，否则会造成产品开裂或变形等事故。

干燥过程是一个物理过程，实现物料干燥的方法有两种：自然干燥和人工干燥。自然干燥就是将湿物料堆置于露天或室内的地上，借助风吹和日晒的自然条件使物料得以干燥。这种方法的特点是不消耗动力和燃料，操作简便，但是干燥速度慢，产量低，劳动强度高。受气候条件的影响大，不适合于工业规模的生产。人工干燥也叫机械干燥，是指将湿物料放在专门的设备中进行加热，使物料中的水分蒸发，从而使物料得以干燥。人工干燥的特点是干燥速度快，产量大，不受气候条件的限制，便于实现自动化，适合于工业规模的生产。

人工干燥的加热方式有外热源法和内热源法两种类型。

所谓外热源法是指在物料的外部对物料表面加热，使物料受热，水分蒸发，而得以干燥。外热源法的加热方式有以下三种：

1)对流加热：通常用热空气或热烟气作为介质以对流的方式对物料表面进行加热。

2)辐射加热：利用红外灯、灼热金属或高温陶瓷表面产生的红外线，对物料表面进行加热。

3)对流-辐射加热：这是上述两种加热方式的综合，既有对流加热又有辐射加热。

所谓内热源法就是将湿物料放在高频交变的电磁场中或微波场中,使物料本身的分子产生剧烈的热运动而发热,或使交变电流通过物料而产生热量,物料中水分蒸发,物料本身得以干燥。

上述几种加热方法在不同的物料或制品以及不同的生产规模中都有应用。在无机非金属材料工业中应用最为广泛的还是对流加热,加热物料的介质叫做干燥介质,干燥介质通常是热空气或热烟气。

在脱水及干燥设备方面:浆体的脱水通常是用重力或机械脱水的方法或喷雾干燥的方法来进行;物料的脱水通常是用干燥的方法来完成,因物料的形态、形状不同,普通物料的干燥采用回转式、流态化式、悬浮式等类型的干燥设备(也叫烘干设备)。坯体则通常采用烘房、隧道式、链式、转盘式、推板式等干燥设备进行干燥。

值得注意的是,不同的物料,对其干燥温度等工艺条件有不同的要求。例如:为了保持一定的塑性,干燥过程中黏土本身的温度不宜高于 400℃,以防止其中的高岭土脱水;为了防止煤中挥发分的逸出,煤本身的温度不宜高于 200℃;为了保持矿渣的活性,防止反玻璃化现象的出现,矿渣本身的温度应保持在 700℃ 以下。此外,在保证工艺要求的前提下,工艺设备流程应越简单越好。例如,在新型干法水泥生产过程中,干燥作业一般与粉磨同在一个设备中进行,这样有利于简化工艺流程和减少设备。风扫煤磨也属于此类。

(2)干燥的物理过程

1)物料中水分的性质。按照水和物料结合程度的强弱,物料中的水分可以分为以下三类:

①化学结合水。通常以结晶水的形态存在于物料的矿物分子中,如高岭土($Al_2O_3 \cdot 2SiO_2 \cdot 2H_2O$)中的结晶水。化学结合水与物料的结合最为牢固,一般需要达到很高的温度(400℃ ～ 700℃),将矿物的晶格破坏后,才能被分解出来,它的排除不属于干燥的范围,所以在干燥工艺中一般不予考虑。

②物理化学结合水。包括吸附水(通过物料表面吸附形成的水膜以及水与物料颗粒形成的多分子和单分子吸附层水膜)、渗透水(依靠物料组织壁内外间的水分浓度差,通过细胞半透明壁渗透的水)、微孔(半径小于 10^{-7}m)毛细管水以及结构水(存在于物料组织内部的水分,如胶体中的水)。在以上类型的水中,以吸附水与物料的结合最强,这种牢固的结合,改变了水分的很多性质。例如,物理化学结合水产生蒸汽压小于同温度下自由水面的饱和蒸汽压。基于这一原因,在物理化学结合水的排除阶段,物料基本上不产生收缩,用较高的干燥速度也不会使制品产生变形或开裂。但物理化学结合水与物料的结合较化学结合水要弱,在干燥过程中可以部分排除,物理化学结合水又称为大气吸附水。

③机械结合水。机械结合水包括物料中的润湿水、孔隙水及粗孔(半径大于 10μm)毛细管水。这种水与物料的结合呈机械混合状态,与物料的结合最弱,干燥过程中最先被排除。机械结合水蒸发时,物料表面的水蒸气分压等于同温度下自由水面的饱和水蒸气分压,所以机械结合水称为自由水。

机械水中的孔隙水、粗孔毛细管水被排除后,物料之间互相靠拢,体积收缩,产生收缩应力。这时如果干燥速度过大,会使制品产生较大的收缩应力而变形或开裂,这在设计制品(坯体)的干燥设备,制定干燥制度时尤其要注意。

物料中含水形成的种类与物料的性质及结构有关。有的物料,如黏土,上述三种形式的水都有;有些物料,如石灰石、砂等仅含有一种或两种形式的水分。

按干燥过程中水分排除的限度来分,可以分为平衡水分和可排除水分。在干燥过程中湿物料表面水蒸气分压与干燥介质中水蒸气分压达到动态平衡时,物料中的水分就不会继续减少,此时物料中的水分就称为平衡水分。高于平衡水分值的水分称为可排除水分,显然,平衡水分不是一个定值,它与干燥介质的温度及湿度有关,温度越高,湿度越低,物料中的平衡水分越低。

2)物料干燥过程。物料干燥包括加热、外扩散和内扩散三个过程。首先将物料加热的过程称为加热过程;物料受热后,当其表面的水蒸气分压大于干燥介质中的水蒸气分压时,物料表面的水分向干燥介质中扩散(蒸发),这个过程称为外扩散;随着干燥的进行,物料内部和表面之间的水分浓度平衡就会被破坏,物料内部的水分浓度大于物料表面的水分浓度,在这个浓度差的作用下,物料内部的水分向物料表面迁移,这个过程称为内扩散过程(湿扩散)。假定干燥介质的条件在干燥过程中保持不变,则物料的干燥过程中各个参数的变化如图 1-3-21 所示,整个干燥过程可以分为以下三个阶段:加热阶段、等速干燥阶段和降速干燥阶段。

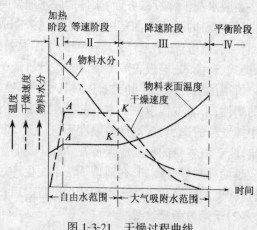

图 1-3-21　干燥过程曲线

①加热阶段。在干燥的初期阶段,干燥介质传给物料的热量大于物料中水分蒸发所需热量,多余的热量使物料温度不断升高。随物料温度的不断升高,水分蒸发量又不断升高,这样,很快便达到一种动态平衡,这就到达了等速干燥阶段。

②等速干燥阶段。在等速干燥阶段,干燥介质传给物料的热量等于物料中水分蒸发所需热量,所以物料温度保持不变。物料表面水分不断蒸发,同时在物料内部与表面水分浓度差的作用下,内部水分不断向物料表面迁移,保持物料表面为润湿状态,即内扩散速率要大于外扩散速率。这一阶段,又称为外扩散控制阶段。在等速干燥阶段主要是机械水的排除,因此,这一阶段干燥速率过大,会发生因物料体积收缩而引起的制品变形或开裂事故,应加以注意。

③降速干燥阶段。在降速干燥阶段,内扩散速率小于外扩散速率,所以这时物料表面不可能再保持湿润,这一阶段又称为内扩散控制阶段。由于干燥速率的降低,干燥介质传给物料的热量大于物料中水分蒸发所需热量,多余的热量使得物料的温度不断升高。降速干燥阶段主要是物理化学结合水的排除,所以这一阶段不必考虑因干燥速率过大而引起制品(坯体)变形或开裂等事故的发生。当物料的水分达到平衡水分时,干燥速率降到零,这时干燥过程终止。

值得一提的是,上述结论是在干燥介质的条件保持不变的前提下得到的。实际生产中,干燥介质的条件会随时变化,所以,真正的等速干燥阶段是不存在的。上述分析只是为了便于论述和读者的理解。

3)干燥速率的影响因素:

①外扩散速率。干燥过程中,外扩散速率取决于干燥介质的温度、湿度和流态(流速的大小和方向)以及物料的性质。一般说来,干燥介质的温度越高(相对湿度就越小),流速越快(边界层就越薄),外扩散速率越大。

②内扩散速率。内扩散包括湿扩散和热扩散两种,湿扩散是指在水分浓度差的作用下,物料内部水分从水分高的地方向水分低的地方的迁移过程。热扩散是指在温度差的作用下,水分从温度高的地方向温度低的地方的迁移过程。湿扩散速率与物料制品的厚度有关,因此减薄制品的厚度可以提高干燥速率。热扩散与加热方式有关,采用外部加热方式,物料表面温度高于内部,热扩散成为干燥的阻力。用内部加热方式,物料内部温度高于表面温度,热扩散成为干燥的动力。所以,应尽可能采用内部加热方式或其他使热扩散能成为干燥动力的加热方式,例如在干燥设备中,用高速热气体间隔喷射湿坯体的方法;用远红外线照射和强热风喷射交替进行的方法等。

4)制品在干燥过程中的收缩与变形。陶瓷和耐火材料等坯体在干燥过程中的自由水排除阶段,随着水分的排除,物料颗粒相互靠拢,产生收缩使制品产生变形。自由水排除完毕,进入降速干燥阶段时,收缩即停止。各种黏土制品的线收缩系数值变动在 0.004 8~0.007 之间。对于薄壁制品,内部水分浓度梯度不大,实验表明,其线收缩系数与干燥条件无关。在不同的介质参数下干燥同一种黏土质制品时,线收缩系数几乎相同。但对于厚壁制品,因内部水分浓度梯度大,干燥条件对线收缩系数有显著影响,当内部水分不均匀或制品各向厚薄不均时,不同部位的收缩不一致,便会产生不均匀的收缩应力,通常制品的表面和棱角处比内部干燥得快,壁薄处比壁厚处干燥得快,因而收缩相对也大,这样就使内部受到压应力而表面受到张应力,当张应力超过材料的极限抗拉强度时,就产生开裂。不均匀收缩往往造成制品变形和开裂,为了防止制品在干燥过程中的变形和开裂,应限制制品中心与表面的水分差,并且严格控制干燥速率。在最大允许水分差条件下的干燥速率称为最大安全干燥速率,黏土质制品的最大安全干燥速率与材料的性质,制品的几何形状、大小、水分含量及干燥方法等因素有关,需由实验确定。

1.4 煅烧、烧成与熔化

1.4.1 概 述

煅烧、烧成与熔化是高温加工过程中的三种方式,绝大多数无机非金属材料在生产工序中都有高温过程。在高温过程中往往会发生一系列复杂的物理、化学和物理化学反应。不同的材料由于要求不同,其热加工过程不同,所发生的物理、化学和物理化学反应也不相同。对于大多数无机非金属材料来说,在热加工中都存在以下过程:

——燃料煅烧。

——物料或坯体加热。

——自由水分的蒸发。

——分解反应。

——固相反应。

——或烧成、或熔化。

——冷却。

热加工过程是许多无机非金属材料生产过程中的一道重要工序,将直接影响到产品的质量、产量、燃料及衬料消耗、窑的安全运转和成本。

煅烧是指将物料经过高温,合成某些矿物(水泥、水泥熟料、矿物等)或使矿物分解获得某些中间产物(如石灰和黏土熟料)的过程。

烧成通常是指将初步密集定形的粉块(生坯)经高温烧结成产品的过程。其实质是将粉料集合体变成致密的、具有足够强度的烧结体,如砖瓦、陶瓷、耐火材料等。

熔化亦称熔炼。是指将配合料投入耐火料砌筑的熔窑中经高温加热,得到无固体颗粒、符合成型要求的各种单相连续体的过程。它是制造玻璃、铸石、熔铸耐火材料、人工晶体等无机非金属材料的主要工艺过程。

1.4.2 无机非金属材料的热加工方法

(1)传统热加工方法与设备

无机非金属材料传统的热加工方法主要利用各种窑炉进行热加工。所需的热能由传统燃料——气体燃料、固体燃料及液体燃料提供。热量的传递方式为传导、对流和辐射。热量首先传到物料表面,然后由表面逐步向物料内部传递,最终使物料达到热加工所需的温度,或烧结、或烧成、或熔化。在此过程中,同时伴随着传质过程的进行。

传统热加工方法有以下特点:

①升温速度慢。

②热能消耗高。这主要体现在两个方面:一是余热利用率较低;二是实际物质反应热耗高于理论热耗。这是因为,受热加工的物质的升温是由表及里逐步进行的,因此受热物质的温度一定要低于传热物质的温度,因而使窑体表面散热较多,尾气温度高,热损失大。另一方面则是由于物料受到升温速度的限制,当某一组分已具备进一步反应的结构要求时,而另一应与之发生化学反应的组分尚不具备反应条件,结果造成前一组分在吸收能量时钝化,活化能降低,反应势垒升高。

③设备庞大。

④环境污染严重,这主要包括气体污染、粉尘污染和噪声污染。其中以水泥生产尤为严重。

传统热加工中所使用的设备主要有:隧道窑、辊道窑、倒燃窑、池窑、坩埚窑、回转窑、立窑、立波尔窑等,由于对生产产品品种、质量要求等因素的要求不同,所使用的热加工设备不同。

回转窑、立窑、立波尔窑是水泥生产的主要热加工设备;池窑、坩埚窑是玻璃生产的热加工设备;隧道窑、辊道窑、倒燃窑等是陶瓷生产的主要热加工设备,也可用于特种水泥、墙体砖、广场砖的生产。

(2)近代热加工方法与设备

随着社会的进步、科学技术的发展,无机非金属材料的应用越来越广泛,对产品的质量要求要求越来越高以及由于能源、环境等社会可持续发展的要求,研究新的热加工原理及其新工艺、新技术、新设备、改进现有的热加工方法,受到了世界各国科学家的广泛关注,世界各国科学家对此进行了有意义的探索与实践,取得了一定进展。

利用极高的升温速度即热活化的快速煅烧或烧成方法,可以使生料或生坯的预热、分解、固相反应与固液相反应各阶段基本上趋于重叠。这样,晶格破坏与物质的无定型化,使分解产物和形成的矿物中间相具有很大的活性,降低反应活化能。

快速煅烧或烧成方法所采用的热源不同,主要有电能、光能、等离子焰、电子束、微波等。

在加热加压条件下对制品进行热加工的这种方法,主要应用于陶瓷制品的生产。

对水泥而言,快速生温煅烧法可减小贝利特、氧化钙的晶体尺寸,增加晶体缺陷,较大地提高了化学反应速度,同时,液相出现温度降低,液相的黏度减小,并使液相的生成、贝利特、阿利特几乎可以同时出现,甚至可使部分阿利特在 CaO/SiO_2 分子比不一定等于 3 的条件下生成。从而不仅可以降低烧成温度(煅烧普通硅酸盐水泥熟料可以从 1 450℃降至 1 300℃),还可以大大降低"工艺能耗"(即减少在具体工艺设备上进行反应过程的能耗)与理论热耗(由于最终产物数量与中间过渡相的改变),并可较大地提高机组的单位容积产量。这一新的工艺技术,应该能在极短的时间内(几十秒钟到几分钟)完成熟料的形成过程。

1)旋风烧成法与沸腾烧成法。这两种方法主要用于煅烧水泥或石灰。

①旋风烧成法。这种水泥新烧成法完全不同于回转窑。它应用旋风收尘器原理将旋风炉组合起来,进行由分解到烧成的整个反应过程,如图 1-4-1 所示。加热气体由炉子顶部侧面沿侧壁切线方向鼓入,形成加热气体的回旋流。生料从炉顶部的漏斗喂入载于回旋热气流之中,同时,由炉底部的一次热气流进口(即熟料出口)向上鼓入热风,形成射流。生料在炉内回旋过程中进行碳酸钙分解,直至烧成反应结束。载于加热气流中回旋下降的生料颗粒,受到热风射流向上作用力的影响,使生料颗粒反复进行循环运动。生料颗粒在循环运动中处于凝聚状态,并随着烧成过程的进行,重量逐渐增加,达一定重量后,便落入熟料出口。

②沸腾烧成法。沸腾烧成法工艺流程如图 1-4-2所示,这种烧成系统由立筒式或旋式冷却机等组成。一部分生料从悬浮预热器的上部加入,另一部分生料用液体燃料制成料球或料段(也可将烧成熟料筛分后的细颗粒回炉),使预热后的生料和料球入沸腾层煅烧炉中煅烧成熟料。将燃料和生料粉一起成球是为了让生料粉作为燃料的填充料,使燃料的燃烧推迟到烧结炉的沸腾层上进行。料球在沸腾层上有部分发生爆裂,形成沸腾层,爆裂出来的碎块,即成为生料粉粘结的球核。沸腾层下面是立式冷却机,用以冷却熟料,预热燃烧空气。

将燃料加入燃料预热器 10,预热到成球所需的黏度,然后放进搅拌器 12,与来自生料仓 11 的生料按比例混合制成球,通过加料器 13,入预热室 3 或燃烧室 2 内。生料粉从 14 入上升管道 8,经旋风筒 5和 7,上升管道 6 和 8,预热室 3 和 4,以及下料管 18等进入沸腾燃烧炉 1。废气经排气管 9 逸出。生料

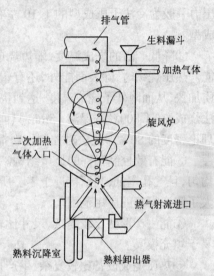

图 1-4-1　旋风烧成法示意图

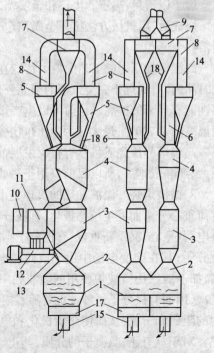

图 1-4-2　沸腾烧成系统示意图

粉经预热室 3 和燃烧室 2 后,已完全分解。生料分解耗热较多,故用燃烧室的火焰提供分解热。烧成熟料经冷却机 17 冷却后,从卸料口 15 卸出。

2)热压烧成。热压烧成法用于陶瓷的生产。

热压是在加压和加热的条件下,使成型和烧成同时完成的新工艺。按加压方式的不同可以分为一次热压、两次热压、多次热压以及间断热压和连续热压等。热压工艺的特点:

①降低坯件的成型压力。热压时粒状原料多处于塑性状态,变形阻力小,因而热压时所需压力一般为冷法干压成型的 1/10 左右,所以便于大尺寸 Al_2O_3、MgO、BeO、BN、TiB 等产品的成型。

②降低产品的烧成温度,缩短烧成时间并提高坯体致密度。普通固相烧结的动力为表面能。热压烧结时,除表面能外,还有塑性流动和扩散传质同时作用,总接触面增加极为迅速,传质加快,从而降低了烧成温度,达到快烧目的,并提高了产品质量。例如,BeO 陶瓷采取普通方法烧成,在 1 800℃ 下保温 15min 只能达到 90% 的理论密度,如用热压法烧成,则 1 600℃ 就达理论密度的 80%。此法对控制坯料挥发组分的逸失特别有效。

③能有效控制瓷件的显微结构。热压烧结因保温时间短,晶粒不易长大,气孔的分布比较均匀,且气孔率低,甚至接近于零。所以生产上常用热压的多晶陶瓷来代替单晶材料,从而扩大了陶瓷材料的应用范围。

④能生产形状比较复杂、尺寸比较精确的产品。热压时料粒处于塑性状态,在压力作用下易于填充模具。

⑤热压烧成设备比较复杂、生产控制较严、模具材料要求高、电能消耗大。在没有实现自动化和连续化以前,生产效率低,劳动消耗大。

⑥它既可以直接用粉末原料烧制,也可先用常温等静压制成生坯,再用金属箔作包套,抽真空后予以密封、热压。生坯和金属箔之间用玻璃粉填充,以保证生坯受到均匀的热压处理。

烧成后,用机械方法拉开金属箔包套取出产品,外形复杂的产品可以用化学腐蚀法除去金属箔。

高温等静压烧成工艺的最大特点在于用较低的烧成温度(50%～60%熔点),在较短的烧成时间内,得到近于完全致密的细晶瓷件,其相对密度一般都可达理论密度的 99.5% 以上,从而性能有显著的提高。目前可以生产最大直径达 1m、高 1.5m 的大型产品。高温等静压的最高温度为 2 700℃,最大压力为 1 000Pa。

高温等静压烧成虽然有很大发展前途,但由于设备和工艺控制都较复杂,生产率较低、消耗大、产品成本高,所以目前只用于一些特殊陶瓷的研制。

3)微波煅烧。微波加热的机理是由于介质在电场中会产生极化现象,无极分子会因正负电荷重心分离而发生位移极化,有极分子会发生转向极化。当外电场消失时,无极分子的正、负电荷"重心"又重新重合;有极分子则因分子热运动的结果,介质又恢复无序状态。水为有极性分子,其在交变电场中由于取向随电场反复变化,分子势必相应反复摆动。微波的频率极高,如一般家用微波炉使用的微波频率为 2 450MHz,也就是说,电场方向每秒钟要变换 24.5 亿次,因而有极分子每秒钟也要随着摆动 24.5 亿次。由于分子的这种摆动要受到分子间作用力的阻碍和干扰,从而使介质极化和电场变化之间在时间上存在迟滞现象,并产生类似摩擦热。对于具有正、负离子的介质,其正、负离子在交变微波电场作用下,移动方向也随之反复变化,从而不断发生摩擦、碰撞而生热。总之,从能量的角度看,损耗介质会吸收微波的能量,并转化为介质的热能。

由于微波加热是通过超高频电场穿透介质,迫使介质分子反复摆动,相互摩擦、碰撞而发热,因而是内部、外表同时加热的体积热效应,加热的过程基本上与介质的热传导性无关。由于介质表面有散热现象,因而介质内部的温度可能比表面更高些。因微波加热的特殊性,可以使被加热材料快速烧结,降低温度烧结,短时间烧结。

微波的强功率应用,首先由加拿大科学家 Tinga 于 1968 年用于烧结陶瓷,而在涉及到水泥熟料矿物单矿 C3S 的微波加热的尝试是由法国学者在 1982 年进行的。

自从 20 世纪 80 年代,特别是 1985 年以后,世界许多国家的材料科学家开始了越来越多的微波强功率应用,应用温度直达 2 200℃ 之上,升温速率最快达 1 400℃ /min。在众多的研究中,以烧结陶瓷为主,在实验室的研究报告和较小型的商业特种陶瓷产品中均显示了良好的研究结果,烧出了具有各种优良性能的陶瓷制品。

我国的水泥科学工作者对利用微波辐射下几个水泥品种的矿相形成机理进行了研究,并取得了令人满意的结果。

4)其他煅烧或烧成方法

1914 年,瑞士就进行过利用电能煅烧水泥熟料的研究。日本也研究过用电能煅烧水泥熟料。前苏联进行过电弧炉和电阻炉的试验,但这两种电炉的电能转换成热能的转换效率低,热损失大。我国也进行过电能煅烧水泥熟料的研究,烧制了 42.5R 以上的熟料。近年来,前苏联和其他国家还进行了各种电能作用于熟料形成过程影响的研究。有人指出高频电场对水泥熟料的合成发生有利影响。在高频装置中煅烧熟料时,合成时间可以缩短,温度可以下降。

法国根据前苏联的研究,开始从事高频装置煅烧水泥熟料的研究。这个装置可以减少熟料形成的非生产性能耗,但能量转换损失很大,使烧成过程的效率降低。

美国进行过在等离子焰窑内生产熟料的研究。前苏联在这种窑内几分钟即形成熔融物,得到的熟料 C3S 含量和活性都高,电耗为每千克熟料约 36MJ(10kW·h)。

前苏联研究过利用加速电子束生产熟料的方法。这个方法可能具有放射活化和热力活化的效果。还利用红外范围内的电磁辐射作用,让物料通过高温电热层的煅烧方法。

激光加热的方法,其能量转换效率据报道可达 50%,这使得它可能成为极其有效的快速加热器的热源。

上述各种其他的物料加热方法,虽然具有快速(低温或高温)煅烧的特点,但距离工业化还有相当的路要走。主要是由于能量转换效率还不高。随着科学技术的不断发展,各种水泥熟料新的煅烧工艺和方法正在继续研究。

1.4.3 硅酸盐水泥熟料的煅烧

(1)生料在煅烧过程中的物理化学变化

1)干燥与脱水。干燥即物料中自由水的蒸发。

生料的自由水量因生产方法与窑型不同而异。干法窑生料含水量一般不超过 1.0%。为了改善窑或加热机的通风,立窑、半干法立波尔窑生料需加水 12% ~15% 成球;而半湿法的立波尔窑,需将料浆水分过滤降至 18% ~22% 后,制成料块入窑,也可以将过滤后的料块,再在烘干粉碎装置中制成生料粉,在悬浮预热器窑或窑外分解窑内煅烧;湿法窑的料浆水分应保证可泵性,通常为 30% ~40%。

自由水蒸发热耗十分巨大。每千克水蒸发潜热高达 2 257kJ（100℃以下），因而 35％左右水分的料浆，生产每千克熟料用于蒸发水分的热量高达 2 100kJ，占湿法窑热耗的 35％以上。因而降低料浆水分或过滤成料块，可以降低熟料热耗，增加窑的产量。

脱水是黏土矿物分解放出化合水。

黏土矿物的化合水有两种：一种以 OH^- 离子状态存在于晶体结构中，称为晶体配位水；一种以水分子状态吸附在晶层结构间，称为晶层间水或层间吸附水。所有的黏土都含有配位水；多水高岭石、蒙脱石还含有层间水；伊利石的层间水因风化程度而异。层间水在 100℃左右即可脱去，而配位水则必须高达 400℃以上才能脱去。

黏土脱水首先在粒子表面发生，接着向粒子中心扩展。对于高分散度的微粒，由于比表面积大，一旦脱水在粒子表面开始，就立即扩展到整个微粒并迅速完成。对于接近 1mm 的较粗粒度的黏土，因粒径大，比表面积小，脱水从粒子表面向纵深的扩散速度较慢，因此内部脱水速度控制整个脱水过程。

黏土矿物——高岭土在 500℃～600℃失去结晶水的反应如下：

$$Al_2O_3 \cdot 2SiO_2 \cdot 2H_2O \longrightarrow Al_2O_3 \cdot 2SiO_2 + 2H_2O$$

近来，通过 X 射线衍射、热分析和红外吸收光谱分析等对高岭土脱水的研究表明：高岭石于 500℃～600℃脱水分解。在脱水前有高岭土 X 射线衍射峰，600℃以后，高岭石衍射峰消失，说明 600℃脱水已基本结束。并且，在高岭石衍射峰消失的同时，并未产生新的衍射峰，其他峰值也没有变化，说明高岭石脱水后的产物为无定形物质。经红外吸收光谱鉴定，600℃～950℃以前的红外吸收光谱与偏高岭石的吸收光谱是基本一致的。高岭石脱水后具有的活性较高。

蒙脱石、伊利石脱水后，仍然具有晶体结构，因而蒙脱石、伊利石的活性较高岭石差。高岭土加热分解后，继续加热至 970℃～1 050℃，产生放热反应，同时出现铝硅尖晶石的 X 衍射峰，通常认为是铝硅尖晶石（$2Al_2O_3 \cdot 3SiO_2$）的形成。在 1 000℃～1 100℃时它转变为莫来石（$3Al_2O_3 \cdot 2SiO_2$）并析出二氧化硅。如果提高脱水过程的温度梯度，在急烧时，高岭土脱水温度滞后，脱水后的产物来不及进行上述转变，就已进入碳酸钙分解温度，从而使无定形偏高岭土和碳酸钙分解产物氧化钙，均处于高活性状态而进行反应，有利于熟料的形成。

多数黏土矿物在脱水过程中，均伴随着体积收缩，只有伊利石、水云母在脱水过程中伴随着体积膨胀。当立波尔窑与立窑水泥厂采用以伊利石或水云母为主导矿物的黏土时，应将生料磨得很细；料球水分与孔隙率不宜过小；或者加入一些外加剂以提高成球质量。进入立波尔加热机干燥室的热烟气温度不宜过高，立窑则不宜采用明火或浅暗火煅烧。

高岭土脱水活化能约为 167kJ/mol，脱水吸热在 20℃蒸发为水蒸气作基准时，为 1 097 J/g；蒙脱石脱水吸热为 396J/g；伊利石为 354J/g。

2）碳酸盐分解。生料中的碳酸盐是指碳酸钙与碳酸镁。碳酸盐分解是指碳酸钙与碳酸镁在煅烧过程中分解，放出二氧化碳的反应，此反应是可逆反应，反应式如下：

$$MgCO_3 \Longleftrightarrow 2MgO + CO_2 \uparrow - 1\ 047 \sim 1\ 214J/g（590℃时）$$

$$CaCO_3 \Longleftrightarrow CaO + CO_2 \uparrow - 1\ 645J/g（890℃时）$$

通常碳酸钙在 600℃时就开始有微弱的分解，至 894℃时，分解速度加快，分解出的 CO_2 分压达 1Pa，1 100℃～1 200℃时，分解速度极为迅速。

碳酸盐分解受系统温度和周围介质中 CO_2 的分压影响较大。为了使分解反应顺利进行，必须保持较高的反应温度。降低周围介质中 CO_2 分压,并供给足够的热量。

图 1-4-3 表示正在分解的 $CaCO_3$ 颗粒。颗粒表面首先受热,达到分解温度后进行分解,排出 CO_2。随着分解过程的进行,表面变为 CaO,分解反应逐步向颗粒内部推进,颗粒内部的分解反应可分为下列五个过程:

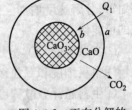

①气流向颗粒表面的传热过程;

②热量由表面以传导方式向分解面传递的过程;

③碳酸钙在一定温度下,吸收热量并进行分解并放出 CO_2 的化学过程;

④分解放出 CO_2,穿透 CaO 层向表面扩散的传质过程;

图 1-4-3　正在分解的 $CaCO_3$ 颗粒

⑤表面的 CO_2 向周围介质气流扩散的过程。

这五个过程,四个是物理传递过程,一个是化学反应过程。各过程的阻力不同,碳酸钙的分解速度受控于其中最慢的一个过程。

根据福斯滕(B. Vosteen)的计算:当碳酸钙颗粒粒径小于 $20\mu m$ 时,传热和传质过程的阻力都较小,因而,分解速度或者分解所需的时间,将取决于化学反应所需时间。当粒径大约为 $0.2cm$ 时,传热、传质的物理过程与分解反应化学过程具有同样重要的地位。当粒径约等于 $1.0cm$ 时,传热和传质过程占主导地位,而化学过程降为次要地位。

在回转窑内,虽然生料粉的特征粒径通常只有 $30\mu m$,比较小,但物料在窑内呈堆积状态,使气流和耐火材料对物料的传热面积非常小,传热系数也不高。而碳酸钙分解要吸收大量的热量,因此,回转窑内碳酸钙的分解速度主要取决于传热过程;立窑和立波尔窑加热机虽然其传热系数和传热面积较回转窑大得多,但由于料球颗粒较大,决定碳酸钙分解速度的仍然是传热和传质速度。在悬浮预热器和预分解炉内,由于生料悬浮于气流中(包括 MFC 流态化分解炉),基本上可以看作是单颗粒,其传热系数较大,特别是传热面积非常大。测定计算表明,传热系数比回转窑高 $2.5\sim10$ 倍;而传热面积比回转窑大 $1\,300\sim4\,000$ 倍,比立窑和立波尔窑加热机大 $100\sim450$ 倍。因此,回转窑内碳酸钙的分解,在 $800\text{℃}\sim1\,100\text{℃}$ 温度下,通常需要 $15min$ 以上,而在分解炉内(物料温度 850℃ 左右),只需几秒钟即可使碳酸钙表观分解率达 $85\%\sim95\%$。

当要求的分解率较低(如小于 85%)时,生料分解所需时间将比粒径大小等于特征粒径的单颗粒分解所需时间短;而要求分解率较高(如大于 95%)时,前者将大于后者。这是由于生料中既含有小于特征粒径的细颗粒,又含有大于特征粒径的粗颗粒,而细颗粒分解所需时间与粗颗粒相差甚远的缘故。生料颗粒粗细均匀,粗粒较少时,有利于达到较高的分解率。

另一方面,要求分解率越高,各种生料的等效粒径增大越快。如特征粒径等于 $27.4\mu m$ 的生料,所要求的分解率为 70% 时,等效粒径等于 $17\mu m$;当分解率为 90% 时,等效粒径等于 $35\mu m$;分解率为 100% 时,等效粒径等于 $100\mu m$。相应分解时间的比值是 $1:2:6$。平均分解率达 95% 所需的分解时间比平均分解率为 85% 时间长 1 倍以上。若要求分解率达 99%,分解时间就要长 2 倍以上。因此,入窑物料分解率一般控制在 95% 以下,以 $85\%\sim95\%$ 为宜。

需要指出的是,分解率与实际生产中入窑物料的分解率不同。分解率均指真实分解率,而实际生产中入窑物料的分解率一般是指表观分解率。所谓表观分解率即包括窑内飞灰循环所带入的已分解的部分。另外,由三级或四级预热器进入分解炉时,生料的真实分解率已达 10% 以上(表观分解率 40% 左右),因此,入窑生料达到 $85\%\sim95\%$ 时,表观分解率所需的分解时间比计算结果要短一些。

综上所述,影响碳酸钙分解速度的因素是:

①温度:随温度升高,分解速度常数 K 和压力的倒数差$(1/P - 1/P_0)$都相应增加,分解时间缩短,分解速度增加。但应注意温度过高,将增加废气温度和热耗;预热器和分解炉结皮、堵塞的可能性亦大。

②窑系统的 CO_2 分压:通风良好,CO_2 分压较低,有利于碳酸钙的分解。

③生料细度和颗粒级配:生料细度细,颗粒均匀,粗粒少,分解速度快。

④生料悬浮分散程度:生料悬浮分散差,相对地增大了颗粒尺寸,减少了传热面积,降低了碳酸钙的分解速度。因此,生料悬浮分散程度是决定分解速度的一个非常重要的因素。这也是在悬浮预热器和分解炉内的碳酸钙分解速度较回转窑、立波尔窑内快的主要原因之一。

⑤石灰石的种类和物理性质:结构致密、结晶粗大的石灰石,分解速度慢。

⑥生料中黏土质组分的性质:高岭土类活性大、蒙脱石、伊利石次之,石英砂较差。活性越大,在800℃下越能和氧化钙或直接与碳酸钙进行固相反应,生成低钙矿物,可以促进碳酸钙的分解过程。

3)固相反应

①固相反应过程。从碳酸钙分解、物料中出现活性的游离氧化钙开始,活性的游离氧化钙与分解后的黏土质组分(Al_2O_3、Fe_2O_3、SiO_2)间,通过质点的相互扩散进行固相反应,形成熟料矿物。固相反应过程比较复杂,其反应过程大致如下:

800℃:$CaO \cdot Al_2O_3(CA)$、$CaO \cdot Fe_2O_3(CF)$与$2CaO \cdot SiO_2(C_2S)$开始形成。

800℃~900℃:开始形成 $12CaO \cdot 7Al_2O_3(C_{12}A_7)$。

900℃~1 100℃:$2CaO \cdot Al_2O_3 \cdot SiO_2(C_2AS)$形成后又分解。开始形成 $3CaO \cdot Al_2O_3(C_3A)$和$4CaO \cdot Al_2O_3 \cdot Fe_2O_3(C_4AF)$。所有碳酸钙均分解,游离氧化钙达最高值。

1 100℃~1 200℃:大量形成 C_3A 和 C_4AF,C_2S 含量达最大值。

水泥熟料矿物 C_3A 和 C_4AF,C_2S 的形成是一个复杂的多级固相放热反应,反应过程交叉进行。当用普通原料时,固相反应放热量约为$420\sim500J/g$。理论上放热量达 $420J/g$ 时,就足以使物料温度升高 300℃ 以上。

由于固体质点(原子、离子或分子)间具有很大的作用力,因而固相反应的反应活性很低,速度较慢。在多数情况下,固相反应总是发生在两种组分的界面上,为非均相反应。对于颗粒状物料,反应首先是通过颗粒间的接触点或接触面进行,随后是反应物通过产物层进行扩散迁移。因此,固相反应一般包括相界面上的反应和物质迁移两个过程。温度较低时,固态物质化学活性较低,扩散、迁移很慢,故固相反应通常需要在较高温度下进行。由于反应发生在非均相系统中,而伴随反应的进行,反应物和产物的物理化学性质将会变化,并导致固体内温度和反应物浓度及其物性的变化,从而对传热和传质以及化学反应过程产生重要影响。

②固相反应的影响因素:

a.温度、温度梯度和反应时间。固体物质状态的改变对固相反应速度有极大的影响。在水泥熟料矿物形成时,当低于液相出现的温度而处于 SiO_2 的晶型改变时,或碳酸钙刚分解为氧化钙时,SiO_2 与 CaO 均为新生态的物质,其活化能特别小,活性大。因此,如能将黏土的脱水分解与石灰石的分解反应基本上重合的话,则可以大大促进固相反应的速度并降低能耗。

急剧煅烧(利用极高的热力梯度使反应物活化的煅烧方法)或称为热力活化的试验结果,可以证明上述理论。

试验以逐渐加热和急速加热的煅烧方法,通过测定熟料中游离氧化钙的含量来鉴别煅烧的质量。试验结果如图1-4-4所示。可见无论对哪种矿物,在急剧煅烧时,化合都比较完全,游离氧化钙较缓慢煅烧的为低。随着温度升高游离氧化钙迅速下降。烧成温度愈低,热活化效果愈明显。随着煅烧温度的提高,或煅烧时间的延长,其最终游离氧化钙含量的差别愈小。温度达到1 400℃时,恒温1h的试样两者效果已基本趋于一致。因此,如果能控制在1 300℃左右,甚至低于1 300℃,烧制出游离氧化钙小于2%的熟料;或者在1 400℃,煅烧较短时间烧制出同样熟料,那么急速煅烧效果更明显。

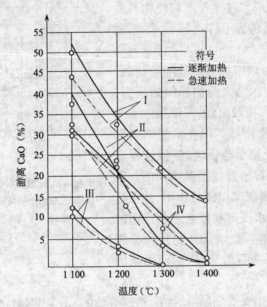

图1-4-4 温度和烧成制度对熟料矿物形成时游离氧化钙的影响

Ⅰ—C_3S;Ⅱ—C_2S;Ⅲ—C_4AF;Ⅳ—C_3A

注:——逐渐加热:400℃/h升稳至高温,恒温1h,空气急冷。

····· 快速加热:将试样放入已预热至高温的炉中,恒温1h

实验结果明显可见,在热力梯度很高的烧成初期(保温时间为0),反应速度很快。这时,通过显微镜测定,CaO与贝利特的晶体尺寸都小于$2\mu m$。在这种状态下存在的氧化钙和贝利特,比表面积大,由于微区不均匀所导致的微观应力大。另外,经测得的晶格缺陷浓度也大。因此,两者的反应活性均高,易熔于熔剂矿物中,且扩散、迁移速度较快,所以具有很强的反应能力。因此,烧成的热力梯度愈大,全部烧成时间愈短。

在一般情况下,烧成温度低,固体的化学活性低,质点的扩散和迁移速度慢。因此,固相反应需在较高温度下进行。提高反应温度,则固相反应加速。由于固相反应中的扩散和迁移、新生成物相成核、晶体生长需要时间,所以,固相反应的完成需要一定的温度与反应时间。

b. 生料的细度及均匀性。由于水泥熟料矿物C_2S、C_3A、C_4AF等都是通过固相反应完成的。因此,生料磨得愈细,物料颗粒尺寸愈小,比表面积愈大,组分间的接触面愈大,同时表面的质点的自由能亦愈大,使扩散和反应能力增强,因而反应速度愈快(如图1-4-5所示)。

应该指出,从固相反应机理说明,生料粉磨得愈细,反应速度愈快,但粉磨愈细,磨机产量愈低,电耗愈高。因而粉磨细度应视原料种类不同以及粉磨、燃烧设备性能的差别而有所不同,以达到优质、高产、低消耗的综合经济效益为宜。通常粉磨硅酸盐水泥的生料,应控制 $0.2mm(900$ 孔$/cm^2)$ 以上的粗粒在 $1.0\% \sim 1.5\%$;此时,$0.08mm$ 以上的粗粒可以放宽到 $10\% \sim 15\%$;最好 $0.2mm$ 以上的粗粒控制在 0.5% 以下,或者使生料中 $0.2mm$ 以上粗粒为 0,则 $0.08mm$ 筛余可以放宽到 15% 以上,甚至可以达到 20% 以上。

在实际生产中,往往不可能控制均等的物料粒径。由于物料反应速度与物料颗粒尺寸的平方成反比,因而,即使有少量较大尺寸的颗粒,都可显著延缓反应过程的完成。故生产上宜使物料的颗粒分布控制在较窄的范围内,特别要控制 $0.2mm$ 以上的粗粒。

生料的均匀混合,可以增加各组分间的接触,也有利于加速固相反应。增大两固相间的压力,有助于颗粒的接触,增大接触面积,可以加速物质的传递过程,使反应速度增加。但在水泥熟料形成过程中,由于有液、气相参与反应,扩散过程有时并不完全是通过固体粒子直接接触实现的。因此,提高压力有时并不表现出积极的作用,甚至适得其反。如黏土矿物脱水反应和拌有气相产物的热分解反应(碳酸钙分解)等,增加压力反而会影响黏土的脱水反应和石灰石的分解,从而影响固相反应速度。

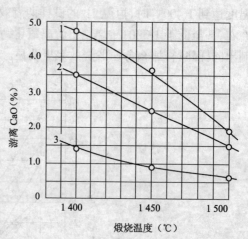

图 1-4-5　生料细度对熟料游离氧化钙含量的影响
1—$0.2mm$ 以上占 4.6%,$0.08mm$ 以上占 9.9%;
2—$0.2mm$ 以上占 1.5%,$0.08mm$ 以上占 4.1%;
3—$0.2mm$ 以上占 0.6%,$0.08mm$ 以上占 2.3%

c. 原料性质。原料中含有的结晶 SiO_2、结晶方解石,由于其键能高,破坏晶格困难,不易与其他物相发生化学反应。因此,原料中的结晶 SiO_2、方解石含量越高,粒度越大,固相反应越不容易进行。

d. 矿化剂。加入矿化剂可以加速固相反应。它可以通过与反应物形成固溶体使晶格活化,反应能力加强,或是与反应物形成低共熔物,使物料在较低温度下出现液相,加速扩散和对固相的溶解作用,或是与反应物形成某种活性中间体而处于活化状态,或是通过矿化剂促使反应物断键,从而提高反应物的反应速度等等。

4)液相和熟料的烧结。在正常煅烧条件下,物料在出现液相以前,硅酸三钙不会大量生成。到达最低共熔温度(一般硅酸盐水泥生料在通常的煅烧制度下约为 $1250℃$)后,开始出现液相。液相主要由氧化铁、氧化铝、氧化钙所组成,还会有氧化镁、碱等其他组分。在高温液相作用下,水泥熟料逐渐烧结,物料逐渐由疏松状转变为色泽灰黑、结构致密的熟料,并伴随着体积收缩。同时,硅酸二钙与游离氧化钙都逐步溶解于液相中,以 Ca^{2+} 扩散与硅酸根离子、硅酸二钙反应,形成硅酸盐水泥的主要矿物硅酸三钙。其反应式如下:

$$CaO \cdot SiO_2 + CaO \longrightarrow 3CaO \cdot SiO_2$$

随着温度升高和时间的延长,液相量增加,液相黏度减少,氧化钙、硅酸二钙不断溶解、扩散,硅酸三钙晶核不断形成,并使小晶体逐渐发育长大,最终形成几十微米大小、发育良好的阿利特晶体,完成熟料的烧结。

由此可知,熟料烧结形成阿利特的过程,与液相形成温度、液相量、液相性质以及氧化钙、硅酸二钙溶解于液相的溶解速度、离子扩散速度等各种因素有关。当然,阿利特可以通过纯固相反应来完成,但需要较高的温度(1 650℃以上),因而这种方法目前在工业上没有实用价值。为了降低烧成温度,缩短烧成时间,降低能耗,阿利特还应通过固液相反应来完成。

①最低共熔温度。物料在加热过程中,两种或两种以上组分开始出现液相的温度称为最低共熔温度。最低共熔温度取决于系统组分的性质与数目。表 1-4-1 列出一些系统的最低共熔温度。

表 1-4-1 一些系统的最低共熔温度

系　　　统	最低共熔温度(℃)
C_3S-C_2S-C_3A	1 450
C_3S-C_2S-C_3A-Na_2O	1 430
C_3S-C_2S-C_3A-MgO	1 375
C_3S-C_2S-C_3A-Na_2O-MgO	1 365
C_3S-C_2S-C_3A-C_4AF	1 338
C_3S-C_2S-C_3A-Fe_2O_3	1 315
C_3S-C_2S-C_3A-Fe_2O_3-MgO	1 300
C_3S-C_2S-C_3A-Na_2O-MgO-Fe_2O_3	1 280

由表 1-4-1 可知,组分的性质与数目都影响系统的最低共熔温度。硅酸盐水泥熟料由于含有氧化镁、氧化钠、氧化钾、硫、氧化钛、氧化磷等次要氧化物,因此,最低共熔温度约为 1 250℃左右。

矿化剂与其他微量元素如氧化钒、氧化锌等将影响最低共融温度。

研究表明,煅烧方法不同也将影响水泥生料烧结过程中液相开始出现的温度。在快速升温(700℃/min)时,水泥熟料中液相开始出现的温度,比正常煅烧速度(20℃/min)降低 180℃~220℃,液相的大量出现使温度降低了 160℃~200℃。而且在快速升温煅烧时,熟料中液相量增加很快,其速度远远大于正常煅烧熟料,这对熟料中阿利特的形成极为有利。

由于快速生温煅烧液相出现的温度可降低 200℃左右,同时烧成温度也从 1 450℃降至 1 300℃,因而,水泥料中的阿利特形成温度基本在 1 050℃~1 300℃~1 050℃范围内。

②液相量。液相量与生料化学成分、煅烧温度有关。同样生料化学成分,当温度升高时液相量增加;在同样煅烧温度下,生料化学成分不同,液相量也不同。

液相量增加,氧化钙和硅酸二钙在其中的溶解量亦大,有利于 C_3S 的生成。但液相量过多,熟料容易结大块,在回转窑中易产生结圈,立窑中易发生炼边、结炉瘤等,从而影响正常生产。

在不同温度下计算液相量的公式如下:

1 280℃~1 338℃时液相量按下式计算:

$P > 1.38$ 时　　$L = 6.1Fe_2O_3 + R$

$P < 1.38$ 时　　$L = 8.2Al_2O_3 - 5.22Fe_2O_3 + R$

1 340℃时,按下式计算:

$$L = 3.03Al_2O_3 + 1.75Fe_2O_3 + R$$

1 400℃时,按下式计算:

$$L = 2.95Al_2O_3 + 2.2Fe_2O_3 + R$$

1 450℃时,按下式计算:

$$L = 3.0Al_2O_3 + 2.25Fe_2O_3 + R$$

1 500℃时,按下式计算:

$$L = 3.3Al_2O_3 + 2.6Fe_2O_3 + R$$

上述各式中,L 表示熟料液相的百分含量;R 代表熟料中 MgO、K_2O、Na_2O、$CaSO_4$ 及其他微量元素的百分含量之和;Al_2O_3 和 Fe_2O_3 分别代表熟料中三氧化二铝与三氧化二铁的百分含量。

上述计算式说明,产生液相量的多少与生料中所含三氧化二铁、三氧化二铝的量有极大关系。而且熟料中三氧化二铝与三氧化二铁的比例的变化也影响熟料中液相量的变化,表 1-4-2 表明了液相量随铝氧率的变化而变化的情况。

表 1-4-2   熟料中液相量随铝氧率而变化的情况

温　　　度	$n = Al_2O_3/Fe_2O_3$		
	2.0	1.25	0.64
1 338℃	18.3	21.1	0
C_3S-C_3A 或 C_3S-C_4AF 界面处	23.5(1 365℃)	22.2(1 339℃)	20.2(1 348℃)
1 400℃	24.3	23.6	22.4
1 500℃	24.8	24.0	22.9

从表 1-4-2 可以看出,当铝氧率提高时,生料中的液相量随温度的升高而缓慢增加;当铝氧率降低时,生料中液相量随温度升高增加很快。

所谓烧结范围就是指生料加热至出现烧结时所必须的、最少的液相量时的温度(开始烧结的温度)与开始出现结大块(超过正常液相量)时温度的差值。生料中液相量随温度升高而增加缓慢,其烧结范围就较宽,如生料中液相量随温度升高增加很快,则其烧结范围就较窄。它对烧成操作影响较大,如烧结范围宽的生料,窑内温度波动时,不易发生生烧或烧结成大块的现象。铝氧率过低的生料,其烧结范围就较窄。烧结范围不仅随液相量变化,而且和液相黏度、表面张力以及这些性质随温度而变化的情况有关。

③液相黏度。液相黏度对硅酸三钙的形成有较大影响。如黏度小,液相中 C_2S 和 CaO 分子的扩散速度增加,有利于 C_3S 的形成。但是,液相黏度过小,也会使煅烧操作发生困难。

液相黏度随温度和组成的变化而变化。温度升高,液相黏度降低,见图 1-4-6。铝氧率提高,液相黏度增加,见图 1-4-7。

当物料中含有其他组分时会改变液相的黏度。如 K_2O、Na_2O 等使液相黏度增加;MgO、K_2SO_4、Na_2SO_4、SO_3 等使液相黏度降低。加入萤石(CaF_2),在浓度低时,可显著降低液相黏度;但含量高时,促进液相结晶,从而使液相黏度变稠。

④液相的表面张力。图 1-4-8 表示铝氧率等于 1.38 的纯氧化物熟料的最低共熔物与 1 450℃饱和液相的表面张力、密度和温度的关系。随着温度升高,两者的表面张力、密度均下降。液相表面张力愈小,愈易润湿生料颗粒或固相物质,有利于固相反应或固液相反应,促进

熟料矿物,特别是硅酸三钙的形成。熟料中含有镁、碱、硫等物质时,会降低液相的表面张力,从而促进熟料的烧结。

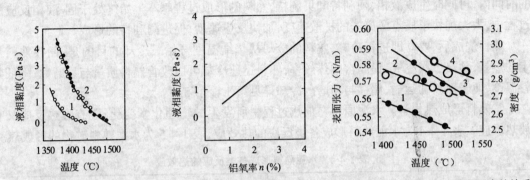

图 1-4-6　液相黏度和温度的关系图　图 1-4-7　液相黏度和铝氧率的　图 1-4-8　液相表面张力、密度和温度的关系
1—最低共熔物;2—1 450℃时被 C₃S　关系(1 440℃纯氧化物熟料)　1—表面张力;2—密度;3—表面张力;4—密度
　　与 CaO 饱和的液相

⑤氧化钙溶解于熟料液相的速率。氧化钙在熟料液相中的溶解量,或者说氧化钙溶解于熟料液相的速率,对氧化钙与硅酸二钙反应生成硅酸三钙有十分重要的影响。这个速率受 CaO 颗粒大小的控制,而后者取决于原料中石灰石颗粒,表 1-4-3 为实验室条件下,不同粒径的氧化钙。在不同温度下完全溶于熟料液相所需的时间。

表 1-4-3　氧化钙溶解于熟料液相所需的时间(min)

温　度 (℃)	粒　径　　(mm)			
	0.1	0.05	0.025	0.01
1 340	115	59	25	12
1 375	28	14	6	4
1 400	15	5.5	3	1.5
1 450	5	2.3	1	0.5
1 500	1.8	1.7	—	—

表 1-4-3 表明,随着氧化钙粒径的减小和温度的增加,氧化钙溶解于液相的时间愈短。

以上数据可近似地用下列方程表示:

$$\lg t = \lg \frac{D}{A} + 0.43 \frac{E}{RT}$$

式中　t——时间,min;

　　　　A——常数;

　　　　D——颗粒直径,mm;

　　　　T——绝对温度,K;

　　　　R——气体常数;

　　　　E——氧化钙溶解活化能,采用 610kJ/mol。

石英颗粒溶解于熟料液相中的速率,其关系与石灰石类似。

⑥反应物存在的状态。试验发现,在熟料烧结时,氧化钙与硅酸二钙的晶体尺寸小,晶体缺陷多的新生态活性大,易于溶解在液相中,有利于硅酸三钙的形成。通过试验还发现,在极

高的升温速度下(600℃/min以上),加热至生料烧成温度进行反应,可使黏土矿物的脱水,碳酸盐的分解,固相反应、固-液相反应几乎重合,使反应产物处于新生态的高活性状态。在极短的时间内,可同时生成液相、阿利特和贝利特,熟料的形成过程基本上始终处于固-液相反应的过程中,大大加快了质点或离子的扩散速度,加快反应速度,促进阿利特的形成。

熟料烧成后,要立即进行冷却,熟料的冷却从烧结温度开始。冷却的目的是:回收熟料带走的热量,预热二次空气,提高窑的热效率;熟料迅速冷却可以改善熟料质量与易磨性;降低熟料温度,便于熟料的运输、储存与粉磨。冷却详见第1篇第5章。

⑦熟料形成热化学。水泥原料在加热过程中所发生的物理化学变化,既有吸热反应又有放热反应。表1-4-4为水泥熟料形成各类反应的热效应,表1-4-5为水泥熟料矿物的形成热。

表1-4-4　水泥熟料形成各类反应的热效应

反　　应	热效应	反　　应	热效应
游离水蒸发	吸热	氧化钙和黏土脱水产物反应	放热
黏土结合水逸出	吸热	形成液相	吸热
黏土无定形脱水产物结晶	吸热	硅酸三钙形成	微吸热
碳酸钙分解放出二氧化碳	吸热		

表1-4-5　水泥熟料矿物的形成热

反应方程式	反应温度(℃)	热效应(J/g)
$2CaO + 石英砂 \longrightarrow \beta\text{-}C_2S$	1 300	+620
$3CaO + 石英砂 \longrightarrow C_3S$	1 300	+465
$\beta\text{-}C_2S + CaO \longrightarrow C_3S$	1 300	-1.5
$3CaO + Al_2O_3 \longrightarrow C_3A$	1 300	+348
$4CaO + Al_2O_3 + Fe_2O_3 \longrightarrow C_4AF$	1 300	+109

自由水在100℃时蒸发需2 256J/g水的热量。高岭土脱水吸热在20℃时为1 097J/g(以蒸发为水蒸气为基准)。高岭土无定形脱水产物在900℃～950℃时结晶放热为(302±42)J/g。碳酸镁分解吸热,在25℃时需1 356J/g,在600℃时需1 424J/g。黏土脱水产物和氧化钙反应是放热反应,约为420～500J/g。可以认为,燃烧物料在1 000℃以下的变化主要是吸热反应,而在1 000℃以上,则主要是放热反应。

熟料理论消耗的计算结果一例见表1-4-6。

表1-4-6　熟料理论热耗计算

吸　　热	(kJ/kg熟料)	放　　热	(kJ/kg熟料)
原料由20℃加热到450℃	712	黏土无定形脱水产物结晶放热	42
450℃黏土脱水	167	熟料化合物形成热	418
物料自450℃加热到900℃	816	熟料自1 400℃冷却到20℃	1 507
碳酸钙900℃分解	1 988	CO₂自900℃冷却到20℃	502
分解的碳酸钙自900℃加热到1 400℃	523	水蒸气自450℃冷却到20℃	84
熔融净热	105	(包括部分水冷凝)	
合　　计	4 311		2 553

上述计算是假定生产每千克熟料所需的生料量为 1.55kg,石灰石和黏土的比例为 78:22。据此,按物料在加热过程中的化学反应热和物理热,计算得每千克熟料的理论热耗为:

$$4\ 312 - 2\ 554 = 1\ 758kJ/kg\ 熟料。$$

由于原料不同,计算所得每千克熟料的形成热略有出入,一般波动在 1 630～1 800kJ/kg 熟料。由于冷却过程中,玻璃体不能全部结晶而产生的"熔融净热",这显然是一个变数。

当原料用碳化炉渣、矿渣等配料时,由于已有相当数量的 CaO 已以硅酸盐、铝酸盐、铁酸盐形式存在,可以节省大量的碳酸钙分解热,大约可降低 200～400kJ/kg 熟料的理论热耗。

从热力学观点来分析熟料形成能量消耗问题时,可以知道,如果把不同的各阶段反应重合在一起时,大约可以节省 17～21kJ/kg 熟料的热量。

(2)微量元素和矿化剂对熟料煅烧及其质量的影响

熟料中除四种主要组分外,还有由原、燃料带入的其他组分,有时还加入矿化剂。这类组分数量不多,却对熟料煅烧及其质量都有十分重要的影响。

1)氟化钙。生产高石灰饱和系数的熟料和白水泥熟料时,为改善生料的易烧性,或者为了提高熟料的质量、降低能耗,往往需要加入矿化剂。碱金属或碱土金属的氟盐(如:NaF、CaF_2、MgF_2、BaF_2)以及氟硅酸盐(Na_2SiF_6、$CaSiF_6$、$MgSiF_6$)都有较好的矿化效果。使用最普遍的是萤石(CaF_2)。

①萤石的作用:

a. 加速碳酸钙分解,破坏 SiO_2 晶格,促进固相反应。

氟化钙对结晶 SiO_2 和 $CaCO_3$ 作用的反应,一般认为:CaF_2 在高温蒸气作用下产生氢氟酸(HF),再生成 SiF_4 和 CaF_2,其反应如下:

$$CaF_2 + H_2O \longrightarrow CaO + 2HF$$
$$4HF + SiO_2 \longrightarrow SiF_4 + 2H_2O$$
$$2HF + CaCO_3 \longrightarrow CaF_2 + H_2O + CO_2\uparrow$$

从而加速碳酸钙分解,破坏 SiO_2 晶格,促进固相反应。

b. 加速碱性长石、云母的分解过程,促进碱的挥发。

c. 降低烧成温度、液相黏度,有利于液相中的质点扩散,加速硅酸三钙的形成。

d. 氟化钙和生料组分通过固相反应生成氟硅酸钙、氟铝酸钙等化合物。氟硅酸钙为中间过渡相,它的存在可促进硅酸二钙和硅酸三钙的形成。

有学者在研究 $CaO\text{-}SiO_2\text{-}CaF_2$ 三元系统时指出:当原料中掺有氟化钙时,在煅烧中会形成两种稳定的氟硅酸盐:$2C_2S\cdot CaF_2$ 和 $3C_2S\cdot CaF_2$,它们作为 C_3S 和 C_2S 形成的中间产物,有利于 C_2S 与 C_3S 的形成。

$$4CaO + 2SiO_2 + CaF_2 \xrightarrow{\ 850℃\sim950℃\ } 2C_2S\cdot CaF_2$$
$$2C_2S\cdot CaF_2 \xleftarrow{\ 1\ 040℃\ } (\alpha' C_2S) + CaF_2$$
$$3(\alpha' C_2S) + 3CaO + CaF_2 \xrightarrow{\ 1\ 130℃\ } 3C_2S\cdot CaF_2$$
$$3C_2S\cdot CaF_2 \xleftarrow{\ 1\ 175℃\ } C_3SF(含氟固溶体) + 液相$$

有科学工作者对 $CaO\text{-}SiO_2\text{-}CaF_2$ 三元系统中 $2C_2S \cdot CaF_2$ 稳定相作了研究。根据高温 X 射线衍射分析的结果认为,由 CaO、SiO_2 和 CaF_2 不能直接生成 $2C_2S \cdot CaF_2$,而是如下式反应:

$$4CaO + 2SiO_2 + CaF_2 \xrightarrow{800℃} 2(\alpha'C_2S) + CaF_2$$

$$2(\alpha'C_2S) + CaF_2 \xrightarrow{900℃} C_2S \cdot CaF_2$$

CaF_2 的存在,使 C_2S 能在较低温度下开始生成。同时,试验发现,$2C_2S \cdot CaF_2$ 相在 1 040℃ 下稳定存在,当超过 1 040℃ 后即迅速分解成 $\alpha'C_2S$ 和 CaF_2。而温度再升高到 1 200℃ 时,CaF_2 的 X 射线衍射峰值消失,CaO 的 X 射线衍线峰值出现,其反应式为:

$$\alpha'C_2S + CaF_2 \xrightarrow{1\,200℃} f\text{-}CaO + 液相$$

从 $2C_2S \cdot CaF_2$ 的生成和热稳定性可知,$2C_2S \cdot CaF_2$ 对 C_3S 的形成关系不大。

在对 $CaO\text{-}SiO_2\text{-}CaF_2$ 三元系统中另一稳定相 $3C_2S \cdot CaF_2$ 的进一步研究时表明,经高温 X 射线衍射分析发现,该过渡相的组成应为 $C_{11}S_4 \cdot CaF_2$,其反应过程为:

$$8CaO + 4SiO_2 + CaF_2 \xrightarrow{900℃} 2(\alpha'C_2S) + 2C_2S \cdot CaF_2$$

$$2(\alpha'C_2S) + 2C_2S \cdot CaF_2 \xrightarrow{1\,040℃} 4(\alpha'C_2S) + CaF_2$$

$$4(\alpha'C_2S) + CaF_2 + 3CaO \xrightarrow{1\,100℃} C_{11}S_4 \cdot CaF_2$$

在 1 200℃ 以下时:

$$C_{11}S_4 \cdot CaF_2 \xrightarrow{<1\,200℃} 3C_3S_F + 液相$$

而有的研究则认为:$3C_2S \cdot CaF_2$ 的组成应以 $C_{19}S_7 \cdot 2CaF_2$ 较为确切。

上述研究表明,该二元过渡相存在于 1 100℃ ~ 1 200℃ 时,可使之形成 C_3S_F,比水泥熟料中形成阿利特的温度降低了 150℃ ~ 200℃,因而它的存在,有利于 C_3S 的生成。

试验发现,$2C_2S \cdot CaF_2$ 没有胶凝性;$3C_2S \cdot CaF_2$(即 $C_{11}S_4 \cdot CaF_2$ 或 $C_{19}S_7 \cdot 2CaF_2$)的胶凝性很小。

在 $CaO\text{-}Al_2O_3\text{-}SiO_2\text{-}CaF_2$ 四元系统中,还将形成氟铝酸钙矿物($C_{11}A_7 \cdot CaF_2$),也有利于 C_3S 的形成。

e. 当氟化钙含量较高时,会抑制 C_3A 的形成。形成的氟铝酸钙大约在 1 350℃ 以上时分解消失。氟铝酸钙是一种速凝早强矿物,含有一定数量的氟铝酸钙对水泥熟料的早期强度是有利的。

由此可知,氟化钙加入硅酸盐水泥熟料中,能使硅酸三钙在低于 1 200℃ 的温度下开始形成,熟料可在 1 350℃ 左右烧成,其熟料组成中含有 C_3S、C_2S、$C_{11}A_7 \cdot CaF_2$、C_4AF 等矿物,有时也可生成 C_3A 矿物,熟料质量良好,安定性合格。也可以使熟料在 1 400℃ 以上温度煅烧。以获得通常熟料组成的硅酸盐水泥。

除萤石外,其余含氟化合物的矿化作用基本与萤石相同。

②注意事项:

a. 氟化钙掺入量要适当,掺量一般为生料质量的 0.5% ~ 1.2% 为宜。若掺量少,效果不明显;掺量多,不但不经济,反而在液相中结晶,增加液相黏度,不利于硅酸三钙的形成。

b. 萤石与生料要混合均匀,使萤石均匀分布于生料中。

c. 熟料应快冷。由于氟铝酸盐三元过渡相为不一致熔化合物,它们在 $1\,200℃$ 以下分解为 C_3S_F 和液相;而在熟料冷却时,液相又会回吸 C_3S_F 而生成该三元过渡相;从而降低强度。同时,CaF_2 于 $1\,250℃$ 时,还会促使 C_3S 的分解,因此,加氟化钙作矿化剂时,熟料应该急冷。

d. 氟化钙对窑衬有腐蚀作用,应注意选择窑衬,还应注意氟对大气污染。

2)硫化物。作为矿化剂所使用的硫化主要是石膏类。石膏类矿化剂可用天然石膏、磷石膏、氟石膏等。磷石膏是生产磷酸和过磷酸钙的工业废渣;氟石膏是制造氟化氢时的工业废渣。

①石膏的矿化作用:

a. 在煅烧过程中,硫酸钙能和硅酸钙、铝酸钙形成硫硅钙石($2C_2S \cdot CaSO_4$)和无水硫铝酸钙($4CaO \cdot 3Al_2O_3 \cdot SO_3$)。$2C_2S \cdot CaSO_4$ 为中间过渡化合物,它于 $1\,050℃$ 左右开始形成。于 $1\,300℃$ 左右分解为 $\alpha'C_2S$ 和 $CaSO_4$。$4CaO \cdot 3Al_2O_3 \cdot SO_3$(简写为 $C_4A_3\bar{S}$ 大约在 $950℃$ 左右开始形成,在接近 $1\,400℃$ 时开始分解为铝酸钙、氧化钙和三氧化硫。$C_4A_3\bar{S}$ 是一种早强矿物,强度高、硬化快。

在对 C_3S-$C_4A_3\bar{S}$ 系统的研究发现:即使有一定的液相,C_3S 也很难生成;同时掺入氧化镁,情况有所改善;同时掺入氧化铁或氧化铁和氧化镁时,游离氧化钙降低较多,较易形成 C_3S。因而对硅酸盐水泥熟料,在氧化镁含量正常时,含有百分之几的三氧化硫,可能在中间过渡相和氧化镁、氧化铁、石膏等液相作用下,会加速 C_3S 的形成。

b. 硫酸钙在窑内是氧化气氛时,有一部分分解为氧化钙和三氧化硫,三氧化硫能降低熟料形成时的液相黏度,增加液相量,有利于硅酸三钙的形成。同时少量硫酸钙能稳定 β-C_2S。

②注意问题:

a. 原料黏土或页岩中含有少量硫,燃料中带入的硫通常较原料中多。在回转窑内氧化气氛中,含硫化合物最终都被氧化成三氧化硫,并分布在熟料、废气以及飞灰中。当原料从窑内通过并受热时,从气体中吸收硫化物,首先和碱反应,特别是再与钙生成硫酸钙,在趋近高温区域时,碱的硫酸盐就挥发,硫酸钙也会部分分解,从而引起窑内硫的循环(碱、氯也在窑内循环)。显然,进入和离开窑的硫总含量是平衡的,大部分硫进入熟料中。碱、氯、硫在生料中的富集,会导致旋风预热器和分解炉的结皮、甚至引起堵塞,必须引起重视。掺入石膏作矿化剂,情况可能会更严重。

b. 当用石膏作矿化剂时,其适宜掺量为 2%~4%。当掺入量超过 5.3% 时,游离氧化钙显著增加,主要原因是 SO_3 和 Al_2O_3 固溶于 C_2S 中,使 C_3S 难以生成。

c. 用石膏作矿化剂时,应注意 SO_3 在水泥中的含量。

3)复合矿化剂。两种或两种以上的矿化剂一起使用时,称为复合矿化剂。最常用的是氟化钙和石膏,此外还有重晶石、萤石以及氧化锌等复合矿化剂。

a. 石膏($CaSO_4$)和萤石(CaF_2)复合矿化剂。石膏和萤石复合矿化剂,通常简称为氟、硫复合矿化剂。

石膏($CaSO_4$)和萤石(CaF_2)复合矿化剂作用。对 CaO-C_2S-$CaSO_4$-CaF_2 系统的研究发现,在不同组成、不同温度下,可能生成四个过渡化合物,即:$2C_2S \cdot CaF_2$;$2C_3S \cdot CaF_2$;$2C_2S \cdot CaSO_4$ 和 $3C_3S \cdot 3CaSO_4 \cdot CaF_2$。

对掺有石膏和氟化钙的水泥生料的试验结果表明:氟和硫除了因溶于硅酸盐相以及溶于

熟料液相中外,随条件、组成的不同,在熟料形成过程中可能生成上述各过渡相,并形成 C_3S、C_2S、C_4AF 以及 $C_4A_3\bar{S}$、$C_{11}A_7 \cdot CaF_2$ 和 C_3A 等矿物。有的试验研究表明:熟料中 $C_4A_3\bar{S}$ 和 $C_{11}A_7 \cdot CaF_2$ 的含量,与熟料中 CaF_2/SO_3 比值有很大关系。通常,CaF_2 的存在,既抑制 C_3A 的形成,又抑制 $C_4A_3\bar{S}$ 的形成。因此,熟料中有足够的 Al_2O_3 含量时,形成铁铝酸盐、$C_4A_3\bar{S}$ 和 $C_{11}A_7 \cdot CaF_2$ 或其中之一。随着 CaF_2/SO_3 比值增加,$C_4A_3\bar{S}$ 减少,当 CaF_2/SO_3 超过一定数值时,$C_4A_3\bar{S}$ 趋向于 0;在 CaF_2/SO_3 比例适当时,可同时生成 $C_4A_3\bar{S}$ 和 $C_{11}A_7 \cdot CaF_2$;当 CaF_2/SO_3 比值较低时,主要生成 $C_4A_3\bar{S}$。有的试验研究指出:在形成 $C_4A_3\bar{S}$ 和 $C_{11}A_7 \cdot CaF_2$ 或其中之一的同时,还会形成 C_3A;有的研究进一步认为:掺加石膏、萤石复合矿化剂,熟料的形成过程比较复杂,形成熟相矿物的影响因素较多,如熟料组成(KH 的高低、n 的大小等)、CaF_2/SO_3 的比值、烧成温度的高低等均有关系。不同条件生成的熟料矿物并不完全相同。另外,CaF_2 和 $CaSO_4$ 复合矿化剂的加入,特别是由于大约在 900℃～950℃ 形成了 $3C_2S \cdot 3CaSO_4 \cdot CaF_2$,当该四元过渡相在温度升高而开始消失的同时,物料内出现液相,因此,对阿利特的形成有明显的促进作用。由此说明,氟、硫复合矿化剂能降低熟料烧成时液相出现的温度,降低液相的黏度。从而使阿利特的形成温度降低了 150℃～200℃,促进了阿利特的形成。有资料表明,$3C_2S \cdot 3CaSO_4 \cdot CaF_2$ 四元过渡相还有催化剂的作用,可促使阿利特在 1 350℃ 左右合成。在四元过渡相氟硫硅酸钙 $3C_2S \cdot 3CaSO_4 \cdot CaF_2$ 消失的同时,液相并不多,而游离钙却迅速下降,阿利特大量生成。这些都说明,在氟、硫复合矿化剂存在时,此四元过渡相对阿利特形成起主要作用。但也有不太一致的试验结果。

不少研究者的试验与生产实践表明,掺有氟、硫复合矿化剂后,硅酸盐水泥熟料可以在 1 300℃～1 350℃ 的较低温度下烧成。这除了一些中间过渡相在较低温度下可以促进硅酸三钙的形成外,试验还发现,水泥熟料煅烧时,液相出现温度降至 1 180℃ 左右。形成的水泥熟料中,阿利特含量高而且发育良好,还会形成 $C_4A_3\bar{S}$ 和 $C_{11}A_7 \cdot CaF_2$ 或者其中之一的早强矿物,因此,熟料强度较高。如立窑可以生产 42.5R,甚至达 52.5R 的熟料。有的试验结果还表明,如果煅烧温度超过 1 400℃,虽然早强矿物无水硫铝酸钙和氟铝酸钙分解,但形成阿利特数量更多,且晶体发育良好,也同样可以获得高质量的水泥熟料,其强度还可高于低温(1 300℃～1 350℃)煅烧的熟料。

总之,在立窑中采用氟、硫复合矿化剂,对改善生料易烧性,促进熟料煅烧,降低熟料中游离氧化钙,提高熟料质量是一项十分有效的措施。而且由于降低了熟料煅烧温度,还可以节省燃料消耗,提高窑的产量。

使用石膏($CaSO_4$)和萤石(CaF_2)复合矿化剂应注意的问题。使用石膏和萤石复合矿化剂中,必须加强生料配料和质量控制,严格控制氟化钙和石膏的掺加量及其比例,以免由于烧结范围变窄,烧成温度的波动,影响窑的操作和熟料质量。

掺加氟、硫复合矿化剂的熟料,会出现有时速凝、有时慢凝的现象。试验表明,当熟料 IM 高,氟、硫比高,以及有时还原气氛严重时,会形成较多的氟铝酸钙($C_{11}A_7 \cdot CaF_2$),如果所加石膏不足以阻止氟铝酸钙的迅速水化就要产生急凝;但氟硫比高,IM 低,铁多时,可能形成 C_6AF_2,析出铝酸盐矿物少,使凝结缓慢。这也可能是由于 C_6AF_2 与氟会固溶在 C_3S 中,减缓 C_3S 的水化,而引起慢凝。还有的试验表明,当氟在 C_3S 表面形成氟硅酸钙的反应层时(煅烧温度高且含氧化铁高),由于其水化很慢,基本上没有水硬性,从而影响凝结时间和强度的发展。

使用石膏和萤石复合矿化剂,要注意复合矿化剂对窑衬的腐蚀及对大气的污染。还必须指出:氟、硫复合矿化剂的作用机理以及对熟料质量的影响等,目前还没有完全研究清楚,还需要做更多地系统的工作。

b. 重晶石、氟化钙复合矿化剂。熟料中含有一定量的氧化钡(1%~3%),能提高硅酸盐水泥的早期强度和后期强度。由于 Ba^{2+} 能固溶于 C_2S 中,进入 C_2S 晶格,阻止其向 γ-C_2S 转化,并提高了 β-C_2S 的活性,因而可以提高水泥的强度。近来的研究表明,在硅酸盐水泥生料掺加适量硫酸钡($BaSO_4$)后,可以在煅烧时降低液相出现的温度、降低液相黏度,从而降低烧成温度和熟料单位热耗,有利于增加窑的产量,提高熟料质量。

鉴于重晶石兼有 Ba^{2+} 和 SO_4^{2-} 的双重有利条件,因而利用重晶石和萤石作复合矿化剂,显然对水泥熟料的煅烧会有良好的矿化效果。

有关试验结果表明,重晶石和萤石复合矿化剂与石膏、萤石复合矿化剂一样,对促进煅烧过程都有显著的效果。其烧成温度可降低至 1 250℃~1 350℃。这两种复合矿化剂的矿化作用类似,但从过渡相矿物看,其组成、形成和转化过程等方面略有差异。Ba^{2+} 主要富集在硅酸二钙晶体中,进入 C_2S 晶格,使 C_2S 还可能以 α 或 α' 型存在,从而提高了活性。当熟料的石灰饱和系数较低时,Ba^{2+} 的矿化效果更好。

由于这种复合矿化剂对原料无特殊要求,还可以利用重晶石尾矿,有利于天然资源的开发和利用,所以对扩大矿化剂的类别,降低热耗很有意义。

c. 氧化锌及其复合矿化剂。氧化锌(ZnO)也是一种很好的矿化剂。试验表明:以铅锌尾矿作为矿化剂,可使水泥熟料煅烧时的液相出现温度降至 1 210℃左右,从而降低熟料烧成温度。当生料中含有 2.4%ZnO,在 1 350℃左右可以烧成熟料。ZnO 的加入,会阻止 β-C_2S 向 γ-C_2S 的转化,并促进阿利特的形成;加入少量的氧化锌(1%~2%),可改善水泥的早期强度;加入 ZnO 有利于提高水泥的流动度,降低需水量,也可以提高水泥的强度。但应注意,ZnO 掺入过多时,会影响水泥的凝结和强度。

当铅锌尾矿和氟、硫复合矿化剂同时使用时,液相出现温度可以降至 1 130℃左右,使水泥熟料煅烧温度降至 1 250℃~1 300℃。

其他如铜矿渣、磷矿渣等均可作矿化剂使用。但当掺用磷矿渣时,应注意磷对水泥熟料质量的影响。

4)碱主要来源于原料。在使用煤作燃料时,则少量碱来自煤灰。物料在煅烧过程中,苛性碱、氯化碱首先挥发,碱的碳酸盐和硫酸盐次之,而存在于长石、云母、伊利石中的碱要在较高的温度下才能挥发。挥发的碱只有一部分排入大气,其余部分随窑内烟气向窑低温区域运动时,会凝结在温度较低的生料上。随原料种类、窑型、烧成温度不同,残留在熟料中碱的含量有所不同,曾测得不同窑型所生产的熟料中碱的残留量为:立波尔窑 64%;悬浮预热器窑 80%;湿法长窑 88%。

熟料中含有微量的碱,能降低最低共熔温度,降低熟料烧成温度,增加液相量,起助熔作用,对熟料性能并不造成多少危害;但含碱较多时,除了首先与硫结合成硫酸钾(钠)以及有时形成钠钾芒硝($3K_2SO_4 \cdot Na_2SO_4$)或钙明矾($2CaSO_4 \cdot K_2SO_4$)等以外,多余的碱则和熟料矿物反应生成含碱矿物和固溶体,其反应式如下:

$$12C_2S + K_2O \longrightarrow K_2O \cdot 23CaO \cdot 12SiO_2 + CaO$$

$$3C_3A + Na_2O \longrightarrow Na_2O \cdot 8CaO \cdot 3Al_2O_3 + CaO$$

式中 $K_2O \cdot 23CaO \cdot 12SiO_2$ 可简写为 $KC_{23}S_{12}$，$Na_2O \cdot 8CaO \cdot 3Al_2O_3$ 可简写为 NC_8A_3。有时还可形成类似的 $NC_{23}S_{12}$ 和 KC_8A_3，即 K_2O 与 Na_2O 取代 CaO 形成含碱化合物，析出 CaO，使 C_2S 难以再吸收 CaO 形成 C_3S，并增加熟料中游离氧化钙含量，从而降低熟料质量。

应该指出：熟料中硫的存在，由于生成碱的硫化物，可以缓和碱的不利影响。

水泥中含碱量高，由于碱易生成钾石膏（$K_2SO_4 \cdot CaSO_4 \cdot H_2O$），使水泥库结块、水泥快凝。碱还能使混凝土表面起霜（白斑）。更重要的是，水泥中的碱又能和活性集料，如蛋白石、玉髓等发生"碱-集料反应"，产生局部膨胀，引起构筑物变形，甚至开裂。

在操作上，由于碱会冷凝于较低温度的生料上，对预热器窑，通常在最低二级旋风预热器内就会冷凝。虽然 Na_2O 的冷凝率较低，但在预热器中 K_2O 的冷凝率高达 $89\% \sim 97\%$，与硫化物类似，也会产生碱的循环。

由于碱的熔点较低，当原、燃料中含有较高的碱时，则碱循环富集到一定程度，就会引起氯化碱（RCl_2）和硫酸碱（R_2SO_4）等化合物粘附在最低二级旋风预热器卸料锥体或筒壁内，形成结皮，严重时会堵塞卸料管，影响窑的正常生产。

因此，通常熟料中碱含量以 Na_2O 计，应小于 1.3%，生产中热水泥用于有低碱要求的场合时，应小于 0.9%。当生料中含碱量高时，对旋风预热器窑和窑外分解窑，为防止结皮堵塞，应考虑旁路放风、冷凝放灰等措施，以保证窑的生产正常进行。

5）氧化镁。熟料煅烧时，氧化镁有一部分与熟料矿物结合成固溶体并溶于玻璃相中，故熟料中含有少量氧化镁，能降低熟料的烧成温度，增加液相数量，降低液相黏度，有利于熟料烧成，还能改善水泥色泽。硅酸盐水泥熟料中，其固溶量与溶解于玻璃相中的总 MgO 量约为 2%，多余的氧化镁呈游离状态，以方镁石存在，因此，氧化镁含量过高时，影响水泥的安定性。

6）氧化钛和氧化磷。通常，熟料中还含有钛和磷，虽然含量不多，也有一定影响。

熟料中氧化钛（TiO_2）主要来自黏土。一般氧化钛含量不超过 0.3%。

熟料中含少量的氧化钛（$0.5\% \sim 1.0\%$），由于它能与各水泥熟料矿物形成固溶体，特别是对 $\beta\text{-}C_2S$ 起稳定作用，可提高水泥强度。但含量过多，则因与氧化钙反应生成没有水硬性的钙铁矿（$CaO \cdot TiO_2$）等，消耗了氧化钙，减少了熟料中的阿利特，从而影响水泥强度。因此，氧化钛在熟料中的含量应小于 1.0%。

氧化磷含量一般在熟料中极少。有试验指出，当熟料中氧化磷（P_2O_5）含量在 $0.1\% \sim 0.3\%$ 时，可以提高熟料强度，这可能与 P_2O_5 稳定 $\beta\text{-}C_2S$ 有关；但随着其含量增加，由于 P_2O_5 会使 C_3S 分解，形成一系列 $C_3S\text{-}3CaO \cdot P_2O_5$ 的固溶体，因而每增加 1% 的 P_2O_5，将减少 9.9% 的 C_3S，增加 10.9% 的 C_2S。当 P_2O_5 含量达 7% 时，熟料中 C_3S 含量将会减少至 0。因此，当用含磷原料时，应注意适当减少原料中氧化钙含量，以免游离氧化钙过高。但由于这种熟料中的 C_3S/C_2S 比值较低，因而强度发展较慢。曾有报道认为，P_2O_5 的含量在 $2.0\% \sim 2.5\%$ 时，可获得安定性良好的水泥。

7）其他微量元素。原料中含有微量的钡、锶、钒、硼等化合物，对熟料的燃烧是有利的，也有利于提高熟料的质量。

钡已如上述。锶的氧化物和硫酸盐、在熟料中既是一种矿化剂，也是一种提高硅酸二钙活性、防止向 γ-C_2S 转化的稳定剂。硼的化合物是一种助熔剂。矾的氧化物既能降低液相的生成温度，还能防止硅酸二钙向 γ 型转化，有利于熟料的形成和提高水泥熟料的强度。

我国部分石煤与煤矸石中含有微量的钒、硼等元素。

(3)回转窑内熟料的煅烧

回转窑是一个金属的圆筒体，筒内镶嵌耐火材料，斜置在数对托轮上，冷端高、热端低，斜度一般为 3%～5%。

生料(粉或料浆)由窑尾(冷端)喂入窑内，随窑体不断回转而呈螺旋状缓慢前进，生料在运动中受热，发生一系列物理化学变化，最后烧成熟料，并由窑头(热端)排出，进入冷却机冷却后送入熟料库。

熟料烧成所需能量由燃料提供，固、液、气燃料均可在回转窑内使用。在我国，水泥熟料的煅烧一般采用固体燃料(事先制备的煤粉)，不包括白色硅酸盐水泥熟料。

煤粉经喷煤管随一次空气(一次风)由窑头喷入窑内，与经过冷却机预热后进入窑内的二次空气(二次风)混合煅烧。一次风一般占煅烧所需空气量的 15%～30%。

窑内燃料煅烧、熟料烧成所产生的热废气，在窑尾排风机的抽力作用下，经收尘器净化后，由烟囱排入大气。

综上所述，回转窑既是反应器，又是热交换设备，同时也是输送设备。

回转窑的优点是物料在回转窑内运动条件较好，特别是烧成带的物料在高温下出现液相，窑体的回转不仅使黏性物料继续保持正常运动，而且有助于形成颗粒均匀的熟料，所以操作比较稳定，熟料质量好，生产能力大，劳动生产率较高。但是，由于回转窑内物料呈堆积态，传热面积小，传热速度是比较慢的。窑尾气体温度很高，如不利用，热损失较大。

1)回转窑内的反应带。在回转窑内熟料烧成过程中，物料经过了一系列物理化学变化，而所发生的任何一种变化都需经过热交换，在得到发生物理化学变化所需的能量后，物料的反应才能发生、发展、最终结束，这一切需要空间和时间。因此，按回转窑内物料沿窑长的温度变化和不同的反应所占的空间，可分为：干燥带、预热带、分解带、放热反应带、烧成带和冷却带。

下面以湿法回转窑为例，说明反应带的划分及其特点，回转窑内物料、气体温度分布见图1-4-9。

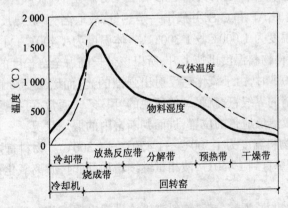

图 1-4-9　回转窑内物料、气体温度分布图

a. 干燥带。这个带的作用主要是自由水的蒸发，因此需要消耗大量的热，该带耗热大约占总热耗的 30%～35%。为了提高热交换效率，在干燥带的大部分空间挂有链条，作为热交

换器。

此带物料温度为20℃～150℃,气体温度为200℃～400℃。含水分为32%～40%的料浆喂入回转窑后温度逐渐升高,料浆水分不断蒸发,料浆由稀变稠,当水分降到22%～26%时,物料可塑性最大,此时最易形成泥巴圈,以后水分继续蒸发,物料从链条上脱落下来而成球。直到物料温度达150℃左右,自由水分全部蒸发,物料进入预热带。

干法窑由于入窑生料的水分小于1%,几乎没有干燥带。半干法窑的干燥过程在加热机上进行,在回转窑内无干燥带。预热器窑和窑外分解窑自由水蒸发在预热器内进行,因此,回转窑内无干燥带。

b. 预热带。该带的反应首先是原料中有机物质的干馏与分解,然后黏土矿物脱水,碳酸镁开始分解。

物料进入预热带温度上升很快。预热带物料温度为150℃～750℃,气体温度为400℃～1 000℃。当温度升到400℃～600℃时,黏土脱水分解出活性二氧化硅和三氧化二铝,当温度升到600℃～700℃,$MgCO_3$进行分解。由于以上反应使球状物料逐渐粉化成黄色粉状物料。

该带是吸热反应,物料温度逐渐升高,为碳酸钙分解创造条件,所以称预热带。新型干法窑或立波尔窑预热带发生在预热器或加热机上,窑内无预热带。

c. 分解带。分解带主要是碳酸钙分解及预热带未分解完碳酸镁的继续分解,同时有固相反应发生。

分解带物料温度为750℃～1 000℃,气体温度为1 000℃～1 400℃。物料进入分解带后,烧失量开始明显减少,化合二氧化硅开始明显增加,这表明同时进行碳酸钙分解和固相反应。由于碳酸钙分解反应吸收大量热量,所以物料升温较慢。同时由于分解后放出大量CO_2气体,使粉状物料处于流态化,物料运动速度较快,扬尘也较多。所以分解带占回转窑长度比例较大。

在分解带的末端,分解产物之间产生固相反应,最初生成低碱性的铝酸盐(CA)和铁酸盐(CF)以及C_2S,低碱性的铝酸盐和铁酸盐再吸收氧化钙生成高碱性的铝酸盐和铁铝酸盐。

带悬浮预热器和加热机的窑,分解反应有一部分在预热器和加热机内进行,而窑外分解窑大部分的分解反应在分解炉内进行。窑内承担的碳酸盐分解只有15%左右。

d. 放热反应带。分解带产生的大量CaO和黏土分解出的SiO_2、Al_2O_3等氧化物在该带进行固相反应,生成C_3A、C_4AF和C_2S,并放出一定热量,故取名为"放热反应带"。

放热反应带物料温度为1 000℃～1 300℃,气体温度为1 400℃～1 600℃。因反应放热,再加上火焰的传热,使得物料温度迅速上升,所以该带长度占全窑长度的比例很小。

在1 250℃～1 300℃时,由于氧化钙反射出强烈的光,而碳酸钙分解带物料显得发暗,从窑头看去能观察到明暗的界线,这就是一般所说的"黑影"。通常,可根据黑影的位置来判断窑内物料的运动情况及放热反应带的位置,进而判断窑内的煅烧状况。

e. 烧成带。该带物料温度为1 300℃～1 450℃～1 300℃。物料直接受火焰加热,自进入该带起开始出现液相,一直到1 450℃,液相量继续增加,同时,游离氧化钙被迅速吸收,水泥熟料烧成,故称烧成带。

该带是回转窑内温度最高的一带,物料进入该带就出现液相。液相量波动于20%～30%之间,在液相中C_2S和氧化钙反应生成C_3S,其反应为:

$$CaO + C_2S \longrightarrow C_3S$$

其化学反应热效应基本上等于零(微吸热反应),只是在熟料形成过程中生成液相时需极少量的熔融净热。但是为使游离氧化钙吸收比较完全,获得高质量的熟料,必须使物料在烧成带保持一定的高温和足够的停留时间。对湿法回转窑通常需 15～20min;窑外分解窑,由于大大改善了窑后的物料预烧条件,窑转速从湿法回转窑的 1～1.5r/min 提高到 3.5～3.7r/min。窑内物料温度均匀性又得到较大改善,从而使物料在烧成带的停留时间可以缩短到 10～15min。

f. 冷却带。冷却带内物料温度从 1 300℃ 开始下降,熟料在该带冷却成圆形颗粒,进入冷却机内进一步冷却。

由于各带的划分是人为的,另外,各种反应的进行是由反应条件决定的,因此,各种反应在各个带内往往是交叉或同时进行的,不可能截然分开。

回转窑内各反应带的长度随的煅烧情况而变化。为了使回转窑窑体适应各反应带的不同需要,曾采用不同的窑体型式,即变化回转窑各带的筒体直径,或改变回转窑长度与直径的比例关系。窑体型式主要有直筒型、一端扩大型及两端扩大型。扩大热端的目的在于提高产量,扩大冷端则有利于降低料耗和热耗,两端扩大型窑兼有两者之长。但由于窑体局部扩大,在大直径到小直径的过渡段,容易积料和扬尘,而且筒体制作复杂,费用较高。实践经验和理论研究表明,直筒型是现时最有效的窑体结构。

2)回转窑煅烧的化学特性及煅烧特点。在回转窑的斜度和转速不变的情况下,由于物料在窑内各带的化学变化和物理状态不同,使物料以不同的速度通过窑的各带。实验表明,物料在烧成带内通过速度最慢,而分解带内(特别是分解带的热端)碳酸钙大量分解,使生料颗粒表面被 CO_2 气体包裹而呈微流态化,因而物料运动速度最快。

如图 1-4-10 和表 1-4-7 所示。窑的热耗为 5 510kJ/kg 熟料。表 1-4-7 和图 1-4-10 表明,废气带走热损失和水分蒸发耗热为 3 120kJ/kg 熟料,占总热耗的 56.6%,窑的热效率(理论热耗与窑的热耗比值的百分数)仅为 31.6%;回转窑内碳酸钙分解吸热高达 1 989kJ/kg 熟料,而烧成带内阿利特形成(包括熟料形成时液相生成吸热在内)仅为 105kJ/kg 熟料,基本上接近于零。

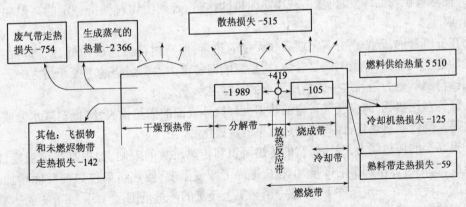

图 1-4-10　ϕ5.0m/4.35m×165m 湿法回转窑的有效耗热量与窑内物料各带的热化学特性方框图

回转窑内的传热速度是比较慢的。物料受火焰(高温气流)的辐射和对流传热以及火砖的辐射和传导传热等,其综合传热系数较低,约为 58～105W/(m²·℃),物料的传热面积仅

$0.012\sim0.013m^2/kg$，气流和物料的平均温度差一般也只有200℃左右，因此，物料在窑内升温缓慢。特别是回转窑的转速一般只有$1\sim3r/min$，物料随窑的回转，缓慢向前移动。表面物料由于受到热气流和耐火砖的辐射，很快被加热，其温度显著高于内部物料温度，不很均匀。经测定，烧成带物料表面温度比物料的总体平均温度至少要高出200℃。在这些温度较高的表面物料中，首先开始各种反应。因此，物料温度的不均匀性，会延长化学反应所需时间，并增加不必要的能量损失。

表 1-4-7 $\phi5.0m/4.35m\times165m$ 湿法回转窑的有效耗热量与窑内物料各带的热化学特性

项　　　目	指　　标 kJ/kg 熟料
由燃料供应的热耗	5 510
黏土脱水	167
碳酸盐分解	1 989
放热反应	419
熟料烧成（C_3S和液相生成）	105
熟料煅烧理论热耗	1 742
水分蒸发	2 366
废气中的热损失	754
熟料带走的热损失	59
从冷却机抽热取的空气热量	100
散热损失　　窑　　壁	515
冷却机壁	25
其　　他	142

注：该窑产量为 1 057t/d，废气温度为 180℃。

综上所述，回转窑的煅烧特点可以概括如下：

①在烧成带，硅酸二钙吸收氧化钙形成硅酸三钙的过程中，其化学反应热效应基本上等于零（微吸热反应），只有在生成液相时需要少量的熔融净热，但是，为使游离氧化钙吸收得比较完全，并使熟料矿物晶体发育良好，获得高质量的熟料，必须使物料保持一定的高温和足够的停留时间。

②在分解带内，碳酸钙分解需要吸收大量的热量，但窑内传热速度很低，而物料在分解带内的运动速度又很快，停留时间又较短，这是影响回转窑内熟料煅烧的主要矛盾之一。在分解带内加挡料圈就是为缓和这一矛盾所采取的措施之一。

③降低理论热耗，减少废气带走的热损失和筒体表面的散热损失，降低料浆水分或改湿法为干法等是降低熟料热耗，提高窑的热效率的主要途径。

④提高窑的传热能力，受回转窑的传热面积和传热系数的限制，如提高气流温度，以增加传热速度，虽然可以增加窑的产量，但相应提高了废气温度，使熟料单位热耗反而增加。对一定规格的回转窑，在一定条件下，存在一个热工上经济的产量范围。

⑤回转窑的预烧（生料预热和分解）能力和烧结（熟料烧成）能力之间存在着矛盾，或者说回转窑的发热（燃料产生热量）能力和传热（热量传给物料）能力之间存在着矛盾，而且，这一矛盾随着窑规格的增大而愈加突出。理论分析和实际生产的统计资料表明，窑的发热能力与窑直径的三次方成正比，而传热能力基本上与窑直径的$2\sim2.5$次方成正比，因此，窑的规格愈

大,窑的单位容积产量愈低。为增加窑的传热能力,必须增加窑系统的传热面积,或者改变物料与气流之间的传热方式,预分解炉是解决这一矛盾的有效措施。

3)回转窑的煅烧系统

①湿法回转窑煅烧系统。湿法回转窑的基本流程如图1-4-11所示。该流程主要由回转窑、冷却机、喷煤管及驱动气体流动的风机和烟囱所组成。

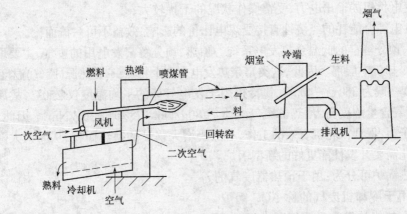

图1-4-11　回转窑煅烧系统的基本流程

湿法窑的特点是自冷端加入的是生料浆。为了强化传热,湿法窑冷端往往加装链条和料浆预热器。链条装置除有助于传热外,还起到蒸发水分、输送原料及防止结泥巴圈等作用。除链条外,湿法窑内有时还加装料浆预热器。料浆预热器是装在湿法回转窑窑尾入口链条带之前的热交换器,有隔膜式、十字架式和链条式等。

②带余热锅炉的干法窑系统。干法回转窑生料粉含水分仅为1%左右,因此窑内不存在干燥带,节约了蒸发水分所需的热量,但由于回转窑内气-固换热效率低,即使窑的长度比较长,而且加装内部换热装置(如链条等),干法窑的窑尾气体温度也达600℃~800℃,这部分热量若不加以利用,其单位热耗并不明显低于湿法窑。为此中空干法窑型,已逐步被淘汰。

利用干法窑尾废气余热,是人们长期以来在探讨的技术问题。可采取的途径很多,余热发电是发展较早而至今仍有生命力的一种技术方案。下面简要介绍两种窑余热发电系统。

a.中空干法窑余热发电系统。中空干法窑热耗都在6 800~7 500kJ/kg熟料,窑尾废气温度大多在850℃~1 000℃,余热发电系统工艺流程见图1-4-12。余热锅炉布置在窑尾和电收尘器之间,废气由窑尾直接进入锅炉,与锅炉给水进行热交换,产生400℃左右1.4~4MPa压力的蒸气,然后用管道送至汽轮发电机。

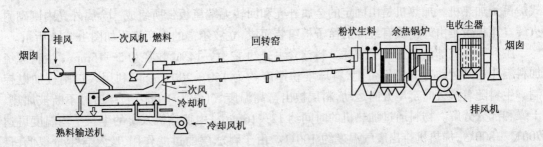

图1-4-12　中空干法窑余热发电工艺流程

余热发电系统投资约为窑工艺线总投资额的 10％ 左右。在煤电当量差价比较大的情况下,几年内节电费即可回收投资,加之系统不复杂,投资见效快,在积累一定经验后,操作管理也能掌握好,故有条件的中、小型工厂,乐于采用。尤其是在外购电价格高、无保证的情况下,更显示其优点。但带余热锅炉系统尚存在以下缺点:

- 与电站相比,余热锅炉发电效率相对比较低;
- 余热发电机组的输出电力,受窑操作状况的干扰较大;
- 余热发电综合能耗的经济性直接受煤电比价的影响,效益不可一概而论。

b. 预热、预分解窑的低温余热发电系统。预热、预分解窑发电用的废气,主要取自预热器出口和箆式冷却机中层部。因此,这类窑余热发电有两个特点:一是热源(废气)温度低,预热器出口气体温度一般为 350℃~400℃,箆冷机用于发电气体的平均温度仅 250℃,故属低温余热发电;二是废气含尘浓度高,预热器废气含尘约 80g/Nm³,冷却机 30g/Nm³。因此,为了达到要求的蒸气压力,保证汽轮机有效的工作,必然要增大锅炉的换热面积,从而大大降低了锅炉的效率。因此需要开发性能更好的新型锅炉。

这类余热锅炉可分为:用于预热器废气的称 SP 锅炉;用于冷却机废气的称 AQC 锅炉。两者组合的余热锅炉发电系统如图 1-4-13 所示。

由窑尾最上一级预热器出口的废气进入 SP 锅炉,产生的过热蒸气进入汽轮机前级,SP 锅炉排出的气体如尚需用于烘干物料,则温度要保持在 200℃ 左右。由冷却机来的热空气(200℃~300℃)送入 AQC 锅炉,排出气体再入电收尘器。AQC 锅炉产生的蒸气压力低,只能送入汽轮机后级作功。还有一部分 AQC 锅炉产生的气水混合物可送入 SP 锅炉,供再加热至过热。

我国目前预热预分解窑系统的低温发电系统尚处于开发阶段。随着新型干法窑的迅速发展和相应电耗的增加与供电紧张矛盾的加剧,这一技术的研究与应用将日益引起重视。

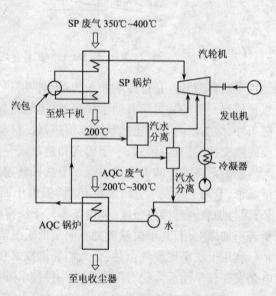

图 1-4-13　SP、AQC 锅炉余热发电系统

③带炉箆子加热机的回转窑(又称立波尔)系统。立波尔窑是在回转窑尾部连接一台回转式炉箆子加热机。加热机是由固定的金属外壳和回转无端箆板带所组成。金属外壳内镶砌耐火砖。箆板带是由许多块有缝隙的箆子板组装而成,立波尔窑的生产流程如图 1-4-14 所示。

生料粉在成球设备上加工成球。料球含水分约 12％～14％,粒径为 5~15mm。生料球经加料漏斗送到运动着的箆板带上,料球堆积厚度约为 150~200mm,可利用入口闸板加以控制。生料随着模板向窑尾方向运动,料层被出窑高温废气(约为 1 000℃)穿透时不断被加热、干燥和部分分解。物料通过加热机的时间约 12~16min。由加热机入窑的生料平均温度可达700℃~800℃,加热机排出废气温度约 100℃。由于料球层的过滤作用,废气含尘量很低,且含有一定的水蒸气,是适合电收尘要求的理想条件。由于入窑生料已经过相当程度的预热和部分分解,大大减轻了回转窑的负担。因此,立波尔窑在显著降低热耗的同时,也大幅度地提高了窑的单位容积产量。这两大优点,使立波尔窑一度得到迅猛发展,其单机产量也达到了3 000t/d。时至今日,立波尔窑仍然是一种不容忽视的回转窑类型。但立波尔窑也存在如下一些缺点:

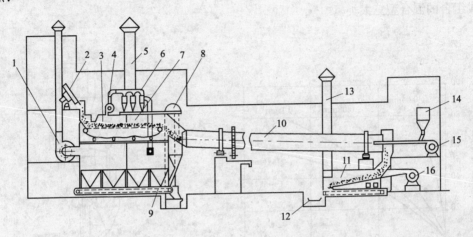

图 1-4-14　立波尔窑生产工艺流程

1—排风机;2—成球机;3—炉箅子;4—排风机;5—烟囱;6—旋风收尘器;7—隔板;8—提升机;9—输送机;
10—窑;11—冷却机;12—熟料输送机;13—冷却机烟囱;14—煤仓;15——次鼓风机;16—冷却风机

　　a. 加热机的结构和操作较复杂,维修工作量也大,运转周期相对较短。

　　b. 熟料质量比较差,因热烟气从上向下穿过加热机的料层时,沿程换热使上层和下层物料的温差大,甚至可达 400℃～600℃,因此物料预热不均匀,影响熟料质量。

　　c. 立波尔窑要求预先成球,增加了工序,且对原料塑性有一定要求。生料球强度、粒度和透气性等主要取决于原料性质。而料球的特性又直接影响到加热机的通风和窑的产量。

　　d. 立波尔窑进一步大型化存在一定困难。

　　国外还有少数工厂,采用料浆经机械脱水(如过滤机),将料浆水分降至 14%～20%,然后成球,或用挤泥机挤成小块后再送入加热机,称为湿法立波尔窑,只在特定条件下采用,在此不作进一步介绍。

　　④悬浮预热窑:

　　a. 工作原理。悬浮预热器是将生料粉与回转窑窑尾排出的烟气混合,并使生料悬浮在热烟气中进行热交换的设备。因此,它从根本上改变了气流和生料粉之间的传热方式,极大地提高了传热面积和传热系数。据经验计算,它的传热面积较传统的回转窑约可提高 2 400 倍,传热系数提高 13～23 倍。这就使窑的传热能力大为提高,初步改变了预烧能力和烧结能力不相适应的状况。由于传热速度很快,在约 20s 内即可使生料从室温迅速升温至 750℃～800℃,而在一般回转窑内,则需约 1h,这时黏土矿物已基本脱水,碳酸钙也部分进行分解,入窑生料碳酸钙表观分解率可达 40% 左右。在悬浮状态下,热气流对生料粉传热所需的时间是很短的,而且粒径愈小,所需时间愈短。图 1-4-15 表示不同尺寸的石灰石颗粒,表面温度达到气流温度的某个百分数时所需的加热时间。

　　试验表明,将平均粒径约为 40μm 的生料,喂入 740℃～760℃、流速为 9～12m/s 的气流中,在料气比为 0.5～0.8kg/Nm³,且料粉并基本上完全分散悬浮在气流中的状况下,只需 0.07～0.09s,20℃的生料便能迅速升到 440℃～450℃。但是在实际生产中,生料粉不易完全分散,往往凝聚成团而延缓了热交换速度。

b. 种类。悬浮预热器的种类、形式繁多,主要分旋风预热器、立筒预热器以及由它们以不同形式组合的混合型三大类。

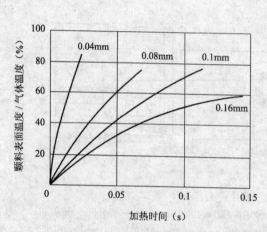

图 1-4-15　不同石灰石颗粒悬浮在气流中加热时间

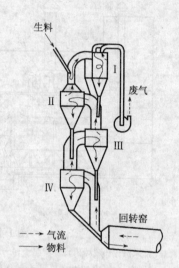

图 1-4-16　旋风式(洪堡型)悬浮预热器

ⅰ. 旋风预热器。这种预热器由若干个旋风筒串联组合,四级旋风预热器系统如图 1-4-16 所示。最上一级做成双筒,这是为了提高收尘效率,其余三级均为单旋风筒,旋风筒之间由气体管道连接,每个旋风筒和相连接的管道形成一级预热器,旋风筒的卸料口设有灰阀,主要起密封和卸料作用。

生料首先喂人第Ⅱ级旋风筒的排风管道内,粉状颗粒被来自该级的热气流吹散,在管道内进行充分的热交换,然后由Ⅰ级旋风筒把气体和物料颗粒分离,收下的生料经卸料管进入Ⅲ级旋风筒的上升管道内进行第二次热交换,再经Ⅱ级旋风筒分离,这样依次经过四级旋风预热器而进入回转窑内进行煅烧,预热器排出的废气经增湿塔、收尘器由排风机排入大气。窑尾排出的 1 100℃左右的废气,经各级预热器进行热交换后,废气温度降到 380℃上下,生料经各级预热器预热到 750℃～800℃进入回转窑。这样不但使物料得到干燥、预热,而且还有部分碳酸钙进行分解,从而减轻了回转窑的热负荷。由于排出废气温度较低,熟料产量提高,使熟料单位热耗降低,并使回转窑的热效率有较大的提高。

旋风式预热器的主要缺点是:

ⓐ流体阻力较大,一般在 4～6kPa,因而气体运行耗电较高,这使旋风预热器回转窑的单位产品电耗较高,达 17～22kW·h/t 熟料,湿法长窑为 12～50kW·h/t 熟料。

ⓑ原料的适应性较差,不适合煅烧含碱、氯量较高的原料和使用含硫量较高的燃料,否则会在预热器锥部及管道中造成结皮堵塞。

ⅱ. 立筒预热器。这种预热器的主体是一个立筒,故以此名。其型式有多种,现以常见的克虏伯型为例,说明其结构和工作原理。

图 1-4-17 为克虏伯型立筒预热器流程示意图。立筒是一个圆形竖立的筒体,内有三个缩口把立筒分为四个体,窑尾排出的热气体和生料按逆流进入同样规格、形状特殊的四个钵体内进行热交换。由于两室之间的缩口能引起较高的气流上升速度,逆流沉降的生料被高速气流卷起,冲散成料雾,形成涡流,增加气-固相间的传热系数,延长物料在立筒内的停留时间,从而强化了传热。立筒上部为两个旋风筒,废气经旋风筒、收尘系统排入大气。

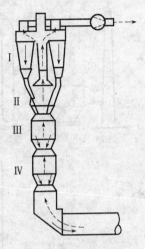

立筒式预热器的优点是:结构简单,运行可靠,不易堵塞;气体阻力小,仅为 200Pa 左右,筒体可用钢筋混凝土代替钢材。它的缺点是:热效率低于旋风式预热器,单机生产能力小。

ⅲ.悬浮预热器的发展。初期的旋风预热器系统一般为四级装置,它在悬浮预热器窑和预分解窑中得到了广泛的应用。自 20 世纪 70 年代以来,由于世界性能源危机,促使对节能型的 5 级或 6 级旋风预热器系统的研究开发,并已获得了成功。自 20 世纪 80 年代后期以来,世界各国建造的新型干法水泥厂,其旋风预热器系统一般均采用 5 级,也有少数厂采用 4 级或 6 级旋风预热器。预热器型式都为低阻高效旋风筒式,大型窑的预热器一般为双列系统。

图 1-4-17　立筒预热器示意图(克虏伯型)

关于预热器系统的改进,主要着重于其中气流与物料的均匀分布,力求流场、浓度场和温度场的变化相互更为适应,充分利用旋风筒和连接管道的有效空间,从而实现低阻高效的目的。试验研究和生产实践表明,5 级预热器的废气温度可降至 300℃左右,比 4 级预热器约低 50℃,而 6 级预热器的废气温度可降至 260℃左右,比 4 级低 90℃左右。1kg 熟料热耗分别比 4 级约降低 105kJ 或 185kJ。5 级旋风预热器的流体阻力与原有 4 级旋风预热器系统相近。

⑤预分解窑。预分解窑(precalciner kiln)或称窑外分解窑,是 20 世纪 70 年代以来发展起来的一种能显著提高水泥回转窑产量的煅烧新技术,其流程如图 1-4-18 所示。它是在悬浮预热器和回转窑之间增设一个分解炉,把大量吸热的碳酸钙分解反应从窑内传热速率较低的区域移到单独煅烧的分解炉中进行。在分解炉中,生料颗粒分散呈悬浮或沸腾状态,以最小的温度差,在燃料无焰煅烧的同时,进行高速传热过程,使生料迅速完成分解反应。入窑生料的表观分解率可达到 85%～95%(悬浮预热器窑 40%左右),从而大大地减轻了回转窑的热负荷,使窑的产量成倍地增加,同时延长了耐火衬料使用寿命,提高了窑的运转周期。目前,最大预分解窑的日产量已达 10 000t 熟料。

预分解窑的热耗比一般悬浮预热器窑低,是由于窑产量大幅度提高,减少了单位熟料的窑体表面散热损失;在投资费用上也低于一般悬浮预热器窑;由于分解炉内的煅烧温度低,不但降低了回转窑内高温煅烧时所产生的 NO_x 有害气体,而且还可使用较低品位的燃料,因此,预分解技术是水泥工业发展史上的一次重大技术突破。

预分解炉是一个燃料煅烧、热量交换和分解反应同时进行的新型热工设备,其种类和形式繁多。基本原理是:在分解炉内同时喂入经预热后的生料、一定量的燃料以及适量的热气体,生料在炉内呈悬浮或沸腾状态;在 900℃以下,燃料进行无焰煅烧,同时高速完成传热和碳酸钙分解过程;燃料(如煤粉)的煅烧时间和碳酸钙分解所需要的时间约需 2～4s,这时生料中碳酸钙的分解率可达到 80%～90%,生料预热后的温度约为 800℃～850℃。分解炉内可以使用固体、液体或气体燃料,我国主要用煤粉作燃料,加入分解炉的燃料约占全部燃料的 55%~65%。

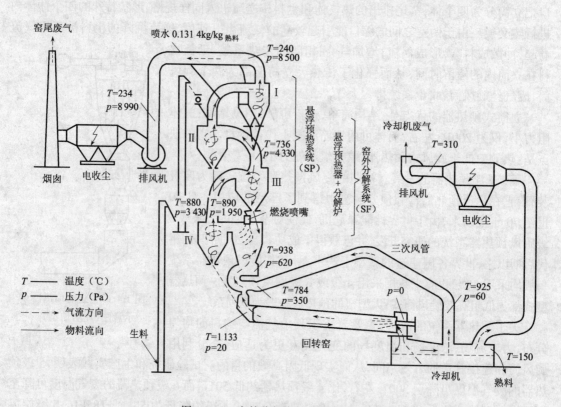

图 1-4-18　窑外分解窑系统生产流程图

分解炉按作用原理可分为旋流式、喷腾式、窸流式、涡流煅烧式和沸腾式等多种,但其基本原理是类似的。现以日本石川岛公司的 NSF(新型悬浮预热和快速分解炉)为例加以说明,如图 1-4-19 所示。

NSF 分解炉是原 SF 分解炉的改进型。它主要改进燃料和来自冷却机新鲜热空气的混合,使燃料充分煅烧。同时,将预热后的生料分成上下两路分别进入分解炉反应室和窑尾上升烟道,后者是为了降低窑尾废气温度,减少结皮的可能性,并使生料进一步预热,与燃料充分混合,以提高传热效率和生料分解率。回转窑窑尾上升烟道与 NSF 分解炉底部相连,使回转窑的高温热烟气从分解炉底部进入下涡壳,并与来自冷却机的热空气相遇,上

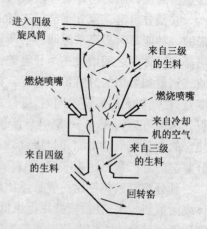

图 1-4-19　NSF 分解炉示意图

升时与生料粉、煤粉等一起沿着反应室的内壁作螺旋式运动。上升到上涡壳经气体管道进入最下一级旋风筒。由于涡流旋风作用,使生料和燃料颗粒同气体发生混合和扩散作用。燃料颗粒煅烧时,在分解炉内看不见像回转窑内煅烧时那样明亮的火焰,燃料是在悬浮状态下煅烧。同时,把煅烧产生的热量,以强制对流的方式,立即直接传给生料颗粒,使碳酸钙分解,从而使整个炉内都形成煅烧区,炉内处于 800℃~900℃ 的低温无焰煅烧状态,温度比较均匀。

也使热效率提高,分解率可达到80%~90%。

预分解窑也和悬浮预热器窑一样,对原料的适应性较差,为避免结皮和堵塞,要求生料中的碱含量($K_2O + Na_2O$)小于1%。当碱含量大于1%时,则要求生料中的硫碱摩尔比$SO_3/(K_2O + 1/2Na_2O)$为0.5~1.0。生料中的氯离子含量应小于0.015%,燃料中的SO_3含量应小于3.0%。

预分解窑系统中回转窑有以下工艺特点:

a. 由于入窑生料的碳酸钙分解率已达到85%~95%,因此,一般只把窑划分为三个带:从窑尾起到物料温度为1 300℃左右的部位,称为"过渡带",主要是剩余的碳酸钙完全分解并进行固相反应,为物料进入烧成带做好准备;从物料出现液相到液相凝固止,即物料温度约为1 300℃~1 450℃~1 300℃,称为烧成带;其余称为冷却带。在大型预分解回转窑中,几乎没有冷却带,温度高达1 300℃的物料立即进入冷却机骤冷,这样可改善熟料的质量,提高熟料的易磨性。

b. 回转窑的长径比(L/D)缩短,烧成带长度增加。一般预分解回转窑的长径比为15左右,而新型湿法回转窑的长径比高达41。由于大部分碳酸钙分解过程外移到分解炉内进行,因此回转窑的热负荷明显减轻,造成窑内火焰温度提高,长度延长。预分解窑烧成带长度一般在4.5~5.5D,其平均值为5.2D,而湿法窑一般小于3D。

c. 由于预分解窑的单位容积产量高,使回转窑内物料层厚度增加,所以其转速也相应提高,以加快物料层内外受热均匀性。窑转速为2~3r/min,比普通窑转速快,物料在烧成带内的停留时间有所减少,一般为10~15min。因为物料预热情况良好,窑内的来料不均匀现象大为减少,所以,窑的快转率较高,操作比较稳定。

1.4.4　陶瓷材料的高温烧成

烧成是陶瓷生产工艺过程中的一道很关键的工序。经过成型、干燥后的半成品,必须通过高温烧成才能获得陶瓷的特性。坯体在烧成过程中发生了一系列的物理化学变化,如膨胀、收缩、气体的产生、液相的出现,旧晶相的消失、新晶相的析出等等。这些变化在不同温度阶段中进行的状况决定了瓷器的质量与性能。只有掌握了坯体在高温焙烧过程中的变化规律,才能正确选择窑炉,制定烧成制度,以达到烧制出高质量瓷器的要求。

坯体在高温作用下,发生一系列物理化学反应,最后显气孔率接近于零,达到完全致密程度的瓷化现象,称之为"烧结",而使坯体瓷化的工艺过程,称为"烧成"。

(1)坯体在烧成过程中的物理化学变化

坯体的烧成是一个由量变到质变的过程。物理变化与化学变化交错进行,变化复杂。为了便于研究,可以将日用瓷的烧成过程分为四个阶段,一般日用细瓷的最高烧成温度在1 250℃~1 450℃。但是具体的各阶段划分,则须根据其配方、原料类别及其特性、烧成温度、烧成范围、制品形状、厚薄以及窑炉的形式等来决定。

1)坯体的水分蒸发期(室温~300℃)。坯体在这一阶段主要是排除在干燥中所没有除掉的残余水分。

一般日用瓷坯体的入窑水分控制在2%左右,主要是吸附水。这时坯体的气孔率较大,高达25%~40%。入窑水分低时,升温可以较快,吸附水容易被排除。日用瓷制品一般体小壁薄,在这一阶段可以快速升温而不致于使产品开裂。

控制入窑坯体有较低的含水量是本阶段快速升温的关键。当入窑坯体含水分较高时,升温速度要严格控制,因为当坯体的温度高于120℃时,坯体内的水分发生强烈汽化,有可能引起过大的内部破坏应力,而使制品开裂,对大型壁厚制品尤为突出。

坯体入窑水分较高所引起的另一病是使坯体表面产生"白霜"缺陷。这是因为坯体中的水分往往与窑炉内烟气中的SO_2发生化学反应,使坯体内的钙盐在其表面上生成钙的硫酸盐。硫酸钙的分解温度较高,使瓷器釉面上了一层"白霜",降低了釉层表面的光泽度。硫酸钙在高温时分解可能造成釉层中严重的气泡缺陷。这一点对含有高可塑性黏土的坯体,由于坯体吸附力强而更为突出。

这一阶段要求加强通风。加强通风的目的是使饱和了水汽的炉气得到及时的排除,不致因其温度继续下降至露点,从而使一部分水汽由炉气中冷凝出来,并凝聚在制品表面上,使制品局部胀大,造成"水迹"和"开裂"等缺陷。加强通风,就可以使被水汽饱和了炉气在温度高于露点时排出窑外,而避免缺陷的产生。

2)氧化分解及晶型转化期(300℃~950℃)。在这一阶段,坯体内部发生了较复杂的物理化学变化:黏土中的结构水得到排除,碳酸盐分解;有机物、碳素和硫化物被氧化;石英晶型转化。这些变化与氧化的温度、升温速度、窑炉内气氛等因素有关。若升温速度过快,则分解与氧化的温度相应提高。下面讨论各种氧化分解发生的情况。

①黏土矿物结构水的排除。黏土矿物因其类型的不同、结晶完整的程度的不同、颗粒度的不同,而脱去其结构水的温度也有所差别,见表1-4-8。

表 1-4-8　各类黏土矿物的脱水温度(℃)

原料名称		吸热效应			放热效应
		吸附水排出	结构水排出	晶格破坏	新结晶物质形成
高岭石类	高岭土		480~600		950~1 050
	迪开石		600~680		950~1 050
	珍珠陶土		600~680		950~1 050
	多水高岭石	100~200	480~600		950~1 000
	水合多水高岭石	100~300	400~600		900~1 000
蒙脱石		100~300			900~1 000
伊利石		100~200			900~1 000

$$Al_2O_3 \cdot 2SiO_2 \cdot 2H_2O \xrightarrow{\text{加热}} Al_2O_3 \cdot 2SiO_2 + 2H_2O \uparrow$$
$$\text{(高岭土)} \qquad \text{(脱水高岭土)} \quad \text{(蒸汽)}$$

黏土矿物脱去结构水的温度也与升温速度有关。结晶不良的高岭石在350℃温度下,经过较长时间的加热也能脱水。但是强烈地排除结构水仍在400℃~525℃,到525℃时还保留2%~3%的少量结构水,这一部分一直要延迟到750℃~800℃才脱完。某些黏土随着升温速度的提高,最后一些结构水的脱去往往推迟,甚至1 000℃以上才能排完。产生这种现象的主要原因是这一部分水的[OH]$^-$与黏土结合较紧密;在加热时,排出的结构水的水汽部分地被吸附在坯体空隙时,从而有可能溶解在新生成的液相中。在坯体较厚,升温速度越快的情况下,使黏土矿物脱水的温度范围拉得较宽。

珍珠陶土晶体结构完整,在差热曲线上表现的吸热效应温度比高岭石稍高,反映在失重曲线上脱水温度也比高岭石稍高。但珍珠陶土是粗粒晶片,脱水速度较慢,因此,有时在差热曲线上的吸热谷的形状反而不明显。

黏土脱水后,继而晶体的结构被破坏,黏土失去了可塑性。

②碳酸盐的分解。坯料中或多或少都夹杂着一些碳酸盐矿物杂质(约2%~3%)、如石灰石($CaCO_3$)、白云石($MgCO_3 \cdot CaCO_3$)等。这类碳酸盐必须在此阶段分解,并将分解产物——二氧化碳气体在釉层封闭之前逸出完毕,不然将会引起坯体起泡等缺陷。

$$MgCO_3 \xrightarrow{500℃ \sim 750℃} MgO + CO_2 \uparrow$$

$$CaCO_3 \xrightarrow[\text{(大理石)}]{550℃ \sim 1\,000℃} CaO + CO_2 \uparrow$$

碳酸盐的结晶完整程度以及升温速度与气氛都影响碳酸盐的分解温度。在瓷坯中的碳酸盐一般在1 000℃时基本上分解完毕。

③碳素、硫化物及有机物的氧化。可塑性黏土(如紫木节)及硬质黏土(黑坩子、黑砂石等)往往含有碳素、硫化物及有机物,并带入坯体中。烧成的低温阶段,坯体中气孔率较高,烟气中的CO被分解,析出碳素也被吸附在坯体中气孔的表面。CO的低温沉碳作用,当有氧化亚铁存在时更为激烈,此反应一直进行到800℃~900℃才停止。

$$2CO \longrightarrow 2C \downarrow + CO_2 \uparrow$$

黏土中夹杂的硫化物在800℃左右被氧化完毕。

$$FeS_2 + O_2 \xrightarrow{350℃ \sim 450℃} FeS + SO_2$$

$$4FeS + 7O_2 \xrightarrow{500℃ \sim 800℃} 2Fe_2O_3 + 4SO_2$$

坯体中存在的碳素及有机物在600℃以上才开始氧化分解,这个反应一直要进行到高温。碳素、硫化物及有机物必须在本阶段氧化,产生的气体必须完全排除掉,不然将会经起坯体起泡等缺陷。

$$C + O_2 \longrightarrow CO_2 \uparrow$$

④石英的晶型转变

$$\beta\text{-石英} \xleftrightarrow{573℃} \alpha'\text{-石英} \qquad \text{体积增大}0.82\%$$

石英在573℃时的晶型转变,使坯体的体积膨胀,比重下降。但此阶段坯体内的气孔率较高,可以部分抵消因石英晶型转变所引起的破坏应力。并且随着温度的升高,坯体的机械强度也得到提高,具有一定的强度来抵抗膨胀的应力,对于体小壁薄的日用瓷坯来说,石英的晶型转变所引起的破坏应力甚微,可以忽略不计,但是对于厚的大件制品必须加以重视,而应降低升温速度。

300℃~950℃的氧化分解和晶型转化期,坯体所发生的物理膨胀用功较小,同时随着结构水以及氧化分解反应所产生的气体被排除,坯体的质量急速减小,气孔率增加,能够缓冲各种应力作用,在低于坯体出现液相的温度中,水汽和气体产物可以自由排出,而无收缩现象发生,坯体的强度也有所增加。所以,这一段可以采取快速升温。

决定本阶段升温速度的主要因素是窑炉的结构特点。如果窑炉的结构特点能保证工作截面上温度的均匀分布,则升温速度过快会引起窑炉内较大的温差,使温度较低处的产品因氧化分解不够充分而进入高温成瓷后,产生烟熏、起泡等缺陷。造成局部产品报废。因此,要适当控制升温速度,并保证窑内氧化气氛。

3)玻化成瓷期(950℃～烧成温度)。瓷坯体在气化分解期的氧化实际上是不完全的。由于水汽及其他气体产物的急剧排除,在坯体周围包围着一层气膜,它妨碍着氧化继续往坯体内部渗透,从而使坯体气孔中的沉碳难以烧尽。

如果在进入还原焰操作之前以及在釉层封闭坯体之前烧不尽碳素,这些碳素将推迟到烧成的末期或冷却的初期进行,这就有可能引起发泡和烟熏。为此,对于烧成温度为 1 300℃ 左右的坯体,在 950℃～1 020℃ 采取氧化保温措施来补救。

所谓氧化保温,即在 950℃～1 020℃ 取低速升温或保温操作。加强烟气流通量,提高空气过剩盐进一步分解,残余结构水完全排除。同时,使全窑的温差可能缩小,为全窑进入玻化成瓷期作好充分的准备。

适宜的氧化保温的温度范围要根据坯体的烧结温度及窑炉的结构来确定。对于在 1 300℃ 左右的烧成产品来说,900℃～1 020℃ 氧化保温较为适宜。因为,在这一段温度范围内,坯体的气孔率最大,黏土物质和碳酸盐的分解以及碳素的烧烬等反应进行得最为强烈,所以,在这一温度范围内就可以用很短的时间完成氧化保温。

保温时间取决于坯体的致密程度、厚度、产品的烧成制度和窑的结构。通常,装窑密度越大,坯体越厚,碳素含量越高;而釉层的开始熔融温度越低时,则保温时间也越长(或升温速度越慢)。

玻化成瓷期的最大特点是釉层玻化,坯体瓷化。

正长石($K_2O \cdot Al_2O_3 \cdot 6SiO_2$)与石英($SiO_2$)、高岭石($Al_2O_3 \cdot 2SiO_2$)在相图上的三元最低共熔点为 985℃,事实上,由于其他杂质的存在,液相可能在较低温度出现,随着温度的升高,液相也逐渐增多。液相对坯体成瓷的促进作用主要表现在两个方面:一方面它起致密化的作用,由于液相表面的张力,固体颗粒接近,使坯体致密;另一方面液相的存在促进了晶体的生长,由于液相不断溶解固体颗粒,并从液相中析出新的比较稳定的结晶相——莫来石,而这样的溶解作用及析晶作用不断进行,使莫来石晶体不断地得到线性方向上的成长。

高岭石在 950℃ 左右经过放热反应生成了铝硅尖晶石和无定形的二氧化硅。这种尖晶石是高岭石分解反应过程中的一种中间产物。因此,它不是稳定的,具有很大的反应活泼性。在 1 200℃ 左右,因非晶态的石英转变为方石英以及莫来石的生成,引起了第二个放热效应。

$$2\left[Al_2O_3 \cdot 2SiO_2\right] \xrightarrow{925℃ \sim 950℃} \underset{\text{(铝硅尖晶石)}}{2Al_2O_3 \cdot 3SiO_2} + \underset{\text{(无定形)}}{SiO_2}$$

$$3\left[\underset{\text{(铝硅尖晶石)}}{2Al_2O_3 \cdot 3SiO_2}\right] \xrightarrow{1\,050℃} 2\left[\underset{\text{(莫来石)}}{3Al_2O_3 \cdot 2SiO_2}\right] + \underset{\text{(方石英)}}{5SiO_2}$$

由于石英的晶型转变以及黏土物质的分解,使这些物质的分散度提高了,温度高于 1 200℃,石英颗粒和黏土的分解产物不断溶解。在熔融的长石玻璃中,当溶解的 Al_2O_3 和 SiO_2 达到饱和则析出在此温度下稳定的莫来石晶体。析晶以后,液相相对而言又呈不饱和状态。因此,溶解过程和莫来石晶体析出过程不断进行,促使了莫来石的线性尺寸不断增长,交错贯穿在瓷胎中,起到"骨架"的作用,使瓷坯的强度增大。最终莫来石、残留石英与瓷坯内其他组成部分借助于玻璃状物质而连结在一起,组成了致密的、有较高机械强度的瓷胎。

玻化成瓷期的主要物理现象是收缩及致密化过程。坯体在 950℃ 开始收缩,瓷坯早期收缩的主要原因是黏土在此温度下结构被破坏以及少量液相出现所引起的收缩。坯体在未烧之前气孔率约 25%～40%,在烧结过程中,液相不断填充气孔,并把固体颗粒拉紧,使坯体致密化,显气孔率接近于零,收缩一直进行到烧结的终点。进一步加热,瓷胎发生过烧膨胀。烧结后的瓷胎较未烧的坯体发生了约35%左右的体积收缩或12%～15%的线收缩。瓷胎的玻璃相含量可以占40%～50%,因此,日用瓷坯体的烧结过程是大量液相产生的过程。

从图1-4-20瓷坯的线性变化曲线上可以看到:在1 000℃～1 200℃,坯体内出现大量的液相,收缩率呈现最大值。这一温度范围内,升温速度要严格控制。对于壁厚的坯体,升温速度过快会造成坯体内部各部分的收缩不均匀,而导致坯体的开裂或变形;对于薄的制品,主要倾向是变形。

玻化成瓷期是整个烧成过程的关键。为了保证瓷器的烧成质量,往往将玻化瓷期分成二个阶段进行控制。

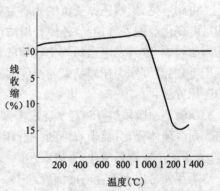

图1-4-20 瓷坯的线性变化曲线

①强还原阶段(1 020℃～1 150℃)。硫酸盐与三氧化二铁一般在高于1 300℃的氧化气氛中进行分解。很显然,当制品接近烧结温度时,这些物质大量分解所产生的气体将对釉面产生严重缺陷。在高温下,釉层液相的黏度减小,分解所产生的气泡能冲破液相逸出来,破坏了釉面的平整。有的气泡即使没有逸出来,也使釉面产生气泡等缺陷。

因此,在此阶段必须采取强还原气氛,使坯体内的三氧化二铁及硫酸钙在釉层封闭坯体之前得到充分还原与分解。

$$Fe_2O_3 + CO \longrightarrow 2FeO + CO_2 \uparrow$$
$$2Fe_2O_3 + C \longrightarrow 4FeO + CO_2 \uparrow$$

(此反应在还原气氛下进行,在1 100℃时即为强烈反应。)

$$CaSO_4 + CO \longrightarrow \underset{\mapsto CaO + SO_2 \uparrow}{CaSO_3} + CO_2 \uparrow$$

(此反应在还原气氛下进行,在800℃时即为强烈反应。)

如果强还原焰阶段控制得不好,未能使氧化铁完全还原,则瓷器的断面呈淡黄色,并且粗糙。当坯体得到充分还原时,断面致密、发淡青色,有明显的贝壳状。因为氧化亚铁易与二氧化硅生成易熔的玻璃状物质,促进了坯体的烧结。

$$FeO + SiO_2 \longrightarrow FeSiO_3(青色)$$

氧化铁的还原以及硫酸盐的分解,必须在釉层封闭坯体之前进行才能取得良好的效果。釉层封闭坯体后,还原气氛不易渗透到坯体内部,这样势必造成坯体还原不足,釉层吸烟发灰。

在这一阶段,温度应平稳上升,在控制气氛时,要严格控制游离 O_2 的含量,使之趋于零。一般说,将游离 O_2 控制在0%～1%,CO2%～4%,$CO_2$14%～17%,即能使坯体充分还原。氧含量过高,则必需加浓 CO 的含量,这就使坯体吸烟过多而发灰。

从空气过剩系数

$$\alpha = \cfrac{1}{1 - 3.76 \cfrac{O_2 - 0.5CO}{N_2}}$$

的关系式中可以得出：

当 $O_2 = 4\%$ $CO = 8\%$ 则 $\alpha = 1$；

当 $O_2 = 1\%$ $CO = 2\%$ 则 $\alpha = 1$。

由此可见，影响还原气氛的介质主要是 O_2，其次才是 CO 和 CO_2。应根据原料的特性和釉的黏度变化范围妥善控制"还原介质浓度"和"还原作用时间"。一般从釉的加热收缩曲线和气孔率曲线中，取其发生强烈玻化收缩的温度作为还原的开始温度，而显气孔率小于 5%（或接近于零）的温度作为还原结束的温度，并用"延长还原作用的时间"来代替"提高还原介质浓度"的还原方法。

②弱还原阶段（1 150℃～烧成温度）。经强还原阶段之后，釉层基本上玻化，封闭了瓷胎的表面。坯体瓷化，莫来石不断从液相中析出并长大。按理论上来说可以采取中性气氛，但是，为了防止铁重新氧化，采取弱还原气氛。

为了使窑内上下左右的温度趋于一致，使瓷胎内部的物理化学反应进行得更充分一些，以获得优质瓷器，在烧成温度下进行高温保温是必要的。

瓷胎是不均匀的多相系统，其中所含的玻璃相，新的结晶相，残余石英颗粒以及其他未熔化的颗粒，在高温保温处理时，就得到进一步扩散和反应的机会，使得在第一个机区域内，固相物质与液相能够比较均匀地分布，晶体在瓷胎中形成了使瓷胎具有一定强度的"骨架"，以得到性能良好的瓷器。

4)冷却期（烧成温度～室温）。在冷却期必须注意各阶段的冷却速度，以保证获得质量良好的制品。在冷却初期，如速度缓慢，则由于瓷胎中液相的黏度较小，而同时化学活泼性较大，使莫来石超微晶体和石英微粒强烈地溶解在液相中，莫来石晶体不断长大，因而结晶相与玻璃相的接触面积大大减少，结果使包围晶体的玻璃相厚度急剧增厚。釉层也因冷却速度过于缓慢而容易析晶失透。不但如此，当冷却介质是氧化气氛时，缓慢的冷却速度就使低价铁有可能重新氧化，制品泛黄。因此，冷却初期采取快速冷却来制止这些不良的倾向是非常必要的。

冷却初期，瓷胎中的玻璃相还处于塑性状态，以至快速冷却所引起的结晶相与液相的热压缩不均匀而产生的应力，在很大程度上被液相所缓冲，故不会产生有害作用。这就给冷却初期的快速冷却提供了可能性。

在冷却初期，只要能保证窑的截面温度的均匀性以及考虑到匣钵所能承受的急冷应力，冷却速度应尽可能地快。

冷却玻璃相由塑性状态转变为固态时的临界温度是必须切实注意的。该温度范围与玻璃相的化学组成有密切的关系：玻璃相中的 SiO_2 和 Al_2O_3 的含量越高，转变为固态玻璃的温度就越高，一般在 750℃～550℃。在转变为固态玻璃时，结构上有显著的变化，因而引起较大的应力。此时，冷却速度必须缓慢，使制品截面的温度均匀分布，尽可能消除热应力。但由于日用瓷壁薄件小的特点，仍能采取合理措施向快速烧成的方向发展。

(2)烧成制度的制订

1)烧成制度与产品性能的关系。烧成过程是将坯体在一定的条件下进行热处理，使之发生质变成为陶瓷产品的过程。坯体在这一工艺过程中经过一系列的物理-化学变化，形成一定的矿物组成和显微结构，获得所要求的性能指标。正确的热处理，或者说采用合理的烧成制度，是保证获得优良产品的必要条件。烧成制度包括温度制度、气氛制度和压力制度。影响产品性能的关键是温度及其与时间的关系，以及烧成时的气氛。压力制度旨在保证窑炉按照要求的温度制度与气氛制度进行烧成。温度制度包括升温速度、烧成温度、保温时间及冷却速度。

①烧成温度对产品性能的影响。从理论上说，烧成温度是指陶瓷坯体烧成时获得最优性质时的相应温度，即烧成时的止火温度。由于坯体性能随温度的变化有一定渐变的过程，所以烧成温度实际上是指一个允许的温度范围，习惯上称之为烧成范围。坯体技术性能开始达到要求指标时的对应温度为下限温度，坯体的结构和性能指标开始劣化时的温度为上限温度。

在各种工艺参数中，对陶瓷坯体在高温下所进行的各种物理-化学变化（如脱水、氧化、分解、化合、重结晶、熔融等）来说，温度是最主要的影响因素。

在高温下，没有液相或含有很少液相的固相烧结，依靠坯体粒子的表面能和晶粒间的界面来推动，因而烧成温度的高低除了与坯料的种类有关外，还与坯料的细度及烧成时间密切相关。颗粒细则比表面大、能量高，烧结活性大，易于烧结，烧成温度可降低。若颗粒的堆积密度小，颗粒的接触界面小，不利于传质，因而也不利于烧结。因此对同一种坯体，由于细度不同而有一个对应于最高烧结程度的煅烧温度，此温度即为致密陶瓷体的烧成温度或它的烧结温度。这个温度或温度范围常根据烧成试验时试样的相对密度、气孔率或吸水率的变化曲线来确定。对于多孔制品，因为不要求致密烧结，达成一定的气孔率及强度后即终止热处理，所以烧成温度并非其烧结温度。

烧成温度的高低，直接影响晶粒尺寸、液相的组成、数量以及气孔的形貌、数量。它们综合地对陶瓷产品的物化性能有重大影响。对固相扩散或重结晶来说，提高烧成温度是有益的。然而过高的烧成温度对特种陶瓷来说，会使晶粒过大或少数晶粒猛增，破坏组织结构的均匀性，从而使制品的机电等性能劣化。如图 1-4-21 中所示的即为 PZT 系统压电陶瓷各项性能和显微结构受烧成温度影响的情况。图中实线和虚线表示同一组成的两批材料的试验结果。图 1-4-22 是高铝瓷烧成温度与瓷件性质的关系。图 1-4-23 是 $BaTiO_3$ 半导体陶瓷烧成温度与瓷体电阻率的关系。

对传统配方的烧结陶瓷来说，烧成温度决定着瓷坯的显微结构与相组成。表 1-4-9 是长石质日用瓷坯在不同温度下的相组成。瓷坯的物理化学性质随着烧成温度的提高而发生变化。若烧成温度低，则坯体密度低，莫来石含量少，其机电、化学性能都差。温度升高会使莫来石量增多，形成相互交织的网状结构，提高瓷坯的强度。在不过烧的情况下，随着烧成温度的升高，瓷坯的体积密度增大，吸水率和显气孔率逐渐减小，釉面的光泽度不断提高。釉面的显微硬度也随着温度的升高而不断增大。但对于长石质瓷来说，温度升高到 1 290℃ 以后，随着温度升高，釉面硬度略有下降。温度继续升高，瓷坯中残余石英的含量降低，而玻璃相的含量增多，这种高硅质熔体首先将细小针状莫来石溶解，形成富含莫来石的玻璃相。图 1-4-24 表明了这种玻璃相的含量变化与烧成温度之间的关系。从图中可以看出，在 1 250℃～1 350℃，这种玻璃相量增加得特别快。在一定的升温速度和时间的约束下，一种坯体有一个最高烧成温度或一个烧成温度范围。一旦过烧，反而因晶相量减少的晶粒变大以及玻璃相量增多而降低产品的性能，而且在高温下坯体易变形或形成大气泡，从而促使气泡周围形成粗大莫来石，导致性能恶化。在烧成范围内，适当提高烧成温度，有时却会有利于电瓷的机电性能（见图 1-4-25）和日用细瓷的透光度（见图 1-4-26）。

表 1-4-9 长石质瓷在不同温度下的组成

烧成温度(℃)	相 组 成 (%)			气孔体积(%)
	玻璃相	莫来石	石 英	
1 210	56	9	32	3
1 270	58	63	28	2
1 310	61	15	23	1
1 350	62	10	10	1

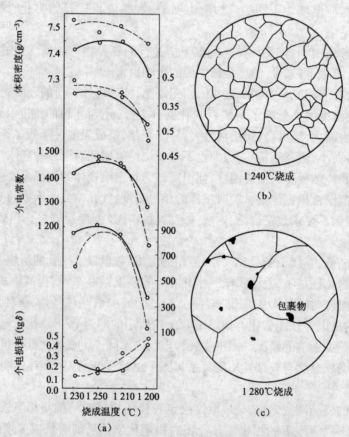

图 1-4-21 组成为 $Pb_{0.95}Sr_{0.05}(Zr_{0.53}Ti_{0.47}) + CeO_2 5\%$
分子的压电陶瓷的烧成温度与压电性能和组织结构之间的关系

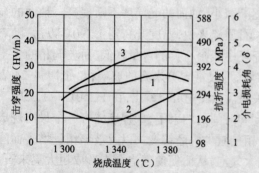

图 1-4-22 高铝瓷烧成温度与性能的关系
1—抗折强度;2—介电损耗角(δ);3—击穿强度

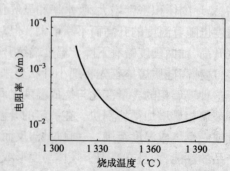

图 1-4-23 $BaTiO_3$ 半导体陶瓷烧成温度与瓷体电阻
率的关系(升温速度 300℃ /h,保温 20min,急冷)

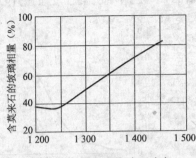

图 1-4-24 硬质瓷烧成温度与
莫来石的玻璃相量之间的关系

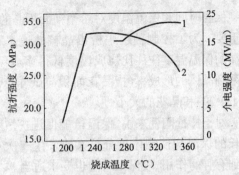

图 1-4-25 烧成温度对电瓷的机电性能的影响
1—介电强度；2—抗折强度

由于硅酸盐系统的反应是在颗粒接触不十分充分的条件下进行的,反应的速度也较低,因此影响高温反应速度的因素,除温度外,不能忽视时间的作用。生产实践证明,对于同一种坯体,在稍高的温度下短时间烧成,或在较低的温度下较长时间烧成都可得到良好的陶瓷制品。但是,烧成温度与烧成时间并非比例关系,而是指数关系。研究它们的作用时,常在等温保温条件下分析时间的影响,以恒速升温条件下分析温度的影响,或经一定的温度、时间制度之后分析烧成对产品性质的影响效果。总而言之,不能孤立地考虑温度的作用。烧成温度的确定,主要应取决于配方组成、坯料的细度和产品的性能要求,同时还与烧成时间相互制约。

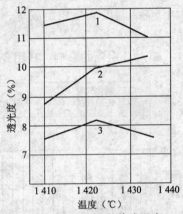

图 1-4-26 瓷坯的烧成温度
与透光度之间的关系
1—$Fe_2O_3$0.2%，$TiO_2$0.11%；
2—$Fe_2O_3$0.43%，$TiO_2$0.04%；
3—$Fe_2O_3$0.61%，$TiO_2$0.18%

②保温时间对产品性能的影响。在止火温度或稍低于止火温度的某一特定温度下保持一定的时间,一方面使物理化学变化更趋完全,使坯体具有足够的液相量和适当的晶粒尺寸,另一方面使组织结构亦趋于均一。在生产实践中,适当地降低烧成温度,通过一定的保温时间以完成烧结作用,常能保证产品质量均匀和烧成损失减少。但保温时间过长则晶粒溶解,不利于坯中形成坚强的骨架,会导致机械性能的降低。精陶类产品由于坯体中方石英晶相的减少,导致膨胀系数变小还会引起釉裂。图 1-4-27 和图 1-4-28 分别是高铝瓷与电瓷的机电性能与保温时间的关系。

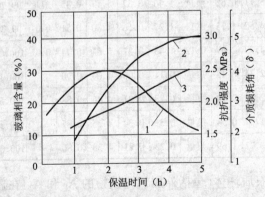

图 1-4-27 高铝瓷保温时间和性质的关系
1—抗折强度；2—玻璃相含量；3—介电损耗角(δ)

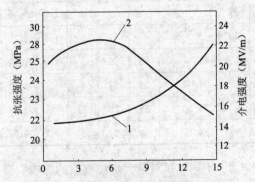

图 1-4-28 电瓷机电性能与保温时间的关系
1—介电强度；2—抗张强度

保温时间和保温温度对希望釉面析晶的产品(如结晶釉等艺术釉产品),它们的作用更显得重要。为了控制釉层中析出晶核的速率和数量,这类产品的保温温度往往比烧成温度低得多。保温时间直接关系到晶体的形成率(指晶花面积与试样总面积之比,见图 1-4-29)和晶花的大小、形状。

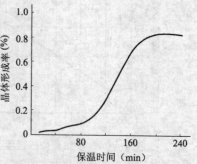

图 1-4-29 硅锌矿结晶釉晶体形成率与保温时间的关系

对于特种陶瓷来说,保温虽能促进扩散和重结晶,但过长的保温却使晶体过分长大或发生二次重结晶,反而起到有害的作用,故保温时间也要求适当。

③烧成气氛对产品性能的影响。气氛会影响陶瓷坯体高温下的物化反应速度,改变其体积变化、晶粒与气孔大小、烧结温度甚至相组成等,最终得到不同性质的产品。

a. 对日用瓷的影响。日用瓷坯体在氧化气氛和还原气氛中烧成,会使它们在烧结温度、最大烧成收缩、过烧膨胀率、线收缩速率和釉面质量等方面都有所变化。下面综述李家治、周仁研究气氛对日用瓷坯加热性状影响的结果。

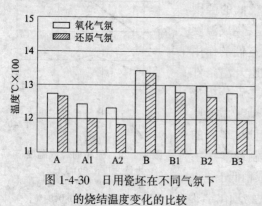

图 1-4-30 日用瓷坯在不同气氛下的烧结温度变化的比较

ⅰ. 不同气氛对烧结温度的影响。图 1-4-30 是两种坯体(瓷石质坯 A 和长石质坯 B)在不同气氛中加热时烧结温度变化的比较。结果表明,两种坯体在还原气氛中的烧结温度均比在氧化气氛中低。随着含铁量(坯体配方与化学组成见表 1-4-10)的减少,降低的温度亦递减,如 A 和 B 只低 10℃,而 A_1 和 A_2 则要低 40℃。

表 1-4-10 瓷坯的配方和化学成分(%)

瓷坯号	配　方							化　学　成　分									
	星子高岭	苏州高岭	祁门高岭	望城长石	苏州石英	黑山膨润土	氧化铁粉	SiO_2	Al_2O_3	Fe_2O_3	TiO_2	CaO	MgO	K_2O	Na_2O	MnO	总数
A	20		80					66.61	25.11	0.62	痕量	1.46	0.37	5.17	0.45	痕量	99.79
A_1	20		80				1.0	66.75	24.52	1.75	0.11	1.27	0.56	4.30	0.51	0.01	99.78
A_2	20		80				1.5	65.76	24.79	2.09	0.12	1.43	0.37	5.04	0.44	0.01	100.07
B		40		30	30			71.59	22.34	0.43	痕量	0.14	0.06	4.64	0.90		100.10
B_1		38		30	27	5		72.17	22.10	0.49	痕量	0.23	0.21	4.46	0.88		100.54
B_2		36		28	26	10		72.03	21.67	0.54	痕量	0.31	0.34	4.25	0.85		100.31
B_3		38		30	27	5	1.2	70.94	21.72	1.69	痕量	0.23	0.21	4.38	0.86		100.03

ⅱ. 不同气氛对最大烧结收缩的影响。瓷石质坯体(包括外加氧化铁粉的 A_1 和 A_2)在还原气氛中的最大烧结线收缩都比氧化气氛中大(见图 1-4-31)。但长石质坯体(包括含膨润土的 B_1、B_2 和 B_3)在还原气氛中的最大烧结线收缩却比在氧化气氛中小。

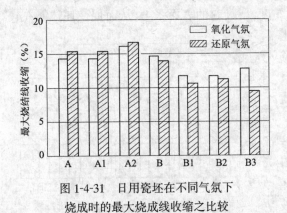

图 1-4-31 日用瓷坯在不同气氛下
烧成时的最大烧成线收缩之比较

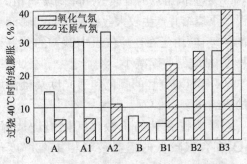

图 1-4-32 日用瓷坯在不同气氛中加热
过烧 40℃时发生的线膨胀比较

ⅲ. 不同气氛对坯体过烧膨胀的影响。所有瓷石质坯(A、A_1 和 A_2)与未加膨润土的长石质坯 B,在还原气氛中过烧 40℃的膨胀比在氧化气氛中要小得多,如图 1-4-32 所示。若瓷坯中高岭土含量增加则这种差别缩小。当在长石质坯体中加入一定量的膨润土(B_1 和 B_2)时,则所得结果正好相反,即在还原气氛中过烧 40℃的膨胀反而比氧化气氛中要大,而且随着膨润土量的增加而增大(如图 1-4-32 中的 B_2)。同是含膨润土的坯体,在加入 1.2% 的 Fe_2O_3(如 B_3)时,虽然它在还原气氛中过烧时的膨胀仍大于氧化气氛烧成,但同时在氧化气氛中过烧的膨胀也显著增大。硫酸盐、氧化铁和云母中所含的铁质,在氧化气氛中它们都在接近于坯体烧结、釉层熔化的高温下才能分解(见表 1-4-11)。此时气孔封闭,气体不能排出而引起膨胀起泡。在还原气氛中,这些物质的分解可提前到坯、釉尚属多孔状态下完成。这时气体能自由逸出,过烧膨胀大为减轻。瓷石坯体含铁量较高,但低温煅烧坯体的吸附性并不强,因此它的过烧膨胀主要由高价铁和硫酸盐的分解造成,所以还原气氛中过烧膨胀值较低。由长石和膨润土配制的坯体,含铁量并不高,但有机物含量较多且具有较强的吸附性,采用还原气氛时,坯体易吸碳且碳素氧化温度提高,因而其过烧膨胀量较氧化气氛中大。

表 1-4-11 氧化铁和硫酸盐在不同气氛下的分解温度

气氛性质	原来成分	分解产物	分解温度(℃)	
			开始	大量
氧 化	$2Fe_2O_3$	$4FeO + O_2 \uparrow$	1 250	1 370
	$2CaSO_4$	$2CaO + 2SO_2 + O_2 \uparrow$	800	1 370
	$2Na_2SO_4$	$2Na_2O + 2SO_2 + O_2 \uparrow$	1 200	1 330
还 原	$Fe_2O_3 + C$	$2FeO + CO \uparrow$		1 100
	$CaSO_4 + C$	$CaO + SO_2 + CO \uparrow$		800
	$CaSO_4 + CO$	$CaO + SO_2 + CO_2 \uparrow$		1 100
	$Na_2SO_4 + C$	$Na_2O + SO_2 + CO \uparrow$		1 000
	$Na_2SO_4 + CO$	$Na_2O + SO_2 + CO_2 \uparrow$		1 000

ⅳ. 不同气氛对瓷坯线收缩速率的影响。除个别瓷坯(如 B)外,所有瓷坯在还原气氛中的最大线收缩速率都比在氧化气氛中要大(见图 1-4-33)。

气氛对产品烧成产生的这些影响,主要是坯中 Fe_2O_3 被还原成为 FeO 所致。因为 FeO 易

与 SiO_2 形成低熔点的硅酸盐并降低玻璃相的黏度,增大它的表面张力,从而促使坯体能在较低温度下烧结并产生较大收缩。长石与膨润土配制的坯体,由于在还原气氛中碳素的分解移向高温,故烧结收缩减小。

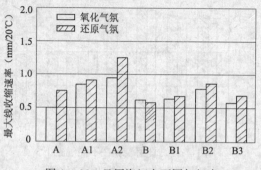

图 1-4-33　日用瓷坯在不同气氛中加热时最大线收缩速率的比较

Ⅴ. 气氛对瓷坯的颜色和透光度及釉面质量的影响

ⓐ影响铁和钛的价数。氧化焰烧成时,Fe_2O_3 在含碱较低的瓷器玻璃相中溶解度很低,冷却时即由其中析出胶态的 Fe_2O_3 使瓷坯显黄色。还原焰烧成时,形成的 FeO 熔化在玻璃相中而呈淡青色。对 A_1 瓷坯进行化学分析,发现在氧化焰中,坯中 Fe_2O_3 占总铁量(以 Fe_2O_3 计)的 67%,而还原焰时仅为 10%,故还原焰烧成的瓷坯呈白里泛青的玉色。此外,液相增加和坯内气孔率降低都相应提高瓷坯的透光性。当坯体中的氧化铁含量一定时,若用氧化焰烧成,被釉层所封闭的 Fe_2O_3 将有一部分与 SiO_2 反应生成铁橄榄石并放出氧,其反应如下:

$$2Fe_2O_3 + 2SiO_2 \longrightarrow 2(2FeO \cdot SiO_2) + O_2 \uparrow$$

反应生成的氧会使釉面形成气泡与孔洞,而残留的 Fe_2O_3 会使瓷坯呈黄色。对含钛较高的坯料应避免烧还原焰,否则部分 TiO_2 会变成蓝至紫色的 Ti_2O_3,还可能形成黑色的 $FeO \cdot Ti_2O_3$ 尖晶石和一系列铁钛混合晶体,从而加深铁的呈色。

ⓑ使 SiO_2 和 CO 还原。在一定的温度下,还原气氛可使 SiO_2 还原成气态的 SiO,在较低的温度下它将按 $2SiO \rightarrow SiO_2 + Si$ 分解,因而在制品表面形成 Si 的黑斑。还原气氛中的 CO 在一定的温度下会按 $2CO \rightleftharpoons CO_2 + C$ 分解。图 1-4-34 是在 101 325Pa 下这一反应与温度的关系。即在平衡情况下,400℃时只有 CO_2 是稳定的,而在 1 000℃时仅有 0.7%(体积)CO_2。CO 的分解速度在 800℃以上才比较明显,低于 800℃时需要一定的催化剂。碳也有催化作用,但要求一定的表面积。游离态的氧化铁的催化作用则与表面积无关。因此在还原气氛中很可能因 CO 分解出碳沉积在坯、釉上形成黑斑。在继续升高温度的烧成中,碳被封闭在坯体中,若再有机会被氧化成 CO_2 就会形成气泡。对吸附性能强的坯体尤应注意这一问题。

b. 对特种陶瓷的影响。还原气氛对氧化物陶瓷的烧结有促进使用。有资料指出,氧化物之间的反应速度随烧成气氛中氧分压的减小而增大。在氧分压低的气氛中,如在氢气、一氧化碳、惰性气体或真空中烧成时,可得到良好的氧化物陶瓷烧结体。图 1-4-35 表明,氧化铝瓷在氢气中烧成时,烧结温度会降低,坯体致密度会提高。因为在还原气氛中,Al_2O_3 晶格中易出现 O^{2-} 空穴,促进 O^{2-} 的扩散,从而提高其烧结速度。

气氛中的水蒸气对某些氧化物陶瓷也有很大影响。气氛中存在的水蒸气能促进氧化镁陶瓷坯体的初期烧结。从图 1-4-36 中可看出,在 19 064Pa 水蒸气分压下,MgO 坯体急剧收缩,换为 1 853Pa 水蒸气分压时,收缩迅速变慢,而重新换回 19 064Pa 分压又急剧收缩,这说明具有一定分压的水蒸气存在,能促进 MgO 陶瓷的烧结。

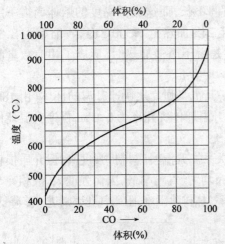

图 1-4-34 $2CO \rightleftharpoons CO_2 + C$ 的平衡与温度的关系

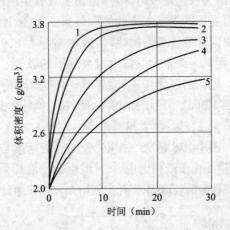

图 1-4-35 气氛对 Al_2O_3 烧结的影响（1 650℃）

1—$C + H_2$；2—H_2；3—Ar；4—空气；5—水蒸气

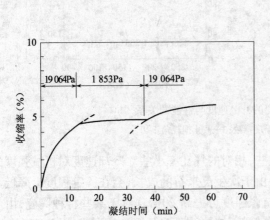

图 1-4-36 气氛中水蒸气对氧化镁
陶瓷坯体在 1 000℃下等温收缩的影响

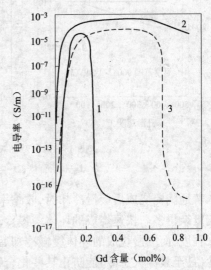

图 1-4-37 Gd 掺杂的 $BaTiO_3$ 半导体陶瓷的
烧成气氛、掺杂浓度与室温电导率的关系

1—在空气中烧成；2—在氮气中烧成；

3—在氮气中烧后，再在 1 200℃于空气中烧

    对于 $BaTiO_3$ 半导体陶瓷，在还原性（如 H_2 气或含 H_2 气氛）、中性（如 N_2 气）和惰性（如 Ar 气）气氛中烧成都有利于 $BaTiO_3$ 陶瓷的半导体化，即有利于陶瓷材料室温电阻值的降低。对于施主掺杂的高纯 $BaTiO_3$ 陶瓷来说，在缺氧气氛中烧成时，不仅可以使陶瓷材料半导体化更充分，而且往往可以有效地拉宽促使陶瓷半导体化的施主掺杂的浓度范围（如图 1-4-37 所示）。

    对于含挥发组分的压电陶瓷等坯料，如果烧成时未控制好气氛，则所含的铅、铋等化合物挥发，组成发生变化，影响烧结和产品性能；反之，若气氛挥发物质的分压过大，也会影响坯体的组成和性质。所以在煅烧锆-钛-铅陶瓷时，一定要控制窑炉内铅的分压，让炉内耐火材料中吸收一定量的铅。

    ④升、降温速度对产品性能的影响。普通陶瓷坯体在快速加热时的收缩要比缓慢加热的

小,因为快速烧成时,熔体为黏土及石英所饱和的时间不长,而这类低黏度的熔体尚需一定时间以发挥其表面张力的最大效果。将卫生瓷坯体经24h加热至1 300℃时,收缩率为8.3%。若以同样条件缓慢加热时,则收缩率为8.95%。这是由于缓慢加热时,形成了相应数量的液相,而其表面张力发挥出最大效果的缘故。

致密的坯体慢速升温(24~48h加热至1 300℃)其抗张强度比快速升温的坯体(用18h加热到1 300℃)约增加30%,而气孔率则减少。快速升温坯体气孔率为3.0%,慢速升温坯体气孔率为1.5%,两者相差一半。

图1-4-38是75%Al₂O₃瓷的升温速度与性能的关系。升温慢时抗折强度高,但介质损耗也大,这是由于液相出现后,升温慢会使液相量多且分布均匀、气孔率低,因而强度大,液相冷却后生成较多的玻璃相,损耗也就增大。过快地升温则分解气体排除困难,阻碍气孔率则进一步降低。

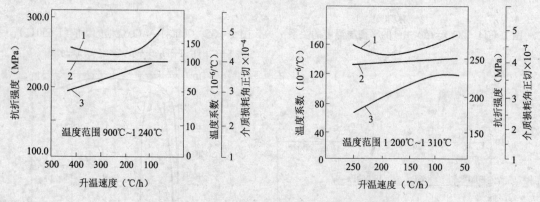

图1-4-38　75%Al₂O₃瓷的升温速度与性能的关系
1—抗折强度;2—电容的温度系数;3—截止损耗角正切

普通陶瓷烧成后缓慢冷却时,收缩率会大些,相对的气孔率小些。冷却速度对机械强度的影响复杂得多。快速烧成的坯体缓慢冷却时,由于次生莫来石的成长,会在一定程度上降低其抗张程度;而缓慢烧成的坯体缓慢冷却后,其抗张强度可提高20%。对于某些特种陶瓷,由于急冷(甚至是淬火急冷)能防止某些化合物的分解、固溶体的脱溶及粗晶的形成,因此能改善产品的结构、提高产品的电气性能,还能较大幅度地提高瓷坯的抗折强度(见表1-4-12)。

表1-4-12　几种瓷坯的冷却速度与抗折强度的关系

坯 体 名 称	抗折强度(MPa)	
	急冷(400℃/min)	缓冷(15℃/min)
75%Al₂O₃瓷	357~408	204~285
滑石瓷	184~224	143~163
金红石瓷	285~327	122~143
钛酸钙瓷	153~255	133~184

冷却速度的快慢对坯体中晶相的大小,尤其是对晶体的应力状态有很大的影响。含玻璃相多的致密坯体,当冷却至玻璃相由塑性状态转为固态时,瓷坯结构上有显著的变化,从而引起较大的应力。因此,这种坯体应采取高温快冷和低温缓冷的制度。冷却初期温度高,因而仍有高火保温的作用,如不快冷势必影响晶粒的数量和大小,也易使低价铁重新氧化,使制品泛黄。快冷还可避免釉面析晶,提高釉面光泽度。但对于膨胀系数较大的瓷坯或含有大量SiO₂、ZrO₂等晶体

的瓷坯,由于晶型转变伴随时有较大的体积变化,因而在转变温度附近冷却速度不能太快。对于厚而大的坯件,若冷却太快,由于内外散热不易均匀,也会造成应力不均匀而引起开裂。

2)拟定烧成制度的依据

①坯料在加热过程中的形状变化。通过分析坯料在加热过程中的形状变化,初步得出坯体在各温度或时间阶段可以允许的升、降温速率等,这些是拟定烧成制度的重要依据之一。具体可利用现有的相图、热分析资料(差热曲线、失重曲线、热膨胀曲线)、高温相分析、烧结曲线(气孔率、烧成线收缩、吸水率及密度变化曲线)等技术资料。

根据坯料系统有关的相图,可初步估计坯体烧结温度的高低和烧结范围的宽窄。K_2O-Al_2O_3-SiO_2 系统中的低共熔点低(985±20)℃,MgO-Al_2O_3-SiO_2 系统的低共熔点高(1 355℃)。长石质瓷器中的液相数量随温度升高增加缓慢,而且长石质液相高温黏度较大。滑石瓷中的液相随温度升高迅速增多。长石质瓷的烧成范围较宽,可在 50℃ ~60℃ 波动,而滑石瓷的烧成范围仅 10℃ ~20℃。前者的最高烧成温度可接近烧成范围的上限温度,后者的最高烧成温度只能偏于下限温度。

由于实际情况往往与相图有较大的出入,因此还应根据坯料的热分析曲线,参照烧成各阶段发生的变化来拟定烧成制度。

图 1-4-39 为三组分瓷器坯料的热分析曲线的综合图谱。其中包括坯料的差热曲线 DTA、已烧坯体的热膨胀曲线 TE、生坯的不可逆热膨胀曲线 ITE。在 DTA 曲线上可见 100℃ ~150℃ 间吸附水排出使生坯表面和中心的温差增加;200℃ 以上有机物和碳素煅烧;500℃ ~600℃ 间高岭石脱水;在 900℃ ~1 050℃ 间出现小的放热峰,是形成一次莫来石的先兆。大件生坯若在吸附水及结构水排出的范围内快速升温易导致爆裂。ITE 曲线上分别绘出长石、石英、黏土三成分体积的变化。接近 600℃ 时黏土脱去结构水产生的收缩缓和了石英晶型转变(573℃)引起的膨胀。长石熔融前只有连续的线性膨胀。约到 1 050℃ 时,长石溶解,生坯急剧收缩,热塑性显著增加,直到坯体成熟时为止。TE 曲线可反映石英相转变后剩余的游离石英量及坯体膨胀值。利用这些曲线可初步绘出坯体的理论烧成曲线(见图 1-4-40、图 1-4-41)。每一部分的速率均分开决定:加热时采用不可逆膨胀曲线的数据,冷却时采用可逆膨胀曲线的数据。先绘出图 1-4-40 中的烧成曲线,再根据差热分析的数据修订成图 1-4-41 的曲线,如减慢 100℃ ~150℃、550℃ 左右的升温速度、加快由 1 000℃ 至最高温度及冷却至 750℃ 之间的温度变化速度。通过石英的相转变区域时也应缓慢冷却。

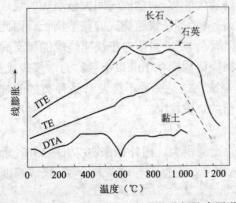

图 1-4-39 三成分瓷器坯料的热分析综合图谱

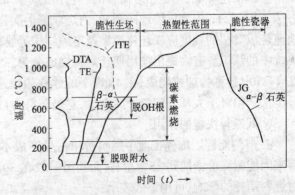

图 1-4-40 利用 ITE 及 TE 曲线绘制的理论烧成曲线

②坯体形状、厚度和入窑水分。同一组成的坯体,由于制品的形状、厚度和入窑水分的不同,升温速度和烧成周期都应有所不同。薄壁、小件制品入窑前水分易于控制,一般可采取短周期快烧,大件、厚壁及形状复杂的制品升温不能太快,烧成周期不能过短。坯体中含大量可塑性黏土及有机物多的黏土时,升温速度也应放慢。有学者根据不稳定传热过程的有关参数推算出,安全升、降温的速度与陶瓷坯体厚度的平方成反比。

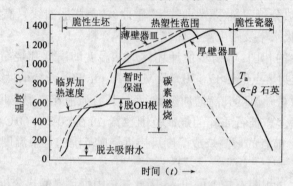

图 1-4-41　利用 DTA 数据修改的烧成曲线

③窑炉结构、燃料性质、装窑密度。它们是能否使要求的烧成制度得以实现的重要因素。所以在拟定烧成制度时,还应结合窑炉结构、燃料类型等因素一起考虑,也就是把需要的烧成制度和实现烧成制度的条件结合起来,否则先进的烧成制度也难以实现。

④烧成方法。同一种坯体采用不同的烧成方法时,要求的烧成制度各不相同。如日用瓷、釉面砖既可坯、釉一次烧成(本烧),又可先烧坯(素烧)再烧釉(釉烧)经过二次烧成。日用瓷的素烧温度总是低于本烧的温度。釉面砖素烧的温度往往高于釉烧的温度。一些特种陶瓷除可在常压下烧结外,还可用热压法、热等静压法等一些新的方法烧成。热压法及热等静压法的烧成温度比常压烧结的温度低得多,烧成时间也可缩短。因此,拟定烧成制度时应同时考虑所用的烧成方法。

(3)低温烧成与快速烧成

1)低温烧成与快速烧成的作用

①低温烧成与快速烧成的涵义。一般来说,凡烧成温度有较大幅度降低(如降低幅度在80℃~100℃),且产品性能与通常烧成的性能相近的烧成方法可称为低温烧成。

至于快速烧成,也是相对而言的。它指的是产品性能无变化,而烧成时间大量缩短的烧成方法。如,在 1h 内烧成墙地砖和 8h 内烧成卫生陶瓷,这两者都是快速烧成的典型例子。因此快速烧成"快"的程度应视坯体类型及窑炉结构等具体情况而定。目前对于快速烧成的涵义尚无统一的认识。有人提出按周期长短将烧成分为三类:烧成周期在 10h 以上者称为常规烧成;在 4~10h 的称为加速烧成;在 4h 以下的才称为快速烧成。这是一种不涉及产品种类的笼统分类法。但对于大部分陶瓷产品来说,它仍较符合目前的烧成状况。

②低温与快烧的作用

a.节约能源。陶瓷工业中燃料费用占生产成本的比例很大。国外原来占 7%~15%,近年来因能源涨价增加到 25% 左右,而我国一般在 30% 以上。根据前苏联资料介绍,烧成温度对燃料消耗的影响,可用下式表示:

$$F = 100 - 0.13(t_2 - t_1) \tag{1-4-1}$$

式中　F——温度 t_1 时的单位燃耗与温度 t_2 时的单位燃耗之比,%。

由式(1-4-1)可知,当其他条件相同时,烧成温度每变化 100℃,单位燃耗变化 13%。而从表 1-4-13 中国内外一些陶瓷产品的能源单耗中可以看出,降低烧成温度,发展低温陶瓷产品,其单位产品燃耗的降低远超过 13%。

表 1-4-13　一些陶瓷产品的能量单耗

国　别	产品名称	燃料单耗 (A) $\times 10^9$J/t	电能单耗 (B) $\times 10^9$J/t	产品能量单耗 ($A+B$) $\times 10^9$J/t
英　国	旅馆用玻化瓷			51
中　国	出口日用细瓷	117	3.17	120
意大利	低温瓷	23.52	3.24	27
前苏联	低温瓷	23.52	1.44	25
前苏联	高温瓷	141	6.84	148
	精　陶	120	8.64	129

缩短烧成时间,对节约能源的效果更为显著。如一次烧成陶瓷墙地砖,在隧道窑中 26h 烧成单位产品热耗为 460 550kJ/m²,而同样的产品在辊道窑中 90min 烧成时的热耗为 14 650kJ/m²。这足以说明快速烧成在节能中的作用。

当在同一条隧道窑里焙烧卫生瓷时,根据热平衡计算,单位制品的热量消耗 G 为:

$$G = K\frac{T}{N} + A \tag{1-4-2}$$

式中　T——烧成时间,h;

　　　N——窑内容车数,辆;

　K、A——常数。

从式(1-4-2)可知,单位制品的热耗与烧成时间成直线关系,烧成时间每缩短 10%,产量可增加 10%,单位制品热耗可降低 4%,所以快速烧成既可节约燃料,又可提高产量,使生产成本大幅度降低。

b. 充分利用原料资源。低温烧成的普通陶瓷产品,其配方组成中一般都含有较多的熔剂成分。我国地方性原料十分丰富,这些地方性原料,或者低质原料(如瓷土尾矿、低质滑石等)及某些新开发的原料(如硅灰石、透辉石、霞石正长岩、含锂矿物原料等)往往含较多的低熔点成分,来源丰富、价格低廉,很适合制作低温坯釉料,或者快烧坯釉料。因此,低温烧成与快速烧成能充分利用原料资源,并且能促进新型陶瓷原料的开发利用。

c. 提高窑炉与窑具的使用寿命。陶瓷产品的烧成温度在较大幅度降低之后,可以减少匣钵的破损和高温荷重变形。对砌窑材料的材质要求也可降低,以减少建窑费用,同时还可以增加窑炉的使用寿命,延长检修周期。在匣钵的材质方面也可降低性能要求,延长其使用寿命。

从快速烧成发展趋势看,装匣烧成将会逐渐减少,趋向于在隔焰窑中裸装烧成(用耐火棚架支承产品)或在辊道窑中无匣烧成。

d. 缩短生产周期、提高生产效率。快速烧成除了节能和提高产量外,还可大大地缩短生产周期和显著地提高生产效率。以釉面砖为例,通常的素烧在隧道窑中约需 30～40h,釉烧在隧道窑中约需 20～30h,仅烧成一道工序就占了 50～70h。而釉面砖在辊道窑中快速烧成,素烧为 60min,釉烧为 40min,总的烧成时间不到 2h,当其他工序时间不变时,仅采用快速烧成就中大量缩短生产周期。

e. 低温烧成,有利于提高色料的显色效果,丰富釉下彩和色釉的品种。

f. 快速烧成可使坯体中晶粒细小,从而提高瓷件的强度、改善某些介电性能。

虽然低温烧成及快速烧成有上述优点,但也应注意到,采用这些烧成方法的前提是必须保证产品的质量。而低温快烧产品的质量并非完全等同于常规烧成的产品。此外,由于陶瓷产品种类繁多、性能要求各异,因此并非任何品种都值得采用低温烧成或快速烧成。

2)降低烧成温度的工艺措施

①调整坯、釉料组成。碱金属氧化物会降低黏土质,坯体出现液相的温度和促进坯体中莫来石的形成。向高岭石-蒙脱石质黏土中引入 Li_2O 时,液相出现的温度由 1 170℃降至 800℃;引入 Na_2O 时,降至 815℃;引入 K_2O 时降至 925℃。而添加剂对高岭石-水云母质黏土液相形成的温度影响不大。将高岭石-蒙脱石质黏土煅烧至 1 100℃并无新相生成,但引入 Li_2O 后,莫来石可以 1 000℃下出现;引入 Na_2O 及 K_2O 时,莫来石出现的温度为 1 100℃。

与碱金属氧化物相似,碱土金属氧化物也对液相出现温度及晶相的形成有强烈的影响。从 $RO\text{-}Al_2O_3\text{-}SiO_2$ 系统的相图可知,含 MgO 系统中出现的液相的最低温度为 1 345℃,含 BaO 系统为 1 240℃,含 CaO 系统为 1 170℃。但是由于黏土中总含有 Fe_2O_3、R_2O 等杂质成分,以致使低共熔物的组成更为复杂,形成液相的温度更低。这也说明了复合熔剂组分对促进坯体低温烧结有更好的效果。如添加 1.0% 的菱镁矿和 0.5% 的氧化锌,可以使硬质瓷的烧成温度从 1 390℃降至 1 300℃。在碱土金属氧化物中,MgO 对莫来石形成的促进作用最大。氧化锌在 1 300℃时的促进作用也强。不过,添加剂的用量对促进作用至关重要,过多的添加剂甚至会出现相反的结果。

在生产实践中,坯体组成中的碱金属氧化物可由伟晶花岗岩、长石、霞石正长岩、锂云母、锂辉石、透锂长石和珍珠岩等天然矿物原料引入。而碱土金属氧化物则可由滑石、硅灰石、菱镁矿、白云石、透辉石、天青石等天然原矿物原料引入。

当日用瓷及高压电瓷坯料中加入 1%～2% 滑石时,会降低烧成温度 20℃～25℃。加入 3% 磷灰石时,日用瓷的烧成温度可降低 50℃。加入 2% 的锂辉石可使日用瓷烧成温度降低 30℃～40℃。

对于日用瓷釉料除添加锂辉石、锂云母、硅灰石、滑石等天然原料外,还可少量添加 ZnO、$BaCO_3$ 等化工原料以降低烧成温度和改善釉面质量。

②提高坯料细度。坯料颗粒越细则烧结活性越大,烧结温度越低。图 1-4-42 为 Al_2O_3 瓷坯料细度与烧结温度的关系曲线。球磨

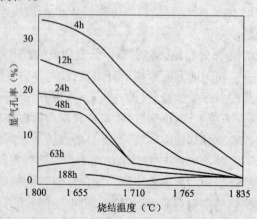

图 1-4-42 Al_2O_3 瓷坯料细度与烧结温度的关系

168h 和 63h 的坯料不必烧至 1 600℃,烧结已明显进行;球磨 48h 及 24h 的坯料则要烧至 1 710℃,开口气孔率才明显降低;而球磨 12h 及 4h 的坯料则必须烧至 1 760℃或 1 835℃才会明显地烧结。

3)快速烧成的工艺措施

①必须满足的工艺条件

a. 坯、釉料能适应快速烧成的要求。快烧坯料的质量要求有以下几方面:

●干燥收缩和烧成收缩均小。这样可保证产品尺寸准确,不致弯曲、变形。一般坯料只能适应 100～300℃/h 的升温速度,而快速烧成时的升温速度可达 800～1 000℃/h,所以要配制低收缩的坯料,选用少收缩或无收缩的原料(如烧失量小的黏土、滑石、叶蜡石、硅灰石、透辉石或预烧过的原料、合成的原料)。

●坯料的热膨胀系数要小,最好它随温度的变化呈线性关系,在生产过程中不致开裂。

●坯料的导热性能好,使烧成时物理化学反应能迅速进行,又能提高坯体的抗热震性。

●希望坯料中少含晶型转变的成分,免得因体积变化破坏坯体。

快烧用的釉料要求其化学活性强,以利于物理化学反应能迅速进行,始熔温度要高些,以防快烧时原料的反应滞后,引起釉面产生缺陷(针孔、气泡等);高温黏度比普通釉料低些,而且随温度升高黏度降低较多,以便获得平滑无缺陷的釉面;膨胀系数较常规烧成时小些,便于和坯体匹配。

b. 减少坯体入窑水分,提高坯体入窑温度。残余水分少则短时间内即可排尽,而且生成的水汽量也少,不致在快烧条件下产生巨大应力。入窑坯温高则可提高窑炉预热带的温度,缩短预热时间。

c. 控制坯体厚度、形状和大小。厚坯、大件、形状复杂的坯体在快烧时容易损坏,或者说难以进行快速烧成。

d. 选用温差小和保温良好的窑炉。小截面窑炉内的温度比较均匀。低蓄热量的窑炉易于升温和冷却。

e. 选用抗热震性能良好的窑具。快速烧成时,窑具首先承受大幅度的温度变化。它的作用条件比通常的烧成方法要苛刻得多。而窑具的抗热震性是快速烧成能否正常进行的重要条件。

③快烧产品的质量。生产实践和研究的结果表明,在缩短烧成周期的同时,适当地提高烧成温度(10℃～30℃),能够使陶瓷产品的显微结构和物相组成不受影响。根据对 4h 快速烧成和 24h 常规烧成日用瓷的显微结构分析可知,这两种瓷坯的显微结构基本一致。瓷坯内含有的主晶相莫来石呈针状交织在一起,长度约 2～5μm。石英晶粒被玻璃相包围,颗粒周围形成高硅玻璃层。玻璃相中存在极少量气泡。有资料报道,2h 快速烧成的硬质瓷,其白度和半透明度比 24h 烧成硬质瓷低些。但向坯体内添加少量硅火石或透辉石后,上述两项性能指标基本上相同。

前苏联建筑陶瓷科学研究院测定了常规烧成(24h)和快速烧成(8h)卫生瓷的一些性能指标(见表 1-4-14)。表中数据表明,快速烧成卫生瓷的主要性能指标和常规烧成的指标很接近。坯料中引入微斜长石,使之在快烧时能充分反应。多数长石颗粒被玻璃体(折射率 1.495)和针状莫来石所代替。莫来石晶体绝大多数为 4～6μm。快速与常规烧成瓷坯的莫来石化的程度,利用 X 射线分析证实是相同的,整个制品中莫来石和石英的分布均匀。两种瓷坯的电子显微镜分析表明,它们的气孔结构几乎是一样的,都具有较小的气孔(1～3μm),圆形及稍有拉长的气孔占多数,且大部分是孤立的,仅少数是连通的。制品的总气孔率为 5.5%～8.2%。石英颗粒(1～3μm)的边缘反应在两种情况下也是相同的。

表 1-4-14　快速烧成和常规烧成卫生瓷的性能对比

指　　标	快　烧	常规烧成
烧成时间(h)	8	24
最高温度下的保温时间(h)	0.5	0.75
最高烧成温度(℃)	1 250～1 260	1 250～1 260
吸水率(%)	0.25～0.5	0.3～0.87
密度(kg/m³)(×10³)	2.34	2.33
抗弯强度(MPa)	70	68
热稳定性(ROCT 13449—78)(循环次数)	>3	>3
莫来石含量(%)	19	19.5
残余石英含量(%)	13	13

有学者曾研究快速烧成对三种陶瓷电容器介质介电性能的影响。Ⅰ类介质主要成分为:$(Ca,Sr,Nd,Mg)TiO_3$;Ⅱ类介质主要成分为:$BaTiO_3$、CeO_2;Ⅲ类介质主要成分为:$BaTiO_3$、$Nd_2O_3·3TiO_2$。常规烧成与快速烧成时三类介质性能的比较列于表 1-4-15、表 1-4-16 中。

表 1-4-15　不同烧成速度对Ⅰ类介质性能的影响

性能参数	常规烧成 1 320℃,16h	快速烧成 1 400℃,2h	说　明
密度(g/ml)	4.38	4.58	明显提高
介电常数 25℃(kHz)	120	140	提　高
损耗因数 25℃(kHz)	0.05	0.025	改　善
温度特性(-30～+85)℃	750±120ppm/℃	—	符合要求

表 1-4-16　不同烧成速度对Ⅱ、Ⅲ类介质性能的影响

性　能　参　数	Ⅱ类介质		Ⅱ类介质		说　明
	常规烧成 1 200℃,16h	快速烧成 1 400,160min	常规烧成 1 320℃,16h	快速烧成 1 400,160min	
密度(g/ml)	5.40	5.86	5.70	5.72	提高
介电常数 25℃(kHz)	7 500	5 100	6 800	4 500	降低
损耗因数 25℃(kHz)	1	0.6	1.5	0.45	改善
温度特性(-30～+80)℃(%)	-50～-72	-30～-72	-52～-64	-48～-58	改善

Ⅰ类是低介电常数介质,快速烧成对其密度、介电常数、温度特性都有改善。因此可以说快速烧成适用于该类材料。快速烧成对Ⅱ、Ⅲ类介质的密度、损耗和温度特性都能改善,但却明显降低其介电常数。这样会降低电容器的体积效率。若降低烧成温度,延长烧成时间,则Ⅲ类介质的介电常数会有所提高(表 1-4-17)。将电容器圆片还原处理后,快速烧成圆片的室温电阻比常规烧成圆片高 5～10 倍。这将导致再次氧化后前者的介电常数低于后者。所以说,快速烧成会降低电容器的体积密度。快速烧成使Ⅰ类介质材料电性能得到改善是由于介质密度提高的缘故。而快速烧使Ⅱ、Ⅲ类介质电常数降低(约 1/3)主要是形成较小晶粒的缘故。

表 1-4-17 快烧条件对Ⅲ类介质性能的影响

烧 成 条 件	介 电 常 数 25℃,1kHz	损耗(%) 25℃,1kHz
1 420℃,5min	3 860	0.3
1 400℃,5min	4 245	0.32
1 400℃,8min	4 550	0.33
1 380℃,10min	4 709	0.45
1 380℃,12min	4 950	0.45

(4)烧成新方法

近些年来,由于新技术的发展,要求使用高纯度、高密度、高均匀度的功能陶瓷、结构陶瓷以及各种新型陶瓷材料。因而陶瓷的生产工艺随之也有了较大的发展。热压、热等静压和其他特殊烧成新方法,在各类陶瓷的生产中已逐渐采用,或成为重点研究课题。

1)热压烧结。热压烧结是在高温下加压促使坯体烧结的方法,也是一种使坯体的成型和烧成同时完成的新工艺。在粉末冶金和高温材料工业中已普遍采用这种方法。对于难熔的非金属化合物(如硼化物、碳化物等)以及氧化物陶瓷材料等,它们不易压制、不易烧结,应用热压法烧结效果显著。作为一个新的烧成方法,热压烧结已逐渐成为提高陶瓷材料性能以及研制新型陶瓷材料的一个重要途径。

①热压烧结的理论基础

a. 热压烧结的传质过程。热压烧结有两种明显的传质过程,即晶界滑移传质和挤压蠕变传质。这两种传质过程,在普通烧结过程中是基本不存在的。

●晶界滑移传质。晶界滑移是一种高效率的传质过程。在外加应力的作用下,坯体中的粉料有直接填充堆集间隙的趋势。因而使相邻颗粒间可能出现剪应力,或可能出现晶界相对运动或晶界滑移。当压力小、温度低的时候,粉粒间的啮合摩擦力大于这种剪应力,滑动不能出现,随着温度上升,粉粒的可塑性增加,机械强度下降,若有足够大的压应力出现时,晶界就能够滑移。根据热压条件的不同,晶界滑移有两种方式:①高温低压时以塑性滑移为主,如图 1-4-43 所示。这两种方向的滑移所需的激活能最低,也即是产生滑移的可能性最大。②低温高压时则以碎裂型滑移为主。伴随着粒界滑移,将出现大量粉粒碎片,使坯中的堆积间隙迅速地得到填充。

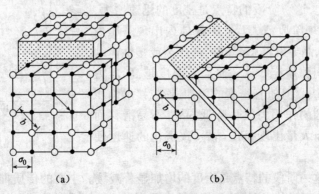

图 1-4-43 立方晶格的塑性滑移示意图

(a)(10$\bar{0}$)面的[01$\bar{1}$]方向滑移;(b)(01$\bar{1}$)面的[01$\bar{1}$]方向滑移

●挤压蠕变传质。这是一种相对慢速的传质过程。晶界滑移主要是在剪应力作用下的快速传质过程,而挤压蠕变主要是相对静止的晶界在正压力作用下的缓变过程。

从图1-4-44纯挤压蠕变传质的简化模型图(a)中可见,在压应力δ_0作用的初期,与作用力成正交的水平晶界AB和CD将承受挤压力,而与作用平行的垂直晶界AD与BC上则基本无应力出现。由于压应力的作用,受压晶界处的空格点附近将出现较高的空格点浓度。在受压晶界与无压晶界之间,便出现明显的空格点浓度差。因此而导致了两种晶界之间的传质流,即空格点自无压晶界扩向受压粒界。这就是机械力转变为传质推动力的过程。图1-4-45(b)表示蠕变传质后,正方晶粒变形为长方晶粒,压力趋于平衡的情况。

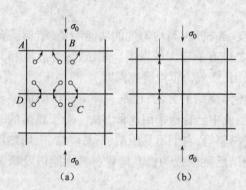

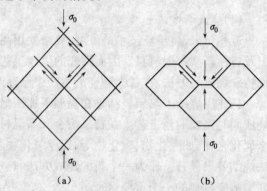

图1-4-44　挤压蠕变传质简化模型图
(a)积压初期的空格点扩散方向;(b)积压后期的蠕变平衡界面

图1-4-45　晶界滑动与积压的发展
(a)初期滑动阶段;(b)积压晶界的出现

图1-4-45是承受对角应力的滑移与挤压共存的模型。图中(a)为晶粒受压的初始状态,此时主要以晶粒间的界面滑移为主,箭头指出晶界的滑移方向。(b)表示随着滑移的进行,必然出现挤压晶界。随着挤压晶界的增加,挤压蠕变传质将逐渐转变为主要传质过程,其时所有水平晶界都可以看作是空格点,而所有非水平晶界都可以相对地看作是空格点源。

b.热压烧结的致密化过程。根据热压过程中不同时间内物质传递的主要方式,热压烧结的致密化过程可分成如图1-4-46所示的三个阶段。

●热压初期。是指在高温下加压后的最初十几到几十分钟的时间,这时相对密度从50%~60%猛增到90%左右,与普通烧结相比,这一阶段的特点是密度的迅速增大,大部分气孔都在这一阶段消失。此时坯体内出现了压力作用下的粉粒重排、晶界滑移引起的局部碎裂或塑性流动传质,将大型堆积间隙填充。这一阶段若温度越高,压力越大则密度增加越快。但随着密度的增加,粉粒接触面积加大,单位表面受到的作用力大为降低,晶界不易滑移而受到挤压作用,转而大量出现挤压晶界,致密化的速度便减慢下来。

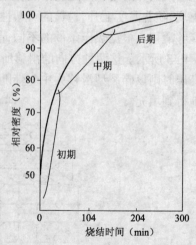

图1-4-46　热压烧结的三个阶段

●热压中期。这一阶段的特点是密度的增加显著减缓。主要的传质推动力应该是压力作用下的空格点扩散以及与此相伴随的晶界中气孔的消失。在挤压初期,晶界之间的压力差较大,因而空格点浓度差及扩散速度也较大,密度增加很快。但到挤压后期,各处晶界压力已趋平衡,这种蠕变式的传质已不明显,致密化的速度大为降低。

●热压后期。在这一阶段,外加压力的作用已很不明显,主要传质推动力与普通烧结相似。由于这时作为推动力的表面曲率差与外加压力无关,故晶界移动速度基本上与外加压力无关。这时的外加压力仅使晶粒贴得更紧,晶界更密实,更有利于质点跃过晶界而进行再结晶。

②热压设备。陶瓷材料的热压,一般都是在专用的热压机中进行的。常用的热压机主要是由加热炉、加压装置、模具和测温测压设备四部分组成,如图 1-4-47 所示。

加热炉一般都以电作热源,因为这样容易调节得到所要求的加热速度,并且能控制加热的部位。加热元件有 SiC、MoSi$_2$ 或镍铬丝、白金丝、钼丝等,如果热压温度要求较高(超过1 500℃)时,除用钼丝等作发热元件外,也可用导电的模具(如石墨)直接加热或采用高频感应加热法。

热压的加压装置要求加压速度平缓、保压恒定、压力调节灵活等功能。杠杆式压机适于热压小型制品(直径小于30mm),这种加压方式不能快速调节压力,但能保持稳定的压力。液压机适于各种尺寸的制品,压力可调,也可维持恒定的压力,总压力为 400~500t。

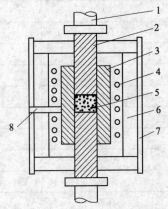

图 1-4-47　热压机结构示意图
1—液压机压杆;2—石墨压杆;3—模具;
4—发热体;5—热压材料;6—炉体
隔热材料;7—炉体外壳;8—外观孔

根据原材料及制品性质的要求,热压烧结可以在空气中进行,也可以在保护气氛(如还原气氛或惰性气氛)或真空中进行,采用保护气氛或真空,可避免材料氧化,提高模具使用寿命,也可促使材料排气(在真气下)。但这种方法的生产率低,且模具的结构较复杂。不重要的制品或具有抗氧化成分的制品热压时,无必要采用保护气氛或真空。因为热压时间短促以及石墨模具在烧损时放出 CO,对制品有一定的防氧化作用。

③模具材料。高质量的热压模具是热压烧结正常进行的重要保证。对热压用模具的基本要求是:

a. 机械强度高,尤其是在 1 000℃以上高温下应能承受较高压力;

b. 高温下能抗氧化;

c. 热膨胀性能接近于所热压的材料,且不易与热压材料相互作用或粘结。

模具材料的选用取决于热压时的最高温度和最大压力。在较低温度下热压时,可采用耐热合金钢(如镍铬合金)。热压温度在 900℃左右时可以采用硬质合金作模具,温度更高时可以采用难熔金属、石墨、SiC、金属陶瓷(WC 等)和高温陶瓷材料(Al$_2$O$_3$、ZrO$_2$ 等)作模具,而较广泛使用的是石墨模具。

石墨模具的优点是具有润滑能力,能耐高温、易加工、成本低,在高温下具有一定的强度,热膨胀系数较低,有导电性,不易与其他材料发生反应。但是它的抗张和抗压强度较低,易造成还原气氛污染制品。因而生产上常将石墨模具作渗碳硅处理(使石墨模具的表层成为SiC),这样可以提高石墨模具的强度和使用寿命。

Al$_2$O$_3$、ZrO$_2$、Si$_3$N$_4$ 等都是性能良好的不导电的模具材料。常用的热压模具材料的主要性能及特点见表 1-4-18 所示。

为防止热压的坯件与模具在高温高压作用下粘结和还原(特别是 SiC 和石墨模具),一般都在模具和坯件之间或在坯件四周充填一层 Al$_2$O$_3$、ZrO$_2$ 等惰性垫粉。

表 1-4-18   热压用模具材料的主要性能

材料名称	最高使用温度(℃)	最高使用压力(MPa)	使 用 要 求
高速工具钢	800 以下	19.6	要求氧化气氛,长期作用容易变形
硬质合金钢	900	39.2	
镍基合金不锈钢	1 100	68.6	
Mo	1 100	21.6	易氧化,微量蠕变
W	1 500	24.5	
TiB_2	1 200	107.8	成本较高,加工困难,容易和坯料起反应
WC、TiC	1 400	68.6	
SiC	1 500	196.0	
TaC	1 700	58.5	
BeO	1 000	107.8	成本较低,加工困难,热稳定性稍差,加压速度不宜过大
ZrO_2	1 180	34.3	
Al_2O_3	1 200	171.5	
Si_3N_4	1 000	98.0	成本较高
石墨	2 500	68.6	要求在惰性气氛中使用

④热压烧结制度

a. 热压制度的类型。热压制度中温度和压力之间存在着相互制约、互为因果的关系,没有一定的温度,坯料就没有热塑性,而又不利于加压;有了一定的温度,如加压不当也达不到应有的效果。在温度、压力与烧结时间三者之间,前两者的作用较明显。热压时,如果热压温度较低,可以提高压力;相反,如果温度较高,则压力可以降低。而具体热压制度的选择取决于坯料的性能要求和热压设备等条件。表 1-4-19 列出了常用的一些热压制度类型。

表 1-4-19   热压制度的类型

加压方式	加温方式	简图 (虚线为温度线,实线为压力线)	方法简称	主 要 特 点
一次加压	连续加压加保温温		SP	升温达到最高温度 T_m 后,加压 P_n,保温 t_p 小时后,即卸去压力后,生产简便,效果一般
变压连续压加温	保温保温		GP	随炉温上升,坯件逐渐膨胀而增大压力,待温度达 T_m 后,相当于加压 P_n,保温 t_p 生产控制稍复杂,热压效果较好

续表

加压方式	加温方式	简图（虚线为温度线，实线为压力线）	方法简称	主　要　特　点
两次间断加压	低压连续加温保压、去压、保温退火	 （T_m、P_n、T_a、t_a、P_0、t_p 曲线图）	AP	低温下加较小压力 P_0，达到 T_m 后，加压至 P_n，保温 t_p 后去压，再升温至 t_n，保温 t_a，进行高温退火生产控制复杂，热压效果好，高温退火利于消除内应力，利于控制晶粒大小
多次间断加压	低压连续加温、加压降温、保压	 （T_m、P_n、P_c、t_p、t_c、P_0 曲线图）	CP	低温加小压力 P_0，至 T_m 后加大压力 P_n，保温 t_p，降温冷却过程中第三次加压 P_c，保温 t_c 小时后才全部去压生产控制复杂，热压效果较好，三次加压利于提高致密度

注：T_m—热压温度，℃；P_n—最高温度时热压压力；t_p—最高温度时加压时间；P_0—低温时的压力；T_a—去压后保温温度；t_a—去压后保温时间

b．不同热压制度的效果。不同的热压制度有各自不同的特点，因此所获得的产品亦具有不同的结果。AP 法相对来说较易获得致密坯体。由于此法在卸压后再升温进行高温退火，还可消除坯中的内应力，得到机械强度和其他性能都较好的致密坯体。如果在降温时加上一个很低的压力 P_0 时，温度升到 T_m 后再把压力增加到 P_n，这种热压制度对于含挥发性原料的坯体来说，能防止原料挥发（如烧成含铅的压电陶瓷）。图 1-4-48 是热压制度与 PZT 陶瓷致密度的关系。曲线 1 是在 PbO 气氛中的常规烧结曲线；曲线 2 是从常温到 T_m 都维持某一固定的压力 P_m（$P_n = 9.8\text{MPa}$，$t_p = 30\text{min}$）；曲线 3 与曲线 2 所不同的只是曲线 3 的 P_n 增加为 68.6MPa；曲线 4 为 SP 法（$P_n = 68.6\text{MPa}$，$t_p = 30\text{min}$），即升温达到最高温度 T_m 后，才加压 P_n，保温 t_p 小时后，即卸去压力。从曲线 3 与曲线 4 的对比中可以看出，两者的热压参数虽然一样，但热压制度不同，故其结果不同。低温阶段曲线 3 的致密度高于曲线 4，但高温阶段则正好相反。

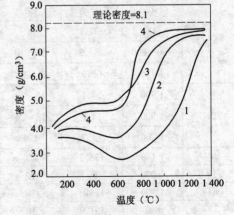

图 1-4-48　热压制度对 PZT 陶瓷致密度的影响
1—在 PbO 气氛中普通烧结，成型压力 98MPa；
2—从常温到 T_m 都维持 $P_m = 9.8\text{MPa}$，$t_p = 30\text{min}$；
3—从常温到 T_m 都维持 $P_m = 68.6\text{MPa}$，$t_p = 30\text{min}$；
4—SP 法热压，$P_m = 68.6\text{MPa}$，$t_p = 20\text{min}$

c. 热压参数的选择：

● 热压时的烧结温度主要是根据热压材料的性质、材料与模具的作用情况及材料的颗粒细度等来确定。

● 对于单相材料(如难熔化合物和纯氧化物等)来说，热压温度为其熔点(绝对温度)的0.75～0.9。

● 热压烧结的温度应选择在材料具有较大塑性时的温度。但也不能与材料的熔点相距太近，以免晶体成长过于迅速。多晶转变、分解反应时反应活性强，在这个温度下加压烧结，易得到致密的产品。

● 热压时的压力由试验决定。一般的规律是，在各种温度下，低压时，密度与所加的压力成直线关系。随着温度升高，密度与压力关系线段的斜率有所改变。压力增大至一定值，出现转折点，密度随压力加大的增长速度变慢。所以热压难熔化合物时，根据热压温度，选择转折点附近的压力。压力过大会损坏模具。

● 大型产品的热压烧结温度要高些，保温时间要长些。

● 冷却速度和材料的抗热震性及制品的大小、形状有关。难熔化合物热压后，由塑性状态转变为脆性状态(1 000℃左右)时，应慢冷，以免制品开裂。

表 1-4-20 列出一些氧化物、难熔化合物的热压参数，供生产控制时参考。

表 1-4-20　一些陶瓷材料的热压参数与热压效果

材料名称	热 压 制 度				模具材料	热源(加热方式)	密度(kg/m^3) $\times 10^3$	相对密度
	温度(℃)	压力(MPa)	时间(min)	气氛				
Al_2O_3	1 140	124.5	170	氧化	Al_2O_3	电阻加热	3.84	96.0
	1 500	49	60	还原	石墨	钼丝加热	3.94	98.5
	1 600	49	30	还原	石墨	钼丝加热	3.88	97.5
	1 700	41.2	10	还原	石墨	钼丝加热	3.94	98.5
MgO	1 120	90.2	30	氧化	Al_2O_3	电阻加热	3.65	100.0
	900	137.2	8	氧化	Al_2O_3	电阻加热	3.62	99.0
	750～800	137.2	15～20	氧化	Al_2O_3	电阻加热	3.45～3.58	95～98
	1 120	68.6	40	氧化	Al_2O_3	电阻加热	3.62	99.0
BeO	1 700	14.7	18～20	真空	石墨	钼丝加热	2.70	89.7
	1 800	14.7	18～20	真空	石墨	钼丝加热	2.75	92.7
	1 700	14.7	120	真空	石墨	钼丝加热	2.85	95.0
Cr_2O_3	1 150	138.2	120	氧化	Al_2O_3	电阻加热	5.21	100.0
TiO_2	1 070	69	90	氧化	Al_2O_3	电阻加热	4.03	94.5
$BaTiO_3$	1 100	113.6	10	氧化	Al_2O_3	电阻加热	6.1	100.0
UO_2	800	151.9	10	氩气	TiC	钼丝加热	9.63	90.0
TiC	2 600	15.6	2		石墨	电阻加热	4.88	99.0
TiN	2 450	11.7	15		石墨	电阻加热	5.15	99.0
BN	1 800	29.4	10～20		石墨	电阻加热	1.9～2.2	90.0～100.0
Si_3N_4	1 750	29.4	30		石墨	电阻加热	3.1	97.0～98.0
ZrO_2	1 500	14.7	10	还原	石墨	钼丝加热	5.5	94.0
ZnS	700～850	294～392	15	真空	不锈钢	电阻加热		

⑤热压烧结具有下列特点

a. 可降低坯体的成型压力。热压时模具中的粉状原料大都处于塑性状态,颗粒滑移变形阻力小,因而热压时所需压力为一般常温下成型的十分之一左右,所以便于大尺寸的陶瓷制品的成型和烧结。

b. 热压可以显著提高坯体的致密度。如果热压制度选择恰当,热压烧结的坯体密度可达其理论密度的 98%～99%,甚至达 100%。如,氧化镁陶瓷坯体在 1 120℃ 和 68.6MPa 下,热压 40min 即可达到理论密度的 99%,氧化铬陶瓷坯体在 1 150℃、138.3MPa 下,热压 2h 可达其理论密度的 100%。而采用常规烧成法只能达理论密度的 85%～90%。

c. 热压可以显著降低烧成温度和缩短烧成时间。普通烧结的动力为表面能。而热压烧结除表面能外尚有晶界滑移和挤压蠕变传质同时作用,总接触面增加极为迅速,传质加快,从而可降低烧成温度和缩短烧成时间。以 BeO 陶瓷为例,见图 1-4-49,1 600℃ 热压 10min 的密度也远比 1 800℃、45min 的普通烧成的密度大。此外,降低烧结温度和缩短烧成时间对制某些坯料(如含铅陶瓷和 BeO 陶瓷等)的挥发组分的损失特别有效。

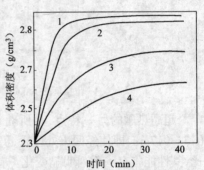

图 1-4-49　BeO 陶瓷热压与常规烧成对比
1—热压(1 800℃,0.15MPa,10min);
2—热压(1 600℃,0.15MPa,10min);
3—普通烧成(1 800℃,45min);
4—普通烧成(1 600℃,45min)

d. 热压可以有效地控制坯体的显微结构。热压烧结因烧结温度比常温烧结法低,且保温时间短,晶粒不易长大,气孔的分布比较均匀且气孔率低,有些甚至可以接近于零。所以生产上常用热压的陶瓷来代替单晶材料,从而扩大了陶瓷材料的应用范围。

e. 热压可以生产尺寸比较精确的产品。因为热压时坯料粉粒处于塑性状态,在压力作用下易于填充模具。

f. 由于热压无需添加烧结促进剂与成型添加剂,所以热压烧结能得到高纯度的陶瓷制品。

热压烧结法的缺点是:过程及设备较为复杂,生产控制要求较严,模具材料要求高,电能消耗大,在没有实现自动化和连续热压以前,生产效率低,劳动力消耗大。

⑥热压烧结的发展

a. 半连续热压。普通热压工艺是间歇操作的,装料、卸模麻烦,粘模严重,生产效率很低,而且热能也没有很好地利用。为解决这一问题,发展了一种新的半连续热压工艺。其操作原理和剖面结构如图 1-4-50 所示。当达到一定温度以后,将定量粉料加入套模内,使上压模下降,加压烧结。在保持粉料能承受一定压力的情况下,使上、下压模连同压料,以 1～15cm/h 的速度下降。降到一定位置(即热压一定时间)后,再提起上模,加料再压。如此不断重复,直至达到所需长度。由于整个模套上部和中部存在温度梯度,上压模温度较低,故每次所加新料,只是使底部与老料相接段的一定厚度得到充分的烧结,顶层仍保持生烧状态。这样能有利于和下一次所加新料衔接过渡。因而可以半连续地热压出不同直径和长度的棒状瓷件,所得制品均匀致密,晶粒细小且不带分层痕迹。

b. 超高热压。压强超过 7MPa 的热压烧结,叫超高热压。如果同时温度又在 1 400℃ 以上进行的热压,则称为超高温、超高压合成热压。目前在这种新工艺中,最高压强可达

100MPa,最高温度可达 2 000℃。采用超高热压工艺,不仅可以快速高效地烧制出优质陶瓷,更可贵的是在这种超高温、超高压的条件下,可以通过化学合成的方式,获得一般烧结工艺及其他合成工艺所难以得到的新型化合物陶瓷材料。

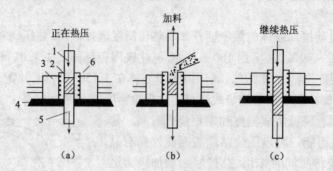

图 1-4-50　半连续热压原理图
1—上压模;2—Al$_2$O$_3$ 套模;3—支承箱;4—承载台;5—下压模;6—电热元件

超高热压的另一特点,是所获得的特种陶瓷或人造矿物具有超微晶粒结构,粒径只有0.3~0.7μm,即使经回火处理后,仍可控制在 1μm 左右。所以与具有普通显微结构的陶瓷相比,其性能将有一系列明显变化。首先,其晶界已经不是结构弱点,甚少微裂纹,故其机械强度,特别是抗折和抗张强度以及瓷体的硬度,要比一般同类陶瓷高得多。此外,其铁电、压电及其他物理性能亦将有明显的变化,如介电常数的温度特性变得特别平坦等。

c. 反应热压。这是针对高温下坯料可能发生的某种化学反应过程,因势利导,加以利用的一种热压烧结工艺。也就是指在烧结传质过程中,除利用表面自由能下降和机械作用力推动外,还利用某些晶体(如 ZrO$_2$、Al$_2$O$_3$ 等)在相变温度下、或某些高温分解物质(如 Mg(OH)$_2$、CaCO$_3$、MgSO$_4$ 等)在分解温度下晶格混乱而提高其反应能力,从而在较低的温度下获得致密的陶瓷坯体。反应热压的特点是利用热能、机械能、化学能三者配合促使烧结完成。

2)热等静压。热等静压(HIP)也是一种成型和烧成同时进行的方法。它利用常温等静压工艺与高温烧结相结合的新技术,解决了普通热压中缺乏横向压力和产品密度不够均匀的问题,并可使瓷件的致密度进一步提高。

①热等压静工艺过程与参数。HIP 既可直接采用粉末原料,也可先经常温等静压或其他方法预压后再进行烧制。

直接采用陶瓷粉末进行热等静压时,粉末装入所要求形状的模具中,其填充密度应尽量高而且均匀。经预压后的坯体密度较高,再经热等静压后易于得到完全致密的制品,在烧结过程中也不致产生过分收缩,而且还能提供最大的尺寸控制精度。

经预压后的坯体在装入封套(在坯体与封套之间常填入一层 ZrO$_2$ 或 MgO 等防黏垫粉)密封之前,应先加热到一定温度进行抽气,以有效地除去空气、水分、成型用的添加剂和其他吸附物,减少它们对制品的影响。

致密度要求特别高的制品,在热等静压烧结后往往还要再进行后处理:无开口气孔的烧结体直接再次放入热等静压容器内;有开口气孔的烧结体先行封装再入容器,进行第二次热等静压,这样可以使缺陷愈合,消除残余的气孔。

HIP 用的封套材料大都采用在高温下具有良好塑性而又能很好地传递压力的材料。温度较低时可用金属箔,温度较高时则用玻璃、陶瓷纤维或高熔点金属(如 Mo、W、Ta)等。使用玻璃封套时,应该采用图 1-4-51 所示的 HIP 循环,先升温到封套玻璃的软化温度,抽真空使玻璃熔封,然后升压,软化了玻璃封套就会填满坯体周围的所有空隙,最后升温、升压到最终要求的温度压力参数。

图 1-4-51　HIP 循环

T—温度;P—压力

按预定的时间保温、保压,然后降温、降压。在冷却过程中玻璃封套由于不同的膨胀系数大部分会自行剥落,其余残留部分可以由喷砂除去。HIP 具体的温度、压力和时间参数,应根据不同的材料、制品的大小及其性能要求而定。表 1-4-21 列出了一些陶瓷材料采用的热等静压工艺参数。陶瓷材料一般在 70~200MPa 和 1 000℃~2 000℃下进行热等静压。

表 1-4-21　陶瓷材料的热等静压参数

材　料	热等静压的工艺参数			成品相对密度（%）
	温度(℃)	压力(MPa)	时间(h)	
Al_2O_3	1 150~1 370	70~140	0.5~3	96~99.8
Al_2O_3	1 350	150	3	99.99
MgO	1 150	70	3	97.8
MgO	1 300	100	3	98.0
BeO	1 290	70	3	97.6
UO_2	1 150~1 260	70~100	3	99.9
UN	1 540	70	—	—
ZrB_2	1 350	100	—	99.95
WC	1 595~1 760	70~100	1~2	全致密
$BaTiO_3$	1 100	70~140	0.5	致密
Si_3N_4	1 760	360~400	—	95
铌酸钾钠	1 150	70	—	致密

图 1-4-52 是几种常用的热等静压制度。其中(a)是在常压下升温到最高温度,然后再升压到要求的成型压力;(b)是在一定压力下加热,升到最高温度后再升压至最大压力;(c)是在室温下升至最大压力,然后升温最高温度。当模具为玻璃、陶瓷材料时,一般采用第四种制度(d),这样可降低模具材料最初收缩时的屈服应力,减少粉末或素坯的型变。

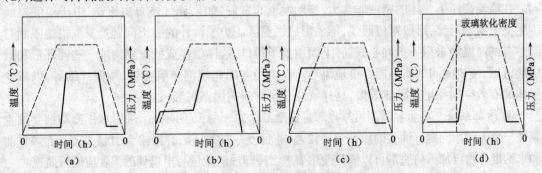

图 1-4-52　几种典型的热等静压制度

···· 温度;—— 压力

②热等静压设备。HIP 设备主要包括:高压容器、高压供气系统、加热系统、冷却系统及气体回收系统,见图 1-4-53。

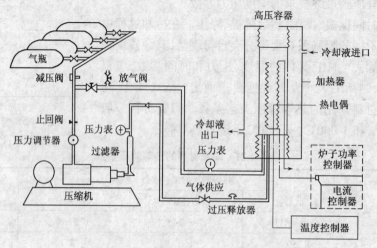

图 1-4-53　高温等静压工艺设备系统简图

a. 高压容器。现在多采用冷壁高压容器,把加热炉放置在容器内部,对容器壁采用强迫冷却。采用带螺旋槽的冷却套将冷却液压入容器内部进行冷却,因而即使在 2 700℃高温下容器也能可靠地工作。

b. 高压供气系统。加压介质采用惰性气体,如氮气或氩气。烧结氮化物和 SiC 时,采用氮气可抑制氮化物的分解以及会在 SiC 晶粒上形成 Si_3N_4 薄膜,提高烧结体的强度。由气瓶供应的气体先经旁路送入容器(见图 1-4-53),两者压力平衡后,截断旁路,开动压缩机继续升压。经压缩后的气体必须经过油水分离及杂质过滤器过滤。如果采用膜式压缩机,则可直接得到干净的压缩气体。高压管路系统要能进行自动控制。

由于氮和氩都是昂贵的气体,故使用后要进行回收。可将回收气体贮存在一定压力的贮气柜中,在升压过程中也能缩短操作时间。

c. 加热系统。除需要非常高的温度采用碳管炉外,其余均采用管状绕丝炉。用高纯氧化铝做炉管,在较低温度时也可用不锈钢做炉管。发热体用镍铬丝、康钛丝、铅丝或钨铼丝等。

由于高温炉是在高温高压惰性气体介质中工作的,故与一般高温炉在结构上有很大的不同。在高温高压下气体的密度非常大,流动性也非常好,如果让气体自由流动,由于温度差而产生上下激烈对流,形成对流回线,不易形成恒温区。炉子设计的突出问题是采取措施限制对流。有的高温炉采用一组同心圆筒,上面用盖子封口,这样就构成彼此隔离的一些圆环形和圆柱形区域,使彼此间气体不能自由地流动。在这些空间充填泡沫氧化铝、陶瓷纤维等,以减少气体的有效空间和增加隔热效果,这样就能获得有效的恒温高温区。

d. 冷却系统。高压容器的可靠冷却是安全工作的一个关键问题。采用水作冷却剂会发生腐蚀与冬天结冰问题。油类的冷却效果较差,并且万一漏入高压容器内会引起火灾。乙烯甘油和水的混合物再加入防腐剂可以满足使用要求。冷却液的流量与出口处的温度应进行监视。

因为高压容器中的工作介质是高温高压的气体,因此安全操作是一个非常突出的问题。高压容器必须装设在低于地面的坑穴中。屋顶应采用薄壳结构。整个设备的操作必须进行远距离控制。

③热等静压烧结法的特点

a. 由于有效地在高温下施加等静压力,因此 HIP 的最大特点是能在较低的烧成温度(仅为熔点的 50%～60%),在较短的时间内得到各向完全同性、几乎完全致密的细晶粒陶瓷制品。因此制品的各项性能均有显著的提高。

b. 可以直接从粉料制得各种形状复杂和大尺寸的制品。目前可以生产最大直径达1.0m、高达 1.5m 的大型产品。

c. 能精确控制制品的最终尺寸,故制品只需很少的精加工甚至无需加工就能使用。这对于硬度极高的以及贵重、稀有材料来说有特别重要的意义。

d. 在热等静压过程中可以将各种不同材料的部件粘合成为一个复杂的构件。

虽然 HIP 法有以上许多优点,但由于设备和工艺控制都较复杂,模具材料的选择及封装操作技术要求较高,投资较大,生产效率低,产品成本高等原因,使这项烧结新工艺尚未能广泛应用于陶瓷行业。它主要用来研究和生产那些用传统工艺所无法解决的新材料和新产品。

3)真空烧结法

前面所述的热压烧结法,通常是需要在保护气氛下烧结。在真空中施加机械压力的烧结方法称为真空热压烧结法。这种烧结法不存在气氛中的某些成分对材料的不良作用,有利于材料的排气,因此能获得致密度更高的制品。另一种不加机械压力的真空烧结法简称真空烧结法。主要用于烧结高温陶瓷以及含 TiC 的硬质合金、含钴的金属陶瓷等。这种烧结法是在专门的感应真空炉中进行的,设备构造图详见图 1-4-54。

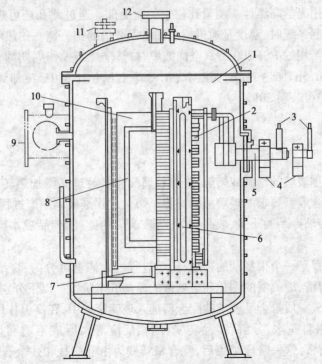

图 1-4-54　ULVACFSI 型感应真空炉的炉室构造

1—真空室;2—线圈;3—冷却水进出口;4—电极;5—同轴电力通道;
6—线圈支承;7—底板;8—坩埚;9—泵孔;10—坩埚盖;11—安全阀;12—观察窗

采用真空烧结法烧结陶瓷材料有如下优点：

①可避免 O_2、N_2 及填料成分对材料的污染，提高材料的性能；

②真空烧结有利于坯体的排气，可获得高度致密的制品；

③能更好地排除 Si、Al、Mg、Ca 等微量氧化物杂质，因为这些杂质在真空条件下易被还原或挥发掉；

④经真空烧结的陶瓷切削刀具易于焊接，它不必经过特殊的表面处理就能用普通的焊接方法焊接，而在氢气中烧结的刀具是不可能的。

真空烧结法的设备也较复杂，当要求的真空度较高时，需配备性能良好的高真空泵。此外，对于碳化物陶瓷，真空烧结会造成轻微的碳损失。虽然这种碳损失可以通过在坯体成分中增加碳来补偿，但由于烧结坯体的氧含量经常有变化，因而真空烧结的碳化物陶瓷材料组成也经常在缺碳和出现游离碳之间变动，较难控制。

真空室由不锈钢制成，外壁用水冷却。炉盖作为弹跳—旋转式的，跳起后旋转某一角度便可将其打开，待烧坯体置于石墨坩埚中，坩埚—线圈组合件安装在真空室的中部，它由高频加热线圈、石墨坩埚和填于其间的绝热物(石墨纤维和石墨粉)组成。

在真空烧结(1 500℃下操作)过程中，真空烧结炉的真空系统可保持 6.665～133.3Pa。如果将炉子从大气压迅速抽到工作压力，则绝热粉末可能会飞散，为了防止这一现象产生，FSI 型炉子的真空系统装有旁通管道，经过此旁通管道将炉体从大气压抽空到 13 332.2Pa 压力后将其关掉，进一步抽真空是通过主管路进行。此外，FSI 型炉子还可带自动压力控制系统，它可将压力保持在 13.33～1 333.22Pa。

炉温测量通常用光学高温计。测量孔位于炉盖上部。通过此孔还可观察坩埚内部情形，当使用自动温度控制系统时，温度是通过插入到坩埚旁边的铂—铑—铂热电偶来测量的。

采用小规模生产用的 FSI-200 型真空烧结炉时，整个烧结操作周期约 16h(其中装料和卸料为 0.5h，抽真空 0.5h，加热 1.5h，保温 1.5h，冷却 12h，从 1 500℃冷却到 500℃是通入气体冷却)。每台真空炉可装料 20kg。

1.4.5　玻璃的熔化

(1)熔化过程

玻璃的熔化又称玻璃的熔制或熔炼，是指玻璃配合料经过高温加热转变为化学组成均匀的、无气泡的、并符合成型要求的玻璃液的过程。熔化过程是玻璃生产过程中最重要的环节之一，它直接关系到玻璃产品的质量、成品率，并与玻璃厂的能耗、产品成本、池窑寿命等密切相关。

玻璃的熔化过程是一个很复杂的物理、化学过程。大体上可分为：烧结物的形成、玻璃液的形成、玻璃液的澄清、玻璃液的均化和玻璃液的冷却五个阶段。以下分别加以叙述。

1)烧结体的形成。质量合乎要求的配合料加入玻璃窑炉中，在高温作用下，发生一系列物理、化学反应(如：原料脱水、分解、多晶转变、固相反应等)，形成不透明烧结物。对于普通钠-钙硅酸盐玻璃而言，这一阶段结束后，配合料转变为由硅酸盐和残余石英颗粒组成的烧结体。

表 1-4-22 列举了玻璃工业常用的原料在单独加热时的物理变化和化学反应。

表 1-4-22 玻璃工业常用的原料在单独加热时的物理变化和化学反应

原 料 名 称	加热时的反应	发生反应的温度
石英 SiO_2	多晶转变：β-石英→α-石英 α-石英→α-鳞石英 α-鳞石英→α-方石英 熔化	575℃ 870℃ 1 470℃ 1 710℃
纯碱 Na_2CO_3	分解 Na_2CO_3→Na_2O+CO_2↑（有 SiO_2 时 反应加速，炉气中 CO_2 的含量对分解有影响） 熔化	700℃左右开始分解 849℃～852℃
碳酸钾 K_2CO_3	分解 K_2CO_3→K_2O+CO_2↑ 熔化	410℃左右开始 >891℃
石灰石 $CaCO_3$	分解 $CaCO_3$→$CaO+CO_2$↑ 熔化	500℃左右开始 1 290℃
菱镁矿 $MgCO_3$	分解 $MgCO_3$→$MgO+CO_2$↑ 熔化	300℃左右开始 >2 500℃
白云石 $MgCa(CO_3)_2$	分解 $MgCO_3$（先） $CaCO_3$（后）	700℃左右 $MgCO_3$ 分解 完全，$CaCO_3$ 分解很少
碳酸钡 $BaCO_3$	多晶转变：斜方 γ 晶型→六方 β 晶型 六方 β 晶型→等轴 α 晶型 分解 $2BaCO_3$→CO_2↑$+BaO\cdot BaCO_3$ $BaO\cdot BaCO_3$→$2BaO+CO_2$↑	811℃ 982℃ 950℃开始 1 000℃开始
芒硝 Na_2SO_4	多晶转变：无水芒硝（斜方晶系）→偏位芒硝（单斜晶系） 熔融 分解 Na_2SO_4→Na_2O+SO_3 （有还原剂时，反应加速）	235℃左右 884℃ 自 1 200℃左右开始
重晶石 $BaSO_4$	多晶转变：斜方晶型→单斜晶型 熔化	1 149℃ 1 580℃
硝酸钠 $NaNO_3$	分解 $2NaNO_3$→$2NaNO_2+O_2$↑ $2NaNO_2$→$Na_2O+N_2+3/2O_2$↑ 熔化	350℃左右 >250℃左右 306℃
硝酸钾 KNO_3	分解 $2KNO_3$→$2KNO_2+O_2$↑ $2KNO_2$→$K_2O+N_2+3/2O_2$↑ 熔化	500℃左右 >333℃ 500℃左右
硝酸钡 $Ba(NO_3)_2$	熔化 分解 $Ba(NO_3)_2$→$BaO+N_2+5/2O_2$↑	592℃ 加热超过 592℃
氧化铝 Al_2O_3	熔融	2 010℃
长石 $Na_2O\cdot Al_2O_3\cdot 6SiO_2$ $K_2O\cdot Al_2O_3\cdot 6SiO_2$ $CaO\cdot Al_2O_3\cdot 2SiO_2$	熔化 熔化 熔化	1 100℃ 1 170℃ 1 550℃
萤石 CaF_2	熔化	1 330℃
食盐 $NaCl$	熔化	804℃
硼酸 H_3BO_3	分解 $2H_3BO_3$→$B_2O_3+3H_2O$ B_2O_3 的熔化	100℃ 577℃
无水硼砂 $Na_2B_4O_7$	熔化	741℃左右
密陀僧 PbO 铅丹 Pb_3O_4	熔化 分解 Pb_3O_4→$3PbO+1/2O_2$↑	879℃ 500℃左右

需要指出的是,由于实际配合料中常包含有多种原料,各原料在升温过程中的变化过程不再完全遵循各自的热反应规律,因而从配合料转变为不透明烧结物的过程十分复杂。此外,由于玻璃熔化时所需的热量主要来源于火焰的热辐射传热(全电熔时除外),因此配合料的表面及内部存在温度差异,并影响到配合料中各组分间的反应顺序。一般来讲,活性大的组分首先通过固相反应形成固溶体或共熔物,成为熔体后加速活性较小的其他组分间的反应。

表 1-4-23 是 Na_2O-CaO-SiO_2 平板玻璃常用的(a)芒硝配合料和(b)纯碱配合料在这一阶段发生的主要反应。

表 1-4-23　配合料的加热反应

(a)芒硝配合料

序　号	加　热　反　应	温　　度
1	排除吸附水	100℃～120℃
2	Na_2SO_4 的多晶转变,斜方晶型←→单斜晶型	235℃～239℃
3	煤粉的分解与挥发	260℃
4	形成复盐:$MgCO_3 + Na_2CO_3 \rightarrow MgNa_2(CO_3)_2$	＜300℃
5	$MgCO_3 \rightarrow MgO + O_2\uparrow$	300℃
6	形成复盐:$CaCO_3 + Na_2CO_3 \rightarrow CaNa_2(CO_3)_2$	＜400℃
7	$CaCO_3 \rightarrow CaO + O_2\uparrow$	420℃ 开始
8	固相反应:$Na_2SO_4 + C \longleftrightarrow Na_2S + 2CO_2\uparrow$	400℃ 开始,500℃ 激烈
9	$Na_2S + CaCO_3 \longleftrightarrow Na_2CO_3 + CaS$	500℃ 开始
10	石英多晶转变:β-石英←→α-石英	575℃
11	$MgNa_2(CO_3)_2 + 2SiO_2 \longleftrightarrow Na_2SiO_3 + MgSiO_3 + 2CO_2\uparrow$	340℃～620℃
12	$MgCO_3 + SiO_2 \longleftrightarrow MgSiO_3 + CO_2\uparrow$	1 200℃～1 300℃
13	$CaNa_2(CO_3)_2 + 2SiO_2 \longleftrightarrow Na_2SiO_3 + CaSiO_3 + 2CO_2\uparrow$	585℃～900℃
14	$CaCO_3 + SiO_2 \longleftrightarrow CaSiO_3 + CO_2\uparrow$	600℃～920℃
15	$Na_2CO_3 + SiO_2 \longleftrightarrow Na_2SiO_3 + CO_2\uparrow$	700℃～900℃
16	生成低共熔混合物、玻璃形成开始	
17	$Na_2S + Na_2SO_4 + SiO_2 \rightarrow 2Na_2SiO_3 + SO_2\uparrow + S$ $CaS + Na_2SO_4 + SiO_2 \rightarrow Na_2SiO_3 + CaSiO_3 + SO_2\uparrow + S$	865℃
18	未反应的 Na_2CO_3 开始熔融	855℃
19	Na_2SO_4 熔融	885℃
20	$CaCO_3$ 分解达最高速度	915℃
21	$MgO + SiO_2 \rightarrow MgSiO_3$ $CaO + SiO_2 \rightarrow CaSiO_3$	980℃～1 150℃ 1 010℃～1 150℃
22	$MgSiO_3 + CaSiO_3 \rightarrow CaSiO_3 \cdot MgSiO_3$	600℃～1 280℃
23	石英颗粒、低共熔物、硅酸盐熔融	1 200℃～1 300℃

(b)纯碱配合料

序　号	加　热　反　应	
1	水分蒸发	100℃～120℃
2	形成复盐 $CaCO_3 + Na_2CO_3 \rightarrow CaNa_2(CO_3)_2$	<600℃
3	石英多晶转变：β-石英$\longleftrightarrow\alpha$-石英	575℃
4	$CaNa_2(CO_3)_2 + 2SiO_2 \rightarrow Na_2SO_3 + CaSiO_3 + 2CO_2\uparrow$	600℃～800℃
5	$Na_2CO_3 + SiO_2 \rightarrow Na_2SO_3 + CO_2\uparrow$	720℃～900℃
6	$Na_2CO_3 + CaNa_2(CO_3)_2 + 3SiO_2 \rightarrow 2Na_2SO_3 + CaSiO_3 + 3CO_2\uparrow$	740℃～800℃
7	$CaNa_2(CO_3)_2$ 复盐熔融	813℃
8	Na_2CO_3 熔融	855℃
9	$CaCO_3 \longleftrightarrow CaO + CO_2\uparrow$	912℃
10	$CaNa_2(CO_3)_2 \longleftrightarrow NaO_2 + CaO + 2CO_2\uparrow$	960℃
11	$CaO + SiO_2 \longleftrightarrow CaSiO_3$	1 010℃
12	玻璃液形成	1 200℃～1 300℃

2)玻璃液的形成。不透明烧结体经进一步加热,未完全熔化的配合料残余颗粒溶解,烧结物开始熔融、扩散,并最终由不透明烧结体变为透明玻璃液。但此时的玻璃液含有大量可见气泡,且玻璃液的化学成分很不均匀。

3)玻璃液的澄清。玻璃液的澄清是指气体夹杂物从玻璃液中消除(包括逸出和吸收)的过程。由玻璃配合料的气体率、玻璃的得率的计算可知,玻璃熔化过程中,放出的气体约为配合料质量的 15%～20%。这些气体来源于:

①配合料中原料的分解,如:配合料中碳酸盐、硫酸盐、硝酸盐、含水化合物等分解产生的气体;

②部分组分的挥发,如 Na_2O、B_2O_3、PbO 等在高温作用下会产生的挥发物;

③组分间化学反应产生的气体(见表 1-4-23)。

此外,配合料粉体空隙中还夹带有气体,这些气体大部分在玻璃液形成时已排除,只有一小部分气体(占气体总量的 0.001%～0.1%)因为玻璃液的黏度大,难以逸出,而残留在玻璃液中。在玻璃液形成后,玻璃液与耐火材料相互作用产生以及窑炉火焰空间中气体的溶解,也会在玻璃液中形成新的气体夹杂物。

随着玻璃组成、原料和燃料种类、窑炉气氛、压力、温度等的变化,存在于玻璃液中的气体的种类也不尽相同,常见的有 N_2、O_2、CO_2、H_2O、CO、SO_x、NO_x 等。残留于玻璃液中气体以三种形式存在:①可见气泡;②物理溶解;③化学结合。其中可见泡中的气体、物理状态溶解的气体以及窑炉气氛中的气体之间存在如下图示的平衡。

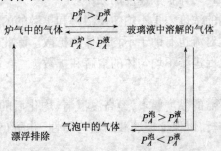

上述平衡关系,由各种气体在各相中的分压决定,并遵循从分压高的相进入分压低的相的原则。如当气体 A 玻璃窑炉火焰空间的分压大于其在玻璃液中的分压时,A 气体将开始溶解于玻璃液中;而当溶解在玻璃液中的 A 气体的分压大于其在可见气泡中的分压时,可见气泡将进一步从玻璃液中吸收 A 气体。

通常所说的玻璃液的澄清过程是指排除玻璃液中可见气泡中的气体。根据以上所述的气体平衡关系,要消除可见气泡,有两种途径:

①使可见气泡上浮到玻璃液面破裂,气体进入窑炉火焰空间随烟气排除;

②使可见气泡中的气体溶解到玻璃液中。

对于途径①,可见气泡从玻璃液中上浮过程符合斯托克斯定律式(1-4-3)。根据式(1-4-3),对于大小一定的气泡,其从玻璃液中上浮至液面的速度与玻璃熔体的黏度成反比,因此适当提高玻璃池窑的热点温度,有利于消除可见气泡。但热点温度的提高受池窑耐火材料的高温性能限制。从式 1-4-3 还可以看出,当玻璃熔体的黏度一定时,可见气泡的上浮速度与气泡的半径平方成正比,泡径越大,上浮过程越快。为此通常在配合料中加入澄清剂等以促使可见气泡长大,从而加速玻璃液中可见气泡的排除过程。有关澄清剂及其加速玻璃液澄清过程的机理将在 P188 中讲述。

$$V = \frac{2}{9} \cdot \frac{r^2 g (\rho - \rho')}{\eta} \tag{1-4-3}$$

式中　　V——气泡的上浮速度,cm/s;

r——气泡的半径,cm;

g——重力加速度,cm/s²;

ρ——玻璃液的密度,g/cm³;

ρ'——气泡中气体的密度,g/cm³。

η——熔融玻璃液的黏度,g/cm·s,即 ρ。

途径(2)则只是在某些情况下对那些极小的气泡有效:一方面,气体在玻璃液中的溶解度有限;另一方面,溶解于玻璃液中气体如遇玻璃液温度波动时,会重新析出,成为再生气泡的根源。因此,对于像光学玻璃那样对均匀性要求极高的品种,此法通常不可行。

4)玻璃液的均化

均化过程是为了消除玻璃液中条纹和其他化学组成与玻璃液组成不同的不均匀体,从而获得化学组成均匀一致的玻璃液。

均化过程就是不均匀体在玻璃液中的溶解、扩散过程。由于扩散速度明显低于溶解速度,故均化过程的快慢取决于不均匀体扩散速度的大小。

不均体与玻璃液组成间的浓度差是不均匀体溶解和扩散的主要源动力。熔窑不同部位玻璃液的温度差引起的自然对流也有助于不均匀体的扩散。除此之外,搅拌、鼓泡等辅助措施引起的玻璃液的强制对流也促进了不均匀体的溶解和扩散。

5)玻璃液的冷却

为使玻璃液满足成型所需的黏度要求,经高温澄清、均化后的玻璃液需进一步降温冷却。整个冷却过程应力求平稳进行,以保证玻璃液的热均匀性,并防止出现温度波动,以免引起二次气泡。

　　最后需要指出的,玻璃熔化过程的五个阶段,在实际生产中,是难以完全分开的,有时甚至是同步发生的。

(2)玻璃的熔制设备

　　工业上用于玻璃熔制的设备有坩埚窑和池窑。前者产量低、能耗大,主要用于手工生产小批量的玻璃制品;后者用于玻璃产品的工业化大规模的连续生产。本部分内容主要涉及池窑。

　　最常用的玻璃池窑为侧面喷火和端部进料式的横火焰池窑[图 1-4-55(a)]以及端部喷火侧面进料式的马蹄焰池窑[图 1-4-55(b)]。前者产量大,用于平板玻璃等的生产;后者产量一般较前者小,用于生产瓶罐、器皿、电光源玻璃等的生产。两者的主要结构均包括:蓄热室、加料池、熔化部、澄清部、冷却部(工作部)。

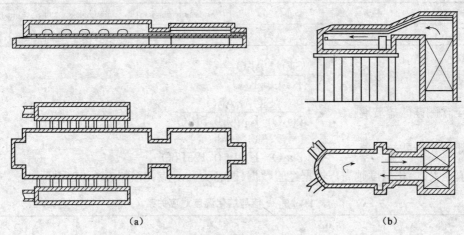

图 1-4-55　常用玻璃池窑剖面
(a)横火焰池窑;(b)马蹄焰池窑

　　用于直接生产玻璃纤维的池窑称为单元窑。其特点是窑池狭长,用横穿炉膛的火焰加热,加料池设在窑池侧墙的一边或两边,也有设在端墙的。此外,单元窑无蓄热室,而采用金属换热器来预热助燃空气,因此单元窑运行中火焰不换向。

　　由于单元窑窑池狭长,玻璃液在窑内停留时间长,适合于熔化难熔和质量要求高的玻璃。但相对较长的窑池也使单元窑的散热损失增大。加上金属换热器限制了助燃空气的预热程度,使得单元窑的热效率较低。

　　全电熔是最先进的玻璃熔化技术,它采用电加热实施玻璃熔化的过程,它具有热效率高、能耗低、热工稳定、污染少、原料和玻璃液挥发损失少、玻璃液质量高等优点。

　　电熔窑按其中液流方向可分为水平式和垂直式两种。

　　由于采用燃料加热价格便宜,全电窑目前在国内使用较少,主要用于产量小、难熔、高挥发组分玻璃或特种玻璃的熔化。

　　熔化率和单位产品的能耗是用来衡量玻璃池窑生产水平的重要指标。熔化率是指池窑每平方米的熔化面积平均每昼夜所能熔化的玻璃液量$[t/(d \cdot m^2)]$。近年来,池窑结构设计更加合理,自动化控制水平不断提高,再加上一些新技术。如全氧或富氧燃烧、全电熔或电助熔、搅拌、池底鼓泡等的应用,池窑的熔化率明显提高,能耗有所下降,但玻璃行业仍是高耗能工业。

(3)影响玻璃熔化过程的因素

配合料经高温加热熔融最终转变为符合成型要求的玻璃液的过程是极其复杂的,所有与这一过程有关连的因素都将影响玻璃熔制的质量。

1)玻璃组成。玻璃组成是配方计算的依据,并最终决定了玻璃制品的性质,它从本质上决定了玻璃熔化的难易程度,其中的难熔成分(如 SiO_2、Al_2O_3)越高,易熔成分(如 Na_2O 等)越少,则玻璃熔化温度越高。

Volf 据此提出硅酸盐玻璃熔化速度常数 τ 的概念,以评估玻璃的熔化速度。以下是计算一些常见玻璃的若干玻璃的熔化速度常数 τ 值的经验公式。表 1-4-24 列举了若干玻璃的 τ 值。

表 1-4-24　若干玻璃的 τ 值

玻璃种类	Pyrex	Jena20	Soda-lime glass	Crownglass	Flint glass
τ 值	8.4	7.9	4.8~5	4.8	2.5

对于普通硅酸盐玻璃:
$$\tau = \frac{SiO_2 + Al_2O_3}{Na_2O + K_2O} \tag{1-4-4}$$

对于含硼硅酸盐玻璃:
$$\tau = \frac{SiO_2 + Al_2O_3}{Na_2O + K_2O + 0.5B_2O_3} \tag{1-4-5}$$

对于含铅硅酸盐玻璃:
$$\tau = \frac{SiO_2 + Al_2O_3}{Na_2O + K_2O + 0.125PbO} \tag{1-4-6}$$

τ 值越大,熔化温度越高。根据经验数据,两者大致对应关系如表 1-4-25 所示。

表 1-4-25　τ 值与熔化温度对应关系

τ 值	6.0	5.5	4.8	4.2
$T_m(℃)$	1 450~1 460	1 420	1 380~1 400	1 320~1 340

但 τ 值是一个经验常数,在评估玻璃的熔化速度时,此常数不能认为是唯一的决定因素,应综合其他因素加以综合考虑。

2)玻璃液的黏度、表面张力的影响。玻璃液的黏度、表面张力对玻璃的澄清和均化过程有着极其重要的影响。

式 1-4-1 已说明,玻璃液的黏度 η 越大,气泡上浮速度越慢,玻璃液的澄清时间越长;反之,η 越小,所需的澄清时间越短。此外,玻璃液黏度小,有利于玻璃液中不均匀体的扩散。

玻璃液与不均匀体间的表面张力的差异在很大程度上决定了不均匀体是否能溶解和扩散到周围玻璃液中。当玻璃液的表面张力大于不均匀体的表面张力时,有利于不均匀体的展开,从而增大不均匀体与周围均质玻璃液间的接触界面,加快不均匀体的溶解、扩散,缩短均化时间,提高玻璃液化学组成的均匀性。

玻璃液的表面张力还影响到气泡的内压力。对处于窑炉玻璃液一定深度处的气泡的内压力可用式 1-4-7 表示。由该式可见,玻璃液的表面张力越大,气泡中气体的压力越大,反之亦然。因此表面张力的变化直接影响到气泡内气体压力的变化,并进而影响到气泡中气体与溶解在玻璃液中气体之间存在的平衡,影响到玻璃的澄清过程。

$$p = p_0 + \rho g h + \frac{2\sigma}{r} \tag{1-4-7}$$

式中 p——气泡中气体的内压力,MPa;

p_0——窑炉火焰空间的气体压力,MPa;

ρ——玻璃液的密度,g/cm^3;

g——重力加速度,m/s^2;

h——气泡距液面的高度,cm;

σ——玻璃液的表面张力,N/m;

r——气泡的半径,mm。

3)原料

①原料的种类。不同种类的原料,其受热发生分解和物理、化学反应的过程不尽相同,如芒硝和纯碱,尽管都向玻璃中引入 Na_2O,但前者的分解温度明显高于后者。生产上为了促进芒硝的完全分解,防止硝水的形成,通常在配合料中引入碳粉,以降低芒硝的分解温度。现代浮法玻璃生产过程中,芒硝主要起澄清剂的作用,其用量已大大减少。

②原料的挥发。部分原料在玻璃熔化过程中存在挥发,为确保获得具有设计组成的玻璃液,必需在配合料计算时对挥发性损失予以补充。

原料的挥发量受原料物性、熔化温度等因素影响。表 1-4-26 列举部分氧化物的挥发量。上述数据仅供生产时作为初步参考,实际挥发量应以玻璃成分分析结果为依据加以调整。

表 1-4-26 玻璃中氧化物的挥发量(%)

氧 化 物	挥发占其本身质量	氧 化 物	挥发占其本身质量
Na_2O(由纯碱引入)	3.2	PbO	14
Na_2O(由芒硝引入)	6	B_2O_3	15
K_2O	12	CaF_2	50
ZnO	4		

③原料的粒度。原料的粒度主要影响烧结物的形成和玻璃液的形成过程。

鲍特维金的研究表明,玻璃的形成时间 t 与硅砂颗粒半径 r 的三次方成正比,即:

$$t = kr^3 \tag{1-4-8}$$

式中 t——玻璃的形成时间,min;

r——硅砂颗粒半径,cm;

k——比例常数。

Manring 等的研究结果表明,适当增大碳酸盐原料的粒度,可延缓配合料反应初期 $CaCO_3$、$MgCO_3$ 与 Na_2CO_3 形成复式碳酸盐的反应,从而有利于 Na_2CO_3 对 SiO_2 的侵蚀反应,加速硅质原料的熔融和玻璃液的形成过程。此外,增大碳酸盐原料的粒度导致碳酸盐分解温度范围增大,有利于玻璃液的澄清。

4)配合料的质量。前面已经说明,配合料中水分、碎玻璃的引入均起到了促进玻璃熔化的作用。而配合料的气体率大小,不仅影响玻璃的得率,更重要的是影响玻璃的澄清过程。

配合料的成分均匀性是确保玻璃液成分均匀的重要前提。配合料质量应严格加以控制,并应防止在配合料输送过程中分散层现象的发生。

5)熔化作业制度的影响。合理的作业制度是正常生产的保证,也是获得高产量优质玻璃的重要前提之一,同时维持合理的作业制度也是降低玻璃熔化过程的低耗、延长玻璃池窑窑龄的有效手段。

池窑的作业制度包括温度、压力、泡界线位置、液面高度、气氛、换向时间等的设定与控制。

①温度制度。池窑的温度制度指沿窑长方向的温度分布,用温度分布曲线表示(图1-4-56)。

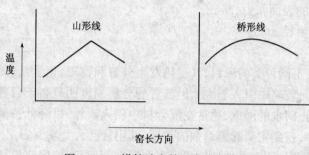

图 1-4-56　横焰池窑的温度分布曲线

生产平板玻璃的池窑(横焰池窑),以前大多采用"山形线"式温度分布曲线(如表1-4-27所示)。其特点是:热点突出,热点温度比 1# 小炉温度高 100℃～130℃,热点与 1# 小炉对小炉间的温差大。"山形线"式的温度分布不利于提高池窑熔化率,难以充分利用熔窑的潜力,许多工厂已采用"桥形线"式的温度分布曲线。首先提高热点温度达到 1 550℃～1 600℃,玻璃形成时间缩短 3/5,但温度再高,硅砖发生晶型转变,耐火材料蚀损加剧。其次,提高 1#、2# 小炉温度,对投入的配合料实施强制熔融。如现代浮法窑炉的 1#、2# 小炉温度分别达到1 475℃～1 490℃、1 498℃～1 510℃(见表1-4-28)。

表 1-4-27　传统平板玻璃池窑的温度分布示例

小炉序号	1#	2#	3#	4#	5#	6#
温度分布(℃)	1 418	1 483	1 528	1 543	1 523	1 436
燃料分配(%)	16	18	20	21	16	8～9

表 1-4-28　现代浮法窑炉的温度分布示例

小炉序号	1#	2#	3#	4#	5#	6#
温度分布(℃)	1 475～1 490	1 500～1 510	1 530～1 540	1 570～1 575	1 555	1 476～1 500
燃料分配(%)	17	17	21	21	13	6

热点之后高炉的温度要根据冷却和均化的要求确定。有人提出,热点后温差应造成5～7m/h 的液流,以使玻璃液在热点与分割装置间停留 8min 以上,以便充分均化。

②压力制度。通常,池窑内压力控制以液面处保持零压或微正压为准。窑压过低,池窑内吸入冷空气,会降低熔化温度,但窑压过大,不利于玻璃液的澄清,且加剧火焰对池窑的冲刷。

③泡界线。在连续式玻璃池窑的熔化部,由于热点与投料池间存在较大温差,表层玻璃液向投料池方向回流,使无泡沫的玻璃液和有泡沫的玻璃液之间有一明显的分界线,称为泡界线。池窑的温度制度、配合料质量、加料量及料堆分布状况、成型速度等都影响泡界线的形成

及其位置。因此生产上常通过观察泡界线的状况来及时调整相关的玻璃熔化工艺参数,以保证熔化过程的顺利进行。

④液面。玻璃液面位置的测定是玻璃池窑自动加料系统工作的依据。此外,液面的波动不仅影响成型作业,还加剧玻璃液对池壁砖的侵蚀。

⑤气氛制度。玻璃熔窑中的气氛可影响到玻璃形成过程中的物理与化学反应、玻璃液澄清、均化,从而影响到玻璃液的质量。平板玻璃生产时,如使用含有碳粉的芒硝配合料,需严格控制火焰空间沿池窑窑长方向的火焰气氛,距加料池近的区域为还原性气氛,以发挥碳粉的还原作用,促进芒硝的分解,避免硝水的形成;而距卡脖近的区域逐渐过渡到中性或氧化气氛,促使碳粉充分燃烧,发挥芒硝加速玻璃液澄清的作用。在颜色玻璃的生产时,熔窑的气氛控制尤为重要。因为池窑火焰空间的气氛直接影响到玻璃液中着色物质的着色效果。

6)加速玻璃熔化的辅助手段

①添加剂的使用。实践中使用的加速玻璃熔化的添加剂有助熔剂、澄清剂。

a. 助熔剂又称加速剂。加速剂可在较低温度下先生成液相,然后与 SiO_2 反应生成玻璃。在钠钙硅玻璃配合料中的纯碱及硼硅酸盐玻璃配合料中的含硼原料即为良好的助熔剂。此外,助熔剂还可通过降低高温玻璃熔体的黏度和提高玻璃的透热性而加速玻璃的熔化。常用的助熔剂有萤石、氟硅酸钠、硼酸盐、含锂矿物等。

b. 澄清剂是指在玻璃熔化的高温阶段能分解或汽化并释放出气体,从而促进玻璃液中的可见气泡排除,加速玻璃液澄清过程的原料。其原理是:当澄清剂在高温阶段产生气体时,由于玻璃液表面的张力作用,这部分气体若形成新气泡需要很高的表面能,因此被迫进入邻近已有的可见气泡中,这必然导致气泡中其他气体的分压减小,破坏了气泡中气体与溶解在玻璃液中的气体间的平衡,使得可见气泡从玻璃液重新吸收其他气体而长大。由于气泡上浮速度与泡径平方成正比。因而,大气泡上浮速度明显加快,澄清时间大大缩短。

常用的澄清剂有白砒、三氧化二锑、芒硝、食盐等。其中白砒、三氧化二锑必须与硝酸盐配合使用才具有加速澄清的作用。其机理是:硝酸盐在熔制的低温阶段($300℃\sim800℃$)发生分解,如:

$$2NaNO_3 \longrightarrow 2NaNO_2 + O_2 \uparrow$$

同时,白砒、三氧化二锑被氧化,转变为高价的 As 和 Sb 的氧化物,即:

$$As_2O_3 + O_2 \longrightarrow As_2O_5$$
$$Sb_2O_3 + O_2 \longrightarrow Sb_2O_5$$

当温度高于 1 200℃时,As_2O_5、Sb_2O_5 分解放出气体。

$$As_2O_5 \longrightarrow As_2O_3 + O_2 \uparrow$$
$$Sb_2O_5 \longrightarrow Sb_2O_3 + O_2 \uparrow$$

澄清剂在高温阶段产生的这些气体将起到加速玻璃液澄清的作用。

白砒、三氧锑化二锑、硝酸盐在瓶罐、器皿等产品生产过程中曾长期使用,现多被高效低毒的复合澄清剂所取代。

20 世纪 80 年代国内开始使用新型澄清剂。从本质上讲,它们仍然含有 As、Sb、S 等组分,但其中常含有多种起澄清作用的组分,可起到扩大澄清温度范围,提高澄清效率的作用。此外,复合澄清剂还具有毒性低的特点。

为降低澄清剂中 As、Sb 可能带来的危害和降低 S、卤化物等造成的环境污染,复合 CeO_2 澄清剂具有很好的效果,但价格昂贵。硫酸钠作为澄清剂在平板玻璃生产中一直延用。

c. 搅拌与鼓泡。在池窑上增设搅拌与池底鼓泡装置可提高玻璃液的澄清和均化速度。

搅拌装置通常设置在池窑的卡脖或供料通路上(图 1-4-57),池底鼓泡可设在加料池、熔化区、澄清区,但设在熔化区和澄清区之间的热点效果较佳(图 1-4-58)。

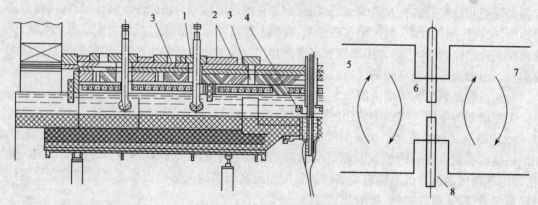

图 1-4-57 池窑上的搅拌装置

1—搅拌器;2—煤气火焰烧嘴;3—煤气、冷却孔;4—带搅拌器的料筒;5—熔化池;6—卡脖;7—冷却部;8—水平搅拌机

d. 电助熔是在燃料加热的同时,在池窑熔化部、加料区和作业部增设电极对燃料加热的池窑补充一部分热量,以加快玻璃的熔化,提高窑炉的出料量。同时,电极附近玻璃液温度的提高,对流加强,也有利于加速玻璃液的澄清和均化,提高玻璃液的质量。

e. 富氧燃烧是通过增氧膜等装置,提高熔窑助燃空气中氧气的含量,以供玻璃熔窑燃料的燃烧。

富氧燃烧可提高燃料利用率,提高熔化温度,从而加速熔化过程。20 世纪 80 年代中期以来,美国 Corning 公司和英国 BOC 公司大力推广的全氧燃烧技术,在节能、提高玻璃质量等方面显示出良好的前景。

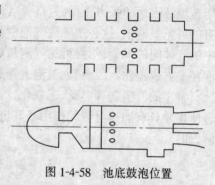

图 1-4-58 池底鼓泡位置

f. 高压与真空熔炼有利于玻璃中可见气泡的消除,前者可使可见气泡中气体溶解到玻璃液中,后者可导致可见气泡的迅速膨胀而加速上浮。

(4)玻璃池窑耐火材料的蚀变

在玻璃生产过程中,耐火材料因与高温玻璃液、配合料和玻璃液的挥发物以及燃料中某些组分及其燃烧产物相互作用,从而受到侵蚀。这种侵蚀一方面导致窑炉寿命的缩短,另一方面还影响到玻璃制品的质量。

1)影响耐火材料蚀变的因素

①侵蚀介质的种类

a. 配合料组分对耐火材料的侵蚀比玻璃液的作用大,这是由于配合料组分可与耐火材料发生低共熔作用所致。

b. 玻璃液渗透到耐火材料孔隙中,与耐火材料发生交代反应(见"常见耐火材料蚀变"部分),加剧耐火材料的蚀变,造成耐火材料中玻璃相结合物流失及集料的剥落和溶解。

c. 配合料和玻璃料的挥发物。挥发物主要是碱金属氧物,硼化物、卤化物及硫化物等。挥发物与耐火材料表面反应,或渗入耐火材料气孔形成冷凝物,侵蚀耐火材料。此即向上钻蚀,如图 1-4-59 所示。

e. 重金属。由于重金属及其生成物的密度远大于玻璃液,极易沉入玻璃池窑底部,与池底耐火材料发生低共熔作用而侵蚀耐火材料,产生向下钻蚀,如图 1-4-60 所示。

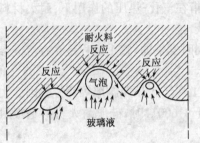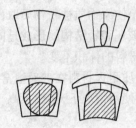

图 1-4-59　向上钻蚀示意图　　　　图 1-4-60　向下钻蚀示意图

②耐火材料的性能

a. 耐火材料的相组成。耐火材料由一个或多个晶相、玻璃相及气孔组成。玻璃相和气孔是耐火材料的薄弱环节,前者化学稳定性比晶相差,在高温下可熔解出来,可能导致耐火材料熔解,并污染玻璃液;后者为玻璃液和挥发物的侵蚀提供了直接通道。因此当耐火材料中玻璃相含量高和气孔率大时,均使耐火材料的抗玻璃液侵蚀的性能下降。此外,耐火材料中的晶相分布也影响其耐蚀性。具有网状交织分布的晶相的耐火材料耐侵蚀性能较好。

b. 耐火材料侵蚀后形成物的黏度。侵蚀物的黏度大,耐火材料受侵蚀后在其表面上形成一层较难移动的保护膜,从而减少进一步的侵蚀;反之,低黏度的侵蚀物易随池窑中玻璃液流动,使耐火材料不断暴露出新的受蚀面,从而加剧玻璃液对耐火材料的侵蚀。

③池窑作业的工艺制度

a. 温度控制。温度升高,降低玻璃液的黏度与表面张力,有利玻璃液及挥发物在耐火材料中的渗透,加剧玻璃液与耐火材料的反应,加速耐火材料的蚀变过程。

温度波动,破坏了耐火材料与玻璃液间的平衡,耐火材料表面已形成的侵蚀物被溶解、流失而暴露出新的表面,从而受到进一步的侵蚀。此外,温度波动会导致耐火材料反复膨胀收缩而发生结构破坏。

b. 气氛的影响。还原气氛可使耐火材料中 Fe_2O_3 部分还原,使耐火材料中组分增加,低共熔作用加强。

此外,气氛对挥发物的影响也会在耐火材料的侵蚀上有所体现。

c. 液面制度。液面波动,原有侵蚀物被溶解、流失,使耐火材料不断暴露出新表面,加速耐火材料的侵蚀,见图 1-4-61 所示。

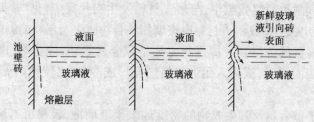

图 1-4-61 玻璃液面附近耐火材料的侵蚀过程
（左:产生熔融层;中:熔融层移去;右:玻璃液渗透）

2)常用耐火材料的蚀变。交代反应(replacement)是指在汽化-热压的作用下,耐火材料的物质或组分发生带入或带出,以至使原物质被新物质取代。

交代反应的特点:原结构的破坏和新结构的形成是同时发生的;整个过程是在有溶液参与的固态下进行的;交代反应前后材料的体积不变。

①硅质耐火材料的蚀变。硅质耐火材料在玻璃池窑上用于大碹及胸墙等部位。因此主要承受碱性挥发物的侵蚀。在正常使用情况下,窑温不高于 1 600℃时,硅质耐火材料是很耐侵蚀的。

硅质耐火材料的蚀变主要有以下几个方面:

a.表面蚀变。碱性组分(如 R_2O)侵蚀硅砖后,使硅砖表面熔点急剧下降,并出现钟乳状液滴。除此面外,碱性组分还会向内部进一步扩散,但内部碱性组分明显减少,这是由于硅砖表面受侵蚀后形成的玻璃相侵蚀物中 SiO_2 的含量很高,黏度大,堵塞了气孔,抑制了 R_2O 向内部进一步扩散。因此 R_2O 在硅砖中扩散深度比较浅。

b.内部蚀变。内部蚀变是由于 R_2O 液相侵蚀了硅砖中的结合物,造成结合物流失,使硅砖集料松散脱落。因此,在硅砖砌筑缝中,R_2O 易冷凝,形成"鼠洞"。

c.多晶蚀变。石英多晶转变的结果,使得硅砖受蚀后出现明显的分层现象:表面为高黏度的玻璃相,然后方石英(白色),再就是灰黑色或灰绿色鳞石英重结晶带,最外层为红棕色或棕黄色未变质层。

②电熔锆刚玉(AZS)耐火材料的蚀变。AZS 砖具有较强的抗侵蚀能力,用于池窑的高温和玻璃液直接接触的部位。

AZS 砖标号越高,ZrO_2 含量越高,斜锆石相越多,抗侵蚀性能越好。此外,AZS 砖中玻璃相受蚀后常生成含 ZrO_2 的高黏度长石质玻璃,这层高黏度的玻璃液滞留在砖表面,保护了砖体的进一步蚀变。

AZS 砖的蚀变主要是:

a.玻璃相结合物被溶解。α-刚玉、单斜锆石的溶解,生成高黏度玻璃液保护层。

b.刚玉与碱性氧化物发生交代反应,生成 β-Al_2O_3 和霞石。

③格子砖的蚀变。由于配合料及玻璃液的挥发物,燃料燃烧废气中某些成分(如 SO_3)等随烟气进入蓄热室,在格子砖的表面侵蚀形成腐蚀性冷凝液,形成对耐火材料的侵蚀。

此外,玻璃熔窑蓄热室的交变热作用也是格子砖易损的原因之一。对于下层格子砖还应考虑高温作用下的荷重作用破坏。

(5)玻璃熔体的质量缺陷

通常所说玻璃熔体的质量缺陷主要是指气泡、条纹和结石,它们分别是均匀玻璃中的气态、玻璃态和固态夹杂物。这些缺陷的存在直接影响到玻璃液的质量,关系到玻璃生产的成品率和生产成本。

1)气泡。气泡作为夹杂物影响制品的外观质量,降低制品的透明性和机械强度。

按大小气泡分为:大泡($>2mm$),小泡($0.2\sim2mm$),灰泡(针尖泡)($<0.2mm$)。

按气泡形成原因可分为:一次气泡,二次气泡,耐火材料气泡和其他气泡。

一次气泡(又称配合料残留气泡),是指澄清过程中未完全排除的气泡。所有影响玻璃液澄清过程的因素都可能造成玻璃熔体中出现一次气泡。常用消除一次气泡的方法是:提高熔化温度或延长熔化时间,改变澄清剂的用量与种类等。

二次气泡(又称再生气泡),是指澄清好的玻璃液中重新析出的气泡。造成二次气泡有物理、化学两方面的原因。

物理原因主要是指玻璃液的温度波动。玻璃液澄清之后,需冷却以使其黏度符合成型要求。在冷却过程中如遇温度上升,原来溶解的气泡又重新析出(溶解度、温度关系所要求的)。而此时黏度比澄清时大的多,析出的气泡将难以排除。这种由温度波动引起的二次气泡通常在玻璃制品上表现为大量均匀分布的细小气泡。

化学原因主要有温度降低或炉气氛改变时,未分解完全的盐(如芒硝)或形成的碳酸盐等分解放出气体,如芒硝泡。含钡的玻璃,由于在高温时 BaO 氧化为 BaO_2,BaO_2 在低温时会分解放出 O_2,从而产生二次气泡。此外,铂质器件(衬里、搅拌器)、电极等与玻璃液界面产生电化学反应,形成的气体也可产生二次气泡。

2)条纹(striae)、线道(stread)和结瘤(knot)。三者本质上均是玻璃态夹杂物,即"玻璃中的玻璃",它们具有与主体玻璃不相同的光学及其他性质。

线道是条纹在成型过程中拉伸所致,通常为一明亮的细线。结瘤是熔化的结石所形成。

玻璃态夹杂物的成因有:

①配合料混合不均匀或分层所引起的局部高黏度区难以扩散均化。

②某些组分的挥发。玻璃熔化过程中某些组分的挥发导致玻璃熔体中出现局部组成不均匀,而形成高黏度区域,一旦均化过程不充分,将形成玻璃态夹杂物。如对硼硅酸盐仪器玻璃熔化时进行取样分析,发现挥发引起表面层玻璃液成分变质(表 1-4-29),表面相成高硅层。此层玻璃液黏度较高,进入成型液流,即形成条纹。

表 1-4-29　挥发引起的硼硅酸盐玻璃液成分的变化(%)

	SiO_2	Al_2O_3	B_2O_3	CaO	K_2O	Na_2O
正常玻璃	79.40	2.18	12.5	0.5	0.19	5.50
表面变质玻璃	81.63	1.90	9.22	0.62	0.11	4.05
挥发物	3.35	0.80	53.30	0.28	4.10	20.10

③耐火材料蚀变形成的。耐火材料中玻璃相被溶解或耐火材料的晶相溶解进入玻璃液,因其黏度高而难以扩散均化,即形成条纹。如 AZS 砖受蚀,易形成含锆的铝硅酸盐条纹;而硅砖碹滴则形成硅质条纹。

④析晶或结石与周围玻璃液的相互作用形成析晶或结石溶解后在玻璃熔体中形成结瘤。此外,在玻璃池熔换料期间由于不同玻璃的黏度不同,也会使熔体中出现条纹。

3)结石(stone)。结石是玻璃液中的晶态(固态)夹杂物。它是玻璃熔体缺陷中破坏性最

大的缺陷,因而也是限制最严的缺陷。按其成因可分为:

①配合料结石。配合料结石是由于配合料中晶态物质未完全溶解而形成的。常见配合料结石有硅质结石、芒硝结石、硅线石($Al_2O_3 \cdot SiO_2$)、铬铁矿($FeO \cdot Cr_2O_3$)。

混料不均、原料粒度偏大、熔化温度不够高、熔化时间不够长等均易导致玻璃熔体中出现配合料结石。

②耐火材料结石。耐火材料被侵蚀后,其中的晶相剥落进入玻璃液中形成耐火材料结石。

③析晶结石。处于池窑死角等部位的玻璃液长时间处于液相线以下温度时便发生失透。失透的玻璃液进入成型流中就成为结石。

对于钠-钙玻璃,常见的析晶结石有硅灰石、失透石、透辉石等。

1.5 冷 却

1.5.1 水泥熟料的冷却

熟料烧成后,就要进行冷却。冷却的目的在于:改善熟料的质量;提高熟料的易磨性;回收熟料的余热,降低热耗,提高热的效率;降低熟料温度,便于熟料的运输、储存和粉磨。

熟料冷却的好坏及冷却速度,对熟料质量影响较大。因为部分熔融的熟料,其中的液相在冷却时,往往还和固相进行反应。

熟料中矿物的结构取决于冷却的速度、固-液相中的质点扩散速度、固-液相的反应速度等。如果冷却很慢,使固-液相中的离子扩散足以保证固-液相间的反应充分进行,就称为平衡冷却。如果冷却速度中等,使液相能够析出结晶,由于固相中质点扩散很慢,不能保证固-液相间反应充分进行,就称为独立析晶。如果冷却很快,使液相不能析出晶体成为玻璃体,称为淬冷。现以 C_3S-C_2S-C_3A 组成的系统为例来看冷却速度不同最后所得矿物组成不同。列于表1-5-1。

表 1-5-1 C_3S-C_2S-C_3A 系统熟料矿物组成

冷却制度	C_3S(%)	C_2S(%)	C_3A(%)	玻璃体(%)
平衡冷却	60	13.5	26.5	—
某点淬冷	68	—	—	32

通过实验和生产实践得知急速冷却熟料对改善熟料质量有许多优点,主要有如下各点:

(1)急冷能防止或减少 β-C_2S 转化成 γ-C_2S

C_2S 由于结构排列不同,因此有不同的结晶形态,而且相互之间能发生转化。煅烧时形成的 β-C_2S 在冷却的过程中若慢冷就易转化成 γ-C_2S,β-C_2S 相对密度为3.28,而 γ-C_2S 的相对密度为2.97,其体积比 β-C_2S 增加10%。由于体积的增加产生了膨胀应力,因而引起熟料的粉化。而且 γ-C_2S 几乎无强度,因此粉化料属于废品。当熟料冷却时一方面很快越过晶型转变温度,同时快冷时玻璃体较多,这些玻璃体包围了 β-C_2S 晶体,阻止了 β-C_2S 的转变。所以急冷能防止或减少 β-C_2S 转化为 γ-C_2S。

(2)急冷能防止或减少 C_3S 的分解

当温度低于1 260℃～1 280℃以下,尤其在1 250℃时 C_3S 易分解成 C_2S 和游离 CaO,使熟料强度降低,游离 CaO 增加。当熟料急冷时很快越过其分解温度,就能防止或减少 C_3S 的分解。

(3)急冷能防止或减少 MgO 的破坏作用

当熟料慢冷时,MgO 结晶成方镁石,水化速度很慢,往往几年后还在水化。水化后生成 $Mg(OH)_2$,体积比 MgO 大,使水泥制件发生膨胀,因而遭到破坏。当熟料急冷时,MgO 凝结于玻璃体中,或者即使结晶,晶体也非常细小,其水化速度与其他组成大致相等,这样制件就不会胀裂。

(4)急冷使熟料中 C₃A 结晶体减少

急冷时 C_3A 来不及结晶出来,而存在玻璃体中,或结晶很少。结晶型的 C_3A 水化后易使水泥浆快凝,而非结晶的 C_3A 水化后不会使水泥浆快凝。因此急冷的熟料加水后不会快凝,容易掌握其凝结时间。

(5)急冷熟料易磨性提高

由于急冷,熟料内部产生内应力,因此是易磨性提高。

可见急速冷却使熟料质量有很大改善。为使熟料冷却好,在立窑上必须加强鼓风,使风机有足够的风量和风压,同时要减小和均匀窑内通风阻力。对回转窑要选用高效率的冷却机,并减少冷却机各处漏风,以提高其冷却效率同时充分回收熟料的显热,提高了窑的热效率。

1.5.2 陶瓷的冷却

在冷却期间必须注意各阶段的冷却速度,以保证获得质量良好的制品。在冷却初期,如速度缓慢,则由于瓷胎中液相的黏度较小,而同时化学活泼性较大,使莫来石超微晶体和石英微粒强烈地溶解在液相中,莫来石晶体不断长大,因而结晶相与玻璃相的接触面积大大减少,结果使包围晶体的玻璃相厚度急剧增厚。釉层也因冷却速度过于缓慢而容易析晶失透。不但如此,当冷却介质是氧化气氛时,缓慢的冷却速度就使低价铁有可能重新氧化,制品泛黄。因此,冷却初期采取快速冷却来制止这些不良的倾向是非常必要的。

冷却初期,瓷胎中的玻璃相还处于塑性状态,以至快速冷却所引起的结晶相与液相的热压缩不均匀而产生的应力,在很大程度上被液相所缓冲,故不会产生有害作用。这就给冷却初期的快速冷却提供了可能性。

在冷却初期,只要能保证窑的截面温度的均匀性以及考虑到匣钵所能承受的急冷应力,冷却速度应尽可能地快。

冷却玻璃相由塑性状态转变为固态时的临界温度是必须切实注意的。该温度范围与玻璃相的化学组成有密切的关系:玻璃相中的 SiO_2 和 Al_2O_3 的含量越高,转变为固态玻璃的温度就越高,一般在 $750℃ \sim 550℃$。在转变为固态玻璃时,结构上有显著的变化,因而引起较大的应力。此时,冷却速度必须缓慢,使制品截面的温度均匀分布,尽可能消除热应力。但由于日用瓷壁薄件小的特点,仍能采取合理措施向快速烧成的方向发展。

1.5.3 玻璃生产过程中的冷却

玻璃生产过程中的冷却主要包括两个阶段。

第一阶段是玻璃液的冷却,它是为了将玻璃液的黏度提高到成型制度所需的范围。由于这一阶段是在玻璃熔窑中完成的,因此已作为玻璃熔化过程的一部分在第 2 篇第 4 章叙述。

第二阶段是玻璃制品成型之后的冷却(单从玻璃生产工艺过程而言,此部分应放在 1.6.3

节之后,但考虑到整个教材的系统性,在此先做交待)。对大部分玻璃制品,这一阶段是在退火过程中实现的。因为退火从工艺意义上讲就是有控制的冷却过程。

退火,其本身是消除或减小玻璃中热应力至允许值的热处理过程。

玻璃制品在生产过程中,经受激烈的、不均匀的温度变化时,将产生的热应力按其存在的特点,分为暂时应力和永久应力。

当玻璃的温度低于其应变点时,玻璃处于弹性变形温度范围(脆性状态)内,此时玻璃若经受不均匀的温度变化将产生热应力,但这种热应力在玻璃表面及内部均冷却至室温时消失。我们把这种随温度梯度的存在而存在,随温度梯度的消失而消失的热应力称为暂时应力。

尽管暂时应力随玻璃温度梯度的消失而消失,但对暂时应力的数值也必须加以控制。因为如果暂时应力超过了玻璃的抗张强度极限,玻璃也会破裂。

但当玻璃的温度高于其应变点时,玻璃若经受不均匀的温度变化而快速冷却至室温时,当玻璃中的温度梯度消失时,玻璃中将残留有热应力,此即永久应力,又称内应力。这是由于玻璃从转变温度到退火温度区,在每一温度下,均有其相应的平衡结构。在冷却过程中,随着温度的降低,玻璃结构将发生连续地、逐渐地变化。当玻璃中存在温度梯度时,各温度所对应的结构也不相同,亦即出现了结构梯度。当玻璃急冷到应变点以下时,这种结构梯度也被保留了下来。

玻璃的退火主要是针对永久热应力的。这种热应力能降低制品的强度和热稳定性。高温成型或热加工的制品,若不经退火令其自然冷却,很可能在成型后的冷却,存放以及机械加工的过程中自行破裂。

就热应力的机械破坏作用而言,不同玻璃允许存在的永久应力值不同。表 1-5-2 列出了光程差表示的常见玻璃的允许应力值范围。

表 1-5-2　常见玻璃的允许应力值

玻璃种类	nm/cm	玻璃种类	nm/cm
光学玻璃精密退火	2~5	镜玻璃	30~40
光学玻璃粗退火	10~30	空心玻璃	60
望远镜反光镜	20	玻璃管	120
平板玻璃	20~95	瓶罐玻璃	50~400

各种玻璃制品因用途不同,对退火的要求也不同。玻璃瓶罐、器皿、浮法玻璃等制品的退火需一定的工艺规程在专门的设备中进行;而薄壁制品(灯泡等)和玻璃纤维在成型后,由于热应力很小,除适当地控制冷却速度外一般不再进行退火。而光学玻璃和某些特种玻璃的退火则要求十分严格,它需通过精密退火,以获得结构和光学性质均匀合格的玻璃。

玻璃制品的退火过程包括加热、保温、慢冷及快冷四个阶段,如图 1-5-1 所示。

(1)加热阶段

为避免成型后的玻璃制品自然冷却时产生永久应

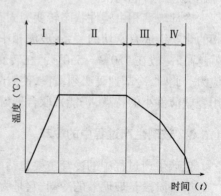

图 1-5-1　玻璃制品退火的各个阶段
Ⅰ—加热阶段;Ⅱ—保温阶段;
Ⅲ—慢冷阶段;Ⅳ—快冷阶段

力,必须先将其加热到高于应变点的某一温度下进行保温。这一阶段的速度可以较快。因为玻璃在受热时,其表面层受压应力,而玻璃的抗压强度较大(几百兆帕)。但玻璃中此时产生的暂时应力与固有的永久应力之和不能大于其抗张强度极限,否则将发生破裂。

阿丹姆斯及威廉逊求得玻璃的最大加热速度 h_a 为:

$$h_a = 130/a^2 \tag{1-5-1}$$

式中　a——玻璃厚度,空心玻璃制品为总厚度,实心制品为厚度的一半,cm。

为了安全起见,一般技术玻璃取最大加热速度的 $15\% \sim 20\%$,光学玻璃取其 5% 以下。

(2)保温阶段

主要目的是消除快速加热时产生的温度和结构梯度,以使应力松弛。这一阶段的主要参数是退火温度和在此温度下的保温时间。

退火温度的选定应保证应力能够松弛,但玻璃又不能发生可测得出的变形。这一温度高于玻璃的应变点但低于 T_g 点。

通常,退火温度选在由最高退火温度至最低退火温度之间的退火温度范围内。所谓的最高退火温度是指在此温度下经过 3min 能消除应力 95%,一般相当于退火点(黏度 $=10^{12}$Pa·s)的温度,也叫退火上限温度;最低退火温度是指在此温度下经 3min 只能消除应力 5%,也叫退火下限温度。

一般采用的退火温度都比最高退火温度低 $20℃ \sim 30℃$。

玻璃的最高退火温度可由计算或实验测定求得。

大部分器皿玻璃最高退火温度为 $(550 \pm 20)℃$;平板玻璃为 $550℃ \sim 570℃$;瓶罐玻璃为 $550℃ \sim 600℃$;铅玻璃为 $460℃ \sim 490℃$,硼硅酸盐玻璃为 $560℃ \sim 610℃$。

在退火温度下的保温时间据阿丹姆斯及威廉逊方程为:

$$t = \frac{1}{A\Delta n} \tag{1-5-2}$$

式中　A——退火常数;

　　Δn——玻璃最后允许应力的双折射值,nm/cm。

阿丹姆斯认为在适当的退火温度时,按式(1-5-2)所求得的平板玻璃退火常数为:

$$A = \frac{1}{260a^2} \tag{1-5-3}$$

其在退火温度下保持的时间为:

$$t = \frac{520a^2}{\Delta n} \tag{1-5-4}$$

式中　a——制品半厚,cm;

　　Δn——允许永久应力的双折射值,nm/cm。

(3)慢冷阶段

在玻璃中原有应力经退火温度下保温处理而消除后,为防止在降温过程中再次产生新的永久热应力,需严格控制玻璃在退火温度范围的冷却速率。因为这时由温度梯度产生的热弹性应力松弛速度很大,转变成永久应力的趋势也大,所以初冷速率应很小。

慢冷速度主要由制品所允许的永久应力决定。慢冷阶段的结束温度必须低于玻璃的应变点。

阿丹姆斯及威廉逊求得最初的慢冷速度为：

$$h = \frac{\delta}{13a^2} \tag{1-5-5}$$

式中　　h——初冷速率，℃/min；

　　　　δ——玻璃最后允许的应力，nm/cm；

　　　　a——玻璃的厚度，空心制品为总厚度，实心制瓶为厚度的一半，cm。

(4)快冷阶段

快冷阶段是指从应变点温度到室温这段温度区间。在本阶段内，只能引起暂时应力，在保证制品不致因热应力而破坏的前提下，可以尽快冷却玻璃制品。

阿丹姆斯及威廉逊，根据抗张强度、比热(c)、热膨胀、导热系数及密度求得一般玻璃最大冷却速度为：

$$hc = 65/a^2 (℃/min) \tag{1-5-6}$$

同玻璃加热时一样，一般技术玻璃取此值的 15%～20%，光学玻璃取 5% 以下。

玻璃的退火是在退火窑中完成的。退火窑分为间歇式和连续式两大类。

间歇式退火的优点是退火制度可以按制品的要求灵活改变，适应性强。小批量生产的产品及特大型产品都使用这种退火窑退火。它的缺点是热耗量大，窑内温度分布不均匀，退火质量受到影响。此外，间歇式退火生产能力较低，操作笨重。

对于单一品种、大批量生产的玻璃制品，常采用连续式退火窑。其特点是窑体空间是隧道式的，沿窑长方向的温度分布可按退火曲线的要求控制。当玻璃制品在窑内通过时，完成了退火的各阶段。采用连续式退火窑使生产连续化，还可以实现自动化，退火质量较好，热耗低，生产能力大。

连续式退火窑按其内部结构可分为网带式和辊道式两种。前者主要用于瓶罐及器皿等玻璃制品的退火，后者主要用于平板玻璃的退火。

1.6　无机非金属材料制品及其加工

1.6.1　水泥制成

(1)熟料的贮存

水泥熟料出窑后，不能直接运送到粉磨车间粉磨，而需要经过贮存处理。熟料贮存处理的目的如下：

1)降低熟料温度，以保证磨机的正常操作。一般从窑的冷却机出来的熟料温度多在 100℃～300℃。过热的熟料加入磨中会降低磨机产量，使磨机筒体因热膨胀而伸长，对轴承产生压力；过热的熟料还会影响磨机的润滑，对磨机的安全运转不利；磨内温度过高，使石膏脱水过多，引起水泥凝结时间不正常。

2)改善熟料质量，提高易磨性。出窑熟料中含有一定数量的 $f\text{-}CaO$，贮存时能吸收空气中部分水汽,使部分 f-CaO 消解为 $Ca(OH)_2$,在熟料内部产生膨胀应力。因而提高了熟料的易磨性,改善水泥安定性。

3)保证窑磨生产的平衡,有利于控制水泥质量。出窑的熟料可根据质量的好坏,分批次存放,以便搭配使用,保持水泥质量的稳定。

(2)水泥组成材料及其作用

水泥的组成材料主要有熟料、石膏和混合材。

1)混合材的分类及作用。在磨制水泥时,可以掺加数量不超过国家标准规定的混合材料。其目的是为了增加水泥产量,降低成本,改善和调节水泥的某些性质,综合利用工业废渣,减少污染。

混合材料按其性质可分为两大类:活性混合材料和非活性混合材料。

凡是天然的或人工制成的矿物质材料,磨成细粉,加水后其本身不硬化,但与石灰加水调和成胶泥状态,不仅能在空气中硬化,并能继续在水中硬化,这类材料称为活性混合材料或水硬性混合材料。

国家标准规定的活性混合材料有以下三大类:

①粒化高炉矿渣(GB 203—78);

②粉煤灰(GB 1596—91);

③火山灰质混合材料(GB 2847—81)。

非活性混合材料,又称填充性混合材料,是指质量的活性指标不符合标准要求的潜在水硬性或火山灰性的水泥混合材料以及砂岩和石灰石。

粒状高炉矿渣、火山灰质等混合材料在水泥水化时,混合材料中活性组分能与氢氧化钙作用在水泥没有硬化以前就生成一些有益的新物质。它不仅不破坏水泥石的结构,反而能提高水泥的抗腐蚀性。因此在水泥中掺入混合材料改善了水泥质量,并且改善了水泥的某些性质。

熟科中的 f-CaO 是影响水泥安定性的重要因素之一。但是在水泥水化时,混合材抖中的活性组分与 f-CaO 作用,可改善水泥的安定性,而且强度有所提高。

2)石膏的作用。石膏可以调节凝结时间,一般掺入量为 $3\% \sim 6\%$。对于 C_3A 含量高的熟科,石膏掺量也要相应增加。对于矿渣硅酸盐水泥来说,石膏又是促进水泥强度增长的激发剂。但石膏过多会影响水泥长期安定性,这是因为石膏中 SO_3 同水化铝酸钙作用而形成钙矾石,体积显著增加,从而导致水泥石结构破坏。

3)水泥制成:

①粉磨产品的细度要求。水泥磨得越细,表面积增加得越多,水化作用也越快,只有磨细的水泥粉才能在混凝土中把砂、石子胶结在一起。粗颗粒水泥只能在颗粒表面水化,未水化部分只起填料作用。

一般试验条件下,水泥颗粒的大小与水化的关系是:

$0 \sim 10 \mu m$,水化最快;

$3 \sim 30 \mu m$,水泥活性的主要部分;

$>60 \mu m$,水化缓慢;

$>90 \mu m$,表面水化,只起微集料作用。

水泥细度过细,比表面积过大,虽然水化速度很快,水泥有效利用率很高,但是,因水泥比表面积大,水泥浆体要达到同样流动度,需水量就过多,将使水泥石中因水分过多引起孔隙率增加而降低强度。在通常条件下,水泥细度愈细,水泥强度愈高,特别是 1d、3d 早期强度,但小于 10μm 的颗粒占 50%～60% 时,7d、28d 强度开始下降,单位产品电耗成倍增加。因此,水泥细度过粗或过细均不合适。

②影响粉磨效率的因素。克服物体变形时的应力与质点之间的内聚力以及新生成的被粉磨物料的表面能,主要取决于被粉磨物料的性质。它可以概括用易磨性或易磨性系数(或指数)来表示物料被粉磨的难易程度。

a. 粉磨物料的性质。熟料的易磨性主要与煅烧设备和熟料组成有关。

不同窑型烧成熟料的相对易磨性为:立窑熟料＞湿法回转窑熟料＞干法回转窑熟料＞回转窑熟料＋矿渣。

不同组成的熟料易磨性差别较大,熟料中 P、Al_2O_3、C_3S 和 C_2S 以及石灰饱和系数与易磨性关系如图 1-6-1、1-6-2、1-6-3 与 1-6-4 所示。

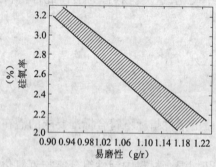

图 1-6-1　熟料 P 对易磨性的影响

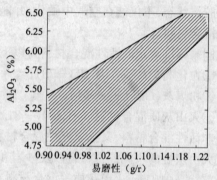

图 1-6-2　Al_2O_3 含量对易磨性的影响

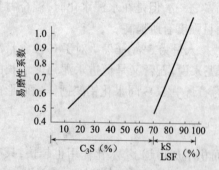

图 1-6-3　C_3S 含量、石灰饱和系数对易磨性的影响

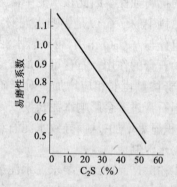

图 1-6-4　C_2S 对易磨性的影响

水泥熟料易磨性还与煅烧情况有关,如过烧料或黄心熟料的易磨性较差;快冷熟料易磨性好;经过一定时间贮存后的熟料比刚出窑的熟料易磨。因此,生产硅酸三钙含量适当高一些、煅烧正常、快冷的熟料是合理的,刚出窑的熟料不仅易磨性差,且熟料温度较高,存放一段时间入磨是合适的。

b. 入磨物料粒度。入磨粒度小,钢球式磨机可减小钢球直径,在钢球装载量相同时,钢球数量增加,钢球总表面积增加,因而提高了钢球对物料的粉磨效果,从而提高了产量,降低了单位产品电耗。如某厂 $\phi 4 \times 13m$ 湿法生料磨,入磨粒度从 20mm 降至 15mm 以下,产量提高达

30%左右。由于破碎机的电能利用率为 30% 左右,而球磨机只有 1%~3%,最高不超过 15%,因而降低入磨粒度,还可以降低粉磨电耗和单位产品破碎粉磨的总电耗。但是,入磨粒度不能过小,随破碎产品粒度的减小,破碎电耗迅速增加,使破碎和粉磨的总电耗反而增加,如图 1-6-5 所示。经济入磨粒度的影响因素较多,它与生产规模、磨机型式和规格、破碎系统的级数(几级破碎)、破碎机型式和规格、性能、物料性质等有关。熟粒入磨粒度以 2mm 较为经济。随着设备大型化和科学技术的发展,具体入磨粒度应视各种条件不同而异,以获得最佳的技术经济效果。

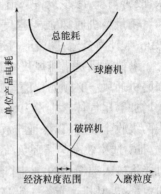

图 1-6-5　破碎与粉磨
系统的经济粒度

c. 入磨物料温度。熟料温度对磨机产量与水泥质量都有影响。入磨物料温度高,物料带入磨内大量热量,加之磨机在研磨时,大部分机械能转变为热能,致使磨内温度较高。而物料的易磨性是随温度升高而降低,磨内温度高,易使水泥因静电引力而聚结,严重时会粘附研磨体和衬板,从而降低粉磨效率。试验证明,加入磨物料温度超过 50℃,磨机产量将会受到影响,如超过 80℃,水泥磨产量降低 10%~15%。

d. 入磨物料水分。入磨物料水分对于干法生产的磨机操作影响很大。入磨物料平均水分达 4%,会使磨产量降低 20% 以上。严重时甚至会粘堵隔仓板的篦缝,从而使粉磨过程难以顺利进行。但物料过于干燥也无必要,不但会增加烘干煤耗,而且保持入磨物料中少量水分,还可以降低磨温,并有利于减少静电,提高粉磨效率。因此,入磨物料平均水分一般应控制在 1.0%~1.5% 为宜。

e. 产品细度与喂料均匀性。所粉磨的物料要求细度越细,物料在磨内停留时间就越长。为使磨内物料充分粉磨,达到要求细度,就必须减少物料喂入量,以降低物料在磨内的流速;另一方面,要求细度越细,磨内产生的细粉越多,缓冲作用越大,粘附现象也较严重。这些都会使磨机的产量降低。因此,在满足水泥品种、标号、原料的性质和要求的前提下,确定经济合理的粉磨细度指标。

如果喂料太少,产量降低。这是因为钢球降落时,并不是全部在粉碎物料上,而是相互撞击,结果没有作有用功,只将能量变为热传给磨机;反之,喂料量过多,研磨体的冲击力量不能充分发挥,磨机产量也不能提高。由此可见,欲获得磨机的最高产量,均匀喂料是重要一环。

f. 助磨剂。水泥助磨剂是一种提高水泥粉磨效率的外加剂。它能消除研磨体和衬板表面上的细粉物料的粘附和颗粒聚集成块的现象,强化研磨作用,减少过粉碎现象,从而可提高磨机粉磨效率。尤其是粉磨很细的高标号水泥,助磨剂的效果更为显著。

助磨剂的种类很多,其中以表面活性物质如:三乙醇胺、乙二醇、多缩乙二醇等助磨效果较好。此外,还有烟煤、焦炭等炭素物质也可用于干法生料磨或水泥磨的助磨剂。

多缩乙二醇和三乙醇胺等助磨剂的加入量一般为磨机喂料量的 5% 以下。经验证明,在水泥比表面积相同的情况下,对水泥的物理性能没有不利影响,而且有利于提高混凝土早期强度和改善流动性。

j. 磨机通风。加强磨机通风是提高磨机产量,降低电耗的措施之一。因为加强磨机通风可将磨内微粉及时排出,减少过粉碎现象和缓冲作用,从而可提高粉磨效率;其次加强通风,能及时排出磨内的水蒸气,减少粘附现象,防止糊球和篦孔堵塞,以保证磨机的正常操作;加强通风还可以降低磨机温度和物料温度,有利于磨机操作和提高水泥质量;此外还能消除磨头冒灰,改善环境,减少设备磨损。

衡量磨机通风强弱程度是以磨内风速来表示的。在一般开流磨的磨内风速以 $0.7\sim1.0m/s$ 较为合适;圈流磨可适当降低,以 $0.3\sim0.7m/s$ 较好。

磨机通风是借排风机将磨内含尘气体抽出,经收尘器分离,气体排入大气。应该注意,加强磨机通风。必须防止磨尾卸料端的漏风,卸料口的漏风不仅会减少磨内有效通风量,还会大大增加磨尾气体含尘量。因此,采用密封卸料装置十分重要。根据气体的含尘浓度,选用一级或两级收尘装置,以保证排放气体符合环保标准要求。

h. 选粉效率与循环负荷。闭路磨机选粉效率的高低对于磨机产量影响很大。因为选粉机能将进入选粉机的物料中合格细粉分离出来,改善磨机粉磨条件,提高粉磨效率。然而,选粉效率高,磨机产量不一定高,因为选粉机本身不能起粉磨作用,也不能增加物料的比表面积。所以选粉机的作用一定要同磨机的粉磨作用相配合,才能提高磨机产量并降低电耗。

循环负荷取决于入磨和入选粉机的物料量,它能反映磨机和选粉机的配合情况。为提高磨机粉磨效率,减少磨内过粉碎现象,就应适当提高循环负荷。循环负荷应根据设备条件及操作情况,控制在一个合适的范围内。各种粉磨系统的循环负荷率的范围大致如下:

一级闭路水泥磨　　　$K_1=150\%\sim300\%$;
二级闭路水泥磨　　　$K_2=300\%\sim600\%$;
管磨一级闭路约　　　$50\%\sim80\%$;
球磨二级闭路约　　　$40\%\sim60\%$ 。

m. 料球比及磨内物料流速。料球比就是磨内研磨体质量与物料质量之比。它说明在一定研磨体装载量下粉磨过程中磨内存料量的多少。如球料比太大,会增加研磨体之间及研磨体和衬板之间的冲击摩擦的无用功损失,使电耗增加。如球料比太小、说明磨内存料过多,就会产生缓冲作用,从而降低粉磨效率。

球料比可以在磨机正常生产突然停磨后,分别称量各仓球、料质量进行测定。一般开路管磨(中小型)的球料比以 6.0 左右,粉磨效率较高。也可以通过突然停磨,观察磨内料面高度来进行判断,如中小型二仓开路磨、第一仓钢球应露出料面半个球左右,二仓物料应刚盖过钢球面。

磨内物料流速是保证产品细度,影响产质量、能耗的重要因素。若磨内物料流速太快,容易跑粗料,难以保证产品细度;若流速太慢,易产生过粉碎现象,增加粉磨阻力,降低粉磨效率。所以,在生产中必须把物料的流速控制适当,特别是磨头仓物料的流速不应太快,否则,粗粒子进入细磨仓,就难以磨细。

球料比决定了磨内物料流速,还可以通过隔仓板形式、箅缝大小、研磨体级配、研磨体装载量等来调节控制,以充分发挥磨机的粉磨效果。

n. 新型高细磨。在现有普通水泥磨中,不能进行高细粉磨。主要原因是当水泥磨至 $340m^2/kg$ 比面积以上,水泥在磨内就产生较为严重的集聚、粘团现象。进而出现粘糊球、箅板和衬板等恶性粉磨现象,阻碍细磨的再提高。并且单位电耗迅速上升。同时因磨内温度过高,导致石膏脱水,形成假凝现象。因此,开流水泥磨是无法长期持续生产高细水泥的。

高细磨是用耐磨微型研磨体来解决水泥高细粉磨时会产生的水泥集聚、粘糊介质、内衬和箅板的矛盾;改变了磨内结构,在一二仓之间没有小仓,仓内装有小钢球并安装球料分离装置。

分离仓内先将料球分离,然后物料进入分离器内,通过八块箅板进行筛分,将粗料返回小仓,细料流入二仓。如此完成分离的目的。在二三仓间用双层隔仓板,在三仓出口使用特殊箅板,在满足通风的前提下,将料段分离,并不使微型钢球漏出磨外。新型高细磨可有效地降低水泥磨主机电耗。

1.6.2 混凝土

(1)混凝土的定义与分类

1)混凝土的定义。由胶结材料(无机的、有机的或无机有机复合的)、颗粒状集料以及必要时加入化学外加剂和矿物掺合料组分、经合理配合的混合料,加水拌合硬化后形成具有堆聚结构的材料称为混凝土。目前应用最广的仍然是由无机胶结材料制成的混凝土。这类混凝土的组织结构类似于某些天然岩石,故又称为混凝土人造石。

混凝土中的胶凝物质,主要有两种获得方式:其一是通过水泥的水化获得,用这种方法制成的混凝土即是我们熟知的水泥混凝土;其二是将钙质原料(石灰)与硅质原料用水热合成的方法直接合成,用此方法制成的混凝土即是硅酸盐混凝土。

2)混凝土的分类。混凝土的分类主要方法有四种:按表观密度分、按用途分、按胶凝材料分及按生产和施工方法分。

①混凝土按照表观密度的大小一般可分为重混凝土、普通混凝土、轻混凝土。重混凝土,其表观密度[试件在温度为(105 ± 5)℃的条件下干燥至恒重后测定]大于 2 600kg/m³,采用密度很大的重晶石、铁矿石、钢屑等重集料。用钡水泥、锶水泥等重水泥配制而成,具有不透 X 射线和 Y 射线的性能,又称防辐射混凝土,主要用于核能工程的屏蔽结构材料。普通混凝土,其表观密度为 1 900~2 500kg/m³,一般约在 2 400kg/m³ 左右,是用普通的天然砂、石作集料制成的,这类混凝土在建筑工程中最常用,主要用作各种建筑的承重结构材料。轻混凝土其表观密度小于 1 900kg/m³,又可分为三类:轻集料混凝土,是用浮石、火山渣、陶粒、膨胀珍珠岩、膨胀矿渣、煤渣等配制而成;多孔混凝土包括加气混凝土、泡沫混凝土,前者由水泥、水和引气剂制成,后者是由水泥浆或水泥砂浆与稳定的泡沫制成;大孔混凝土,组成中常不加细集料,主要用于结构、保温和结构兼保温等工程。

②混凝土按用途可分为结构混凝土、防水混凝土、耐热混凝土、耐酸混凝土、耐火混凝土、收缩补偿混凝土、喷射混凝土、装饰混凝土、大体积混凝土、防辐射混凝土、膨胀混凝土、道路混凝土、纤维增强混凝土等。

③混凝土按所用胶凝材料可分为水泥混凝土、硅酸盐混凝土、石膏混凝土、水玻璃混凝土、沥青混凝土、聚合物混凝土、树脂混凝土等。

④混凝土按生产和施工方法可分为预拌混凝土(商品混凝土)、泵送混凝土、压力灌浆混凝土(预填集料混凝土)、挤压混凝土、离心混凝土、真空吸水混凝土、碾压混凝土、热拌混凝土、喷射混凝土等。

(2)混凝土的制备

1)混凝土的组成材料。混凝土的主要组成材料为胶结料、细集料、粗集料和水。通常所称的混凝土是指水泥、水、砂、石子所组成的普通混凝土。以下各节中,我们将以普通混凝土为例进行简单介绍。

①集料是混凝土的主要组成材料、它占混凝土总体积的 60%~80% 以上。集料的存在使

混凝土比单纯的水泥具有更高的体积稳定性和更好的耐久性,其与水泥相比价格低廉,因此,混凝土材料的成本较低。

混凝土集料的分类可根据粒径、松散容重或来源进行分类。

按粒径分:细集料的粒径0.15~5.0mm,如砂子等;粗集料的粒径大于5.0mm,如碎石等。

按松散容重分:普通集料的密度为25左右;重集料的密度大于普通集料;轻集料的密度小于普通集料。

集料的性能决定着新拌混凝土的性质,也是设计混凝土配合比的依据。根据集料的微观结构和加工处理因素,将集料的特性分为如下几类:

随孔隙率而定的特性(密度、吸水性和体积稳定性);

随其形成条件和加工因素而定的特性(粒形、粒径和表面结构);

随化学成分与矿物组成而定的特性(强度、硬度、弹性模量以及所含的有害物质)。

a.密度。由于集料在混凝土中占有大部分体积,所以混凝土的体积密度是由集料的真密度所支配的。为设计混凝土的配合比所要求了解的集料密度是指包括非贯通毛细孔在内的集料的质量与同体积的水的质量之比,这与概念上所指的物体的真密度有所不同,这样的密度称为视密度或表观密度。集料的视密度计算体积时也括集料颗粒中的孔隙,因此,越是多孔的集料,其视密度越小。一般情况下,集料阶视密度越小强度越低,稳定性也越差。集料在松散状态下单位容积的质量称为堆积密度;其反映了自然堆积情况下的空隙率,堆积密度越大需要用水泥浆填充的空隙越少。

b.吸水性和表面水分。集料颗粒会有不同的含水状态,如图1-6-6所示。当集料内所有孔隙都充满水、而表面没有水膜时,称为饱和面干状态。当集料为水饱和,同时表面还有游离水分时,则称为湿润状态。集料的含水率等于或接近零时称为干燥状态。集料的含水率与大气湿度相平衡时称为气干状态。

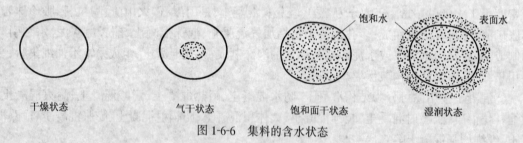

| 干燥状态 | 气干状态 | 饱和面干状态 | 湿润状态 |

图1-6-6 集料的含水状态

集料的含水状态若不确定,在配制混凝土时将导致混凝土用水量和集料用量的误差,影响混凝土的品质。采用饱和面干集料能保证配料准确,因为饱和面干集料既不从混凝土中吸取水分,也不向混凝土拌合物中带入水分,有利于混凝土用水量的控制:细集料的含水状态会对其容积产生影响。砂子湿润时,水分所产生的表面张力将颗粒推开,砂的松散体积会有明显增加,这种现象称为砂的容胀。其中细砂的容胀要比粗砂大得多。因此在拌制混凝土时,砂的用量应该按质量计,而不能以体积计量,以免引起混凝土拌合物砂量的不足,出现离析和蜂窝现象。

c.集料的级配与粒径。级配是指集料中各级粒径的颗粒之间的分布。通常用一套筛子中各号筛上的累计筛余或累计通过百分率来表示。集料的级配范围和最大粒径直接会影响混凝土的工作性和成本。

砂的颗粒级配和粗细程度,常用筛分曲线和细度模数来表示。细度模数由筛分析结果计算得出:

$$细度模数(Mx) = \frac{(A_1 + A_2 + A_3 + A_4 + A_5) - 5A_1}{100 - A_1}$$

式中 $A_1, A_2, \cdots$ ——分别表示各号筛上的累计筛余百分率。

细度模数(Mx)越大,表示砂越粗,普通混凝土用砂细度模数范围一般为 $3.7 \sim 0.7$,$Mx = 3.7 \sim 3.1$ 为粗砂,$Mx = 3.0 \sim 2.3$ 为中砂,$Mx = 2.2 \sim 1.6$ 为细砂,$Mx = 1.5 \sim 0.7$ 为特细砂。混凝土用砂的颗粒级配,见图 1-6-7。图中 2 区砂粗细适中、级配较好,宜优先选用;1 区砂粗粒较多,宜于配制水泥用量较多的或流动性较小的混凝土;3 区砂偏细,配制混凝土时宜适当降低砂率。如果砂子自然级配不合适,就要采用人工级配的方法来改善,最简单的措施是将粗、细砂按适当比例掺合使用。

一般来说,较好的集料颗粒间集配应该是:集料的空隙率要小,总的表面积要小,细集料含量适当。

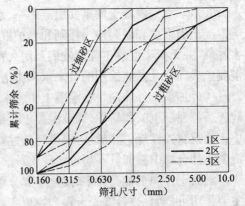

图 1-6-7 砂的级配区曲线

粗集料中公称粒级的上限称为该粒级的最大粒径。集料最大粒径越大,总表面积越小。一定厚度润滑层所需水泥浆或砂浆的数量也相应减少,因此采用大粒径级配的集料,可降低混凝土混合料的需水量,在一定水泥用量条件下,降低水灰比,使混凝土强度提高。特别是在大体积混凝土中,采用大粒径集料,对减少水泥用量、降低水泥水化热有着重要的意义。不过对于结构常用的混凝土,特别是高强混凝土,最大粒径超过 40mm 后,由于减少用水量获得强度的提高,却被大粒径集料所造成的较少的粘结面积和不均匀性的影响所抵消。根据《混凝土结构工程施工及验收规范》GB 502400—92 规定,混凝土用粗集料的最大粒径不得大于结构面积最小尺寸的 1/4,且不得大于钢筋间最小净距的 3/4。对于混凝土实心板,集料的最大粒径不宜超过板厚的 1/2,且不得超过 50mm.

d. 颗粒的形状和表面特征。集料颗粒的形状和表面特征对新拌混凝土性能的影响比硬化混凝土更大一些。山砂、碎石多具有棱角,表面粗糙,与水泥粘结较好;河砂、海砂、卵石多呈圆形,表面光滑,与水泥粘结较差。在相同水泥用量和用水量的前提下,用前者拌制的混凝土流动性较差,但强度较高,而后者则相反。如要求流动性相同,后者用水量可减少,强度可有所提高。粗集料的粒形状还有属于针状(颗粒长度大于该颗粒所属粒级的平均粒径的 2.4 倍)和片状(厚度小于平均粒级的 0.4 倍)的,这种针、片状颗粒过多,会使混凝土强度降低。对于小于 C10 的混凝土,其粗集料中的针、片状颗粒含量可放宽到 40%。

e. 有害物质。有害物质是指集料中存在妨碍水泥水化,或影响集料与水泥石的粘结,或能与水泥的水化产物进行化学反应并产生有害的膨胀的物质,包括有机杂质、黏土、淤泥、粉尘、脆弱颗粒以及反应性物质。集料中有害杂质的含量应符合有关标准的规定。

②胶凝材料——水泥。拌制混凝土所用的水泥品种,应按工程要求、混凝土所处部位、环

境条件以及其他技术条件,按所掌握各种水泥特性进行合理选定。水泥强度等级必须与混凝土的强度相适应。配制低强度混凝土,宜选用低强度等级水泥。用高强度等级水泥配制低强度混凝土,据强度要求只需用少量水泥即可,但为了满足混凝土拌合物和易性的要求,需增加水泥用量,使混凝土产生超强现象。在实际工程中通常适当掺加混合材料,以节省水泥。配制高强度的混凝土宜用高强度等级水泥。当用低强度等级水泥,为了满足其强度的要求,需加大水泥用量,这不仅使混凝土的收缩和水化热增大,而且不经济。

③水。水是混凝土的重要组成之一,水质的好坏不仅影响混凝土的凝结和硬化,而且会影响混凝土的强度和耐久性。拌制和养护混凝土的水,不得含有影响水泥正常凝结和硬化的有害物质,并无损于混凝土强度发展及耐久性,不加快钢筋锈蚀,不引起预应力钢筋脆断,不污染混凝土表面。凡是能饮用的自来水和清洁的天然水,都能用来拌制和养护混凝土。

④外加剂。外加剂是在混凝土中除水、集料、水泥之外的另一个组成部分,其主要功效为:改善新拌混凝土的和易性,调节混凝土凝结硬化速度,改善混凝土物理力学性能,增强混凝土中钢筋抗腐蚀性能,为混凝土提供特殊性能。外加剂在搅拌即将开始或在搅拌过程中加入,在混凝土拌合物中掺加量不超过水泥质量的 5%。

混凝土外加剂种类繁多,按化学成分可分为无机外加剂、有机外加剂和复合外加剂。若按主要作用可分为:改善混凝土拌合物流变性能的外加剂:减水剂、引气剂、泵送剂、灌浆剂、保水剂等;调节混凝土、砂浆或水泥净浆凝结或硬化性能的外加剂:缓凝剂、早强剂、速凝剂等;改替耐久性的外加剂:引气剂、防水剂、阻锈剂等;改善其他性能的外加剂:加气剂、膨胀剂、防冻剂、着色剂、碱-集料反应抑制剂等。

其中最常用的外加剂有:减水剂、缓凝剂、早强剂、速凝剂、引气剂、防水剂、防冻剂等。

2)混凝土的配合比设计。为了使获得的混凝土能够满足其使用的特性要求,选择好组成材料只是第一步,而第二步则是配合比设计,以使各组成材料之间能够正确地组合相配。配合比设计的目的是要在尽可能低的造价下满足混凝土结构设计的强度,使混凝土拌合物具有适应施工条件的工作性,满足工程所处环境对混凝土耐久性的要求。在一个固定的体积内一种组成的改变,对其他组成必然产生影响。在给定工程条件下,当混凝土组成材料已定,配合比设计用以控制的参数即为:拌合物中水泥浆体与集料之比,水泥浆体的水灰比,集料中的砂和粗集料之比以及掺合料和外加剂的用量。

在设计混凝土配合比之前,首先应掌握下列原始资料:水泥的品种、强度等级、密度等;砂、石集料的品种、规格、表观密度、堆积密度、含水率、级配、粗集料最大粒径等;外加剂的品种、性能、适宜掺量等技术资料。普通混凝土的配合比设计的方法有体积法(又称绝对体积法)和质量法(又称假定质量法)两种。一般认为体积法的准确性较好。

混凝土配合比设计以计算 1m³ 混凝土中各种材料用量为基准,计算过程中集料以干燥状态为基准,即:细集料含水率小于 0.5%,粗集料含水率小于 0.2%。由于混凝土外加剂的掺量一般很少,故在计算体积时外加剂的体积可忽略不计,同样在计算混凝土表观密度时,外加剂的质量也可忽略不计。

①混凝土配合比设计计算步骤

a. 确定混凝土试配强度(R_h)。在实验室配制满足设计强度等级(R_d)的混凝土,应考虑到实际施工条件与试验室条件的差别,这是由于原材料的均一性、配合比的准确性以及混凝土在拌合、运输、浇灌、振捣及养护等工序中,各种因素的变化使混凝土强度难免有波动。为了使

混凝土的强度保证率能满足规定(95%)的要求,须使混凝土的试配强度(R_h)高于设计强度等级(R_d)即:

$$R_h = R_d + 1.645\sigma \tag{1-6-1}$$

式中　R_h——混凝土的试配强度;

　　　R_d——设计要求混凝土的强度等级;

　　　σ——施工单位的混凝土强度标准偏差的历史统计水平。若无近期混凝土强度统计资料,可按表1-6-1取值。

表 1-6-1　σ 取值表

混凝土设计强度等级 R_d	C10~C20	C25~C40	C50~C60
$\sum$ (MPa)	4.0	5.0	6.0

b. 确定水灰比(W/C)。根据混凝土的试配强度(R_h,)和所用水泥的实际强度(R_c)或水泥强度等级,按以下经验公式求得所要求的水灰比值:

$$\frac{W}{C} = \frac{AR_c}{R_h + ABR_c} \tag{1-6-2}$$

A 和 B 为经验系数,与集料的品种、水泥品种等因素有关,通过试验求得。若无试验统计资料时,则可按表1-6-2的数值选用。

表 1-6-2　经验系数 *A*、*B* 值

集料种类	A	B
碎　石	0.48	0.52
卵　石	0.50	0.61

为了保证混凝土必要的耐久性,水灰比不得大于表1-6-3中所规定的最大水灰比值,如计算所得的水灰比大于规定的最大水灰比值,取规定的最大水灰比值。

表 1-6-3　普通混凝土的最大水灰比和最小水泥用量表

环境条件		结构物类别	最大水灰比限值			最小水泥用量限值(kg/m³)		
			素混凝土	钢筋混凝土	预应力混凝土	素混凝土	钢筋混凝土	预应力混凝土
干燥环境		用于房屋内	不作规定	0.65	0.60	150	260	300
潮湿环境	无冻害	高湿度的室内室外部件 在非侵蚀性土和(或)水中部件	0.70	0.60	0.60	200	280	300
	有冻害	经受冻害的室外部件在非侵蚀性土和(或)水中经受冻害的部件 高湿度且经受冻害的室内部件	0.55	0.55	0.55	200	280	300
有冻害和除冰剂的潮湿环境		经受冻害和除冰剂作用的室内外部件	0.50	0.50	0.50	300	300	300

c. 选取用水量(W_O)。$1m^3$ 计混凝土的用水量的多少,主要根据所要求的混凝土坍落度值及所用集料的种类、规格,参考表 1-6-4 数据来选择。

表 1-6-4 混凝土用水量选用表(kg/m^3)

项 目	指 标	卵石最大粒径(mm)			碎石最大粒径(mm)		
		10	20	40	16	20	40
坍落度 (mm)	10～30	190	170	150	200	185	165
	30～50	200	180	160	210	195	175
	50～70	210	190	170	220	205	185
	70～90	215	195	175	230	215	195
维勃稠度 (s)	15～20	175	160	145	180	170	155
	10～15	180	165	150	185	175	160
	5～10	185	170	155	190	180	165

d. 计算混凝土的水泥用量。根据选定的用水量和所求出的水灰比(W/C)值,可计算出 $1m^3$ 混凝土的水泥用量(C_O):

$$C_O = \frac{C}{W} \times W_O \tag{1-6-3}$$

为保证混凝土的耐久性,计算得出的水泥用量还须满足表 1-6-3 中规定的最小水泥用量的要求。当计算所得水泥用量少于表中最小水泥用量时,应取规定的最小水泥用量值。

e. 确定合理砂率值(S_p)。合理的砂率值应根据混凝土拌合物的坍落度、黏聚性及保水性等确定。如无使用经验,则一般应通过试验找出合理砂率。可根据所用粗集料的种类、最大粒径及已求出的混凝土水灰比,在表 1-6-5 中的范围内选取。

表 1-6-5 混凝土的砂率(%)

水灰比 (W/C)	卵石最大粒径(mm)			碎石最大粒径(mm)		
	10	20	40	16	20	40
0.40	26～32	25～31	24～30	30～35	29～34	27～32
0.50	30～35	29～34	28～33	33～38	32～37	30～35
0.60	33～38	32～37	31～36	36～41	35～40	33～38
0.70	36～41	35～40	34～39	39～44	38～43	36～41

f. 计算粗、细集料的用量(G_O,S_O)。计算粗、细集料的用量可用绝对体积法或表观密度法求得。

i. 绝对体积法。本法假定混凝土拌合物的体积等于各组成材料绝对体积和所含少量空气体积之和。在计算 $1m^3$ 混凝土拌合物的各种材料的用量时,可用下式表示:

$$\frac{C_O}{\rho_C} + \frac{G_O}{\rho_{Og}} + \frac{S_O}{\rho_{OS}} + \frac{W_O}{\rho_w} + 10\alpha = 1\,000 \tag{1-6-4}$$

$$\frac{S_O}{S_O + G_O} \times 100\% = S_p \tag{1-6-5}$$

式中 C_O——$1m^3$ 混凝土的水泥用量;

G_O——1m³ 混凝土的集料用量；

S_O——1m³ 混凝土的细集料用量；

W_O——1m³ 混凝土的用水量；

ρ_O——水泥的密度；

ρ_{Og}——粗集料的表观密度；

ρ_{OS}——细集料的表观密度；

ρ_w——水的密度，可取 $\rho_w = 1.0$；

α——混凝土含气量百分数（%），在不使用含气型外加剂时，α 可取为1；

S_p——砂率。

ⅱ. 表观密度法（假定质量法）。当混凝土所用的原材料比较稳定时，所配制的混凝土拌合物的表观密度接近一个固定值，这样若先假设一个混凝土拌合物表观密度 ρ_{oh}，就可建立下列关系式：

$$C_O + G_O + S_O + W_O = \rho_{oh} \tag{1-6-6}$$

$$\frac{S_O}{S_O + G_O} \times 100\% = S_p \tag{1-6-7}$$

j. 计算混凝土外加剂用量（A_o）。由于外加剂用量（A_o）是以占水泥质量分数计得，故在已知水泥用量（C_o）及外加剂适宜掺量（r）时，可按下式计算：

$$A_o = C_o \times r \tag{1-6-8}$$

h. 集料含水量调整。施工堆场上的集料一般是潮湿的，如果对含水量不加校正，试配拌合物的实际水灰比将高于计算所得数值，而集料在饱和面干状态下的质量会比计算值低。

m. 试配调整。由于上述的理论计算是借助于一些经验公式和数据得出的，故实际所用材料配比，必须根据在实验室内用少量试配结果进行校核调整。因此要对新拌混凝土进行坍落度、和易性及强度测定。

经过几次试配，当所得的拌合物满足了工作性和强度的要求指标后，实验室试配所得的配合比即可放大到正式的施工配合比。

(3)混凝土结构与性能

1)混凝土结构。在混凝土中，水和水泥拌成的水泥浆是起胶结作用的组成部分。在硬化前的混凝土，也就是混凝土拌合物中，水泥浆填充砂、石颗粒间的空隙，并包裹砂、石表面起润滑作用，使混凝土获得施工时必要的和易性；在硬化后，则将砂、石牢固地胶结成整体（参见图1-6-8）。因此在混凝土的硬化及结构形成过程中，除集料的性能外，含量占总体积四分之一的水泥浆对混凝土的性能的影响起着重要的作用。

由图1-6-8可见，混凝土的宏观组织结构是由粗、细集料颗粒分散在水泥浆基体中所组成的两相材料。结构的两个相既不是彼此均匀分布，其本身也不是均匀的。事实上在应力作

图1-6-8 普通混凝土结构示意图

用下混凝土行为并非两个宏观结构相所为,许多时候由第三相-水泥浆-集料界面决定。这第三相,即过渡区相,它代表着集料颗粒与硬化浆体之间的界面区。

过渡区具有与水化水泥浆体相同的元素组成,但其结构和性质与水化水泥浆体不同,其结构如图1-6-9所示。由于新拌混凝土中,存在泌水作用以及集料的表面效应,沿粗集料颗粒周围形成水膜,贴近粗集料处的水灰比高于硬化水泥浆本体,形成一层孔隙率较高的区域;其次,由于高水灰比,在这区域所生成的氢氧化钙和钙矾石晶体比较粗大,所形成的骨架结构比水泥浆本体或砂浆基体孔隙多。特别是氢氧化钙常依据集料表面择优取向。所以,通常是紧贴集料表面有一较为致密的膜层,接着是水化产物疏松分布,以氢氧化钙、钙矾石为主的多孔部位,然后才是水泥浆本体;第三,在混凝土的硬化过程中,由于硬化水泥浆和集料的弹性模量有所不同,温、湿度所引起的变形性也有差别,往往在水泥浆和集料的界面上发生应力集中而产生微裂缝。因此,水泥浆-集料过渡区成为混凝土承受荷载时导致破坏的薄弱环节,使普通混凝土的强度不但比集料而且比硬化水泥浆本体要低得多。

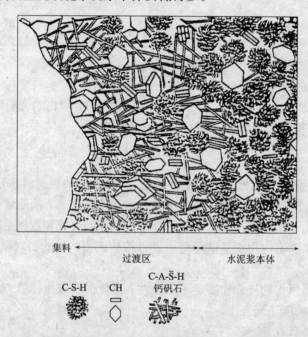

图 1-6-9　混凝土中水泥浆体和过渡区的示意图

此外,集料颗粒和水泥浆基体中任何一相的本身,其本质上是多相的,每种集料颗粒除含有微裂缝和孔隙外还含几种矿物。同样,硬化水泥浆的本体和过渡区两者一般都含有不同类型和不同数量的固相、孔和微裂缝,呈不均匀分布。同时,混凝土不同于其他工程材料,其结构并不保持稳定,这是因为结构的两个组分——硬化水泥浆体和过渡区,随时间、环境湿度和温度的变化而变化。因此,混凝土具有高度不均匀性和结构复杂的特点。

2)混凝土性能

①新拌混凝土的性能:

a.和易性。混凝土在凝结硬化以前称为混凝土拌合物,或称为新拌混凝土。新拌混凝土必须具备良好的和易性,才能有利于施工和制得密实且均匀的混凝土。因此和易性包含流动性、可塑性、稳定性和易密性等几个方面的涵义。

流动性是指分散系统克服内阻力而产生变形的性能,也就是混凝土拌合物在本身自重或外力的作用下,是否易于流动的能力。

可塑性说明塑性流动,也即产生非可逆变形、均匀密实地填满模板的性能,表示捣实、成型的难易程度。

稳定性是指混凝土拌合物有足够的粘聚、保水能力,也就是水分不易泌出,集料不致下沉,各组成材料能够稳定地均匀分布,不分层离析的性能。泌水性大、保水性不佳的混凝土拌合物,硬化后密实性差,影响质量。

易密性的含义是混凝土拌合物在进行捣实或振动时,克服内在的和表面的抗力,以达到拌合物完全致密的能力。

由此可见,这几方面的内容既相互关联,又可能有一定的矛盾,而和易性则是上述四方面性质在一定具体条件下的综合。

b. 和易性的测定。新拌混凝土和易性内容比较复杂,通常以实验方法测定混凝土拌合物的流动性,再目测评定粘聚性和保水性。按《混凝土质量控制指标》(GB 50164—92)规定,混凝土拌合物的流动性以坍落度或维勃稠度作为指标。

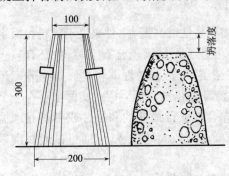

图 1-6-10　坍落度测定示意图

c. 坍落度的测定。坍落度适用于流动性较大的混凝土拌合物。其测定方法为:将混凝土拌合物按规定方法装入标准圆锥形筒(坍落度筒)内,将筒垂直提起后,拌合物因自重而向下坍落。坍落的高度(以 mm 计)即混凝土拌合物的坍落度,以 S 表示(参见图 1-6-10)。

根据坍落度大小可将混凝土拌合物分为干硬性混凝土($S < 10mm$)、低流动性混凝土($S = 10 \sim 30mm$)、塑性混凝土($S = 30 \sim 80mm$)、流动性混凝土($S = 80 \sim 150mm$)及流态混凝土($S > 150mm$)。此法只适用于集料最大粒径不大于 40mm 的混凝土及坍落度大于 10mm 的混凝土。

d. 维勃稠度的测定。对于坍落度小于 10mm 的干硬性混凝土拌合物,则要用维勃稠度仪(V.B.)(参见图 1-6-11)来测定其流动性。按规定的方法在坍落度筒内装入混凝土拌合物,装满后垂直提起坍落度筒,在拌合物锥体顶面放一透明圆盘,开启振动台,同时用秒表计时,记录当圆盘底面布满水泥浆时所需的时间,即所测混凝土拌合物的维勃稠度值。此值越大,混凝土拌合物越干稠。

e. 影响因素

●水灰比、水泥浆用量和用水量。混凝土拌合物在自重或外界振动力的作用下要产生流动,需克服其内部的阻力,这内部阻力主要来自集料间的摩擦力和水泥浆的粘聚力。集料间的内摩擦力的大小取决于包裹集料表面水泥浆的厚度,即水泥浆的数量;粘聚力的大小与水泥浆的稠度密切相关。

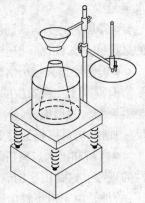

图 1-6-11　维勃稠度仪

在水泥用量不变的情况下,水灰比较小的水泥浆,粘聚力增大,混凝土拌合物的流动性变小。若水灰比过小,不仅流动性太小,且在一定的施工条件下难以密实成型。反之增加水灰比,使水泥浆流动性增加。但以单纯增加水量的方法来加大流动性,会使混凝土拌合物产生严重的离析和泌水现象。

水泥浆在混凝土拌合物中,除了填充集料的空隙外,还包裹在集料颗粒的表面,将集料隔开形成润滑层。在水灰比不变的情况下,水泥浆用量越多,包裹层越厚,润滑作用越好,混凝土拌合物的流动性越大;反之则小。但是,水泥浆量多,集料用量必然相对减少,当水泥浆用量过多时,会出现流浆和泌水,既多耗费了水泥又会对混凝土的强度和耐久性产生不利影响。

实际上无论是水灰比影响,还是水泥浆用量影响,都可以用单位用水量来反映。当增加水泥用量而水灰比保持不变时,用水量必然要增加,当用水量保持不变,增加水泥用量时,水灰比会减小,稠度就增大。

●集料的影响。在给定稠度的条件下,粗细集料的比例、粗集料最大粒径、集料性质,均会对混凝土拌合物流动度产生影响。

混凝土中粗细集料的比例常用砂率来表示。砂率指集料总质量中砂质量所占的百分数(砂质量/砂石总质量),表示着砂与石子的组合关系:

$$砂率=砂重/(砂重+石重)\times100\%$$

在水灰比和水泥用量相同的条件下,混凝土拌合物和易性的高低,主要取决于集料表面水泥浆层的厚度。如砂率过小,虽然集料总表面积不大,但砂子不足以填充石空隙,势必有较多的水泥浆代替砂子去填充空隙,因而使集料表面水泥浆层减薄,和易性就较差。如果砂率过大,砂子太多,集料总表面积增大,也使水泥浆层减薄,流动性仍然降低。因此实际上存在一个最佳砂率,采用最佳砂率,能在水泥浆用量一定时,使拌合物获得最佳的和易性或者能在水泥用量最少的条件下,获得要求的和易性。因此,对于混凝土量较大的工程,应通过试验找出最佳砂率。

在混凝土集料用量一定的条件下,用表面光滑的卵石和河砂拌制的混凝土拌合物,与用碎石和山砂拌制的混凝土拌合物 L_b,前者的摩擦阻力小,故流动性好。合理的集料级配,因其空隙率低,水泥浆用量相同时,包裹集料表面的浆层增厚,和易性好,达到相同的坍落度要求时用水量最少。

●外加剂的影响。混凝土拌合物中加入减水剂或引气剂,流动性明显提高,对硬化混凝土的强度和耐久性也有积极的作用,引气剂还可有效改善拌合物的粘聚性和保水性。

●坍落度损失。坍落度损失是指混凝土拌合物的稠度随时间的增长而逐渐减小的现象,是所有混凝土均会发生的一种正常现象,是由于拌合物中的水分逐渐被集料吸收、水泥的水化与凝聚结构的形成、部分水分的蒸发等作用所致。环境温度的升高,使水分的蒸发和水泥水化反应加快,坍落度损失得更快。据测定温度每升高 10℃,拌合物的坍落度约减少 20~40mm。

●离析和泌水。离析是混凝土拌合物的各个组分发生分离致使其分布不再均匀失去连续性的现象。这是由于构成拌合物的各种固体粒子大小、密度不同引起的。离析通常有两种形式:一种是由于粗集料比细集料更易于沿着斜面下滑或在模内下沉而从拌合物中分离;另一种是稀水泥浆从流动性大的混凝土拌合物中淌出。混凝土拌合物浇灌捣实后在凝结之前,固体组分在重力的作用下向下移动,水上升并在表面析出的现象称为泌水,这是离析的一种形式。泌水是由于组成材料的保水能力不足,不能使全部的拌合水处于分散状态而引起的。泌出的水分一部分到达表面,而大量的被截留在较粗集和钢筋的下方。因泌水在混凝土表面产生大量浮浆,这一层稀浆的水灰比很大,硬化后形成一种强度极差,容易起砂的表面。在分层浇灌时若出现浮浆,会使其与下一层的混凝土粘结不良。

产生离析的混凝土拌合物因不能被充分捣实而影响其强度发展。在粗集料和钢筋下方泌水处混凝土的水灰比大于其他部位,相应其强度必然较低,成为硬化混凝土的薄弱点。

● 凝结时间。水泥与水的反应是混凝土产生凝结的主要起因。由于各种因素的影响,混凝土的凝结时间与配制混凝土所用水泥的凝结时间是不一致的。混凝土的凝结被定义为新拌混凝土固化的开始,据试验测得的混凝土的初、终凝时间,并不标志着水泥浆体物理化学特征中某一特定的变化,纯粹是从实用意义考虑的两个特点。初凝大致表示着新拌混凝土已不再能正常地搅拌、浇灌和捣实的时间;终凝则概略地表明了从这个时间开始,强度将以相当的速度增长。影响混凝土凝结的主要因素有:水泥组成、水灰比、温度和外加剂。用快凝、假凝或瞬凝的水泥所配制的混凝土,易于产生相对应的特征。

② 硬化混凝土的性能

a. 密实度。密实度是混凝土重要的物理性能,其表示在一定体积的混凝土中,固体物质的填充程度,可表示为:

$$D = \frac{V}{V_O} \tag{1-6-9}$$

式中　D——密实度;

　　　V——绝对体积;

　　　V_O——视体积。

绝对密实的混凝土是不存在的,故密实度 D 值总是小于 1。混凝土不同程度地含有孔隙,混凝土的孔隙率(P)可按下式计算:

$$P = 1 - D = 1 - \frac{V}{V_O} \tag{1-6-10}$$

b. 干缩湿涨。混凝土中的干缩和湿涨是因干燥和吸湿引起的。混凝土中的水和周围的空气处于某一种平衡状态时,如果周围空气的状态发生变化,如湿度下降和温度上升则干燥;反之就吸湿。混凝土的干燥和吸湿引起其中含水量的变化,同时也引起混凝土的体积变化。

湿涨一方面是由于水泥凝胶体颗粒之间吸入水分,水分子破坏了凝胶体颗粒的凝聚力,迫使颗粒分离的结果;另一方面是由于水的侵入使凝胶体颗粒表面形成吸附水,降低了表面张力,使颗粒发生微小的膨胀。混凝土湿涨的同时引起质量的增加,而且比体积的增加大得多,这是由于相当部分的水占据了水泥水化作用而引起体积减少所产生的孔隙。

混凝土在干空气中因失水引起收缩,但干缩的体积并不等于失水的体积。混凝土在干燥过程中,首先发生自由水和毛细孔水的蒸发。自由水的蒸发并不引起混凝土的收缩。毛细孔水的蒸发,使毛细孔内水面后退,弯月面的曲率变大,在表面张力作用下,产生收缩力,使混凝土收缩。当毛细孔中的水分蒸发完后,如继续干燥,则凝胶体颗粒的吸附水也发生部分蒸发。失去水膜的凝胶体颗粒,由于分子引力的作用,使粒子间的距离变小甚至发生新的化学结合而收缩。

已经干缩的混凝土再置于水中,混凝土就会重新发生湿涨。但不是所有的干缩都能恢复。这种不可逆的收缩,是由于一部分接触较紧密的凝胶体颗粒,在干燥期间失去吸附水膜后,发生新的化学结合,这种结合即使再吸水也不会被破坏。

混凝土的干燥过程是由表面逐步扩展到内部的,在混凝土内呈现含水梯度。因此产生表面收缩大,内部收缩小的不均匀收缩,致使表面混凝土承受拉力,内部混凝土承受压力。当表面混凝土所受的拉力超过其抗拉强度时,便产生裂缝。同时水泥石的收缩也因受到集料的限制作用而出现裂缝。

影响混凝土干缩的因素有以下几个方面:

● 水泥的用量、细度和品种。在水灰比不变的情况下,混凝土中水泥浆量越多,混凝土干缩越大。水泥颗粒越细,干缩也越大。采用掺混合材料的硅酸盐水泥配制的混凝土,比用普通水泥配制的混凝土干缩率大,其中火山灰水泥混凝土的干缩率最大,粉煤灰水泥混凝土的干缩率较小。

● 水灰比影响。当混凝土中的水泥用量不变时,混凝土的干缩率随水灰比的增大而增加,塑性混凝土的干缩率较干性混凝土大得多。混凝土单位用水量的多少,是影响其干缩率的重要因素。

● 集料质量的影响。当混凝土采用集料的吸水率较大、含泥量较多时,会增加混凝土的干缩性。所用集料的弹性模量越大,其干缩越小。集料最大粒径较大、级配较好时,能减少水泥浆用量,混凝土干缩率较小。

c. 渗透性。混凝土对于液体和气体的渗透性能是混凝土的一项重要性能。混凝土的耐久性在很大程度上取决于其渗透性。一些天然或工业的液体和气体渗入混凝土会发生侵蚀作用;水分和空气的侵入使钢筋锈蚀,钢筋体积膨胀,造成保护层的开裂或剥落。混凝土的渗透性对于要求水密性的水工工程尤为重要。

混凝土由于水泥水化、混合料的泌水、干缩及集料性质有差异等原因,造成其内部含有许多大小、形状不同的毛细孔、气孔、甚至裂纹。绝大多数有害的流动水、溶液、气体等介质,都是从水泥浆体或混凝土的孔缝渗入的,而抗渗性就是抵抗各种有害介质进入内部的能力。水泥石抗渗能力的好坏与浆体中总孔隙率、孔径的大小及孔系统的连通情况有关。因此水灰比、水化程度对浆体的抗渗性影响很大。水灰比较低的场合,毛细孔常被水泥凝胶所堵隔,不易连通;而水灰比较大时,不仅总孔隙率提高,毛细孔径增大,而且基本连通,抗渗性大大降低。水化程度的提高,将使水化产物增多,毛细管变得细小而曲折,直至完全堵隔,互不连通。因此,浆体的抗渗能力随着水化龄期增加而提高。硬化水泥浆体的孔隙率约在 $30\% \sim 40\%$。大部分天然集料的孔隙率低于 3%,很少超过 10%,集料的渗透性明显低于硬化水泥浆。混凝土似乎会因集料颗粒对水泥浆基体中水流通道的阻隔,而使系统的渗透性降低。但情况并非如此,相同水灰比和水化程度混凝土的渗透性远大于水泥石,而且集料的尺寸越大,渗透性越大,这是由于水泥浆体与集料间过渡区内存在微裂缝。在早期水化过程中,过渡区常由于干缩、温度收缩及外部施加的力而导致水泥浆基体和集料间应变差异而易遭开裂。过渡区内裂缝太细用肉眼无法看见,其宽度较水泥浆基体中存在的大多数毛细空腔为宽,因而有助于相互连通,从而增加系统的渗透性。

由上可知,改善混凝土渗透性的关键在于提高混凝土的密实度。具体措施有:混凝土尽量采用低水灰比;集料要致密、级配良好;施工振捣要密实;有适当的养护条件(温度、湿度及时间);避免混凝土过早或过量载荷,减少过渡区微裂缝的扩大以及数量的增加,防止各种缺陷的产生。

混凝土的渗透性可用抗渗标号来表示。根据《普通混凝土长期性能和耐久性能试验方法》(GBJ 82—85)的规定,抗渗标号分为 S4,S6,S8,S10,S12 等五个等级。

d. 热性能。混凝土的热性能比其他材料更为复杂,因为其组分有不同的热性质,而混凝土的含湿量和孔隙率是影响其热性能的主要因素。

●热膨胀。混凝土作为一种类似多孔的材料,其热膨胀性取决于水泥石和集料及孔隙中的含水状态。

水泥石中的水受热时,既有本身的受热膨胀,又有增加湿涨压力的双重作用。一方面水的热膨胀系数比胶体的大,随着温度上升,凝胶水产生比凝胶孔大的膨胀,使胶体膨胀,或使一部分凝胶水迁移到毛细孔中;另一方面毛细孔水的表面张力随温度上升而减小,毛细孔水本身受热膨胀加上凝胶水的移入,结果水的体积增加,弯月面的曲率变小,使毛细孔内收缩压力减小,水泥石膨胀。

混凝土是抗拉强度低的材料,温度变形可造成大体积混凝土的裂缝。因为在大体积结构中水泥水化产生的热和混凝土内部散热条件较差相结合导致浇灌数天内混凝土温度大幅度上升,造成混凝土内外温差很大,有时可达 $40℃ \sim 50℃$,从而导致混凝土内部的热胀大大超过混凝土表面的膨胀变形,使混凝土表面产生较大拉应力而导致开裂破坏。

●导热性。普通混凝土的导热系数取决于其组成,集料的种类对混凝土的导热系数有很大影响。空气的导热系数小,因此,孔隙率高的轻混凝土由于空气占了很大体积,故导热性很低。孔隙中所含介质有助于热的流动,无论孔隙是含在集料内部(轻集料)还是在浆体里(泡沫或充气混凝土)都是这样。水和空气的导热性明显不同,但两者都比固体材料低得多,因此混凝土有良好的隔热性。

●耐高温性。对普通混凝土来说,高温主要是破坏其结构而使强度下降。在 $300℃$ 以下混凝土强度降低不多,$500℃$ 以上强度下降可达一半以上;此外,由于混凝土导热性小,比热大,在高温下它对钢筋有良好的保护作用。

e. 力学性能

强度是混凝土的最重要的力学性能。用标准试验方法测定的混凝土抗压强度作为划分混凝土标号指标,并以此作为结构设计计算的主要依据。

ⓐ混凝土立方体抗压强度及强度等级。我国采用立方体抗压强度作为混凝土的强度特征值。根据国家标准试验方法(GBJ 107—87)规定,制作边长为 150mm 的立方体标准试件,在标准养护条件[温度 $(20 \pm 3)℃$,相对湿度 90% 以上]下,养护到 28d 龄期,用标准试验方法测得的抗压强度值称为混凝土立方体抗压强度。用标准试件在标准条件下测定抗压强度,是为了使其具有可比性。在实际施工中,允许采用非标准尺寸试件,但应将其值折算成标准尺寸试件的抗压强度值,换算系数见表 1-6-6。

表 1-6-6 混凝土立方体试件边长及强度换算系数

试件边长(mm)	抗压强度换算系数	试件边长(mm)	抗压强度换算系数
100	0.95	200	1.05
150	1.00		

凝土强度等级采用符号"C"与立方体 28d 龄期抗压强度标准值表示。普通混凝土按立方体抗压强度标准值划分为 C7.5、C10、C15、C20、C25、C30、C35、C40、C45、C50、C55、C60 等 12 个强度等级。

混凝土强度等级是混凝土结构设计时强度计算取值的依据。结构设计时根据建筑物的不

同部位和承受荷载的不同,采用不同强度等级的混凝土,一般为:

C7.5~C15:用于垫层、基础、地坪及受力不大的结构;

C15~C25:用于普通混凝土结构的梁、板、柱、楼梯及屋架等;

C25~C30:用于大跨度结构、耐久性要求较高的结构、预制构件等;

C30 以上:用于预应力钢筋混凝土结构、吊车梁及特种结构等。

ⓑ影响混凝土抗压强度的因素:

●水泥。普通混凝土中,集料与水泥石之间过渡区是混凝土中的薄弱环节。由于集料本身的强度远大于水泥石及界面的强度,混凝土受力破坏主要发生在水泥石与集料的界面。因此,混凝土强度主要取决于水泥石强度和水泥与集料表面的粘结强度,而这与水泥品种、强度等级及水灰比大小有关。一般所用水泥强度等级越高,混凝土强度越高。

●集料。集料的表面性质及形状会对其机械结合产生影响。碎石表面粗糙富有棱角,与水泥石胶结性好,且集料颗粒之间有镶嵌作用,故在原材料和坍落度相同的条件下,碎石所拌制的混凝土较用卵石时强度高。但在相同水泥用量时,表面粗糙集料的混凝土拌合物获得所要求的工作度,需要较多的拌合用水。当水灰比小于 0.40 时,碎石混凝土的强度可比卵石混凝土高约 38%;当水灰比达 0.65 后,两者的强度差异就不太显著了。这是因为当水灰比很小时,影响强度的主要因素是界面强度,而水灰比很大时,水泥石的强度成为主要影响因素了。对于 C35 以上的混凝土,混凝土中集料质量与水泥质量比(集灰比)对强度影响变得明显起来。在相同水灰比的情况下,混凝土的强度随着集灰比增大而提高。其原因可能是集料数量增加后表面积增大,吸水量也增加,使有效水灰比降低;水泥浆相对含量减少,使混凝土内孔隙总体积减少,同时集料对混凝土强度所起的作用得到更好的发挥,这些均有利于混凝土强度的提高。

●水灰比。水泥石在水化过程中的孔隙与水灰比密切相关。在拌制混凝土拌合物时,为了获得施工要求的流动性,加水量远超过水泥水化所需水量。这些多加的水在混凝土硬化后成为孔隙,在混凝土受力时,易在孔隙周围产生应力集中。因此,水灰比越大,多余水分越多,混凝土孔隙率越大,强度越低(参见图 1-6-12)。但强度随水灰比降低而提高的规律,只适用于混凝土拌合物能被充分捣实的情况。若水灰比过小,水泥浆过于干稠,混凝土拌合物和易性太差,混凝土不能被振捣密实(目前的捣实方法的捣实能力都是有限的),反而引起混凝土强度下降(参见图 1-6-13)。

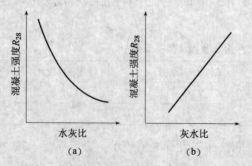

图 1-6-12 混凝土强度与水灰比及灰水比的关系

(a)强度与水灰比的关系;(b)强度与灰水比的关系

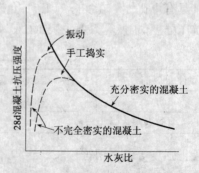

图 1-6-13 混凝土强度与水灰比的关系

●养护。混凝土养护的目的是为了保证水泥水化过程能正常进行,包括控制环境的温度和湿度。

浇筑后的混凝土若所处环境湿度相宜,水泥水化反应得以顺利进行,使混凝土强度能够充分发展。若环境湿度较小,水泥不能正常进行水化作用,甚至停止水化,将严重降低混凝土强度。连续潮湿养护混凝土的强度比连续空气养护混凝土的强度大。潮湿养护的混凝土构件受空气干燥后,因干燥收缩造成过渡区微裂缝增加,混凝土强度降低,并使混凝土的渗透性增大而影响其耐久性。

对于潮湿的混凝土,温度对强度的影响取决于浇注温度和养护温度制度的控制。温度制度控制可以有三种情况:混凝土浇注并养护在相同温度下;混凝土浇注于不同的温度但养护于常温;混凝土常温浇注但养护于不同温度。

一般情况下,混凝土在规定的恒定温度下浇注和养护时,可观察到28d以前,温度越高水泥水化越快,从而获得较快强度发展;但另一方面浇注和养护温度越高,混凝土最高强度将越低。另一方面,养护温度比浇注温度更重要,在寒冷气候浇筑混凝土时,必须注意保温养护,以免混凝土早期受冻破坏。夏季或在热带气候下养护的混凝土,要比同样混凝土在冬季或寒冷气候下养护的强度低。

ⓒ混凝土的抗拉强度。混凝土的抗拉强度远低于抗压强度,这是因为在拉伸荷载下裂缝容易扩展。当混凝土的抗压强度增高时,抗拉强度也增高,但增高较小。拉/压强度比取决于抗压强度总水平,抗压强度越高,比值越小。拉/压强度比随龄期的增加而减小;当养护龄期一定时,拉/压强度比同样随水灰比减少而减小。含钙质集料或矿物掺合料的混凝土,经适当的养护后,可获得较高的拉/压强度比,即使在高抗压强度时也是如此,这是由于矿物掺合料和钙质集料所起的化学反应,影响过渡区的水化产物的本征强度,有利于混凝土抗拉强度的提高。

f. 短期荷载作用下的变形

●混凝土的弹塑性变形。在外力作用下,混凝土既能产生可以恢复的弹性变形,又能产生不可恢复的塑性变形。其应力(σ)与应变(ε)之间的关系不是直线而是曲线,如图1-6-14所示。由图可知,在加荷过程中,加荷至 A 点后逐渐卸荷,这时卸荷的应力。应变-曲线为 AC 弧线卸荷后能恢复的应变 $\varepsilon_弹$ 是由混凝土的弹性作用引起的,称为弹性应变;剩余的不能恢复的应变 $\varepsilon_塑$ 则是由于混凝土的塑性引起的,称为塑性应变。在重复荷载作用下的应力-应变曲线,因作用力的大小而有所不同。当应力小于$(0.3\sim0.5)R_a$时,每次卸荷都残留一部分塑

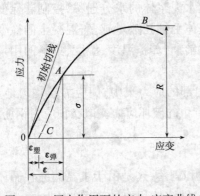

图1-6-14 压力作用下的应力-应变曲线

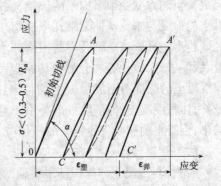

图1-6-15　低应力下重复荷载的的应力-应变曲线

性变形($\varepsilon_塑$),但随着重复次数的增加,塑性变形的增量逐渐减小(图1-6-15),最后曲线稳定于$A'C'$线。其与初始线大致平行。若所加应力σ在$(0.5\sim0.7)R_a$以上重复时,随着重复次数的增加,塑性应变逐渐增加,将导致混凝土疲劳破坏。

●混凝土的弹性模量。在应力-应变曲线上任一点的应力σ与其应变ε的比值,称为混凝土在该应力下的弹性模量,其反映混凝土所受应力与所产生应变之间的关系。在计算钢筋混凝土的裂缝开绽及大体积混凝土的温度应力时,均需了解当时混凝土的弹性模量。

均匀材料中,堆积密度与弹性模量间存在直接关系。在非均质多相混凝土材料中,各主要组分的容重和过渡区的特性决定着弹性模量。因为堆积密度与孔隙率成反比关系,所以影响集料、水泥石和过渡区孔隙率的诸因素对弹性模量也有同样重要的影响。集料的孔隙率决定了集料的刚性,也控制着集料限制基体应变能力。致密集料具有较高的弹性模量;通常,混凝土拌合物中高弹性模量的粗集料越多,混凝土弹性模量越高;集料的最大粒径、粒形、表面结构及矿物组成会影响过渡区微裂缝的开裂,从而影响应力-应变曲线的形状。水泥基体的弹性模量与其水灰比、含气量、矿物掺合料及水泥水化程度有关。早期养护温度较低的混凝土具有较大的弹性模量。因此,相同强度的混凝土,经蒸气养护比在标准条件下养护的混凝土弹性模量要小。混凝土试件在潮湿养护条件下测定比相应试件在干燥条件下测定其弹性模量要高15%。

●徐变(蠕变)。混凝土在长期恒载作用下,随着时间的延长,沿着作用的方向发生变形,这种变形要延续$2\sim3$年才逐渐趋向稳定。这种随时间发展的变形性质,称为混凝土的徐变,也称为混凝土的蠕变。混凝土徐变的原因较复杂,通常认为是由于长期荷载作用下水泥基体中凝胶体产生黏性流动,向毛细管内迁移,或凝胶体中的吸附水或结晶水向内部毛细孔迁移所致;当应力大于最大荷载的30%~40%时,过渡区的微裂缝对徐变也会产生影响;在干燥条件下,混凝土干缩引起过渡区附加的微裂缝开裂使徐变应变增加,混凝土在干燥与再潮湿和加荷与卸荷之间有明显的相似性。

混凝土在受压、受拉或受弯时,均会产生徐变现象。当试件加荷后即产生瞬时或弹性应变,随后则随受荷时间的延长而产生徐变变形,此时以塑性变形为主。这种徐变变形在加荷初期较快,以后逐渐减慢且稳定下来。试件卸荷后,有一部分应变可瞬时恢复(弹性恢复),另一部分变形逐渐恢复,称为徐变恢复。不是全部徐变应变都可恢复,大部分不能恢复的残余变形称为不可逆徐变。

混凝土的徐变受很多因素的影响,混凝土中水化水泥浆体的水分迁移,控制着徐变应变,混凝土的徐变与水泥基体毛细孔率密切相关,水泥基体毛细孔数量越多,混凝土的徐变越大,反之则越小。凡影响毛细孔率的因素如水灰比、水化龄期、养护温度、湿度、集料的用量、弹性模量、级配、最大粒径等均会影响其徐变大小。

混凝土的徐变对钢筋混凝土构件来说,能消除内部的应力集中,使应力较均匀地重新分布;对大体积混凝土,能消除一部分由于温度变形所产生的破坏应力。但在预应力钢筋混凝土结构中,混凝土的徐变将使钢筋的预加应力受到损失。

j. 耐久性

●抗冻性。混凝土冰冻损坏最普通的形式是开裂和剥落,这是由于重复的冻融循环,水泥浆基体逐渐膨胀所造成的。破坏性膨胀来自大孔中水结冰体积增加产生的水压力,以及毛细管部分冰冻使孔隙中液体产生浓度差形成渗透压。在冰冻对水泥浆体的作用过程中,某些区域膨胀的趋势为其他收缩(或压力被释放)区域所平衡。适量引气剂可有效提高水泥浆体抗冰冻能力。

加气水泥浆体的混凝土仍可受到冰冻的破坏,其破坏程度与所使用的集料性质有关。冰冻饱和水泥浆体内部压力发展机理也适宜于多孔岩石制成的集料。对于低渗透性高强度集料,因其可抵抗冰冻时颗粒的弹性应变而不发生破坏。中等渗透性的集料,其含有较多细小的毛细管,使集料容易水饱和并保持水分。在冰冻时,所形成压力的大小取决于结冰的速度,水饱和度和渗透性。集料内任何空的孔及集料的表面都可使压力松弛,当压力不能被释放,冰冻会伴有集料的破坏。渗透性起着双重作用:决定水饱和程度或一定时期内吸水的速率;决定着冰冻时水从集料中排出的速率。高渗透性集料一般含有大量气孔,水容易进入这类集料。当压力作用的水从集料中排出时,集料表面和水泥浆基体的过渡区可受到破坏,而冰冻作用后集料颗粒本身不受损害。

混凝土的抗冻性取决于水泥浆体和集料两者的特性。其影响因素有:系统的孔结构(孔的尺寸、数量和连续性)、溢出边界的位置(为了减少压力,水必须流经的距离)、水饱和程度(所含冰冻水的数量)、冷却速率等因素的相互作用以及材料所能承受的拉伸强度等。保证水泥浆基体中的溢出边界及其孔结构的改良是比较容易控制的两个参数,可通过混凝土引气方法,采用正确的配比和养护提高混凝土抗冻性。

●碱-集料反应。碱-集料反应包括碱硅酸反应和碱碳酸盐反应。碱硅酸反应是水泥水化所析出的碱($NaOH$ 和 KOH)与集料中的活性 SiO_2 反应,形成膨胀性的硅酸盐凝胶。破坏性的裂缝在数天、数月甚至数年后出现。

●抗碳化性。水泥水化时析出的 $Ca(OH)_2$ 与大气中 CO_2 反应生成 $CaCO_3$,称为碳化。钢筋表面在混凝土的碱性环境中生成一层钝化膜,保护钢筋不发生锈蚀。混凝土碳化后由于干缩增大,混凝土可能出现裂缝。同时,由于碳化还使混凝土中碱度下降甚至消失。如果碳化层深达钢筋部位,钢筋失去保护条件,就会受到水分和氧的作用而锈蚀,碳化的深入进一步加深了钢筋的腐蚀。钢筋生锈后体积增大,使该部位的混凝土发生裂缝,以致保护层剥落使毁坏向内部延伸。

1.6.3 玻璃的成型与玻璃制品的加工

(1)玻璃的成型

玻璃的成型通常是指由熔化的质量符合要求的玻璃液来制成具有一定形状与尺寸的玻璃制品的过程。玻璃生产过程中采用的成型方法因产品种类、形状、规模的不同而不同。大规模的工业化生产过程已实现高度电气自动控制下的机械化成型手段,但对一些形状复杂、需求量很少的玻璃制品仍采用手工或半机械化成型。

由于各种成型方法因成型设备的纷繁复杂而在细节上差别较大,以下仅对大宗的平板玻璃、玻璃纤维、玻璃管、玻璃瓶罐的成型做示例性简单介绍。

1)平板玻璃的成型。自 20 世纪 80 年代末以来,我国平板玻璃的产量一直位居世界第一。2002 年总产量达 2.28 重量箱。

平板玻璃现存的成型方法有:浮法、垂直引上法、平拉法、压延法。其中,浮法具有优质高产、易操作和易实现自动化等优点。除了压延法仍用于生产压花、夹丝玻璃外,其他方法现已被占主导地位的浮法所取代。

浮法是指玻璃液流漂浮在熔融金属表面上生产平板玻璃的方法。该法是由英国 Pilking-ton 公司 1959 年研究成功的。中国的第一条浮法玻璃生产线于 1981 年在洛阳通过鉴定,现有浮法线近百条,占世界 1/3 以上。

浮法成型的原理是玻璃液从池窑连续流入并浮在有还原气氛保护的锡液上;由于各物相界面张力和重力的综合作用,摊成厚度均匀,上下两表面平行,平整和火抛光的玻璃带,经冷却硬化后脱离锡液,再经退火,切割而得浮法玻璃。浮法生产的成型过程是在浮抛锡槽(又称浮抛窑)中进行的。图 1-6-16 是浮法玻璃生产示意图。

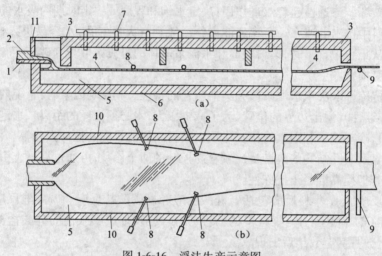

图 1-6-16　浮法生产示意图

1—流槽;2—玻璃液;3—顶盖;4—玻璃带;5—锡液;6—槽底;

7—保护气管道;8—拉边辊;9—过渡辊台;10—胸墙;11—闸板

高温(1 050℃)锡液面上的玻璃液,在没有外力作用下,其所受重力和表面张力达到平衡时,玻璃带的厚度有一个固定值,称为平衡厚度,数值约为 6～7mm。因为玻璃的表面张力随玻璃液温度而变化,所以平衡厚度也随具体条件的不同而略有差异。实际上由于外加纵向拉力,此值略小。欲使玻璃带薄于或厚于平衡厚度,应采取相应措施。如生产浮法薄玻璃时通常采用机械拉边法,即在锡槽中段玻璃带的两边放置若干横向拉边器,拉边器主要起横向拉边作用和阻止退火窑辊子的纵向拉力传递到高温区的玻璃带上,以减少其横向收缩,当提高拉引速度后,玻璃带逐渐被拉薄,宽度也有所减少。而生产浮法厚玻璃时则在锡槽高温区两侧设置石墨挡边器,以阻止玻璃液摊薄。

按玻璃拉薄过程冷却的方式,浮法成型分为强冷重热拉薄法和徐冷拉薄法。

采用强冷重热拉薄法时,玻璃液在锡槽中有一先强制冷却再重新加热的过程。如图 1-6-17(a)所示,该法的锡槽可分成四个区:摊平抛光区、强冷区、重热区、硬化区。徐冷拉薄法的锡槽则分为抛光区、徐冷区、拉薄区、硬化区如图 1-6-17(b)所示。两种方法成型时,玻璃液的黏度与温度变化在图 1-6-17 已标出。

强冷重热拉薄法,玻璃不能完好地保持抛光区所生成的光洁表面,影响表面质量的进一步提高。同时也限制了拉引速度的提高及薄玻璃(小于 3mm)的生产。此外,强冷重热工艺热耗大。徐冷拉薄法的特点是玻璃带在离开摊平抛光区后,不再进行强冷和重热,而采用逐步冷却的方法,因而其表面质量较好。

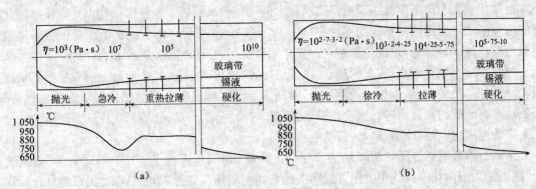

图 1-6-17　浮法成型过程中玻璃液的黏度与温度变化

(a)强冷重热拉薄法;(b)徐冷拉薄法

1975 年,美国匹兹堡公司发明了坎式宽流槽(图 1-6-18)。早期的浮法成型时,池窑的玻璃液是经流液道和流槽自由降落到锡液上,落差为 50～70mm。流槽宽度为 850～1 100mm。流出的玻璃液流宽度小于制品宽度。这样,就使玻璃液在锡液上的摊平时间拉长,也影响玻璃的横向平直性。

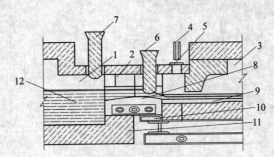

图 1-6-18　坎式宽流槽

1—池窑冷却部;2—输液系统;3—锡槽空间;4—冷却隔板;5—盖砖;

6、7—闸板;8—坎式宽流槽;9—锡液;10—钢件;11—池窑池墙;12—玻璃液

坎式宽流槽的特点是宽流槽上的水平面同锡液上的玻璃带的中间流动层标高一致,玻璃落差很小。宽流槽的宽度同玻璃成品宽度相近。玻璃液由宽流槽拉出时,在横向各点的流速近似一致,且玻璃液无需摊平过程。采用坎式宽流槽可以缩短锡槽长度。采用坎式宽流槽后,玻璃带厚度更加均匀,光学质量也大大提高。

2)玻璃纤维的成型。玻璃纤维按其形态可分为连续玻璃纤维,定长玻璃纤维及玻璃棉,按生产方法大体上分两类:一类是将熔融玻璃直接制成纤维;另一类是将熔融玻璃做成球、棒或料块,再以其为原料加热重熔后制成纤维。表 1-6-7 列举了一些具体的纤维成型方法。

表 1-6-7　纤维成型方法示例

纤 维 种 类	成 型 方 法
连续玻璃纤维	球法;棒法;池窑法
定长玻璃纤维	吹拉法;滚筒法
玻 璃 棉	垂直喷吹法;盘式离心法;火焰喷吹法

　　池窑拉丝工艺已被广泛用于生产需求量大的无碱玻璃纤维。池窑法的特点是直接将熔化好的玻璃液经过温度调制就送到漏板去拉丝,如图1-6-19所示。由于该法不需要先将玻璃液成型为玻璃球或棒,然后再加热重熔后拉丝。所以又叫直接拉丝法或一次法。

　　池窑拉丝有以下优点:省去制球、加球等工序,简化生产工艺,每个池窑上可安装数十块漏板,节约能源,热效率高,漏板为铂铑合金,所耗贵金属比球法中采用的铂铑坩埚低得多,能采用200~350mm的高液面进行拉丝,热均匀性好,作业稳定,产量高,能回收废丝,降低成本,便于生产的连续化、机械化、自动化,劳动生产率高。

　　由于石英玻璃难以用常规玻璃池窑生产。因此,现代互连世界支柱材料之一的"石英光纤"则仍是采用由化学或气相沉积方式制得的高纯预制棒再经过2000℃以上的高温软化后再拉丝成为光纤。拉丝过程如图1-6-20所示。

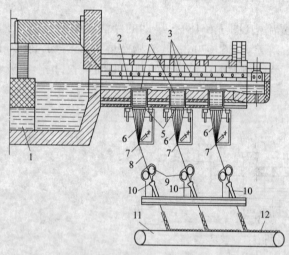

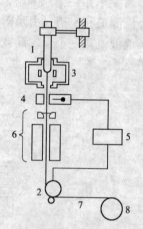

图1-6-19　池窑拉丝示意图

1—火焰玻璃熔窑;2—喂料池通道;3—喷嘴;4—喂料池、漏料孔;
5—漏板;6—单根纤维;7—集束轮;8—原丝;9—拉丝设备;
10—导纱器;11—传送网带;12—由原丝形成的层

图1-2-20　石英光纤拉丝工艺示意图

1—光纤预制棒;2—拉丝辊;3—电阻炉;
4—直径测定器;5—直径控制系统;
6—涂敷装置;7—纤维;8—卷丝转鼓

　　3)玻璃管的成型。玻璃管的成型分为垂直拉升法和平拉法。

　　垂直拉升法又分为垂直引上(图1-6-21)和引下(图1-6-22)两种形式。前者主要用于拉制大直径(50~300mm)、厚壁玻璃管,如大型工业玻璃管道;后者具有产品规格范围宽,设备简单,改换产品规格时操作简单等特点,现也用于拉制太阳能管等。

　　平拉法分为丹纳法和维罗法。两者的主要差别在于玻璃管的最初形成过程。丹纳法如图1-6-23所示。由闸砖控制玻璃液流量,流出的玻璃液呈带状落绕在耐火材料的旋转管上。旋转管上端直径大,下端直径小,并以一定的倾斜角装在机头上,由中心钢管连续送入空气。在不停地旋转下,玻璃液从上端流到下端形成管根。而维罗法中玻璃液从漏料孔中流出,在漏料孔的中心有空心的耐火材料和耐热合金管,通入压缩空气使玻璃成为管状(图1-6-24)。当管根被拉成玻璃管后,经石棉辊道引入拉管机中。拉管机的上下两组环链夹持玻璃管使之连续拉出,并按一定长度截断。

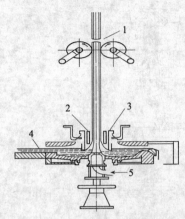

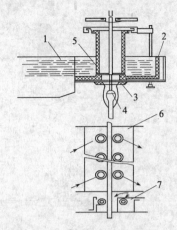

图 1-6-21 垂直引上拉管示意图

1—切断;2—冷却器;3—料筒;4—玻璃液;5—低压空气

图 1-6-22 垂直引下拉管示意图

1—料道;2—料盆;3—料碗;4—吹气头;
5—料筒;6—牵引机;7—机械截管

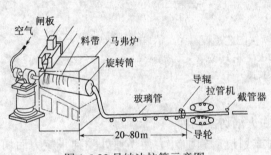

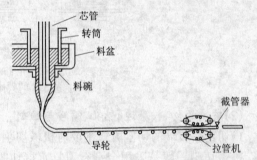

图 1-6-23 丹纳法拉管示意图

图 1-6-24 维罗法拉管示意图图

4)玻璃瓶罐成型。玻璃瓶罐的机械化成型方法主要有压-吹法、吹-吹法、转吹法等。其所用设备有行列式制瓶机、吹泡机等。

压-吹法的特点是先用压制的方法制成制品的口部和雏形,然后再移入成型模中吹成制品。因为雏形是压制的,制品是吹制的,所以称为压-吹法。压-吹法主要用于生产广口瓶等大口空心制品,如各种罐头瓶、果酱瓶等。其成型过程的示意图如图 1-6-25 所示。而吹-吹法时制品的口部和雏形是先在带有口模的雏形模中吹制而成的,再将雏形移入成型模中吹成制品(图 1-6-26),故称为吹-吹法。吹-吹法主要用于生产小口瓶,如各种酒瓶和饮料瓶等。

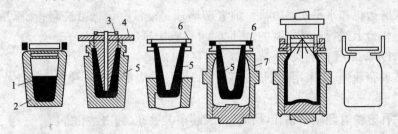

图 1-6-25 压-吹法工艺过程

1—初形模;2—玻璃料;3—冲头;4—模环;5—雏形;6—口模;7—成型模

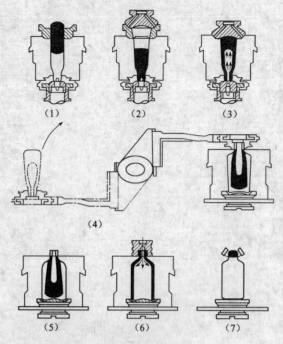

图 1-6-26　吹-吹法工艺过程

1—料滴落入初形模；2—扑气形成口部；3—倒吹气形成雏形；
4—雏形翻送；5—重热，伸长；6—正吹气；7—钳移

(2)玻璃的切割、磨边、钻孔、喷砂与蚀刻

1)切割。玻璃的切割方式主要有机械切割和火焰切割两种。

机械切割一般是采用金刚石刀具直接切割或划痕后施加外力使伤痕处受到张应力而切断。平板玻璃生产时，使用超硬刀轮在线切割；而平板玻璃深加工时的进一步切割通常是在大型自动切割机上完成的。

玻璃机械切割时常加入煤油、水或研磨(浆)液等液体，起到提高切割效率和保护刀具的作用。

熔断切割是利用煤气或其他热源，对玻璃上确定的部位进行局部加热，使其熔融后直接切断玻璃或用冷却液体接触加热部位借助热应力将玻璃切断。此法已广泛应用于酒杯的制造工艺及安瓿瓶加工等方面熔断切割。

用激光、等离子体、电子束等高热源可对玻璃进行高精度切割。

2)磨边。磨边是为了使切割后玻璃的锋利边缘变光滑。

磨边机有直线立式磨边机和水平式磨边机。前者玻璃片是立放在运输带被磨头研磨的，而后者玻璃片平放在工作台上进行边部研磨的，可同时进行双边研磨。

磨边过程常要喷水冷却，既保护磨头，又减少粉尘飞扬。

目前在大型加工玻璃企业中，多采用切割磨边联合自动机组，以提高生产线的自动化水平和生产效率。

3)钻孔。常用的钻孔方法有超硬钻钻孔、研磨钻孔、超声波钻孔、冲击钻孔等。

超硬钻钻孔是采用碳化钨或其他硬质、超硬质合金制的三角钻、二刃钻、麻花钻等钻头进行钻孔。孔径范围为3～15mm。钻孔时用水、轻油、松节油等进行冷却。

研磨钻孔是用铜或黄铜棒(大型的孔可用管)压在玻璃上转动,通过碳化硅等磨料及水的研磨作用使玻璃形成所需要的孔。孔径范围一般为 3～100mm。

超声波钻孔是利用超声波发生器使加工工具发生振幅 $20～50\mu m$、频率 $16～30kHz$ 的振动,在振动工具和玻璃之间注入含有磨料的加工液,使玻璃穿孔。

冲击钻孔是利用电磁振荡器使钻孔凿子连续冲击玻璃表面而形成孔。

工业化大规模生产时的钻孔作业是在玻璃钻孔机上进行的。通常采用双面钻孔,以避免产生爆边。

4)喷砂与蚀刻。喷砂主要用于玻璃表面磨砂及玻璃商标的打印等,也可用于加工艺术玻璃或玻璃浮雕。

喷砂是利用高压空气通过喷嘴的细孔时所形成的高速气流,带着细粒的石英砂或金刚砂等喷吹到玻璃表面,使玻璃表面的组织不断受到砂粒的冲击破坏,形成毛面。

喷砂面的组织结构决定于气流速度、砂粒硬度,尤其是砂粒的形状和大小。细砂粒使表面形成微细组织,而粗砂粒能增加喷砂面被侵蚀的速度。

蚀刻是利用氢氟酸对玻璃表面的腐蚀,使平滑的表面变成无光泽的毛面,起到使玻璃表面产生光漫射的作用。蚀刻既可以使玻璃表面全部变毛,也可以按各式各样图案在特定部位进行深浅程度不同的蚀刻。不需要蚀刻的部位,可用耐氢氟酸的涂料如石蜡、柏油松香、树脂等加以保护。

蚀刻只是利用化学法对玻璃表面腐蚀使之成不透明毛面,它不像研磨或喷砂而成的毛面玻璃,表面产生许多微裂纹,因此蚀刻玻璃的机械强度要高于机械研磨的磨砂玻璃。

蚀刻可以把玻璃制品浸入蚀刻液中,也可以在制品表面涂刷蚀刻液或比较稠的蚀刻胶。蚀刻液的混合物可以加热到 $40℃～60℃$ 使用,也可以在室温下进行,但氢氟酸或氟化物的浓度要高些。蚀刻胶根据使用的需要,可加入淀粉或粉状冰晶石来调节稠度。

(3)玻璃表面清洁处理

玻璃放在空气中,立即吸附大气中的气体和水分,和某些无机物和有机物接触时,也能将其吸附在玻璃的表面。同时由于表面的极性,带静电的灰尘会附着在玻璃的表面。如果在空气中储存时间过久,玻璃就会发生风化,表面产生风化膜和风化产物。这些均应视为玻璃表面的污染。

因此,在玻璃在进行深加工前,常需要对表面进行清洁处理。因为玻璃表面的污染,不仅影响深加工玻璃制品的外观、透明性和表面性质,而且对玻璃的使用产生严重的危害。如表面镀膜时,玻璃表面的污染将影响镀膜质量,导致膜与玻璃表面结合不牢固,产生镀膜不均和膜层脱落等缺陷。

玻璃表面的清洁分为两种类型:原子级的清洁表面和工艺技术上的清洁表面。原子级清洁表面是特殊科学用途所要求的,需在超真空条件下进行。

一般表面装饰不要求原子级清洁表面,只要求工艺技术上的清洁表面。通过清洁处理,既要使玻璃表面的清洁度能满足后续加工工艺的要求,还要保证加工后产品的质量。

常用的清洁处理方法有:

1)清洗液清洗法。这是一种普遍应用的方法。可根据玻璃表面污染物的性质来选择清洗液的种类,常用的主要有水、含洗涤剂的水溶液、乙醇、丙酮等。

最简单的擦洗方法是用脱脂棉、镜头纸、橡皮辊或刷子,蘸取清洁液擦拭玻璃表面。擦洗时要防止将玻璃磨伤,同时要将表面残余的去污粉、白垩用纯水和乙醇清洗掉。另一种常用方法是将玻璃放在装有清洁液的容器中,进行浸泡清洗。

除了利用溶剂溶解污染物外,还可利用酸或碱与玻璃表面的化学反应,以清洗表面,如用硝酸和氢氟酸的混合液可消除玻璃表面因风化而形成的高硅层;采用 $NaOH$、Na_2CO_3 等碱性溶液可清除玻璃表面的油脂和类油脂。

为了提高清洗效率,生产中常用喷射清洗的方法,即利用运动流体施加于玻璃表面上污染物,以剪切力来破坏污染物与玻璃表面的粘附力,污染物脱离玻璃表面再被流体带走。

此外,还可将玻璃放在装有清洗液的不锈钢容器中,采用低频(20～100kHz)或高频(1MHz)的超声波对玻璃进行清洗。

2)有机溶剂蒸气脱脂。用有机溶剂蒸气处理玻璃表面,在 15s～15min 内能清除玻璃表面的油脂膜,可作为最后一道清洗工序。常用的有机化合物有乙醇、异丙醇、三氯乙烯、四氯化碳等。在异丙醇蒸气中处理过的玻璃静摩擦系数为 0.5～0.64,清洁效果好。在四氯化碳、三氯乙烯蒸气中处理的玻璃静摩擦系数为 0.35～0.39,但这些溶剂中氯与玻璃表面的吸附水反应生成盐酸,盐酸会与玻璃表面的碱反应,所以用上述两种溶剂蒸气处理的玻璃表面常有白粉状的附着物。用异丙醇蒸气处理时,玻璃中碱也会与醇分子中的-OH 基团迅速反应,碱被氢取代而从玻璃表面移去,玻璃表面也形成硅胶层,这是此法的缺点。

当玻璃表面污染比较严重时,在有机化合物蒸气处理前,先用去垢剂洗涤,以缩短有机溶剂蒸气脱脂时间。此法处理后的玻璃带静电,易吸附灰尘,故必须在离子化的清洁空气中处理,以消除静电。

3)紫外辐照处理。利用紫外线辐照玻璃表面,使玻璃表面的碳氢化合物等污物分解,从而达到清洁目的。在空气中用紫外线辐照玻璃 15h,就能得到清洁的表面。如果增加紫外线的能量,用可产生臭氧波长的紫外线辐照玻璃 1min 就可产生很好的效果,这是由于玻璃表面的污物受到紫外激发而离解,并与臭氧中高活性原子态氧作用,生成易挥发的 H_2O、CO_2 和 N_2,导致污物被清除。

此外,加热、表面放电、离子轰击等方法也在某些情况下用于玻璃的表面清洁处理。

实际生产中,由于玻璃表面的污染物类型复杂,往往需要采用多种方法对玻璃表面进行清洁处理。

对于生产不久、油腻、污物比较少的玻璃,可采用喷射清洗法,先喷自来水,冲洗灰尘,再喷洗涤液,清洗油污,然后再喷热水,冲去残留的洗涤液,最后再用去离子水清洗。也可将喷射和擦洗结合起来,先喷自来水,冲洗浮灰,再喷洗涤液并用刷子擦洗,然后用水或热水冲洗,最后再用去离子水清洗。

对于油污比较多的玻璃,先用有机溶剂浸泡或用有机溶剂蒸气脱脂,然后进行喷射清洗,除去灰尘等颗粒状物,最后用软化水或酒精冲洗;储存时间比较久,油污又比较多的玻璃,先要用酸浸泡,除去风化层,用水冲洗去残留酸,再用碱性溶液或洗涤剂,并配合刷洗、揩拭或超声振动,以除去油污,然后用水冲洗去残留碱性溶液,最后用去离子水、软化水或酒精冲洗;已经清洁好的玻璃,应尽快进行装饰处理,避免储存时产生再次污染。如必须储存,应放置在封闭容器、保洁柜、干燥箱内的架子上,防止玻璃吸附水分、灰尘和油污。

(4)玻璃的研磨与抛光

1)玻璃的机械研磨和抛光。玻璃的机械研磨是使用磨料在磨盘压力下对玻璃表面作相对运动,将玻璃的不平或成型时留下的多余部分磨去,获得具有平整表面的玻璃。但经机械研磨的玻璃通常粗糙,透光性明显下降。为此,需对玻璃进行抛光处理。从过程上讲,抛光同研磨过程相似,只是所用的磨料要细得多,通常采用抛光液或抛光膏。

①研磨与抛光的机理。多年来,关于机械研磨、抛光的机理,各国学者研究得很多,共存的见解有三种:

a. 磨削理论:这是最早也是最简单的概念。从1665年虎克提出研磨是用磨料将玻璃磨削到一定的形状,抛光是研磨的延伸,从而使玻璃表面光滑,纯粹是机械作用。

b. 流动层理论:以英国学者雷莱、培比为代表,认为玻璃抛光时,表面有一定的流动性,也称可塑层。可塑层的流动,把毛面的研磨玻璃表面填平。

c. 化学理论:英国的普莱斯顿和前苏联的格列宾希科夫,先后提出在玻璃的磨光过程中,不仅仅是机械作用,尚存在着物理-化学的作用,是以上三种或其中两种理论的综合。

②影响玻璃研磨过程的主要因素。玻璃研磨过程中标志研磨速度和研磨质量的是磨除量(单位时间内被磨除的玻璃数量)和研磨玻璃的凹陷深度。磨除量大即研磨效率高,凹陷层深度小则研磨质量好。两者主要受以下因素影响:

a. 磨料性质与粒度。磨料的硬度大,通常研磨效率高。常用的研磨材料性能列于表1-6-8。

表1-6-8 玻璃磨料的性能

名称	组成	颜色	密度 (g/cm³)	莫氏硬度	显微硬度 (MPa)	研磨率比值
金刚砂	C	无色	3.4~3.6	10	98 100	
刚玉	α-Al$_2$O$_3$	褐、白	3.9~4.0	9	19 620~25 600	
电熔刚玉	Al$_2$O$_3$	白、黑	3.0~4.0	9	19 620~25 600	2~3.5
碳化硅	SiC	绿、黑	3.1~3.39	9.3~9.75	28 400~32 800	
碳化硼	B$_4$C		2.5	>9.5	47 200~48 100	2.5~4.5
石英砂	SiO$_2$	白	2.6	7	9 810~10 800	1

金刚砂和碳化硅的研磨效率都比石英砂高得多。但硬度大的磨料使研磨表面的凹陷深度较大。光学玻璃和日用玻璃研磨加工余量大,所以一般用刚玉或天然金刚砂研磨效率高。平板玻璃的研磨加工余量小,但面积大、用量多,一般采用廉价的石英砂。

磨除量是随粒径的增大而增大,但凹陷层深度也随粒径的增大而增加。因此因先用较粗粒度的磨料研磨,以提高研磨效率,在玻璃达到合适的外形或表面平整之后再用细磨料逐级研磨,以使研磨质量逐步提高,最后达到抛光要求的表面质量。

b. 磨料悬浮液的浓度和给料量。磨料悬浮液一般由磨料加水制成。水不仅使磨料分散、均匀分布于工作面上,并且带走研磨下来的玻璃碎屑,冷却摩擦产生的热量以及促成玻璃表面水解成硅胶薄膜。所以,水的加入量对研磨效率有一定的影响。通常以测量悬浮液密度或计算悬浮液的液固比来显示悬浮液的浓度,各种粒度的磨料都有它最合适的浓度。过大会使研磨表面造成伤痕,过小则研磨效率低。

此外,研磨效率还随磨料给料量的增加而提高,但到一定程度后,如再增加磨料给料量,研磨效率提高的速度减慢,甚至再增加给料量,研磨效率不再提高。

c. 研磨盘转速和试样所受压力。研磨效率与研磨盘的转速及试样所受压力成正比关系。但研磨盘转速过快,会将磨料甩向磨盘的边缘;试样所受压力增大,磨盘的磨损也显著增加。

d. 磨盘材料。磨盘材料硬度大,能提高研磨效率。但硬度大的研磨盘使研磨表面的凹陷较深。通常,最后一级研磨采用硬度小的塑料盘,以减小划痕,缩短抛光时间。

③影响玻璃抛光过程的主要工艺因素。研磨后的玻璃表面有凹陷层,下面还有裂纹层,因此玻璃表面是散光而不透明的。必须把凹陷层及裂纹层都抛去才能获得光亮的玻璃。在一般生产条件下,玻璃的抛光速度仅为 $8\sim15\mu m/h$,因此所需要抛光时间比研磨时间长得多。

常用抛光材料有红粉(氧化铁)、氧化铈、氧化铬等,日用玻璃加工也有采用长石粉的。各种抛光材料的性能见表1-6-9。

表 1-6-9　玻璃抛光材料的性能

名　称	组　成	颜　色	密度(g/cm³)	莫氏硬度	抛光能力(mg/min)
红　粉	Fe_2O_3	赤褐	$5\sim5.25$	$5.5\sim5.6$	0.58
氧化铈	CeO_2	淡黄	7.3	6	$0.88\sim1.04$
氧化铬	Cr_2O_3	绿	5.2	$6\sim7.5$	0.28
氧化锆	ZrO_2	白	$5.7\sim6.2$	$5.5\sim6.5$	0.78
氧化钍	ThO_2	白、褐	9.7	$6\sim7$	1.26

红粉是 α-Fe_2O_3 结晶,为玻璃抛光材料中使用最早最广泛的材料。氧化铈和氧化铝的抛光能力比红粉高,但价格较高。

同研磨过程相似,影响抛光的工艺因素主要有:抛光材料的性质、浓度和给料量、抛光盘的转速和试样所受压力、抛光盘材质等。此外,抛光悬浮液的性质如 pH 值、添加的盐类(如硫酸锌、硫酸铁)等也对抛光过程有一定的影响。

2)化学抛光。化学抛光是基于氢氟酸与玻璃毛表面发生的化学反应来实现的。化学反应的结果是原有表层硅氧膜被破坏,生成新的表面,从而使玻璃获得高光洁度和高透明度。这比传统的机械抛光法效率更高、更经济。

研究表明,化学抛光与玻璃的耐酸性有关,铅玻璃最易抛光,钠钙玻璃次之,硬质玻璃就不易抛光。硅含量愈低,愈易抛光,不仅抛光速度快,而且表面质量好。硅含量高的玻璃,生成的不溶盐在凝胶中生成微晶,难以清洗,所以抛光速度慢而且抛光不易均匀。

酸液的组成配比,因玻璃组成、设备操作条件、工艺制度不同而有差异。

为使玻璃表面均匀抛光,通常在抛光液中要加入硫酸。经研究表明,氢氟酸中硫酸的浓度自 6mol/L 增至 12mol/L 达到最佳腐蚀能力。加入硫酸的目的是为了溶解由氢氟酸与玻璃表面作用后生成的不溶于水的各种氟化物和氟硅酸盐,否则这些不溶物粘附于玻璃表面,阻碍了氢氟酸的进一步作用。虽然产生的硫酸盐有些也不溶于水(如 $CaSO_4$、$BaSO_4$、$PbSO_4$ 等),但这些硫酸盐在玻璃表面的粘附力不如氟硅酸盐,当受振动或水冲洗时,易于从表面脱落。

提高酸液温度,就能加速化学反应,加快抛光速度。但又要考虑到氢氟酸和硫酸的挥发,一般酸液在 $50℃\sim60℃$ 范围内最为合适。

玻璃经酸液浸泡后,即发生化学反应,侵蚀玻璃表面。但生成的盐很快附着在表面,它阻碍了玻璃进一步侵蚀。所以短时间浸泡后,需用洗涤水温略高于酸液 $10℃\sim20℃$ 的水立即清洗,多次反复,最终抛光。但若对酸液进行搅拌或对盛装玻璃的框架进行振动,可减慢表面粘附盐层的形成,使一次浸泡时间延长,提高抛光效率,减少清洗次数,使酸液的浓度变化小,有利于抛光速度的进一步提高。

不同化学组成玻璃的浸泡时间不同。如铅晶质玻璃可用较短的时间,而钠钙玻璃则需较长的时间。一般用短时间(6～15s)多次处理的方法。

(5)平板玻璃的深加工

平板玻璃的深加工是平板玻璃工业发展的必由之路。通过深加工,改善了平板玻璃的性能,丰富了平板玻璃品种,提高了平板玻璃的附加值。

平板玻璃的深加工产品主要有:钢化玻璃、中空玻璃、夹层玻璃和镀膜玻璃等。

1)钢化玻璃。按生产工艺原理将钢化玻璃分为:物理钢化和化学钢化玻璃。

①物理钢化。物理钢化玻璃是将玻璃加热到软化点温度附近,然后进行急冷而制得,又称之为淬火钢化玻璃。当玻璃从高于应变点以上的温度急冷至室温,待温度平衡后(即温度梯度消失),玻璃中产生沿其厚度方向上呈抛物线型分布的应力,在表面层为均匀的压应力,内层为张应力(图1-6-27)。当其受到弯曲载荷时,由于力的合成结果,最大应力值不在玻璃表面,而是移向玻璃的内层,这样玻璃就可以经受更大的弯曲载荷,玻璃的强度因此提高。因此,物理钢化玻璃又称为预应力玻璃。另外,在钢化玻璃深加工过程中,玻璃表面裂纹减少,表面状况得到改善,这也是钢化玻璃强度提高的原因。

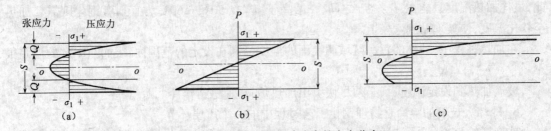

图 1-6-27　物理钢化玻璃中的应力分布
(a)钢化玻璃的应力分布;(b)退火玻璃受力时应力分布;(c)钢化玻璃受力时应力分布
S—玻璃厚度

物理钢化玻璃抗弯强度要比一般玻璃大4～5倍;抗冲击强度比经过良好退火的普通透明玻璃高了3～10倍。此外,钢化玻璃的热稳定性也明显提高。

由于物理钢化玻璃内部为张应力(图1-6-27),因此其破坏时首先在内层,由张应力作用引起破坏的裂纹传播速度很大,同时外层的压应力有保持破碎的内层不易剥落的作用,因而物理钢化玻璃在破裂时,只产生没有尖锐角的小碎片,不易伤人。因此钢化玻璃又称为安全玻璃。

由于物理钢化玻璃中有很大的相互平衡的应力分布,所以一般不能再进行切割。

物理钢化玻璃的生产技术有:

a.垂直钢化。垂直钢化时,玻璃板是悬吊在垂直钢化炉中进行钢化的。这种方法较为原始和落后,表现在生产效率低,自动化程度差。加热时,由于玻璃的自重,易出现拉长和弯曲,玻璃板上还留下夹痕。目前,大部分已被先进的水平钢化取代。

b.水平钢化。水平钢化法采用辊道或气流将玻璃保持在水平状态,使之通过加热炉进行钢化。

c.弯曲钢化。像汽车挡风玻璃那样有弧度的钢化玻璃,其钢化时需借助模型在玻璃加热时进行热弯,当弯到所需的曲面后,再急速冷却处理。

根据玻璃板的弯曲方式分压弯和热弯两种。

压弯用压模将热玻璃压成一定形状。热弯法是将经预处理的玻璃加热到软化温度,依靠玻璃自重作用变弯后贴到弯模上。

d. 区域钢化。区域钢化是为了使钢化玻璃破碎时,保留完整的视域,而采取的局部钢化,以获得局部的高强度,避免该部分碎成小片。

区域钢化技术往往是用靠调节冷却效果以降低局部的钢化程度来达到,也就是一方面在喷嘴与玻璃间局部设置铁丝网,另一方面靠调节喷嘴的距离、风压,以减弱冷却效果。

物理钢化法的生产工艺流程如下:

玻璃原片──→检验──→切裁──→磨边──→洗涤干燥──→半成品检验──→印商标──→加热(弯钢化时要成型)──→急冷──→检验──→包装──→入库。

其中主要工艺过程包括:

a. 加热。对物理钢化时,玻璃加热过程的基本要求如下:

玻璃片必须迅速加热到所要求的温度。根据各种类型加热炉钢化玻璃加热的规律及生产实际经验的总结,每 1mm 厚度玻璃的加热时间约为 40s。目前,市场上大多数钢化炉都采用这一数据。

玻璃在应力完全松弛时迅速淬冷,可获得最佳钢化程度的钢化玻璃。但玻璃不能变形,因此,最佳加热温度只能在 $T_g \sim T_f$ 之间,一般高于 T_g 点 $50℃ \sim 60℃$ 为宜。弯钢化则需要加热至软化温度,使玻璃贴到弯模上。

在加热过程中,玻璃的每一区域两表面的温度控制在设定的范围内,表面与中部的温差很小。

玻璃加热到设定温度后,必须尽快引出加热炉,迅速进行淬冷。

b. 冷却。玻璃的淬冷是物理钢化工艺过程中的一个重要环节。

玻璃开始急冷(淬火)时的温度称为淬火温度。淬火过程中应力松弛的程度,取决于产生的热弹性应力的大小及玻璃的温度。前者由冷却强度及玻璃厚度决定,当玻璃厚度一定时,玻璃中永久应力的数值随温度及冷却强度的提高而提高。淬火温度提高到某一数据时,应力松弛程度几乎不再增加,永久应力即趋近一极限值。淬火产生的永久应力值(淬火程度)和淬火温度之间的关系,称为淬火曲线。

如以对流传递速度 $h[W/(m^2 \cdot ℃)]$ 表示淬火的冷却速率,则在其他条件不变时,淬火速度随 h 的提高而增加。如厚度为 6.1mm 的玻璃,淬火程度可达到 2 850nm/cm。

对于风冷淬火,冷却速度是由风压、风温、喷嘴与玻璃间距以及热气垫的形成等因素来决定的。淬火程度随风压的提高及风温的降低而增大。冷却速率与冷却风速成正比关系,当冷却风压一定时,喷嘴与玻璃间距愈小,则风速愈大,因而,淬火程度愈高。

玻璃厚度对钢化程度有影响。玻璃在急冷过程中,玻璃越厚,其内外温差就越大,应力松弛层相应越厚,所以钢化度就越大。平板玻璃物理钢化时,一般用 2.5mm 以上的玻璃,以保证产生较大的永久应力。如厚度小于 2.5mm,则要极高的冷却速度。

6mm 厚玻璃的淬冷时间一般为 15s,生产中实际吹风时间为 30s。

对玻璃淬冷的基本要求是快速且均匀地冷却,以获得具有均匀分布的应力及一定的钢化程度和外观质量符合一定标准的钢化玻璃。

对于垂直钢化工艺,为了达到上述要求,玻璃自加热炉到风栅的输送时间尽量缩短,玻璃在高温时冷却速度快,热玻璃自加热炉到风栅的输送时间长,温降大,也容易使炉外环境气流对玻璃产生不均匀的冷却,造成应力分布不均,而影响到玻璃的钢化程度。

　　此外,风栅的风压分布要均匀,冷风均匀地吹到玻璃表面上,玻璃要位于风栅中心线的垂直面上冷却,供风系统要能提供足够的冷却强度及能迅速调节的冷却风。

　　对于水平钢化工艺,由于玻璃在往复状态下进行淬冷及冷却,淬冷及冷却在设备不同的区段进行调整,冷却装置与加热炉连接,输送热量损失小,调整好玻璃表面的空气流动区域,以使玻璃获得均匀的冷却,即可有较好的钢化效果。

　　②化学钢化

　　化学钢化的基本原理是通过改变玻璃表面的组成来提高玻璃的强度。化学钢化的成本较高,适用形状复杂、尺寸小而难以固定的制品的钢化。

　　化学钢化玻璃的内部应力分布曲线也不同于物理钢化玻璃,如图 1-6-28 所示。

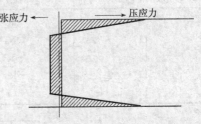

图 1-6-28　化学钢化玻璃的内部应力分布

　　化学钢化的主要方法有:表面脱碱、涂覆热膨胀系数小的玻璃、碱金属离子交换等方法。在平板玻璃的大规模钢化生产时主要采用碱金属离子交换的方法,而前两种方法不常见。

　　碱金属离子交换法是把玻璃浸在高温熔融盐中,玻璃中的碱金属离子与熔盐中的碱金属离子相互扩散而发生离子交换,继而在玻璃表面产生压应力而增大玻璃强度。

　　按离子交换温度的高低可分为高温型离子交换和低温型离子交换两类。

　　a. 高温型离子交换法。在玻璃的软化点与转变点之间的温度区域内,把含 Na_2O 或 K_2O 的玻璃浸入含锂的熔盐中,使玻璃中的 Na^+ 或与熔盐中半径小的 Li^+ 相交换,然后冷却至室温,由于含 Li^+ 的表层与含 Na^+ 或 K^+ 内层膨胀系数不同,表面产生残余压应力而强化。同时,玻璃中如含有从 Al_2O_3、TiO_2 等成分时,通过离子交换和热处理,能在玻璃表面产生膨胀系数极低的 β-锂霞石结晶,此时冷却后的玻璃表面将产生很大的压应力,可得到强度高达 700MPa 的玻璃。

　　b. 低温型离子交换法。在不高于玻璃转变点的温度区域内,将玻璃浸在含有比玻璃中碱金属离子半径大的碱离子熔盐中。例如,用 Na^+ 置换 Li^+,或用 K^+ 置换 Na^+,然后冷却。由于碱金属离子的体积差造成表面压应力层,提高了玻璃的强度。

　　低温型离子交换法虽然比高温型交换速度慢,但由于钢化过程中玻璃不变形而具有实用价值。

　　低温型离子交换法的工艺如下:

　　原片检验──→切裁──→磨边──→洗涤干燥──→低温预热──→高温预热──→离子交换──→高温冷却──→中温冷却──→低温冷却──→洗涤干燥──→检验──→包装入库。

　　低温型离子交换法的钢化效果受玻璃的组成影响较大。

　　首先,碱金属氧化物含量对离子交换有很大影响。Na_2O 含量在 10% 以下时,交换效果不好。Na_2O 含量增加,交换层厚度相应增加。Na_2O 与 Li_2O 并用,离子交换的效果较好。

　　若增加 RO 则对离子交换有不良影响。这是由于 R^{2+} 对碱金属离子的扩散具有压制效应。

　　同普通钠钙硅酸盐玻璃相比,含 Al_2O_3 多的铝硅酸盐玻璃化学钢化后有较强、较厚的压应力层。如:化学钢化的钠钙硅酸盐玻璃的压应力层,最外表面压应力为 7 000～10 000nm/cm,

应力层厚度为 30～40μm,而采用铝硅酸盐玻璃时,最外表面压应力在 15 000nm/cm 以上,应力层厚度达 150μm。这表明铝硅酸盐玻璃中碱金属离子扩散交换较易实现。

B$_2$O$_3$ 与 Al$_2$O$_3$ 并用,强化层厚度增加,强度提高。硼硅酸盐玻璃进行离子交换后,强化层厚 20～40μm,抗弯强度达 500～600MPa,比处理前高 10～20 倍。

目前,使用最为广泛的是 Na$_2$O-CaO-SiO$_2$ 及 Na$_2$O-Al$_2$O$_3$-SiO$_2$ 玻璃。

此外,离子交换的种类、温度及时间也对钢化玻璃的强度有影响(见表 1-6-10 和图 1-6-29)。

表 1-6-10　不同离子交换后所产生的理论压应力值

玻璃中离子	熔盐中离子	离子体积的变化(ml/100g)	理论压应力(kg/cm^2)
Na$^+$	K$^+$	2.18	296
Li$^+$	Na$^+$	0.92	130
Li$^+$	K$^+$	3.10	410
Li$^+$	Rb$^+$	4.40	452
Li$^+$	Cs$^+$	6.65	813

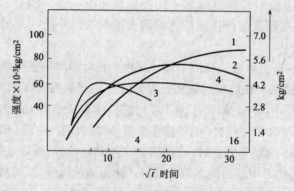

图 1-6-29　离子交换温度及时间对钢化玻璃强度的影响

1—450℃;2—500℃;3—525℃;4—575℃

2)中空玻璃。中空玻璃是由两片或多片平板玻璃组成的。通过在玻璃板之间的周边镶有垫条或玻璃板间直接密封构成的中空部分中充满干燥气体或抽真空,即构成中空玻璃。如图 1-6-30 所示。常以"玻璃板厚度＋空气层厚度＋玻璃板厚度＋…＋玻璃板厚度"来表示其厚度规格。

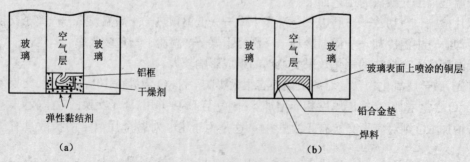

图 1-6-30　中空玻璃封接构造

(a)有机黏接型;(b)金属焊接型

中空玻璃主要用于采暖和空调的建筑,起到保温隔热作用,是一种节约能源的玻璃制品。表 1-6-11 列出了中空玻璃的导热与隔热性能。

表 1-6-11   中空玻璃的导热与隔热性能

	玻璃厚度 (mm)	空气层厚度 (mm)	导热系数 [W/(m·℃)]	隔热值 [W/(m²·℃)]
窗玻璃	3		7.12	6.47
双层中空玻璃	3	6	3.60	3.4l
双层中空玻璃	3	12	3.22	3.12

比较中空玻璃与普通窗玻璃的的结露性能,发现在相同条件下前者开始结露温度较后者显著降低。如图 1-6-31 所示,当室内温度为 20℃、相对湿度为 50%时,从图中可知,若是 5mm 的平板玻璃,则当室外温度为 5℃时,室内一侧的玻璃表面上就开始结露。若是双层中空玻璃(5+6+5),则当室外温度降到 -9℃时,室内双层中空玻璃表面上才开始结露。

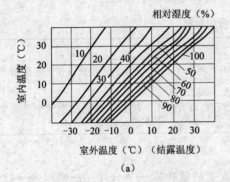 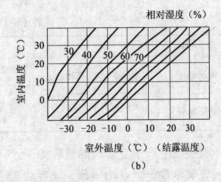

(a)   (b)

图 1-6-31   中空玻璃与普通窗玻璃的结露特性

(a)5mm 普通平板玻璃;(b)多层中空玻璃

中空玻璃还具有良好的的隔音效果。表 1-6-12 将中空玻璃与墙体的隔音性能进行了比较。

表 1-6-12   中空玻璃与墙体的隔音性能

种　　　类		平均隔音能力(dB)
双层中空玻璃	(4 + A₁₂ + 4)	28
	(5 + A₁₂ + 5)	25
	(12 + A₁₂ + 12)	32
三层中空玻璃(4 + A₁₂ + 4 + A₁₂ + 4)		30～31
外侧粉刷的单层墙		47～58
带空气层的双层墙		51～56
带空气层和绝热材料的双层墙		57～62
带绝热材料的双层墙		57～62

研究表明,采用不同厚度的玻璃制得的中空玻璃较采用相同厚度玻璃时的隔音能力提高。此外,增加气体间隔层的厚度也有利于提高中空玻璃的隔音效果。

目前制造中空玻璃生产工艺有三种方法,即胶接法、焊接法、熔接法。目前世界中空玻璃生产中,胶接法约占 55% ~60%,焊接法约占 30%~35%,熔接法约占 10%。

熔接法生产中空玻璃是将玻璃局部加热,使玻璃板边部软化而使两块玻璃的边缘直接熔合而成。

采用该法的优点是:无需框架材料;由于两块玻璃的边缘直接熔合而形成中空,因而中空玻璃是绝对不透气的,所以熔接的中空玻璃具有高度的耐久性。但产量比胶接法和焊接法低,且该法只能生产双层中空玻璃,需厚度相同的同类玻璃方可熔接。

焊接法是将加热的金属(如铁、铬、铜、钢等)和熔融的玻璃在直接接触中聚合在一起时,氧化物薄膜扩散或是在某种程度上熔解在玻璃内,并形成密封接头。

目前主要以胶接法生产工艺为主。胶接法是把玻璃与中间支撑架粘接在一起的生产中空玻璃的方法。该法生产工艺、技术和设备均较简便,各国广泛采用。

胶接法生产中空玻璃的框架可采用铝材、塑料、橡胶等制成,现多采用铝框。胶接材料过去曾采用硅酮胶等,但防水性较差。现多采用两层涂胶方案,即内层涂丁基橡胶,外层采用聚硫橡胶,其作用列于表 1-6-13。干燥剂主要采用硅胶,也有采用分子筛的。

表 1-6-13 中空玻璃密封材料

化学材质	基 本 特 点	任 务	
内层密封	聚异丁烯/丁基橡胶	热时,可以使用。不会起化学反应,具有黏滞性	成型时固定玻璃窗内隔框架,内层密封
外层密封	多硫聚合物(聚硫橡胶)	可冷使用,起化学反应,具有弹性	粘接、机械固定、抗化学侵蚀、抗水侵入

胶接法生产中空玻璃的流程如下:

玻璃原片──→自动切裁──→自动洗涤干燥──→人工放置边框──→合片──→密封──→检验入库。

胶接法中空玻璃的质量除操作技术原因造成的缺陷外,主要受胶结材料和干燥剂性能的影响。

3)夹层玻璃。夹层玻璃是由两片或多片平板玻璃之间嵌夹透明塑料膜片,经加热,加压粘合成平的或弯曲的复合玻璃制品。

夹层玻璃的抗冲击机械强度要比普通平板玻璃高出几倍,当玻璃破裂时,碎片仍粘结在膜片上,不致伤人。主要用作汽车、飞机的挡风玻璃、防弹玻璃,也可用于有特殊安全要求的建筑物门窗、建筑物隔墙以及水下工程等方面。

生产夹层玻璃可用普通平板玻璃、磨光玻璃、强化玻璃以及热反射玻璃等作为原片。玻璃原片应退火良好、厚度均匀、平整度高、无波纹,透光度不小于 85%。现代浮法玻璃能直接满足这些要求。

常用的塑料膜片为聚乙烯醇缩丁醛(PVB)。PVB 胶片具有良好的光学指标,且无色、耐热、耐光、耐寒、耐湿,粘结性能好,机械强度高。

实验表明,PVB 胶片的吸水率与空气的相对湿度成近似线性关系,空气的相对湿度越大,PVB 胶片的吸水率越高;而 PVB 与玻璃的粘接力则与其含水率成反比,即含水率越高,PVB 与玻璃的粘接力越小。另外,PVB 胶片的流动性与温度呈指数关系,收缩率随温度变化很大。因此,PVB 应避免暴露在相对湿度大的地方;不用时,用防水袋密封;储藏室注意清洁;冷冻胶片需要存放在冷库中以防其粘连。一般推荐的存放温度为2℃～10℃。

此外,还有高抗贯穿性夹层玻璃(HPE)、夹电热丝或涂导电膜的电热夹层玻璃,夹天线或带花纹的制品等。与普通夹层玻璃相比,HPE 塑料膜厚一倍(0.76mm),而玻璃则较薄(主要采用化学强化玻璃),耐冲击性(落球冲击试验)高 2.5 倍。

夹层玻璃的生产工艺流程如图 1-6-32 示。

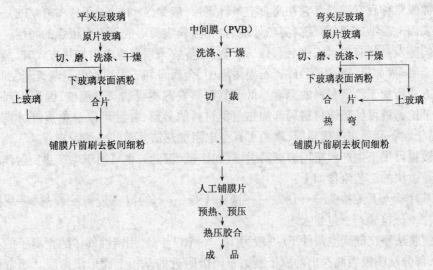

图 1-6-32　夹层玻璃的生产工艺流程

夹层玻璃的生产过程最主要的环节是预热预压和热压胶合。前者是为驱除玻璃板与中间膜之间的残余空气以及使中间膜能初步粘住两片玻璃。

热压胶合目前主要的生产方法有两类:真空蒸压釜法和辊压法。

①真空蒸压釜法。把夹膜合片后的玻璃板放入蒸压釜中,先抽真空脱气,后加热预粘合,再继续加压胶粘而成。在高压釜加高压的目的是使残留的空气溶解在 PVB 中,通过扩散作用使PVB 与玻璃最终相互粘接。另外,高压还可以减小 PVB 厚度差、节约热压时间。高压釜的工艺参数由 PVB 胶片的性能所决定。如美国的 BUTACLTE PVB 胶片的要求为:温度135℃～150℃,压力 0.8～1.5MPa(8～15 个大气压),时间 0.5～4h。

②辊压法。把夹膜合片后的玻璃板放在辊子上用夹辊排气,而后再加温加压而成。这种方法的优点是压力较高,能自动化连续生产,但生产复杂形状的制品有困难。

4)镀膜玻璃

在实际生活中,人们常感到透过窗户射入室内及交通运输设备内的阳光太刺眼,辐射入内的热量也太多,造成空调设备的能量消耗大;因此有必要减弱透射入室内及交通运输设备内的阳光强度,使射入的光线柔和而又舒适,或降低太阳辐射能的透射率以降低空调能耗;但另一方面在寒冷地区,建筑物内的热能通过窗户散失的又太多,采暖热能的 40%～60%从窗户散失。这又需要减少室内热能从窗户散失,以降低采暖能耗。镀膜玻璃就是为了满足人们的这些要求而发明的。如提高太阳能及远红外辐射能反射率的反射膜等。

在玻璃表面上进行镀膜可以分为四种类型:从化学蒸气中沉积薄膜、从物理蒸气中沉积薄膜、从溶液中沉积薄膜以及粉末分解形成薄膜。

化学气相沉积法(Chemical Vapor Deposition)简称 CVD 法,它是利用气相物质通过化学反应在基体表面上形成固态薄膜的一种成膜技术。它已成为制膜方法中很重要的一类。

从物理蒸气中沉积薄膜的工艺又称 PVD 工艺,是目前平板玻璃镀膜工艺中应用最广泛的一种。它是由元素或化合物的气相直接凝结在玻璃表面上而成薄膜。PVD 镀膜通常包括三个步骤:采用真空、镀膜材料气化、在玻璃表面异相成核和生长成膜。PVD 法有三种类型:蒸发镀膜、溅射镀膜、离子镀膜等。

蒸发镀膜常称真空镀膜。它在高真空条件下(一般为 $5 \times 10^{-2} \sim 1.3 \times 10^{-3} Pa$),材料蒸发并在玻璃表面上凝结成膜,再经高温热处理后,在玻璃表面形成附着力很强的膜层。

常用的蒸发材料有铝、钛、铬、铜、锌、镍、金、钯等。采用真空电阻加热方式时,蒸发材料置于高熔点金属舟(如钨,钼,钽等)或者石墨坩埚中,金属舟和石墨坩埚既是蒸镀蒸发源,又是容器。这种方法所加于蒸镀材料的温度要低于蒸镀蒸发源本身的蒸发温度,因而受到一定的限制。而电子枪蒸镀可使蒸镀材料局部加热避免材料的分解,并且可以避免蒸镀材料对蒸发舟的侵蚀,易于制备高要求的优质膜,避免了真空电阻加热法蒸镀的一些困难。

蒸发镀膜可用于生产汽车用玻璃反射镜(如铬镜、铝镜),也可用于生产热反射膜玻璃。

真空蒸镀法的工艺流程如下:

玻璃基片——→人工检验——→切裁——→洗涤干燥——→装片(蒸发源 + 膜材)——→抽真空镀膜——→出片——→检验——→包装入库。

溅射镀膜法是在低真空条件下(一般为 $10^{-1} \sim 10^{-2} Pa$),用惰性气体的正离子的轰击阴极固体材料,部分从阴极表面逸出的原子凝结于阴极附近的基板上而形成薄膜。通常称为阴极溅射镀膜。

在生产中已使用溅射法镀膜制造导电玻璃、热反射玻璃以及集成电路基板上电极等。阴极溅射镀膜法所用设备见图 1-6-33 所示。

若在阴极溅射过程中可将反应气体引入溅射室,以便改变或控制淀积的膜层特性,这种方法称为反应溅射。

阴极溅射法的缺点是效率不够高。因为溅射速率依赖于有效离子量,而正常的气体放电,仅有百分之几的气体粒子被离子化,所以它是一个效率低的源。为使这种方法能有效地用于工业生产,就需要更多的离子。为此,使用磁控放电,即磁控阴极溅射。在磁场控制下,电子沿一平行于靶表面的螺旋形路线运动,因而溅射率明显增加,可得到密度大的等离子体。如:按常规

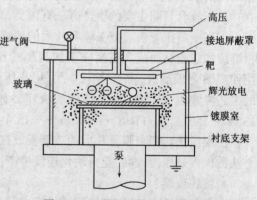

图 1-6-33　阴极溅射法镀膜装置

采用直流放电时,每个入射离子所能产生的二次电子数仅为 0.1,若采用磁控放电则可得 10 个左右的离子。

影响溅射的因素主要有:阴极物质、气体的种类和压力、阴极电位降和电流密度、阴极与基板的相对位置等。

离子镀膜实质上是把真空镀膜的蒸发工艺与溅射法的溅射工艺相结合的一种新工艺,即蒸发后的气体在辉光放电中,在碰撞和电子撞击的反应中形成离子,在电场中被加速,而后在玻璃板上凝结成膜。

离子镀膜法具有高的镀膜率,可获得密度高、附着力强的膜层。

从溶液中沉积薄膜的方法有:气溶胶法、溶胶-凝胶法、喷液法、银镜反应法等。

气溶胶法是把金属盐类溶于乙醇或蒸馏水中而成为高度均匀的气溶胶液,然后把此溶液喷涂于灼热玻璃的表面上。由于玻璃已被加热具有足够的活性,在高温下金属盐经一系列转化而在玻璃表面上形成一层牢固的金属氧化物薄膜。此种镀膜法主要用来生产以下四类玻璃:吸收紫外线的玻璃、颜色玻璃、对阳光有部分吸收和反射的遮阳玻璃、半透明的镜面玻璃。

溶胶-凝胶法是把金属醇化物的有机溶液在常温或近似常温下水解,经缩合反应而成溶胶,再进一步聚合生成凝胶。把具有一定黏度的溶胶涂覆(喷涂、浸涂、旋转涂膜)于玻璃表面,在低温中加热分解而成镀膜玻璃。

图 1-6-34 以采用正硅酸乙酯制造镀膜玻璃为例的溶胶-凝胶法生产镀膜玻璃的工艺流程。

溶胶-凝胶法也是一种广泛使用的玻璃镀膜方法。它具有以下优点:

①镀膜设备简单,造价低廉,不需要昂贵的真空系统,建设投资少。

②玻璃基片两面同时浸镀,达到强化镀膜效果或减少所需层数的目的。

③镀膜溶液水解过程所产生的薄膜与玻璃表面以及各层之间是化学键结合,膜层附着强,本身牢固性好;产品可以不加保护直接用于窗户外侧。

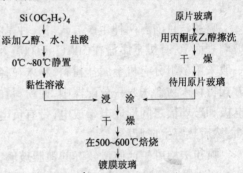

图 1-6-34　正硅酸乙酯制造镀膜玻璃的工艺流程

④容易实现镀多层膜以获得所需的膜层。

⑤对玻璃的内壁(如玻璃管的内壁)镀膜也十分容易。

⑥烘膜温度低,只需 380℃～500℃,此温度在普通玻璃转变温度以下,玻璃不会变形。

该法的缺点是浸镀液很难保持其浓度长期稳定不变。

喷液法是在一定温度场的条件下,将金属化合物的溶液喷射到玻璃表面。溶液受热发生一系列分解,从而在玻璃表面沉积一层金属氧化物薄膜。所得薄膜既可是某种光学及热学功能膜,也可是彩色装饰膜。

喷液法可在线或离线实施。

喷涂的溶液,通常采用铁、钴、镍、钛、钒、锡、铬、铟等金属的盐。常用的盐类有:乙酰丙酮盐、醋酸盐、乙醇盐等,如乙酰丙酮钴、乙酰丙酮铬、乙酰丙酮铁、钛酸丁酯等,这些有机盐的分解温度在 300℃～600℃之间,热解后在玻璃上形成金属氧化膜,其他成分则成为气体,它与未热解的溶液微粒一起被排气设备排至室外。

溶剂通常采用二氯甲烷、甲醇、乙醇、乙酰丙酮、苯甲醇或它们的混合液。选择溶剂,要求其对溶质的溶解度高,分解后产物无毒、无刺激且不易燃烧。喷涂的介质可用空气、氮气或两者的混合物。通常采用压缩空气。

喷涂工艺控制的主要参数有:喷涂溶液的浓度和流量、玻璃的温度、喷射介质的压力和流量、喷射角度、喷嘴与玻璃之间的距离、溶液雾滴的直径、喷嘴运动速度、玻璃拉引速度、喷涂的空间温度等。

银镜反应法镀膜是将银氨溶液和还原液喷洒到玻璃表面后产生化学反应生成膜层,它的主要反应为:

$$C_6H_{12}O_6(\text{葡萄糖}) + 2Ag(NH_3)_2OH \xrightarrow{\text{加热}} 2Ag^+ \downarrow + C_6H_{12}O_7 + 4NH_3 \uparrow + H_2O$$

该法的特点是设备比较简单,可以在任何工厂进行。缺点是银层比较厚,可达 100~200nm;原料消耗比较大;均匀性也不如真空沉积法好,同时也容易发生污染。采用同样的机理,也可在玻璃上镀铝、铜镜。

喷粉法是直接利用固体粉末热解镀膜的方法。它可用于在线生产阳光控制膜或热反射膜。

喷粉法镀膜首先需制备易于热分解的喷涂用粉料。有多种类型适于喷涂用的粉料,其中一种粉料为有机盐的中空微球。其制造方法是将含 Co、Fe 和 Cr 的有机盐(如钴、铁、铬等的乙酰丙酮盐或它们的混合物)溶解于四甲基氯化物中,再经喷雾干燥形成直径为 2~15μm 的中空球。

喷粉法目前有两种生产方式。一种是将粉料以流化方法输送,用气体介质通过喷嘴喷在玻璃表面上,有机金属盐在 500℃~600℃ 的玻璃表面上热解后生成金属氧化物膜。此种方法一般采用多组分有机金属盐粉料,粉末粒径最好在 1~30μm 范围内。另一种方法是通过流化方式将粉末物料送入一分配器中,使粉料在玻璃板横向上均匀布料,分配器上装有负电极,在电极和玻璃板之间形成电晕放电,带有负电的细颗粒流加速流向玻璃板,均匀地粘附于玻璃表面,然后热解生成膜层。

喷粉法均可生产质量较好的镀膜玻璃,但存在一些控制难点。

以上对平板玻璃深加工的主要产品及其生产技术做了简要介绍。这些产品已在建筑业、交通运输业、电子工业、国防工业、信息产业等领域得到广泛应用,随着这些行业的不断发展以及人们对生活空间环境要求的不断提高,玻璃正朝着安全可靠、节省能源、降低噪音、美化环境等多功能方向发展。平板玻璃深加工技术必将进一步创新,产品种类也将更加丰富,产品性能更加优良。

1.6.4　陶瓷釉料制备及陶瓷冷加工

"釉"指的是覆盖在陶瓷坯体表面上的玻璃状薄层。通常,为了改善陶瓷产品的外观质量(如光泽度、颜色、画面等)或者提高产品的技术与使用性能(如机械强度、化学稳定性、电绝缘性、防污性、渗水透气性、辐射散热能力等),可将调制好的釉浆涂布在坯体外表,经过高温煅烧后,它会熔融、平铺开来,冷却后形成玻璃状薄层,和坯体结合在一起。

一般地说,釉层基本上是一种硅酸盐玻璃,所以它的性质和玻璃有许多相似之处。但由于釉的功能是多方面的,它的组成较一般的玻璃更为复杂,而且其结构又受烧成条件的影响,烧后的釉层中总还保留一些异相颗粒。此外,釉不是单独使用的材料,而是粘附在坯体上的"外衣";要求其性能和坯体相适应;高温下,釉料还会和坯体发生一定程度的反应。所以,釉层的组成、显微结构与性质各方面又和玻璃有明显的差异。正因如此,当我们认识釉层时,固然不妨沿用玻璃的规律作些分析与对比,而更应该研究与掌握它的个性、特征,以便于更符合于陶瓷领域的实际情况。

(1)釉的分类

釉的用途广泛,对其外观质量及内在性能的要求各有不同,因此实际使用的釉料的品种繁多,可按不同的依据将釉归纳为许多种类。同一种釉按不同依据分类时,可有几种名称,如以长石作熔剂的瓷釉可称长石釉,也属高温釉、生料釉、碱釉和透明釉。陶釉可以是铅釉,也可用无铅釉;可以是透明釉,也可以是乳浊釉;可以是生料釉,也可以是熔块釉。目前国际上并无统一的釉料分类方法。

从外观质量来区别,常用的有三类:

①透明釉。釉层主要是透光性良好的玻璃组成,长石釉、石灰釉和石灰-碱釉都属于这类。为与滑石质瓷或骨灰瓷胎相匹配,日渐发展了滑石瓷釉和骨灰瓷釉。

②颜色釉。它是有不同的着色剂微粒均匀分散在釉料的玻璃相中,形成不同色泽的釉面,我国的青釉、铜红釉、花釉等都是珍贵的产品。

③艺术釉。它是日用瓷及陈列瓷的装饰釉料,除颜色釉以外,还有结晶釉、碎纹釉、无光釉等。

(2)釉层的形成

1)分解反应。这类反应包括碳酸盐、硝酸盐、硫酸盐及氧化物的分解和原料中吸附水、结晶水的排出。

杂质的存在会改变一些化合物的分解温度。如 5% Na_2CO_3 或 K_2CO_3 会使白云石分解温度降至 630℃;1% NaCl 或 NaF 会使白云石分解温度降低 100℃。

硫酸盐一般不易完全分解,如 $CaSO_4$ 长期在 800℃下加热才缓慢放出 SO_3。硫酸根析出的 SO_3 往往会和釉中其他成分合成为更稳定的硫酸盐。但还原气氛促使硫酸盐分解温度降低。先转变为不太稳定的亚硫酸盐或硫化物,在空气中受热再变为 RO 及 SO_2 或 SO_3。

2)化合反应。在釉料中出现液相之前已有许多生成新化合物的反应在进行。如碱土金属酸盐与石英形成硅酸盐:Na_2CO_3 与 SiO_2 在 500℃ 以下生成 Na_2SiO_3;$CaCO_3$ 与 SiO_2 生成 $CaSiO_3$;$CaCO_3$ 与高岭土在 800℃以下形成 $CaO \cdot Al_2O_3$,在 800℃以上形成硅酸钙;PbO 与 SiO_2 在 600℃~700℃生成 $PbSiO_3$。此外,ZnO 和 SiO_2 会通过固相反应生成硅锌矿($2ZnO \cdot SiO_2$)。当一些原料熔融或出现低共熔体时,更能促进上述反应的进行。

3)熔融。釉料中由两方面出现液相:一是原料本身熔融,如长石、碳酸盐、硝酸盐的熔化,另外是形成各种组成的低共熔物,如碳酸盐与长石、石英;铅丹与石英、黏土;硼砂、硼酸与石英及碳酸盐;氟化物与长石、碳酸盐;乳浊剂与含硼原料、铅丹等。由于温度的升高,最初出现的液相使粉料由固相反应逐渐转为有液相参与,不断溶解釉料成分,最终使液相量急剧增加,绝大部分成分变成熔液。事实上,釉烧后仍存在残留的石英或方石英、未熔的乳浊剂、着色剂颗粒,同时还有少量气相。

釉料及熔块熔融均匀及彻底的程度直接影响着釉面的质量。影响釉料及熔块熔化速度及均匀程度的因素为:

①烧釉或熔制时逸出气体的搅拌作用,高温下熔液黏度减小时其作用增强;

②配料中存在的吸附水分一定程度上会促进釉料的熔化;

③釉粉细度高、混合均匀会降低熔化温度、缩短熔化时间、增强均匀程度及烧成温度下熔液的流动性。

4)釉层冷却时的变化:

①有些晶相溶解后再析晶,形成微晶相;

②高温黏度随温度的降低而增加,再继续冷却,釉熔体变成凝固状态;

③有些物质分解不完全,产生的气体未完全排除,以及坯体中碳素氧化后生成的气体未来

得及排除,这些气体在坯釉中形成气泡。

(3)釉层的性质

1)釉的熔融态的性质:

①釉的熔融温度范围。釉和玻璃一样无固定的熔点,而是在一定的温度范围内逐渐熔化,因而熔化温度有上限和下限之分。熔融温度的下限系指釉的软化变形点,习惯上称之为釉的始熔温度。熔融温度上限是指釉完全熔融时的温度,又称为流动温度。由始熔温度至完全熔融之间的温度范围称为熔融温度范围。釉的烧成温度可以理解为某温度下釉料充分熔化,并均匀分布于坯体表面,冷却后呈现一定光泽玻璃层时的温度。釉的烧成温度是在熔融温度范围内选取的。

②影响熔融温度的因素。化学组成对熔融性能的影响主要取决于釉式中 Al_2O_3、SiO_2 和碱组成的含量和配比。根据釉式,釉的熔融温度随 Al_2O_3、SiO_2 的含量的增加而提高,且 Al_2O_3 对熔融温度提高所作的贡献大于 SiO_2。

碱和碱土金属氧化物作为熔剂,可以降低釉的熔融温度。碱金属氧化物的助熔作用强于碱土金属氧化物。熔剂可分为软熔剂和硬熔剂。前者包括 Na_2O、K_2O、Li_2O、PbO,大部分属于 R_2O 族。它们能在低温下起助熔作用。后者包括 CaO、MgO、ZnO 等属于 RO 族,它们在高温下起助熔作用。

釉中酸性氧化物与碱性氧化物的摩尔数之比,称为酸度系数。用 $C \cdot A$ 表示。

酸度系数越大,釉的烧成温度越高。$C \cdot A = 1.8 \sim 2.5$,烧成温度 $1\,320℃ \sim 1\,450℃$。$C \cdot A = 1.4 \sim 1.6$,烧成温度 $1\,250℃ \sim 1\,280℃$。

2)釉的黏度与表面张力。熔化的釉料能否在坯表面铺展成平滑的优质釉面,与釉熔体的黏度、润湿性和表面张力有关。在烧成温度下,釉的黏度过小,则流动性过大,容易造成流釉、堆釉及干釉缺陷;釉的黏度过大,则流动性差,易引起桔釉、针眼、釉面不光滑,光泽不好等缺陷。流动性适当的釉料,不仅能填补坯体表面的一些凹坑,而且还有利于釉与坯之间的相互作用,生成中间层。

釉熔体的黏度主要取决于其化学组成和烧成温度。碱金属氧化物对黏度降低的作用以 Li_2O 最大,其次是 Na_2O,再次是 K_2O;碱土金属氧化物 CaO、MgO、BaO 在高温下降低釉的黏度,而在低温中相反地增加釉的黏度。CaO 在低温冷却时使釉的黏度增大,熔度温度范围窄,ZnO、PbO 对釉的黏度影响与 CaO 基本相同,所不同的是在冷却时,黏度增加速度较慢或熔融温度范围宽。碱土金属阳离子降低黏度顺序为:

$$Ba^{2+} > Sr^{2+} > Ca^{2+} > Mg^{2+}$$

但它们降低黏度的程度均较碱金属离子弱。

+3 价和高价的金属氧化物,如 Al_2O_3、SiO_2、ZrO_2 都能增加釉的黏度。其中 B_2O_3 对釉黏度的影响呈硼反常,即加入量 $<15\%$ 时,B_2O_3 处于 $[BO_4]$ 状态,黏度随 B_2O_3 含量的增加而增大,超过 15% 时,B_2O_3 处于 $[BO_3]$ 状态,黏度随 B_2O_3 含量的增加而减小。Fe^{3+} 比 Mg^{2+} 能显著降低釉的黏度。水蒸气、CO、H_2、H_2S 也降低熔融釉的黏度。一般陶瓷在烧成温度下的黏度值为 $200Pa \cdot s$ 左右。

釉的表面张力对釉的外观质量影响很大。表面张力过大,阻碍气体的排除和熔体的均化,在高温对坯的润温性不好,容易造成缩釉缺陷;表面张力过小,则易造成"流釉"(当釉的黏度也很小时,情况更严重),并使釉面小气孔破裂时所形成的针孔难以弥合,形成缺陷。

釉熔体表面张力的大小,决定于它的化学组成、烧成温度和烧成气氛。

釉熔体对坯体的润湿性可以用釉熔体与坯体的接触角度来表示,如图 1-6-35 所示。

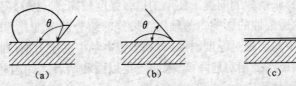

图 1-6-35 瓷釉在固体表面上的状态
(a)不润湿($\theta>90°$);(b)润湿($\theta<90°$);(c)完全润湿

当 $\theta>90°$ 时,液体不能将固体润温;$\theta<90°$ 时,则表面润湿;$\theta=90°$ 时,液体完全润湿。

同一釉料,如果所用坯体不同,其接触角也不同。接触角最小时流动性最大,润湿程度高。

3)坯、釉适应性。坯、釉适应性是指熔融性能良好的釉熔体,冷却后与坯体紧密结合成完美的整体不开裂、不剥脱的能力。影响坯、釉适应性的因素主要有四个方面:

①热膨胀系数对坯、釉适应性的影响。因为釉和坯是紧密联系着的,对釉的要求是釉熔体在冷却后能与坯体很好结合,既不开裂也不剥落,为此要求坯和釉的热膨胀系数相适应。

如果釉的热膨胀系数小于坯时,冷却后釉受到坯的压缩作用产生压应力,形成"正釉",反之,当釉的热膨胀系数大于坯时,冷却后釉受到张应力,形成"负釉"。

由于釉的抗压强度大于抗张强度,所以负釉容易开裂。由于正釉处于受压状态,它能抵消部分加在制品上的张应力,因此不仅不易开裂,且能提高制品的机械强度,改善表面性能和热性能。但如果釉层受的压应力过大,轻则会使制品弯曲变形,重则造成釉层剥落,所以要求釉的热膨胀系数略小于坯。

当坯、釉热膨胀系数差别超出一定范围,无论是"负釉"还是"正釉"均会造成釉层开裂或剥落的缺陷如图 1-6-36 所示。

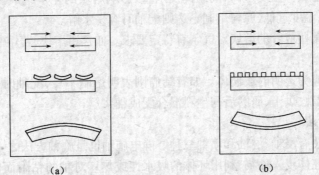

图 1-6-36 坯釉热膨胀系数不相适应的两种情况
(a)$\alpha_{釉}<\alpha_{坯}$;(b)$\alpha_{釉}>\alpha_{坯}$

②中间层对坯、釉适应性的影响。中间层可促使坯釉间的热应力均匀。发育良好的中间层可填满坯体表面的隙缝,减弱坯釉间的应力,增大制品的机械强度。

③釉的弹性、抗张强度对坯釉适应性的影响。具有较高弹性(即弹性模量较小)的釉能补偿坯、釉接触层中形变差所产生的应力和机械作用所产生的应变。即使坯、釉热膨胀系数相差

较大,釉层也不一定开裂、剥落。

釉的抗张强度高,抗釉裂的能力就强,坯釉适应性就好。

化学组成与热膨胀系数、弹性模量、抗张强度三者间的关系较复杂,难以同时满足这三方面的要求,应在考虑热膨胀系数的前提下使釉的抗张强度较高,弹性较好为佳。

④釉层厚度对坯釉适应性的影响。薄釉层在煅烧时组分的改变比厚釉层大,釉的热膨胀系数降低得也多,而且中间层相对厚度增加,有利于提高釉中的压力,有利于提高坯釉适应性。对于厚釉层,坯、釉中间层厚度相对地降低,因而不足以缓和两者之间因热膨胀系数差异而出现的有害应力,不利于坯釉适应性。

釉层厚度对于釉面外观质量有直接影响,釉层过厚就会加重中间层的负担,易造成釉面开裂及其他缺陷,而釉层过薄则易发生干釉现象,一般釉层通常小于 0.3mm 或通过实验来确定。

(4)釉浆的制备

釉用原料要求比坯用原料更加纯净。贮放时应特别注意避免污染。使用前要求分别进行挑选。对长石和石英等瘠性原料还须洗涤或预烧。对软质黏土必要时应进行淘洗。

釉用原料的种类多,它们的用量及各自的比重差别大。尤其是乳浊剂、色剂等辅助原料的用量虽远较主体原料少,但它对釉面性能的影响极为敏感。因此除注意原料的纯度外,还必须重视称料的准确性。

生料釉的备用与坯料类似,可直接配料磨成釉浆。研磨时应先将瘠性的硬质原料磨至一定细度后,再加入软质黏土。为防止沉淀可在头料研磨时加入 3%~5% 的黏土。

熔块釉的制备包括熔制熔块和制备釉浆两部分。熔制熔块的目的主要是降低某些釉用原料的毒性和可溶性,同时也可使釉料的熔融温度降低。熔块的熔制视产量大小及生产条件在坩埚炉、池炉或回转炉中进行。熔制熔块时应注意以下几点问题:

1)原料的颗粒度及水分应控制在一定范围内,以保证混料均匀及高温下反应完全。一般天然原料过 40~60 目筛。

2)熔制温度要恰当。温度过高,高温挥发严重,影响熔块的化学组成。对含色剂的熔块,会影响熔块的色泽;温度过低、原料熔制不透则配釉时容易水解。

3)熔制气氛。某些成分的熔块对气氛有特定要求。如含铅熔块,若熔制时出现还原气氛,则会生成金属铅。

熔制后的熔块应为透明的玻璃体。如有结瘤则表明熔制不良,配釉时仍会发生水解。熔好的熔块经水冷、漂洗、烘干、研磨后与生料混合配成釉浆。

(5)基本施釉方法

基本的施釉方法有浸釉、淋釉和喷釉三种。静电施釉也是施釉方法之一。

1)浸釉法是将坯体浸入釉浆,利用坯体的吸水性或热坯对釉的粘附而使釉料附着在坯体上。釉层厚度与坯体的吸水性、釉浆浓度和浸釉时间有关。这种施釉法所用釉浆浓度较喷釉法大。多孔素烧瓷坯用的釉浆其比重一般在 1.28~1.5 之间,炻质餐具用釉浆比重为 1.74,卫生瓷器为 1.63。具体数值还须取决于坯体的形状与大小。除薄胎瓷坯外,浸釉法适用于大、中、小型各类产品。对大型产品可用机械浸釉代替人工操作。

2)浇釉法是将釉浆浇于坯体上以形成釉层的方法。可将圆形日用陶瓷放在旋转的机轮上,釉浆浇在坯体中央借离心力使釉浆均匀散开。也可将坯体置于运动的传送带上,釉浆通过半球或鸭嘴形浇釉器形成釉幕流向坯体。这种方法适用于圆盘、单面上釉的扁平砖类及坯体强度较差的产品施釉。

3)喷釉法是利用压缩空气将釉浆通过喷枪或喷釉机喷成雾状,使之粘附于坯体上。釉层厚度取决于坯与喷口的距离、喷釉压力和釉浆比重等。此法适用于大型、薄壁及形状复杂的生坯。特点是釉层厚度均匀,与其他方法相比更容易实现机械化和自动化。

4)静电施釉是将釉浆喷至一个不均匀的电场中,是原为中性粒子的釉料带有负电荷,随同压缩空气向带有正电荷的坯体移动,从而达到施釉的目的。

静电施釉的装置主要由静电发生器、喷枪、运输链、釉箱及载坯车等部分组成。图1-6-37是国内采用的一种静电喷釉装置。

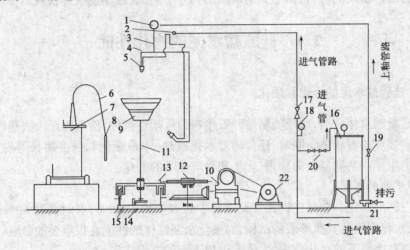

图 1-6-37　静电施釉装置示意图

1—十头分釉箱;2—十头分气箱;3—支釉管;4—支气管;5—喷雾头;6—高频电缆;7—静电发生器;

8—镇电网;9—产品;10—蜗轮减速箱;11—静电小车;12—主动链轮;13—链条;14—齿条;

15—导轨;16—釉箱;17—截止阀;18—气压表;19—截止阀;20—减压阀;21—球阀;22—电动机

(6)陶瓷冷加工

普通陶瓷冷加工主要是指瓷质砖的抛光与切边。

瓷质砖镜面加工线由刮平定厚机(或粗磨机)、精磨抛光线、磨边倒角线和分片机、对中、烘干、转向机等辅助机械组成。其典型的工艺流程为:

分片输送 —→ 刮平定厚(粗磨) —→ 磨抛 —→ 磨边倒角 —→ 转向 —→ 烘干擦试 —→ 检验 —→ 装箱 —→ 入库。

刮平定厚机采用高速旋转的金刚砂滚筒对瓷质砖表面进行刚性铣刮加工,使瓷质砖得到一个平整的表面及相同的厚度,从而大大提高瓷质砖的抛光产量和质量,降低抛光砖加工成本。由于滚筒上金刚砂条呈螺旋线或人字形布置,金刚刀与砖表面是以点接触的方式进行加工,大大降低了刀具对砖的压力,使砖的破损率减少到最低限度,并有效地改善了刀具的冷却效果。

精磨抛光机在对砖表面进行旋转抛光的同时,六个磨块自行摆动对砖表面进行研磨,大大提高了砖的光洁度。磨头与砖表面为线接触方式,冷却条件好,成品率高,在新换磨头厚度略有差异或砖面不平整时,整个磨头能自动浮动调整,避免机器的振动,减少了砖的破损。

2 无机非金属材料的物化性能

无机非金属材料的物化性能包括力学性能、机械性能、热学性能、电磁学性能、光学性能、化学性能等方面。不同的材料,由于其组成和结构等不同,往往性能差异很大。

2.1 硅酸盐水泥的物化性能

2.1.1 硅酸盐水泥的水化和硬化

水泥用适量的水拌合后,形成能粘结砂石集料的可塑性浆体,随后逐渐失去塑性而凝结硬化为具有一定强度的石状体。同时,还伴随着水化放热、体积变化和强度增长等现象,这说明水泥拌水后产生了一系列复杂的物理、化学和物理化学的变化。

(1)熟料矿物的水化

1)硅酸三钙的水化。硅酸三钙在水泥熟料中的含量约占50%,有时高达60%。因此,它的水化作用、水化产物及其所形成的结构,对硬化水泥浆体的性能有很重要的影响。

硅酸三钙在常温下的水化反应,大体上可用下面的方程式表示:

$$3CaO \cdot SiO_2 + nH_2O = xCaO \cdot SiO_2 \cdot yH_2O + (3-x)Ca(OH)_2$$

简写为:

$$C_3S + nH = C\text{-}S\text{-}H + (3-x)CH$$

上式表明,其水化产物为C-S-H凝胶和氢氧化钙。C-S-H有时也被笼统地称为水化硅酸钙,它的组成不确定,其CaO/SiO₂(摩尔比,简写成C/S)和H₂O/SiO₂(摩尔比,简写为H/S)都在较大范围内变动。C-S-H凝胶的组成与它所处液相的Ca(OH)₂浓度有关,如图2-1-1所示。当溶液的CaO浓度小于1mmol/L时,生成氢氧化钙和硅酸凝胶。当溶液的CaO浓度为1~2mmol/L时,生成水化硅酸钙和硅酸凝胶。当溶液的CaO浓度为2~20mmol/L时,生成C/S比为0.8~1.5的水化硅酸钙,其组成可用(0.8~1.5)CaO·SiO₂·(0.5~2.5)H₂O表示,称为C-S-H(Ⅰ)。当溶液中CaO的浓度饱和(即CaO大于20mmol/L)时,生成碱度更高(C/S=1.5~2.0)的水化硅酸钙,一般可用(1.5~2.0)CaO·SiO₂·(1~4)H₂O表示,称为C-S-H(Ⅱ)。C-S-H(Ⅰ)和C-S-H(Ⅱ)的尺寸都非常小,接近于胶体范畴,在显微镜下,C-S-H(Ⅰ)为薄片状结构;而C-S-H(Ⅱ)为纤维

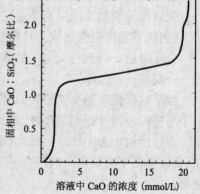

图2-1-1 水化硅酸钙与溶液间的平衡

状结构,像一束棒状或板状晶体,它的末端有典型的扫帚状结构。氢氧化钙是一种具有固定组成的六方板状晶体。

硅酸三钙的水化速率很快,其水化过程根据水化放热速率-时间曲线(如图 2-1-2),可分为五个阶段:

①初始水化期。加水后立即发生急剧反应迅速放热,Ca^{2+} 和 OH^- 迅速从 C_3S 粒子表面释放,几分钟内 pH 值上升超过 12,溶液具有强碱性,此阶段约在 15min 内结束。

②诱导期。此阶段水化反应很慢,又称为静止期或潜伏期。一般维持 $2\sim4h$,是硅酸盐水泥能在几小时内保持塑性的原因。

③加速期。反应重新加快,反应速率随时间而增长,出现第二个放热峰,在峰顶达最大反应速率,相应为最大放热速率。加速期处于 $4\sim8h$,然后开始早期硬化。

④衰减期。反应速率随时间下降,又称减速期,处于 $12\sim24h$。由于水化产物 CH 和 C-S-H 从溶液中结晶出来而在 C_3S 表面形成包裹层,故水化作用受水通过产物层的扩散控制而变慢。

⑤稳定期。是反应速率很低并基本稳定的阶段,水化完全受扩散速率控制。

由此可见,在加水初期,水化反应非常迅速,但反应速率很快就变得相当缓慢,这就是进入了诱导期。在诱导期末水化反应重新加速,生成较多的水化产物,然后水化速率即随时间的增长而逐渐下降。影响诱导期长短的因素较多,主要有水灰比、C_3S 的细度、水化温度以及外加剂等。诱导期的终止时间与初凝时间有一定的关系,而终凝时间则大致发生在加速期的中间阶段。图 2-1-3 为 C_3S 各水化阶段的示意图。

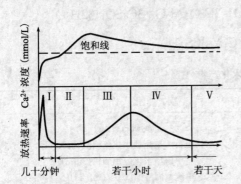

图 2-1-2　C_3S 水化放热速率和 Ca^{2+} 浓度变化曲线

Ⅰ—初始水化期;Ⅱ—诱导期;Ⅲ—加速期;
Ⅳ—衰减期;Ⅴ—稳定期

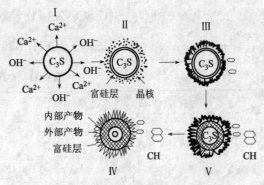

图 2-1-3　C_3S 各水化阶段示意图

Ⅰ—初始水化期;Ⅱ—诱导期;Ⅲ—加速期;
Ⅳ—衰减期;Ⅴ—稳定期

2)硅酸二钙的水化。β-C_2S 的水化与 C_3S 相似,只不过水化速度慢而已。

$$2CaO\cdot SiO_2 + nH_2O = xCaO\cdot SiO_2\cdot yH_2O + (2-x)Ca(OH)_2$$

简写成:

$$C_2S + nH = C\text{-}S\text{-}H + (2-x)CH$$

所形成的水化硅酸钙在 C/S 比和形貌方面与 C_3S 水化产物都无大区别,故也称 C-S-H 凝胶。但 CH 生成量比 C_3S 的少,结晶也比 C_3S 的粗大些。

3)铝酸三钙的水化。铝酸三钙与水反应迅速,放热快。其水化产物组成和结构受液相 CaO 浓度和温度的影响很大。在常温,其水化反应依下式进行:

$$2(3CaO\cdot Al_2O_3) + 27H_2O = 4CaO\cdot Al_2O_3\cdot 19H_2O + 2CaO\cdot Al_2O_3\cdot 8H_2O$$

简写为： $$2C_3A + 27H = C_4AH_{19} + C_4AH_{13}$$

C_4AH_{19} 在低于 85% 的相对湿度下会失去 6 个结晶水分子而成为 C_4AH_{13}。C_4AH_{19}、C_4AH_{13} 和 C_2AH_8 都是片状晶体，常温下处于介稳状态，有向 C_3AH_6 等轴晶体转化的趋势。

$$C_4AH_{13} + C_2AH_8 = 2C_3AH_6 + 9H$$

上述反应随温度升高而加速。在温度高于 35℃ 时，C_3A 会直接生成 C_3AH_6：

$$3CaO \cdot Al_2O_3 + 6H_2O = 3CaO \cdot Al_2O_3 \cdot 6H_2O$$

即： $$C_3A + 6H = C_3AH_6$$

由于 C_3A 本身水化热很大，使 C_3A 颗粒表面温度高于 135℃，因此 C_3A 水化时往往直接生成 C_3AH_6。在液相 CaO 浓度达到饱和时，C_3A 还可能依下式水化：

$$3CaO \cdot Al_2O_3 + Ca(OH)_2 + 12H_2O = 4CaO \cdot Al_2O_3 \cdot 13H_2O$$

即： $$C_3A + CH + 12H = C_4AH_{13}$$

在硅酸盐水泥浆体的碱性液相中，CaO 浓度往往达到饱和或过饱和，因此可能产生较多的六方片状 C_4AH_{13}，足以阻碍粒子的相对移动，据认为这是使浆体产生瞬时凝结的一个主要原因。在有石膏的情况下，C_3A 水化的最终产物与石膏掺入量有关（见表 2-1-1）。其最初的基本反应是：

$$3CaO \cdot Al_2O_3 + 3(CaSO_4 \cdot 2H_2O) + 26H_2O = 3CaO \cdot Al_2O_3 \cdot 3CaSO_4 \cdot 32H_2O$$

即： $$C_3A + 3C\hat{S}H_2 + 26H = C_3A \cdot 3C\hat{S} \cdot H_{32}$$

表2-1-1　C_3A 的水化产物

实际参加反应的 $C\hat{S}H_2/C_3A$ 摩尔比	水 化 产 物
3.0	钙矾石（AFt）
3.0~1.0	钙矾石 + 单硫型水化硫铝酸钙（AFm）
1.0	单硫型水化硫铝酸钙（AFm）
<1.0	单硫型固溶体 $[C_3A(C\hat{S},CH)H_{12}]$
0	水石榴子石（C_3AH_6）

所形成的三硫型水化硫铝酸钙，称为钙矾石。由于其中的铝可被铁置换成为含铝、铁的三硫型水化硫铝酸盐相。故常用 AFt 表示。

若 $CaSO_4 \cdot 2H_2O$ 在 C_3A 完全水化前耗尽，则钙矾石与 C_3A 作用转化为单硫型水化硫铝酸钙（AFm）：

$$C_3A \cdot 3C\hat{S} \cdot H_{32} + 2C_3A + 4H = 3(C_3A \cdot 3C\hat{S} \cdot H_{12})$$

若石膏掺量极少，在所有钙矾石转变成单硫型水化硫铝酸钙后，还有 C_3A，那就形成 $C_3A \cdot 3C\hat{S} \cdot H_{12}$ 和 C_4AH_{13} 的固溶体。

4）铁相固溶体的水化。水泥熟料中铁相固溶体可用 C_4AF 作为代表，也可用 Fss 表示。它的水化速率比 C_3A 略慢，水化热较低，即使单独水化也不会引起快凝。其水化反应及其产物与 C_3A 很相似。氧化铁基本上起着与氧化铝相同的作用，相当于 C_3A 中一部分氧化铝被氧化铁所置换,生成水化铝酸钙和水化铁酸钙的固溶体。

$$C_4AF + 4CH + 22H = 2C_4(A,F)H_{13}$$

在 20℃以上,六方片状的 $C_4(A,F)H_{13}$ 要转变成 $C_3(A,F)H_6$。当温度高于 50℃ 时直接水化生成 $C_3(A,F)H_6$。

掺有石膏时的反应也与 C_3A 大致相同。当石膏量充分时,形成铁置换过的钙矾石固溶体 $C_3(A,F)\cdot3C\bar{S}\cdot H_{32}$。而石膏不足时,则形成单硫型固溶体。并且,同样有两种晶型的转化过程。在石灰饱和溶液中,石膏使放热速率变得缓慢。

(2)硅酸盐水泥的水化

硅酸盐水泥由多种熟料矿物和石膏共同组成,加水后,石膏要溶解于水,C_3A 和 C_3S 很快与水反应。C_3S 水化时析出 $Ca(OH)_2$,故填充在颗粒之间的液相实际上不是纯水,而是充满 Ca^{2+} 和 OH^- 离子的溶液,水泥熟料中的碱也迅速溶于水。因此,水泥的水化在开始之后,基本上是在含碱的氢氧化钙和硫酸钙溶液中进行。其钙离子浓度取决于 OH^- 离子浓度,OH^- 浓度越高,Ca^{2+} 离子浓度越低,液相组成的这种变化会反过来影响各熟料的水化速度。据认为,石膏的存在,可略加速 C_3S 和 C_2S 的水化,并有一部分硫酸盐进入 C-S-H 凝胶。更重要的是,石膏的存在,改变了 C_3A 的反应过程,使之形成钙矾石。当溶液中石膏耗尽而还有多余 C_3A 时,C_3A 与钙矾石作用生成单硫型水化硫铝酸钙。碱的存在使 C_2S 的水化加快,水化硅酸钙中的 C/S 增大。石膏也可与 C_4AF 作用生成三硫型水化硫铝(铁)酸钙固溶体。在石膏不足的情况下,亦可生成单硫型水化硫铝(铁)酸钙固溶体。

因此,水泥的主要水化产物是氢氧化钙、C-S-H 凝胶、水化硫铝酸钙和水化硫铝(铁)酸钙以及水化铝酸钙、水化铁酸钙等。图 2-1-4 为硅酸盐水泥在水化过程中的放热曲线,其形式与 C_3S 的基本相同,据此可将水泥的水化过程简单地划分为三个阶段,即:

1)钙矾石形成期。C_3A 率先水化,在石膏存在的条件下,迅速形成钙矾石,这是导致第一放热峰的主要因素。

2)C_3S 水化期。C_3S 开始迅速水化,大量放热,形成第二个放热峰。有时会有第三放热峰或在第二放热峰上出现一个"峰肩"。一般认为是由钙矾石转化成单硫型水化硫铝(铁)酸钙而引起的。H.F.W.Taylor 等人通过研究认为,"峰肩"不是由钙矾石转化成单硫型水化硫铝(铁)酸钙而引起,而是再次形成钙矾石所致。当然,C_2S 和铁相亦以不同程度参与了这两个阶段的反应,生成相应的水化产物。

3)结构形成和发展期。此时,放热速率很低并趋于稳定。随着各种水化产物的增多,填入原先由水所占据的空间,再逐渐连接并相互交织,发展成硬化的浆体结构。水泥水化产物的形成和浆体结构的发展见图 2-1-5 所示。

(3)水化速率的影响因素

水化速率(rate of hydration)是指单位时间内水泥的水化程度或水化深度。水化程度是指一定时间内已水化的水泥量与完全水化量的比值。凝结与硬化是同一过程中的不同阶段。凝结标志着水泥浆失去流动性而具有一定的塑性强度;硬化则表示水泥浆体固化后所建立的结构,具有一定的机械强度。水泥凝结过程分为初凝和终凝两个阶段,以表示凝结过程的进展,国家规定用维卡仪测定初凝和终凝时间。影响水泥水化速率的因素很多,主要有以下几种:

1)熟料矿物组成。熟料中四种主要矿物的水化速率顺序为：

$$C_3A > C_3S > C_4AF > C_2S$$

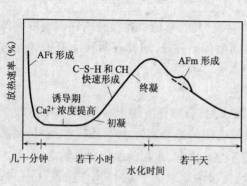

图 2-1-4　硅酸盐水泥的水化放热曲线

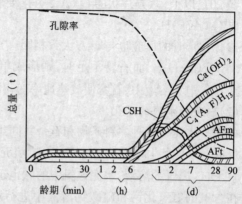

图 2-1-5　水泥水化产物的形成和浆体结构发展示意图

2)水灰比。水灰比(water cement ratio)大，则水泥颗粒能高度分散，水与水泥的接触面积大，因此水化速率快。另外，水灰比大，使水化产物有足够的扩散空间，有利于水泥颗粒继续与水接触而起反应。但水灰比大使水泥凝结慢，强度下降。

3)细度。水泥细度细，与水接触面积多，水化快；另外，细度细，水泥晶格扭曲、缺陷多，也有利于水化。一般认为，水泥颗粒粉磨至粒径小于 $40\mu m$，水化活性较高，技术经济较合理。细度过细，往往使早期水化反应和强度提高，但对后期强度没有多大益处。

4)养护温度。水泥水化反应也遵循一般的化学反应规律，温度提高，水化加快，特别是对水泥早期水化速率影响更大，但水化程度的差别到后期逐渐趋小。

5)外加剂。常用的外加剂有促凝剂、促硬剂及延缓剂等。绝大多数无机电解质都有促进水泥水化的作用。历史使用最早的是 $CaCl_2$，主要是增加 Ca^{2+} 浓度，加快 $Ca(OH)_2$ 的结晶，缩短诱导期。大多数有机外加剂对水化有延缓作用，最常使用的是各种木质素磺酸盐。

(4)水化热

水泥的水化热是由各熟料矿物水化作用所产生的。对冬季施工而言，水化放热可提高浆体温度，以保持水泥的正常凝结硬化，但对于大型基础和堤坝等大体积工程，由于内部热量不容易散失而使混凝土温度升高20℃～40℃，与其表面的温差过大，产生温度应力而导致裂缝。

水泥水化放热的周期很长，但大部分热量是在 3d 以内放出，水化热的大小与放热速率首先取决于熟料的矿物组成。一般规律为：C_3A 的水化热和放热速率最大；C_3S 和 C_4AF 次之；C_2S 的水化热最小，放热速率也最慢。影响水化热的因素很多，凡能加速水泥水化的各种因素，均能相应提高放热速率。

(5)体积变化

水泥浆体在硬化过程中会产生体积变化，固相体积大大增加，而水泥-水体系的总体积则有所减缩。其原因是随着水化的进行，有些游离水成为水化产物的一部分，从而使水化反应前后，反应物和生成物的密度不同，以 C_3S 水化反应为例：

$$2(3CaO \cdot SiO_2) + 6H_2O = 3CaO \cdot 2SiO_2 \cdot 3H_2O + 3Ca(OH)_2$$

密度(g/cm³)	3.14	1.00	2.44	2.23
摩尔量(mol)	228.33	18.02	342.46	74.10
摩尔体积(cm³/mol)	72.72	18.02	140.35	33.23
体系中所占体积(cm³)	145.44	108.12	140.35	99.69
体系总体积(cm³)	145.44+108.12=253.56		140.35+99.69=240.04	
体积变化(cm³)				-5.33%
固相体积变化(cm³)				$+65.04\%$

据认为,硅酸盐水泥完全水化后,其固相体积是原来水泥体积的2.2倍,因此,固相体积填充在原先体系中水所占有的空间,使水泥石致密,强度及抗渗性增加,而水泥浆体绝对体积的减缩在体系中产生一些减缩孔。

试验结果表明,水泥熟料中各单矿物的减缩作用,无论就绝对数值还是相对速度而言,其大小顺序均按 $C_3A > C_4AF > C_3S > C_2S$ 排列,所以,减缩量的大小常与 C_3A 的含量成线性关系。

(6)水泥石的结构

水泥加水拌成的浆体,起初具有可塑性和流动性。随着水化反应的不断进行。浆体逐渐失去流动能力,转变为具有一定强度的固体,即为水泥的凝结和硬化。水化是水泥产生凝结硬化的前提,而凝结硬化则是水泥水化的结果。硬化水泥浆体是一非均质的多相体系,由各种水化产物和残存熟料所构成的固相以及存在于孔隙中的水和空气所组成,所以是固-液-气三相多孔体。它具有一定的机械强度和孔隙率,而外观和其他性能又与天然石料相似,因此通常又称之为水泥石。

据泰勒测定,在水化3个月的硅酸盐水泥浆体($W/C=0.5$)中,各种组成的体积比约为C-S-H凝胶40%,$Ca(OH)_2$ 12%(包括1%碳酸钙),单硫型水化硫铝酸钙16%,孔隙24%,而未反应的残留熟料尚有8%。又曾报道过,在水化达23年的水泥浆体中水石榴石(平均组成近乎 $Ca_3Al_{1.2}Fe_{0.8}SiO_{12}H_8$)是主要的铝酸盐相。

1)水化产物的基本特征。在水泥浆体中,水化产物形态各异。各水化产物的基本特征见表2-1-2。

表2-1-2 水泥硬化浆体中主要水化产物的基本特征

名 称	密度(g/cm³)	结晶程度	形 貌	尺 寸	鉴别手段
C-S-H	2.3~2.6	极差	纤维状、网络状、皱箔状、等大粒状,水化后期不易辨别	$1\times0.1\mu m$ 厚度 $<0.01\mu m$	扫描电镜
氢氧化钙	2.24	良好	条带状	0.01~0.1mm	光学显微镜,扫描显微镜
钙矾石	~1.75	好	带棱针状	$10\times0.5\mu m$	光学显微镜,扫描显微镜
单硫型水化硫铝酸钙	1.95	尚好	六方薄板状不规则花瓣状	—	—

2)孔结构和内表面积。各种尺寸的孔也是硬化水泥浆体结构中的一个重要组成部分,总孔隙率、孔径大小的分布以及孔的形态等,都是水泥浆体的重要结构特征。

在水化过程中,水化产物的体积要大于熟料矿物的体积。据计算每 $1cm^3$ 的水泥水化后约占据 $2.2cm^3$ 的空间。也就是说约 45%(即 $1/2.2×100\%$)的水化产物处于原先水泥占据的空间。随着水化过程的进行,原先充水的空间减少,而没有被水化产物填充的空间,则逐渐被分割成形状极不规则的毛细孔。另外,在 C-S-H 凝胶所占据的空间内还存在着孔,尺寸极为细小,用扫描电镜也难以分辨。孔的尺寸在极为宽广的范围内变动,可从 $0.0005 \sim 10\mu m$,大小相差 5 个数量级。对于普通水泥浆体,总孔隙率经常超过 50%,因而,它也就成为最重要的强度决定因素。尤其当孔半径 r 大于或等于 $0.1\mu m$ 时,这种孔是强度损失的主要原因。但一般在水化 24h 以后,硬化浆体中绝大部分(70% ~80%)的孔径已在 $0.1\mu m$ 以下,随着水化过程的进行,孔径小于 $0.01\mu m$ 即凝胶孔的数量,随着水化产物的增多而增多,毛细孔则逐渐被填充,总的孔隙率则相应降低。

由于水化产物特别是 C-S-H 凝胶的高度分散性,其中又包含有数量如此多的凝胶孔,所以,硬化水泥浆体就具有极大的内表面积,从而构成了对物理力学性质有重大影响的另一结构特征。硬化水泥浆体的比表面积平均约为 $210m^2/g$,与未水化的水泥相比,提高了 3 个数量级。如此巨大的比表面积所具有的表面效应,必然是决定浆体性能的一个重要因素。

3)水及其存在形式。水在水泥水化及水泥浆体形成过程中起着重要作用。按其与固相组成的作用情况,可以分为结晶水、吸附水和自由水三种基本类型。

①结晶水。结晶水又称化学结合水(简称化合水),是水化产物的一部分,根据其结合力强弱又可分为强结晶水和弱结晶水两种。

强结晶水:以 OH^- 离子状态存在于晶格中,结合力强,只有在较高温度下晶格破坏时才脱除。如 $Ca(OH)_2$ 中的水就是强结晶水。

弱结晶水:以中性 H_2O 分子存在于晶格中,结合不牢固,在 100℃ ~200℃ 以上即可脱除的弱结合水。

②吸附水。吸附水是在吸附效应及毛细现象作用下被机械地吸附于固相颗粒表面及孔隙之中的水,可分为凝胶水和毛细水。凝胶水脱水范围较大。毛细水结合力弱,脱水温度较低,其数量随水灰比及毛细孔数量而变化较大。

③自由水。自由水又称游离水。主要存在于大孔、微孔内,与普通水性质无异。因对浆体结构及性能无益,应尽量减少。

上述水泥硬化浆体中不同形式的水,难以测定,因此,从实用观点出发,常将硬化浆体中的水分分为:非蒸发水和蒸发水两大类。试样在水蒸气压为 $6.67×10^{-2}Pa$ 的 -79℃ 干冰(-79℃ 温度)条件下干燥至恒重时,水泥浆体中所残留的水为非蒸发水,失去的水为蒸发水。在一般情况下,在饱和的水泥浆体中,非蒸发水约占干水泥质量的 18%,完全水化时,非蒸发水约占水泥质量 23%。由于非蒸发水量与水化产物的数量存在着一定的比例关系,因此,在不同龄期实测的非蒸发水量可以作为水泥水化程度的一个表征值。而蒸发水的体积可认为是在硬化水泥浆体中所有孔隙体积的量度。其蒸发水含量越大,出现的孔隙也会越多。

根据上述讨论,硬化水泥浆体中有水泥水化产物和未水化的熟料,又有水或空气充填于各类孔隙之中。其中作为最主要部分的水化产物,不但化学组成各不相同,而且也有不同形貌,如纤维状、棱柱状或针棒状、管状、粒状、板、片或鳞片状,以及无定形等多种基本型式。

2.1.2　水泥的物理性能

(1)密度与容积密度

硅酸盐水泥疏松状态的容积密度为 $900 \sim 1\,300 kg/m^3$，紧密状态的容积密度为 $1\,400 \sim 1\,700 kg/m^3$。

水泥在绝对紧密(没有空隙)的状态下，单位容积所具有的质量称为水泥密度，以 kg/m^3 或 g/cm^3 表示。水泥品种不同，它的密度也不同，其一般的变动范围如下：

硅酸盐水泥、普通硅酸盐水泥密度　　　　　　　　$3.1 \sim 3.2 g/cm^3$；

矿渣硅酸盐水泥密度　　　　　　　　　　　　　　$3.0 \sim 3.1 g/cm^3$；

火山灰硅酸盐水泥、粉煤灰硅酸盐水泥密度　　　　$2.7 \sim 3.2 g/cm^3$。

可以看出，掺入混合材料的水泥(火山灰水泥和矿渣水泥等)密度都只有 $3.0 g/cm^3$ 左右，因此，可以根据水泥的密度间接地识别是硅酸盐水泥或是火山灰、粉煤灰或矿渣水泥。

水泥的密度，对于某些特殊工程如防护原子能辐射、油井堵塞工程等，是重要的建筑性质之一。因为这些工程希望水泥生成致密的水泥石，故要求水泥的密度大一些。例如，贝利特油井水泥的密度为 $3.27 g/cm^3$。在测定水泥比表面积时，水泥的密度是计算中必备的数值。

影响水泥密度的因素主要有熟料矿物组成，熟料的煅烧程度，水泥的贮存时间和条件，以及混合材料掺加量和种类等。熟料中 C_4AF 含量增加，水泥的密度可以提高。经过长期存放的水泥密度会有所下降。生烧熟料密度小，过烧熟料密度大。影响水泥密度的因素也同样是影响水泥的容积密度的因素。此外，水泥容积密度还与粉磨细度有很大关系，细度愈细，容积密度愈小。

(2)细度

水泥一般由几微米到几十微米的大小不同的颗粒组成，它的粗细程度(颗粒大小)即称为水泥细度。

水泥颗粒的粗细对水泥性质有很大影响。颗粒愈细，水泥与水起反应的比表面就愈大，因而水化较快，所以水泥的早期强度比较高。但粉磨能量消耗大，成本也较高，如水泥颗粒较粗，则不利于水泥活性的发挥。因此，在保证水泥质量的前提下，水泥细度应控制在适当范围内。

水泥细度有筛余百分数、比表面积、颗粒平均直径和颗粒级配等不同表示方法。目前，我国普遍采用的是筛析法和比表面积测定方法两种。筛析法包括水筛法和干筛法。

影响水泥细度的因素很多，主要有熟料和掺加混合材料的易磨性、粉磨条件等。

(3)需水性(稠度、流动度)

在用水泥制得净浆、砂浆或者拌制混凝土时，都需加入必需量的水分，这些水分一方面与水泥粉起水化反应，使其凝结硬化；另一方面使净浆、砂浆和混凝土具有一定的流动性，以便于施工时浇灌模型。因此，需水性也是水泥重要建筑性质之一。在其他条件相同的情况下，需水量愈低，水泥石的质量会愈高。稠度和流动度是表示水泥需水性大小，前者用于水泥净浆，后者用了水泥砂浆和混凝土。

为了使水泥凝结时间、体积安定性的测定具有准确的可比性，规定水泥净浆处于一种特定的可塑状态，称为标准稠度。而标准稠度用水量是指使水泥净浆达到标准稠度时所需要拌合水量，以占水泥质量的百分数表示。

　　同样,流动度是规定水泥砂浆和混凝土处于一种特定的和易状态。砂浆流动度是用跳桌仪器来测定的,常用 mm 来表示其大小。混凝土是以坍落度或干硬度表示。

　　一般来说,水泥标准稠度用水量的变化范围如下:

硅酸盐水泥　　　　　　　　　　21%～28%;

普通水泥　　　　　　　　　　　23%～28%;

矿渣水泥　　　　　　　　　　　24%～30%;

火山灰水泥、粉煤灰水泥　　　　26%～32%。

　　影响水泥需水量的因素很多,其中最主要的是粉磨细度、矿物组成以及混合材料的种类和掺加量等。

(4)凝结时间

　　水泥从加水开始到失去流动性,即从流体状态发展到较致密的固体状态,这个过程所需要的时间称凝结时间。

　　水泥的凝结时间又分为初凝时间和终凝时间。初凝为从水泥加水开始到水泥浆开始失去可塑性的时间。终凝为水泥从加水开始到水泥浆完全失去可塑性并开始产生强度的时间。

　　为了使混凝土和砂浆有充分时间进行搅拌、运输、浇捣或砌筑,水泥的初凝时间不能过快;当施工完毕,则要求尽快硬化,所以终凝时间不能太长。

　　影响水泥凝结时间的因素是多方面的,凡是影响水泥水化速度的因素,一般都能影响水泥凝结时间。

　　1)石膏的作用及掺加量。石膏的作用主要是调节凝结时间,而且适量的石膏对提高水泥强度有利,尤其是早期强度;但石膏量不宜过多,否则会使水泥产生体积膨胀而使强度降低,甚至影响水泥的安定性。一般水泥中石膏掺加量 SO_3 计为水泥质量的 1.3%～2.5%。

　　2)假凝现象。假凝是指水泥的一种不正常的早期固化或过早变硬现象。在水泥用水拌合的几分钟内物料就显示凝结。假凝和快凝是不同的,前者放热量极微,而且经剧烈搅拌后,浆体又可恢复塑性,并达到正常凝结,对强度并无不利影响;而快凝或闪凝往往是由于缓凝不够所引起,浆体已具有一定强度,重拌并不能使其再具塑性。假凝的影响比快凝较为轻微,但仍会给施工带来一定困难。

　　假凝现象与很多因素有关,除熟料的 C_3A 含量偏高、石膏掺量较多等条件外,一般认为主要还由于水泥在粉磨时受到高温,使较多二水石膏脱水成半水石膏的缘故。当水泥调水后,半水石膏迅速溶于水,溶解后的大部分又重新水化为二水石膏析出,形成针状结晶网状构造,从而引起浆体固化。

　　对于某些含碱较高的水泥,所含的硫酸钾会依下式反应:

$$K_2SO_4 + CaSO_4 \cdot 2H_2O = K_2SO_4 \cdot CaSO_4 \cdot H_2O + H_2O$$

　　所生成的钾石膏结晶迅速长大,也会是造成假凝的原因。另外,即使在浆体内并不形成二水石膏等晶体所连生的网状构造,有时也会产生不正常的凝结现象。有的研究者认为,水泥颗粒各相的表面上,由于某些原因而带有相反的电荷,这种按其本质是触变性的假凝,则是这些表面间相互作用的结果。

　　实践表明,假凝现象在掺有混合材料的水泥中更少产生。实际生产时,为了防止所掺的二水石膏脱水,在水泥粉磨时常采用必要的降温措施。将水泥适当存放一段时间,或者在制备混凝土时延长搅拌时间等,也可能消除假凝现象的产生。

3)调凝外加剂。除石膏外,还有许多无机盐或有机化合物,能够影响硅酸盐水泥的凝结过程,均可作为调节凝结时间的外加剂。按照其所起的作用,通常有促凝剂和缓凝剂两种。由于在正常情况下,主要是硅酸三钙影响着凝结,而铝酸三钙则是引起不正常凝结的原因,因此一般就将外加剂的作用归结于它们对硅酸三钙和铝酸三钙水化的影响。

(5)水泥体积安定性

水泥体积安定性,简称安定性。它直接反应水泥质量的好坏,是水泥质量的重要指标之一。它标志水泥在凝结硬化后是否会因内部体积膨胀、开裂或弯曲而造成结构的破坏,简单的说就是指水泥加水后,体积变化的均匀性。事实上,水泥在凝结硬化过程中,体积必然会有一定程度的变化,但关键在于变化是否均匀,或者变化程度是否显著,或者变化是否在水泥石硬化以前已经完成。如果在水泥硬化以后产生了剧烈的不均匀的体积变化,也就是所谓的安定性不良,会使混凝土构件、建筑物等产生变形、裂纹、甚至崩溃,造成严重的质量事故。因此,世界上各国在控制水泥质员指标时,十分重视水泥体积安定性指标。我国标准中明确规定,水泥的安定性不合格应严禁出厂。

体积安定性不良的原因,一般是由于熟料中所含的游离氧化钙、游离氧化镁或石膏掺入量过多造成。游离氧化钙是影响安定性的主要因素。

(6)水泥强度

水泥强度是水泥重要的物理力学性能之一。它是硬化的水泥石能够承受外力破坏的能力。根据受力的形式不同,水泥强度通常分抗压、抗拉、抗折三种。

1)抗压强度。水泥胶砂硬化试体承受压缩破坏时的应力,称为水泥的抗压强度,以 MPa 表示。

2)抗拉强度。也称为抗张强度。水泥胶砂硬化试体承受拉伸破坏时的应力,称为水泥的抗拉强度,以 MPa 表示。

3)抗折强度。水泥胶砂硬化试体承受弯曲破坏时的最大应力称为水泥的抗折强度,以 MPa 表示。

表示水泥强度的指标即为水泥强度等级。检验水泥强度一方面对已确定水泥的强度等级,对比水泥质量的好坏;另一方面可以根据水泥强度等级设计混凝土,合理地使用水泥,保证工程质量。这是检验水泥强度的重要意义。

应当指出,水泥强度是一个相对值,同样的水泥用不同的检验方法,就会有不同的强度值。一个国家,为使水泥强度有一个统一的对比性,并正确反映水泥的强度,都制定国家标准的强度试验方法,对每一品种的水泥也都制定了强度品质指标。我国的国家新标准规定,水泥胶砂强度试验方法采用软练法。

影响水泥强度的因素很多,如熟料的矿物组成、煅烧程度、冷却速度、水泥细度、用水量、环境温度、湿度、外加剂以及贮存的时间和条件等。

(7)保水性和泌水性

不论在实验室作实验时,还是在工地上配制砂浆或混凝土时,常会发现不同品种的水泥有不同现象,有的水泥在凝结过程中会析出一部分拌合水。这种析出的水往往会覆盖在试体或构筑物表面上,或从模板底部渗出来,水泥这种析出水分的性能称为泌水性或析水性;水泥保留水分的性能,称为保水性。

泌水性是与保水性相反的现象,对制造均质混凝土是有害的,因为从混凝土中泌出的水常会聚集在浇灌面层,这样就使这一层混凝土和下一次浇灌的一层混凝土之间产生出一层含水较高的间层。这无疑将妨碍混凝土层与层间的结合,因而破坏了混凝土的均质性。分层现象不仅会在混凝土各浇灌面的表面上发生,而且也会在混凝土内部发生。因为从水泥砂浆中析出来的水分,还常会聚集在粗集料和钢筋下面。这样不仅会使混凝土和钢筋握裹力大为减弱,而且还会因这些水分的蒸发而遗留下许多微小的孔隙,因而降低混凝土强度和抗水性。

(8)抗渗性

水泥混凝土抵抗水的渗透作用的性能称为抗渗性。由于水工混凝土往往要承受较高的水压,因此,抗渗性是水工用水泥的一个重要性能。混凝土的抗渗性与耐久性有着密切的关系如果混凝土的抗渗性很差,透过混凝土的水就可以把石灰浸析出来,而有时还会把有害的浸蚀物质带入混凝土内部,使混凝土强度降低,甚至遭到破坏。因此,为了保证水泥砂浆或混凝土能用在经常受水压的建筑物中,水泥的抗渗试验有很大现实意义。

混凝土的抗渗性主要与它的密实性有关,影响混凝土密实性的因素很多,如所有集料的致密程度、集料的级配、水泥中掺入混合材料的性能、水泥用量以及混凝土浇灌时捣实方法等。

(9)干缩性

水泥混凝土在硬化过程中必然会同时发生体积变化。在干燥环境中,混凝土的体积一般是收缩的。由于收缩而引起混凝土体积的变形是一种不良现象,因为它能使混凝土内部产生应力,使结构产生裂缝而破坏,所以干缩是影响混凝土耐久性的重要因素之一。

影响混凝土干缩性的因素很多,如:单位体积混凝土的水泥用量、水灰比、集料的性质和级配、混凝土硬化时周围温度、混凝土硬化时间和水泥质量等。但主要因素是水泥的质量,水泥质量包括水泥熟料的矿物组成和岩相结构、混合材料的种类和掺加量以及粉磨细度等。

(10)耐热性

水泥石受热后,在一定温度下其内部的水化物和碳酸盐等就会发生脱水作用。这些水化物受热后分解成游离氧化钙,在空气中遇到水,又发生二次水化作用,生成氢氧化钙产生膨胀,从而破坏了水泥石的结构。水泥石中各成分脱水和分解温度如下:

水化硅酸钙开始脱水的温度为: 160℃~300℃;

水化铝酸钙开始脱水的温度为: 275℃~370℃;

氢氧化钙开始脱水的温度为: 400℃~590℃;

碳酸钙开始分解的温度为: 810℃~870℃。

硬化水泥石当加热到100℃~250℃时,由于凝胶体的脱水与部分氢氧化钙产生的加速结晶,对水泥石有增进密度的作用,因此,这时水泥石的强度不但不会降低,反而会有所提高。但当加热到250℃~300℃时,则由于水化硅酸盐和水化铝酸盐开始脱水,此时,水泥石的强度就降低。当加热到400℃~1 000℃时碳酸钙分解,剩余的水分全部失去,使水泥试体的强度降低得更快,甚至完全破坏。

硬化的水泥石在受热后,如经两次水化作用,对水泥试体内的强度影响很大。用普通水泥做的试体经500℃温度作用,并在空气中冷却后,就会呈现裂缝,并使其强度降低。经900℃~1 000℃温度处理的试体,在空气中放3~4星期后就会破坏;放置在潮湿空气中则试体破坏更为迅速。

(11)水化热

水泥水化时,会有放热现象。水化过程中所放出的热量,称为水泥的水化热。从水化热对混凝土的危害性来看,既需考虑放热的数量,也需考虑放热的速度。如果放热速度非常快,迅速放出大量的热,对大体积混凝土就会产生不良后果。

当建筑物结构断面较小时,水泥水化时所放出的热量通常会迅速散失到周围的空间,不致引起混凝土温度的显著升高。然而在断面大的结构物中,由于混凝土的热传导率低,热量就长时间地存在于混凝土的内部,致使混凝土内部的温度升高。由于结构物内部和外部之间存在着明显的温度差,于是产生有害的内应力,严重地损害了混凝土的结构,影响了混凝土的寿命。因此降低混凝土内部的发热量,是保证大体积混凝土质量的重要因素。水化热是大坝水泥主要技术要求之一。

(12)抗冻性

在严寒地区使用水泥时,抗冻性是水泥石的重要性能之一。而且水泥石的耐久性很大程度上也取决于它抵抗冻融循环的能力。据研究,我国北方各港混凝土破坏的主要原因之一,就是由于冻融交替的海浪、冰凌的冲击。

水在结冰过程中体积均增加9%,而且硬化水泥石的线膨胀系数是冰的$1/10 \sim 1/20$。水在水泥石的毛细孔隙中结冰时,由于冰的体积膨胀将使孔隙中多余的水从孔中压出,如果此部分水能顺利流入附近孔的孔隙,则水压就可消除。但事实上由于孔径很小,如果再有冰晶堵塞了通路,水的运动就很困难。加之水泥石附近如果又没有空的孔隙容纳多余的水,则水的压力必然要增大。当压力大到超过水泥的抗拉强度时,就会在水泥石中产生微细裂缝。当冰融化裂缝被水充满,再次冰冻时,裂缝又扩大。如此经过反复冻融循环,裂缝越来越大,以致水泥石破坏。

在水泥混凝土的一般使用条件下,只有毛细孔内的水与自由水才能结冰;毛细孔中的水含有氢氧化钙和碱类的盐溶液,其冰点约为$-1℃$,同时毛细孔中水还受表面张力的作用而使冰点更降低。毛细孔直径越小,其冰点越低。实践证明,在被水饱和的硬化水泥石中,在$-4℃$时约有60%的毛细孔变成冰,在$-12℃$时有80%以上变成冰,而到$-30℃$时毛细孔水就完全结成冰。

一般认为硅酸盐水泥比掺混合材的水泥的抗冻性要好些。增加熟料矿物中C_3S含量,水泥的抗冻性要好些。

水灰比对抗冻性影响很大,水灰比控制0.4以下的水泥石抗冻性好,但水灰比大于0.55时,抗冻性将显著降低。

2.1.3 硅酸盐水泥的化学侵蚀

硅酸盐水泥硬化后,在通常的使用条件下,一般有较好的耐久性。但是,在环境介质的作用下,会产生很多化学、物理和物理化学变化而被逐渐侵蚀,侵蚀严重时会降低水泥石的强度,甚至会崩溃破坏。

对水泥耐久性有害的环境介质主要为:淡水、酸和酸性水、硫酸盐溶液和碱溶液等。影响侵蚀过程的因素很多,除了水泥品种和熟料矿物组成以外,还与硬化浆体或混凝土的密实度、抗渗性以及侵蚀介质的压力、流速、温度的变化等多种因素有关,而且又往往有数种侵蚀作用同时并存,互相影响。因此,必须针对侵蚀的具体情况加以综合分析,才能制订出切合实际的防护措施。

(1)淡水侵蚀

硅酸盐水泥属于水硬性胶凝材料,理应有足够的抗水能力。但是硬化浆体如不断受到淡水的浸泡和溶蚀时,其中一些组成如 $Ca(OH)_2$ 等,将按照溶解度的大小,依次逐渐被水溶解,产生溶出性侵蚀,最终能导致破坏。

在各种水化产物中,$Ca(OH)_2$ 的溶解度最大(25℃ 时约为 1.2g/L),所以首先被溶解,如水量不多,水中的 $Ca(OH)_2$ 浓度很快就达到饱和程度,溶出作用也就停止。但在流动水中,特别在有水压作用且混凝土的渗透性又较大的情况下,水流就不断将 $Ca(OH)_2$ 溶出并带走,不仅增加了孔隙率,使水更易渗透,而且由于液相中 $Ca(OH)_2$ 浓度降低,还会使其他水化产物发生分解。

可见,随着 CaO 的溶出,首先是 $Ca(OH)_2$ 晶体被溶解,其次是高碱性的水化硅酸盐、水化铝酸盐等分解成为低碱性的水化产物。如果不断溶蚀,最后会变成硅酸凝胶、氢氧化铝等无胶结能力的产物。有人发现,当 CaO 溶出 5% 时,强度下降 7%;而溶出 24% 时,强度下降 29%。

所以,冷凝水、雪水、冰川水或者某些泉水,如果接触时间较长,就会对混凝土表面产生一定破坏。但对抗渗性良好的硬化浆体或混凝土,淡水的溶出过程一般发展很慢,几乎可以忽略不计。

(2)酸和酸性水侵蚀

当水中溶有一些无机酸或有机酸时,硬化水泥浆体就受到溶蚀和化学溶解的双重作用,将浆体组成转变为易溶盐类,侵蚀明显加速,酸类离解出来的 H^+ 离子和酸根 R^-,分别与浆体所含 $Ca(OH)_2$ 的 OH^- 和 Ca^{2+} 结合成水和钙盐。

所以,酸性水侵蚀作用的强弱,取决于水中的氢离子浓度。如 pH 值小于 6,硬化水泥浆体就有可能受到侵蚀。pH 值越小,H^+ 离子越多,侵蚀就越强烈。当 H^+ 离子达到足够浓度时,还能直接与水化硅酸钙、水化铝酸钙甚至未水化的硅酸钙、铝酸钙等起作用,使浆体结构遭到严重破坏。酸中阴离子的种类也与侵蚀性的大小有关。常见的酸多数能和浆体组分生成可溶性的盐。如盐酸和硝酸就能反应生成可溶性的氯化钙和硝酸钙,随后被水带走;而磷酸则会生成几乎不溶于水的磷酸钙,堵塞在毛细孔中,侵蚀的发展就慢。有机酸的侵蚀程度没有无机酸强烈,其侵蚀性也视其所生成的钙盐性质而定。醋酸、蚁酸、乳酸等与 $Ca(OH)_2$ 生成的钙盐容易溶解。而草酸生成的却是不溶性钙盐,这还可以用来处理混凝土表面,增加对其他弱有机酸的抗蚀性。醋酸、硬脂酸、软脂酸等摩尔量高的有机酸都与水泥石发生作用,生成相应的钙盐。一般情况下,有机酸的浓度越高,摩尔量愈大,则侵蚀性愈厉害。

上述的无机酸与有机酸很多是在化工厂或工业废水中遇到,化工防腐已是一个重要的专业课题,而自然界中对水泥有侵蚀作用的酸类则并不多见。不过,在大多数的天然水中多少总有碳酸存在,大气中的 CO_2 溶于水能使其具有明显的酸性(pH = 5.72),再加上生物化学作用所形成的 CO_2,常会产生碳酸侵蚀。

碳酸与水泥混凝土相遇时,首先和所含的 $Ca(OH)_2$ 作用,生成不溶于水的碳酸钙。但是水中的碳酸还要和碳酸钙进一步作用,生成易溶于水的碳酸氢钙:

$$CaCO_3 + CO_2 + H_2O = Ca(HCO_3)_2$$

从而使氢氧化钙不断溶失,而且又会引起水化硅酸钙和水化铝酸钙的分解。

由上式可知,当生成的碳酸氢钙达到一定浓度时,便会与剩下来的一部分碳酸建立起化学平衡;反应进行到水中的 CO_2 和 $Ca(HCO_3)_2$ 达到浓度平衡时就终止。实际上,天然水本身常含有少量碳酸氢钙,即具有一定的暂时硬度。因而,也必须有一定的碳酸与之平衡。这部分碳酸不会溶解碳酸钙,没有侵蚀作用,称为平衡碳酸。

当水中含有的碳酸超过平衡碳酸量时,其剩余部分的碳酸才能与 $CaCO_3$ 反应。其中一部分剩余碳酸与之生成新的碳酸氢钙,即称为侵蚀性碳酸;而另一部分剩余碳酸则用于补充平衡碳酸量,与新形成的碳酸氢钙又继续保持平衡。所以,水中的碳酸可以分成"结合的"、"平衡的"和"侵蚀的"三种。只有侵蚀性碳酸才对硬化水泥浆体有害,其含量越大,侵蚀越激烈。水的暂时硬度越大,则所需的平衡碳酸量越多,就会有较多的碳酸作为平衡碳酸存在。相反,在淡水或暂时硬度不高的水中,二氧化碳含量即使不多,但只要大于当时相应的平衡碳酸量,就可能产生一定的侵蚀作用。另一方面,暂时硬度大的水中所含的碳酸氢钙,还可与浆体中的 $Ca(OH)_2$ 反应,生成碳酸钙,堵塞表面的毛细孔,提高致密度:

$$Ca(HCO_3)_2 + Ca(OH)_2 = 2CaCO_3 + 2H_2O$$

还有试验表明,少量 Na^+、K^+ 等离子的存在,会影响碳酸平衡向着碳酸氢钙的方向移动,因而能使侵蚀作用加剧。

(3)硫酸盐侵蚀

绝大部分硫酸盐对于硬化水泥浆体都有显著的侵蚀作用,只有硫酸钡除外。在一般的河水和湖水中,硫酸盐含量不多,但在海水中 SO_4^{2-} 离子的含量常达 $2\,500\sim2\,700\text{mg}/\text{L}$。有些地下水,流经含有石膏、芒硝或其他硫酸盐成分的岩石夹层后,部分硫酸盐溶入水中,也会引起一些工程的明显侵蚀。这主要是由于硫酸钠、硫酸钾等多种硫酸盐都能与浆体所含的氢氧化钙作用生成硫酸钙,再和水化铝酸钙反应,生成钙矾石,从而使固相体积增加很多,分别为124%和94%,产生相当大的结晶压力,造成膨胀开裂以至毁坏。如以硫酸钠为例,其作用如下式:

$$Ca(OH)_2 + Na_2SO_4 \cdot 10H_2O = CaSO_4 \cdot 2H_2O + 2NaOH + 8H_2O$$

$$4CaO \cdot Al_2O_3 \cdot 19H_2O + 3(CaSO_4 \cdot 2H_2O) + 8H_2O = 3CaO \cdot Al_2O_3 \cdot 3CaSO_4 \cdot 32H_2O + Ca(OH)_2$$

因为,在石灰饱和溶液中,当 SO_4^{2-} 小于 $1\,000\text{mg}/\text{L}$ 时,石膏由于溶解度较大,不会析晶沉淀。但钙矾石的溶解度要小得多,在 SO_4^{2-} 浓度较低的条件下就能生成晶体。所以,在各种硫酸盐稀溶液中(SO_4^{2-} 浓度为 $250\sim1\,500\text{mg}/\text{L}$)产生的是硫铝酸盐侵蚀。当硫酸盐达到更高浓度后,才转为石膏侵蚀或者硫铝酸钙与石膏的混合侵蚀。

应该注意所含阳离子的种类。例如硫酸镁就具有更大的侵蚀作用,首先与浆体中的 $Ca(OH)_2$ 依下式反应:

$$MgSO_4 + Ca(OH)_2 + 2H_2O = CaSO_4 \cdot 2H_2O + Mg(OH)_2$$

生成的氢氧化镁溶解度极小,极易从溶液中沉析出来,从而使反应不断向右进行。而且,氢氧化镁饱和溶液的 pH 值为 10.5,水化硅酸钙不得不放出氧化钙,以建立使其稳定存在所需的 pH 值。但是硫酸镁又与放出的氧化钙作用,如此连续进行,实质上就是硫酸镁使水化硅酸钙分解。同时,Mg^{2+} 离子还会进入水化硅酸钙凝胶,使其胶结性能变差。而且,在氢氧化镁的饱和溶液中,水化硫铝酸钙也并不稳定。因此,除产生硫酸盐侵蚀外,还有 Mg^{2+} 离子的严重危害,常称为"镁盐侵蚀"。两种侵蚀的最终产物是石膏、难溶的氢氧化镁、氧化硅及氧化铝的水化物凝胶。

由于硫酸铵能生成极易挥发的氨,因此成为不可逆反应,反应进行地相当迅速:

$$(NH_4)_2SO_4 + Ca(OH)_2 = CaSO_4 \cdot 2H_2O + 2NH_3 \uparrow$$

而且,硫酸铵也会使水化硅酸钙分解,所以侵蚀极为厉害。

(4)含碱溶液侵蚀

一般情况下,水泥混凝土能够抵抗碱类的侵蚀。但如长期处于较高浓度(大于10%)的含碱溶液中,也会发生缓慢的破坏。温度升高时,侵蚀作用加剧,其主要有化学腐蚀和物理析晶两方面的作用。化学侵蚀是碱溶液与水泥石的组分间起化学反应,生成胶结力不强、易为碱液溶蚀的产物,代替了水泥石原有的结构组成:

$$2CaO \cdot SiO_2 \cdot nH_2O + 2NaOH = 2Ca(OH)_2 + Na_2SiO_3 + (n-1)H_2O$$
$$3CaO \cdot Al_2O_3 \cdot 6H_2O + 2NaOH = 3Ca(OH)_2 + Na_2O \cdot Al_2O_3 + 4H_2O$$

结晶侵蚀是由于孔隙中的碱液,因蒸发析晶产生结晶压力引起水泥石膨胀破坏,例如,孔隙中的 NaOH 在空气中 CO_2 作用下,形成 $Na_2CO_3 \cdot 10H_2O$ 体积增加而膨胀。

(5)提高水泥抗蚀性的措施

1)调整硅酸盐水泥熟料的矿物组成。从上述腐蚀机理的讨论可知,减少水泥熟料中的 C_3S 含量可提高抗淡水溶蚀的能力,也有利于改善其抗硫酸盐性能。减少熟料中的铝酸三钙含量,而增加铁铝酸四钙含量,可提高水泥的抗硫酸盐性能。因为铁铝酸四钙的水化产物为水化铝酸钙和水化铁酸钙的固溶体 $C_3(A,F)H_6$,抗硫酸盐性能比 C_3AH_6 好。此外,水化铁酸钙能在水化铝酸钙周围生成薄膜,提高抗硫酸盐性能。

冷却条件对水泥熟料的耐蚀性也有影响。对于铝酸三钙含量高的熟料,采用急冷形成较多的玻璃体,可提高抗硫酸盐性能。对于含铁高的熟料,急冷反而不利,因为 C_4AF 晶体比高铁玻璃更耐蚀。

2)在硅酸盐水泥中掺混合材。掺入火山灰质混合材能提高混凝土的致密度,减少侵蚀介质的渗入量。另外,火山灰质混合材中活性氧化硅与水泥水化时析出的氢氧化钙作用,生成低碱水化硅酸钙,从而消耗了水泥中的 $Ca(OH)_2$,使其在淡水中的溶蚀速度显著降低,并使钙矾石的结晶在液相氧化钙浓度很低的条件下形成,晶体膨胀特性比较缓和,除非生成的钙矾石数量很多,否则不易引起硫铝酸钙的膨胀破坏。

3)提高混凝土致密度。混凝土越致密,侵蚀介质就越难渗入,被侵蚀的可能性就越小。许多调查资料表明,混凝土往往是由于不密实而过早破坏,有些混凝土,即使不采用耐蚀的水泥,只要混凝土密实,腐蚀就缓和。我国大量海港混凝土调查证明了这一结论。

2.2 陶瓷的物理性能

2.2.1 陶瓷材料的硬度

硬度是材料的一种重要的力学性能,但在实际应用中由于测量方法不同,测得的硬度所代表的材料性能也各异,例如,金属材料常用的硬度测量方法是在静载荷下将一种硬的物体压入材料,这样测得的硬度主要反映材料抵抗塑性形变的能力,而陶瓷、矿物材料使用的划痕硬度却反映材料抵抗破坏的能力。所以硬度没有统一的定义,各种硬度单位也不同,彼此之间没有固定的换算关系。

陶瓷及矿物材料常用的划痕硬度称为莫氏硬度,它只表示硬度由小到大的顺序,不代表硬度的程度,后面的矿物可以划破前面的矿物表面。一般莫氏硬度分为 10 级,后来因为有一些人工合成的硬度较大的材料出现,又将莫氏硬度分为 15 级以便比较,表 2-2-1 为莫氏硬度两种分级的顺序。

表2-2-1 莫氏硬度顺序

顺 序	材 料	顺 序	材 料	顺 序	材 料	顺 序	材 料
1	滑 石	8	黄 玉	5	磷灰石	12	刚 玉
2	石 膏	9	刚 玉	6	正长石	13	碳化硅
3	方解石	10	金刚石	7	SiO₂ 玻璃	14	碳化硼
4	萤 石	1	滑 石	8	石 英	15	金刚石
5	磷灰石	2	石 膏	9	黄 玉		
6	正长石	3	方解石	10	石榴石		
7	石 英	4	萤 石	11	熔融氧化锆		

用静载压入的硬度实验种类很多,常用布氏硬度、维氏硬度及洛氏硬度,这些方法的原理都是将一硬的物体在静载下压入被测物体表面,表面上被压入一凹面,以凹面单位面积上的载荷表示被测物体的硬度。

布氏硬度法主要用来测定金属材料、较软及中等硬度的材料,很少用于陶瓷;维氏硬度法及洛氏硬度法都适于较硬的材料,也用于测量陶瓷的硬度;洛氏硬度法测量的范围较广,采用不同的压头和负荷可以得到 15 种标准洛氏硬度,此外还有 15 种表面洛氏硬度,其中 HRA、HRC 都能用来测量陶瓷的硬度。陶瓷材料也常用显微硬度法来测量,其原理和维氏硬度法一样,但是把硬度实验的对象缩小到显微尺度以内,它能测定在纤维观察时所评定的某一组织组成物或某一组成相的强度。显微硬度实验常用金刚石正四棱锥为压头,并在显微镜下测其强度,实验所用公式和维氏硬度所用的相同,即:

$$H_M = 1.854 \frac{P}{d^2}$$

但这里负荷 P 以 g 为单位;d 以 μm 为单位。仪器有效负荷为 2~200g(约 0.02~2N)。显微硬度实验法比较适于测量硬而脆的材料的硬度,所以也适用于测量陶瓷材料的硬度。一些材料的硬度值列于表 2-2-2。

矿物、晶体和陶瓷材料的硬度取决于其组成和结构。离子半径较小,离子电价越高,配位数越大,结合能就越大,抵抗外力摩擦、刻划和压入的能力也就越强,所以硬度就较大。陶瓷材料的纤维组织、裂纹、杂质等都对硬度有影响。当温度升高时,硬度将下降。

表2-2-2 一些材料的硬度

材　　　料	条　　　件	硬　　　度
金属 99.5%铝		H_v
	退火	20
	冷轧	40
铝合金(Al-Zn-Mg-Cu)	退火	60
	沉淀硬化	170
软钢	正火	120
	冷轧	200
轴承钢	正火	200
	淬火 1 103K	900
	回火 423K	750
陶瓷 WC		H_k 1 500~2 400
金属陶瓷(WC-6%Co)		1 500
	烧结	1 000
Al_2O_3	293K(实验温度)	1 500
B_4C	1 023K(实验温度)	2 500~3 700
BN(立方)		7 500
金刚石		6 000~10 000
玻璃 石英玻璃		H_v 700~750
钠钙玻璃		540~580
光学玻璃		550~600
高分子聚合物 聚苯乙烯		17
有机玻璃		16

2.2.2 陶瓷材料的脆性断裂与强度

常温下大多数陶瓷材料在外力作用下发生断裂之前没有或很少塑性形变,这就是说呈现出脆性。因此,破坏时往往是脆性断裂,而且抗冲击的性能也很差。对于脆性断裂还没有一个严格的、普遍的定义。有人认为脆性断裂就是材料在受力后,将在低于其本身结合强度的情况下作应力再分配,当外加应力的速率超过应力再分配的速率时,就发生断裂。这种断裂没有先兆,是突然发生的,而且是灾难性的。

当然,材料呈现出脆性或延展性并不是绝对的,而是和材料的组分、结构、受力条件和环境等因素有关。

材料的强度是抵抗外加负荷的能力。强度是材料极为重要的力学性能,有十分重要的实际意义,是设计和使用材料的一项重要指标。根据使用中受力的情况,要求材料具有抵抗拉压、变、扭、循环荷载等不同的强度指标。因此材料的强度问题一直受到人们的重视,并从两个不同的角度对材料的强度进行了大量的研究。

以应用力学为基础,从宏观现象研究材料应力-应变状况,进行力学分析,总结出经验规律,作为设计、使用材料的依据,这是力学工作者的任务。

从材料的微观结构来研究材料的力学性质,也就是研究材料宏观力学性能的微观机理,从而找出改善材料性能的途径,为工程设计提供理论依据。这是材料科学的研究范围,上述两方面的研究是密切相关的。材料科学比起应用力学来说要年轻得多,但随着科学技术的进步,对材料要求愈来愈高,使用条件也愈来愈苛刻,迫切需要具有特殊性能的新材料并且改善现有材料的性能,因此近二三十年来材料科学的发展很快,取得了很大进展,提出了各种理论,已经可以看出解决材料强度理论的苗头。主要是从微观上抓住位错缺陷,阐明塑性形变的微观机理,发展了愈益完善的位错理论;从宏观上抓住微裂纹缺陷(这是材料脆性断裂的主要根源),发展出一门新的学科——断裂力学。这两种缺陷在材料强度理论中扮演着主要角色。但材料的强度理论尚在发展中,许多问题尚不清楚,看法也不完全一致,有待今后进一步研究。

(1)裂纹的起源与扩展

1)裂纹的起源。实际材料都是裂纹体,这些裂纹是如何形成的呢?

①由于晶体微观结构中存在缺陷,当受到外力作用时,在这些缺陷处就引起应力集中,导致裂纹成核,例如位错在材料中运动会受到各种阻碍:a.由于晶粒取向不同,位错运动会受到晶界的障碍,而在晶界产生位错塞积;b.材料中的杂质原子引起应力集中而成为位错运动的障碍。位错是原子排列有缺陷的地方,处于能量较高的状态,使原子易于移动,而杂质原子的存在改变了这种状态,导致势垒 h' 提高,使位错运动困难,而且由于杂质原子引起应力集中就抵消了外界剪应力的作用,使降低位错运动激活能 $H(\tau)$ 的作用减弱,位错运动就比较困难;c.热缺陷,交叉(指位错组合、位错线与位错或位错线与其他缺陷相互交叉)都能使位错运动受到阻碍。当位错运动受到各种障碍时,就会在障碍前塞积起来,导致微裂纹形成。图 2-2-1 就是位错形成微裂纹示意图。

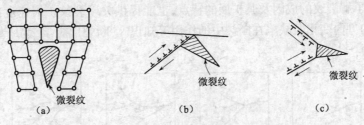

图 2-2-1　位错形成微裂纹示意图
(a)位错组合形成的微裂纹;(b)位错在晶界前塞积形成的微裂纹;
(c)位错交截形成的微裂纹

②材料表面的机械损伤与化学腐蚀形成表面裂纹,这种表面裂纹最危险,裂纹的扩展常常由表面裂纹开始。有人研究过新制备的材料表面,用手触摸就能使强度降低约一个数量级。从几十厘米高度落下一粒砂子就能在玻璃表面形成微裂纹。对直径为 $6.4\mu m$ 的玻璃棒,在不同的表面情况下,测得的强度值如表 2-2-3。大气腐蚀造成表面裂纹的情况前已述及,如果材料处于其他腐蚀性环境中,情况更加严重。此外,在加工、搬运及使用过程中也较易造成表面裂纹。

表2-2-3　不同表面情况对玻璃强度的影响

表　　面　　情　　况	强　　度　　(MPa)
工厂刚制得	45.5
受砂子严重冲刷后	14.0
用酸腐蚀除去表面缺陷后	1 750

③由于热应力而形成裂纹。大多数陶瓷是多晶多相体,晶粒在材料内部取向不同,不同相的热膨胀系数也不同,这样就会因各方向膨胀(或收缩)不同而在晶界或相界出现应力集中,导致裂纹生成,如图2-2-2。

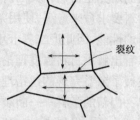

在制造或使用过程中,当从高温迅速冷却时,由于内部和表面的温度差引起热应力,导制裂纹生成。此外,温度变化时有晶型转变的材料也会因体积变化而产生裂纹。

总之,裂纹的成因很多,要制造没有裂纹的材料是极困难的,因此假定实际材料都是裂纹体是符合实际情况的。

图 2-2-2 由于热应力
形成的裂纹

2)裂纹的迅速扩展。按照格里菲斯裂纹理论,材料的断裂强度不取决于裂纹的数量,而是取决于裂纹的大小,即是由最危险的裂纹尺寸(临界裂纹尺寸)决定材料的断裂强度,一旦裂纹超过临界尺寸,裂纹就迅速扩展而断裂。因为裂纹扩展力 $G = \pi c\sigma^2/E$,当 c 增加时,G 也变大,而 $dw_s/dc = 2\gamma$ 是常数,因此,裂纹一旦达到临界尺寸而起始扩展,G 就愈来愈大于 2γ,直到破坏。所以对于脆性材料,裂纹的起始扩展就是破坏过程的临界阶段,因为脆性材料基本上没有吸收大量能量的塑性形变。

由于 G 愈来愈大于 2γ,释放出多余的能量一方面使裂纹运动加速,变成动能。裂纹扩展的速度一般可达到材料中声速的 40%~60%。另一方面多余的能量还能使裂纹增殖,产生分枝以形成更多的新表面。图 2-2-3 是四块玻璃板在不同负荷下用高速照像机拍摄的裂纹增殖情况。多余的能量也可能不表现为裂纹增殖,而是使断裂表面成复杂形状,如条纹、波纹、梳刷状等,这种表面因极不平整,表面积比平的表面大得多,因此能消耗较多能量。断裂表面的深入研究,有助于了解裂纹的成因及其扩展的特点,也能提供关于裂纹扩展速度的情况,断裂过程中最大应力的方向变化及缺陷在断裂中的作用等知识。"断裂形貌学"就是专门研究断裂特征学科。

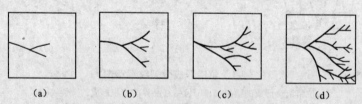

| (a) | (b) | (c) | (d) |

图 2-2-3 玻璃板在不同负荷下裂纹增殖示意图

3)影响裂纹扩展的因素

首先应使作用应力不超过临界应力,这样裂纹就不会扩展,其次在材料中设置吸收能量的机构也能阻止裂纹扩展。例如在陶瓷材料基体中加入塑性的粒子或纤维而制成金属陶瓷和复合材料就是利用这一原理的突出例子。此外人为地在材料中造成大量极微细的裂纹(小于临界尺寸)也能吸收能量,阻止裂纹扩展。近年来出现的所谓"韧性陶瓷"就是在氧化铝中加入氧化锆,利用氧化锆的相变产生体积变化,就在基体中形成大量微裂纹,从而大大提高了材料的韧性。

(2)静态疲劳

裂纹除上述的快速失稳扩展外,还会在使用应力下,随着时间的推移而缓慢扩展,这种缓慢扩展也叫亚临界扩展,或称为静态疲劳(材料在循环应力作用下的破坏叫做动态)。裂纹缓慢扩展的结果是裂纹逐渐加大,一旦达到临界尺寸就会失稳扩展而破坏。就是说材料在短时间内可以承受给定的使用应力,但负荷时间足够长,最后就会在低应力下破坏,也可以说材料的断裂强度取决于时间,例如同样材料,负荷时间长,断裂强度为 σ_1;负荷时间短一些,断裂强度为 σ_2;负荷时间再缩短,断裂强度为 σ_3,一般规律为 $\sigma_3 > \sigma_2 > \sigma_1$。这在生产上有重大意义,一个构件开始负荷时不会破坏,而在一定时间后就突然断裂,没有先兆。因此提出了构件的寿命问题。就是在使用应力下,构件能用多少时间就要破坏。如果能事先知道,就可以限制使用应力延长寿命,或用到一定时间就进行检修,撤换构件。

关于裂纹缓慢扩展的本质至今尚无统一完整的理论,这里介绍几种观点:

1)应力腐蚀理论。这种理论认为环境对裂纹端部应力集中区域的腐蚀比对裂纹侧面的腐蚀要严重得多,这种腐蚀使裂纹端部原子间的化学键受到破坏,导致裂纹缓慢扩展,一旦达到临界尺寸就失稳而断裂。许多实验数据说明环境对疲劳寿命影响很大,环境愈恶劣(如水蒸气分压高),裂纹扩展速度愈快,温度愈高,化学反应愈烈,裂纹扩展速度也愈快。这一理论能解释许多实验数据,但有人在真空中实验,也发现了疲劳现象,说明单纯用应力腐蚀来说明疲劳现象是不够的。

2)自由表面能降低。这种观点认为环境中的表面活性物质吸附在裂纹表面上使裂纹表面的自由表面能降低,这就降低了断裂表面能。但自由表面能仅为断裂表面能的一小部分,即使像硅酸盐玻璃这样的脆性材料,自由表面能也大约只有断裂表面能的 30%,所以只从自由表面能的降低来说明疲劳现象也是不够的。

3)能量分布状态变化。这种观点认为裂纹附近由于应力集中,晶格结点能量分布状态发生变化,这些地方的原子处于高能量状态,这就加速了空位运动和原子扩散传质。这一理论还认为环境影响断裂表面能,从而影响空位的运动和原子传质。

根据断裂力学的观点,裂纹扩展速度是受应力强度因子 K_{I} 控制的。如果测出材料中裂纹尺寸 c,根据裂纹扩展速度就可确定裂纹扩展到临界尺寸所需的时间(动态疲劳情况下为循环次数),由此确定材料的使用寿命。因此确定裂纹扩展速度 v 和 K_{I} 的关系十分重要,经大量试验,发现这一关系可表示为:

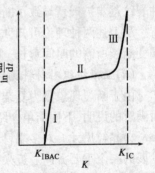

图 2-2-4 亚临界裂纹
扩展的三个阶段示意图

$$v = \frac{\mathrm{d}c}{\mathrm{d}t} = A K_{\mathrm{I}}^n \qquad (2\text{-}2\text{-}1)$$

式中 c 为裂纹的瞬时长度,A、n 是由材料本质及环境条件决定的常数。$\ln v$ 与 K_{I} 的关系如图 2-2-4 所示。

该曲线可分为三个区域:第 Ⅰ 区,$\ln v$ 与 K_{I} 成直线关系;第 Ⅱ 区,$\ln v$ 基本和 K_{I} 无关;第 Ⅲ 区,$\ln v$ 与 K_{I} 成直线关系,但曲线更陡。综合上述关于疲劳本质的理论,可以对 $\ln v\text{-}K_{\mathrm{I}}$ 关系加以解释,v 与 K_{I} 之间的指数关系可以用波尔兹曼因子表示为:

$$v = v_0 \exp\left[-\frac{Q^* - nK_{\mathrm{I}}}{RT}\right] \qquad (2\text{-}2\text{-}2)$$

式中 v_0——频率因子;

　　　Q^*——激活能,与作用应力无关,而与环境有关,表面活性物质的存在会使用 Q^* 值降

低;

n——与应力集中影响下受到活化的区域的大小有关的常数;

R——气体常数;

T——绝对温度。

从式(2-2-2)可知 $\ln v$ 与 $\dfrac{nK_I - Q^*}{RT}$ 成比例,第 I 区,随着 K_I 增加,Q^* 将因环境的影响而下降,于是 $\ln v$ 增加且与 K_I 成直线关系;第 II 区,原子及空位的扩散速度达到了腐蚀介质的扩散速度,使得裂纹端部没有腐蚀介质,于是 Q^* 就提高,结果抵消了 K_I 增加对 $\ln v$ 的影响,$nK_I - Q^* \approx$ 常数,表现出 $\ln v$ 不随 K_I 变化的现象。第 III 区,Q^* 增加到一定值时就不再增加(此值相当于真空中裂纹扩展的 Q^* 值),这样 $nK_I - Q^*$ 将愈来愈大,$\ln v$ 又迅速增加。

大多数氧化物陶瓷由于含有大量碱性硅酸盐玻璃相,通常也有疲劳现象。疲劳过程还受加载速率的影响,加载速率愈慢,裂纹缓慢扩展的时间愈长,在较低的应力下就能达到临界尺寸。这一关系已由实验证实。

(3)蠕变断裂

多晶材料在高温时,在恒定应力作用下由于形变不断增加而导致断裂称为蠕变断裂。高温下形变的主要部分是晶界滑动,因此蠕变断裂的主要形式是沿晶界断裂。蠕变断裂的黏性流动理论认为,高温下晶界要发生黏性流动,在晶界交界处产生应力集中,如果应力集中使得相邻晶粒发生塑性形变而滑移,则将使应力弛豫,如果不能使邻近晶粒塑性形变,则应力集中将使晶界交界处产生裂纹。这种裂纹逐步扩展导致了断裂。

蠕变断裂的另一种观点是空位聚积理论,这种理论认为在应力及热波动的作用下,受拉的晶界上空位浓度大大增加(回忆扩散蠕变理论),这些空位大量聚积,可形成可观的的裂纹,这种裂纹逐步扩展就导致了断裂。

从上述两种理论可知,蠕变断裂明显地取决于温度和外加应力。温度愈低,应力愈小,则蠕变断裂所需的时间愈长。蠕变断裂过程中裂纹的扩展属于亚临界扩展。

(4)显微组织对材料脆性断裂的影响

由于断裂现象极为复杂,许多细节尚不完全清楚。因此不可能对显微组织的影响作完整而满意的说明,下面简单介绍几种影响因素。

1)晶粒尺寸。对多晶材料,大量试验证明晶粒愈小,强度愈高,因此微晶陶瓷就成为陶瓷发展的一个重要方向。近来已出现许多晶粒度小于 $1\mu m$,气孔率近于 0 的高强度高致密陶瓷,如表 3-7 所示,随着晶粒尺寸及气孔率减小,强度大为提高。

实验证明,断裂强度 σ_f 与晶粒直径 d 的平方根成反比,这一关系可表示为:

$$\sigma_f = \sigma_0 + K_1 d^{-1/2} \tag{2-2-3}$$

σ_0、K_1 为材料常数。如果起始裂纹受晶粒限制,其尺度与晶粒度相当,则脆性断裂与晶粒度的关系可表示为:

$$\sigma_f = K_2 d^{-1/2} \tag{2-2-4}$$

对这一关系解释如下:由于晶界比晶粒内部弱,所以多晶材料破坏多是沿晶界断裂。细晶材料晶界比例大,沿晶界破坏时,裂纹的扩展要走迂回曲折的道路,晶粒愈细,此路程愈长。此外,多晶材料中初始裂纹尺寸与晶粒度相当,晶粒愈细,初始裂纹尺寸就愈小,这样就提高了临界应力。

2)气孔的影响。大多数陶瓷材料的强度和弹性模量都随气孔率的增加而降低,这是因为气孔不仅减小了负荷面积,而且在气孔领近区域产生应力集中,减弱材料的负荷能力。

断裂强度与气孔率 P 的关系可由下式表示:

$$\sigma_f = \sigma_0 \cdot \exp(-nP) \tag{2-2-5}$$

式中　n——常数,一般为 4~7;

　　　σ_0——没有气孔时的强度。

从式(2-2-4)可知,当气孔率约为 10% 时,强度将下降为没有气孔时的强度的一半,这样大小的气孔率在一般陶瓷中是常见的。透明氧化铝陶瓷的断裂强度与气孔率的关系示于图2-2-5和表 2-2-4 的规律比较符合。

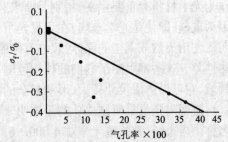

图 2-2-5　透明氧化铝陶瓷断裂强度与气孔率的关系

表2-2-4　几种无机材料的断裂强度

材　　料	晶 粒 尺 寸（μm）	气 孔 率（%）	强　　度（MPa）
高铝砖(99.2% Al_2O_3)	—	24	13.5
烧结 Al_2O_3(99.8% Al_2O_3)	48	0	266
热压 Al_2O_3(99.9% Al_2O_3)	3	<0.15	500
热压 Al_2O_3(99.9% Al_2O_3)	<1	0	900
单晶 Al_2O_3(99.9% Al_2O_3)	—	0	2 000
烧结 MgO	20	1.1	70
热压 MgO	<1	0	340
单晶 MgO	—	0	1 300

也可以将晶粒尺寸和气孔率的影响结合起来考虑,即表示为:

$$\sigma_f = (\sigma_0 + K_1 d^{-1/2}) e^{-nP} \tag{2-2-6}$$

除气孔率外,气孔的形状及分布也很重要。通常气孔多存在于晶界上,这是特别有害的,它往往成为裂纹源。气孔除有有害的一面外,在特定情况下也有有利的一面,就是当存在高的应力梯度时(例如由热震引起的应力)气孔能起到阻止裂纹扩展的作用。除晶粒尺寸、气孔对强度有重要影响外,其他杂质的存在,也会由于应力集中而降低强度;当存在弹性模量较低的第二相时也会使强度降低。

2.2.3　陶瓷材料的透光性

普通的硬瓷和软瓷器皿,只要烧结充分,瓷坯玻璃相含量较高、原料纯净无杂质而胎身又比较薄的,一般都有程度不等的透光性。我国古代赞誉瓷器所谓"薄如纸",形成了传统的"薄胎瓷"、"蛋壳瓷",至近代更有发展,薄胎瓷可以与乳白玻璃媲美,用于灯具上毫不逊色。

但我们着重研究的不是指上述范围内的涵义,而是研究近年来迅速发展起来的以高纯物质为原料、基本上为单一晶相的多晶材料——"透明陶瓷"。这类材料 1mm 厚的试片其透光率 (I/I_0) 可以达到 80% 以上。

透明陶瓷是近年来陶瓷科学技术和陶瓷工业的一个重大突破,它说明了陶瓷工业技术——从原料到烧成的整个工艺的各个工序(特别是高纯原料的制备、超细粉末的获得、以及烧成工艺等)的重大技术革命,对烧结理论也有推动作用。另一方面,显示了陶瓷作为光学材料进入光学领域之中,它已开始用于新型光源、红外探测仪器、激光调制……等领域。陶瓷能作为光学材料有重要意义,特别是要求有大面积的光学零部件,如窗口、整流罩等,更为必要。因为玻璃(即使是光学玻璃)在可见光下透光率很高,但在红外波段则显著降低,甚至变成不透明。使用天然或人工的晶体,尺寸有限制,有些则化学稳定性差、不耐潮。而塑料、树脂类则耐热性差。这些都限制了它们的使用范围。透明陶瓷的研制成功给光学材料开辟了一个广阔的领域,它可以造成尺寸较大、形状复杂的制品。

透明陶瓷最早研制成功的是透明氧化铝瓷,1958 年美国通用电气公司以"Lucalox"为商品名称供应市场,它的透光率对 4 000~6 000nm 的红外波段为>80%(1mm 厚试样),而现在作为高压钠灯灯管的透明氧化铝瓷它对可见光的透光率已达到 90%以上。现在研制成功的透明陶瓷已有十多种,如 Al_2O_3、MgO、Y_2O_3、ZrO_2、ThO_2、MgF_2、CaF_2、LaF_2 以及 PZT、PLZT、GaAs、ZnS 等。表 2-2-5 给出几种主要透明陶瓷材料的透射波段及主要用途。

表2-2-5　几种主要的透明陶瓷材料的透射波段及主要用途

材　　料	透射波段(μm)	主　　要　　用　　途
Al_2O_3	0.2~7　1~6	高压钠灯灯管
MgO	0.3~6　0.39~10	耐高温红外材料;窗口、整流罩
BeO	0.2~5	高热导的窗口材料
Y_2O_3	0.25~10	耐高温窗口、整流罩、激光装置、高温辐射源窗口
ThO_2	0.5~10	耐高温红外材料;窗口、整流罩等
ZrO_2	1~10	极耐高温,窗口、整流罩、高温工作红外控制,监视与探测
MgF_2	0.45~9.5	耐温度急变、红外光学零件、耐潮耐腐蚀
CaF_2	0.13~12　0.2~12	大面积的窗口、整流罩
LaF_2	1~13	
PZT	0.5~8	热释电材料
PLZT	0.5~8	电-光调制、热释电
GaAs	1~18	窗口、透镜、整流罩等
ZnS	2~14	可与金属或玻璃封接,做窗口、透镜、整流罩

(1)透明瓷具有良好透光性的主要原因

陶瓷通常具有多结构,除了晶相外还有玻璃相和气泡,即使是高纯度陶瓷不存在玻璃相,但也是一种有少量气泡的多晶体。由于晶粒细小,晶界多,有可能造成比较严重的界面反射损失,除非是等轴系晶体如透明 MgO、CaF_2 瓷因晶界两侧的媒质具有相同的折射率,因而不发生界面反射损失。对于由各向异性晶体造成的陶瓷如 Al_2O_3 瓷,由于相邻晶粒间可能由取向不同而有不同的折射率,因而在晶界处会造成界面反射损失。若设瓷体的平均粒径为 $20\mu m$,则每毫米厚度最少有 50 个晶粒(即完全有规则地成直线排列),这样界面就超过 50 个。α-Al_2O_3三方晶系六方柱状晶体,属一轴晶负光性,$n_o = 1.768$,$n_e = 1.760$,双折射率 $n_o - n_e = 0.008$,当在晶粒排列的最极端情况,即相邻两晶粒光轴互相垂直的情况下,其界面反射损失应为最大。此时两侧介质的折射率分别为 1.768 及 1.760,故界面反射损失为:

$$m = \frac{(1.768 - 1.760)^2}{(1.768 + 1.760)^2} = \frac{(0.008)^2}{(3.528)^2} = 5.15 \times 10^{-6}$$

由于 α-Al_2O_3 的两个主折射率的差别微小,虽然是各向异性晶体,这种晶面反射损失也是微不足道的。如果把瓷坯内的晶粒放大,减少了界面数目,是否会对减少界面反射损失带来一些好处呢? 首先,瓷坯中的粗晶结构会使机械强度下降,热稳定性和其他物理性能变坏。而对于光学质量从上面分析可知,由于晶粒放粗界面减少而导致界面反射损失的下降是非常有限的,但因此而容易使气泡在晶粒长大过程中被包裹进晶粒内无法在烧成过程中排除掉。由于空气的折射率接近于1,因此 Al_2O_3-空气的界面就可能引起较强烈的反射,使光能受到较大的损失。在上文中已经计算了 Al_2O_3 单晶与空气界面的反射损失为 $m=0.076$,比前面讨论的两个晶粒的界面损失要大得多。因此可以说,粗晶结构是有百害而无一利,只会带来坏的影响。一般工业瓷尚且要求保证细晶结构,而对透明度有很高要求的透明陶瓷更是这样。

当瓷坯内存在着异相物质,而且它的主晶相的折射率相差又比较大时会引起较大的界面反射损失。因此,透明陶瓷要求有高纯度,这无论对减少杂质吸收还是异相物质界面反射损失来说都是必要的。但问题也不是绝对的,事物总是一分为二的,上面讨论要求透明 Al_2O_3 瓷具备细晶结构,相应地采取最有效措施是加入 MgO 使它形成尖晶石($MgAl_2O_4$)包裹刚玉相,使刚玉晶粒相互隔离,不致在烧结过程中长大而包裹进气泡,降低透明性。作为晶界间的异相物质的尖晶石,它是等轴晶系晶体,$n=1.720\ 2$,比仅由 Al_2O_3 本身因存在双折射而引起界面反射损失要大些。但是尽管这样,由于微晶化而得到的好处比这样一点损失要大得多。近年来有人采用加入少量稀土氧化物作为添加物使它溶入尖晶石中,提高后者的折射率,从而降低界面反射损失的方法,取得一定成效。

总结以上所述,透明陶瓷为要获得高度透光性的必要条件主要是:(1)高密度,尽可能接近理论密度;(2)晶界处无气孔和空洞,或其尺寸比入射的可见光波长小得多,即使发生散射现象其所引起的损失也很轻微;(3)晶界无杂质和玻璃相或它们与主晶相的光学性质差别很小;晶粒细小,尺寸接近均一,晶粒内无气泡封入等。

(2)提高陶瓷材料透光性的措施

为了实现透明陶瓷的生产,提高陶瓷材料的透光性,主要是针对获得透光性的条件而采取相应的措施,它们有:

1)高纯度原料。如生产透明氧化铝用 $AlNH_4(SO_4)_2 \cdot 12H_2O$ 含有量达到 $99.95\%\sim99.99\%$,杂质 SiO_2、Fe_2O_3、Na_2O、K_2O 含量各少于 $10ppm$ 的铝铵矾分解所得的 Al_2O_3 为原料,保证原料中的含量不低于 99.9%。

2)适当的转相(或预烧)温度。原料转相或合成预烧的温度必须适当,不能过高或过低。过高则活性降低,影响产品烧成时准确烧结;过低则转相或合成不完全,制品在烧成过程中不应有的物理化学变化也发生了,造成制品变形、尺寸不准确等等。即使预烧时反应完全,但若温度太低则颗粒过细、活性太大,在烧成时易于形成粗晶。

3)充分排除气孔。主要是在烧结时加以控制,让气泡充分排除,特别是防止晶粒迅速长大,把晶界的气孔包裹进晶粒内而无法排出。采用的主要措施是掌握适当的烧成温度,避免太快。

4)晶化。加入适当的添加物以抑制晶粒长大,在透明 Al_2O_3 瓷中,和其他刚玉瓷一样,也是加入 MgO 使之生成 $MgO \cdot Al_2O_3$ 尖晶石,由于透明陶瓷纯度高,一般加的添加剂数量很少,用固态粉末加入配料很难达到均匀,现有的方法有用溶液配入的,虽比以粉末加入稍好,但也难免在干燥时会在坯体表面富集了添加剂而造成浓度不均。

2.3　玻璃的物理化学性质

根据玻璃不同性质间的共同特点,可将玻璃的性质分为三类。

第一类是与玻璃中离子迁移有关的性质,如:黏度、电阻率、化学稳定性等。其共同特点是:这些性质取决于离子迁移过程中需克服的能量势垒和离子迁移能力的大小,性质与组成之间不是简单的加和关系。当玻璃从高温经过转变温度范围而冷却的过程中,这类性质一般是逐渐变化的,见图 2-3-1(a)。

第二类性质主要与玻璃的网络骨架及网络与网络外阳离子的相互作用有关。如:密度、强度、折射率、膨胀系数、硬度等。在常温下,玻璃的这类性质可假设为构成玻璃的各种离子的性质的总和。这些性质通常在玻璃的转变温度范围内出现突变,见图 2-3-1(b)。

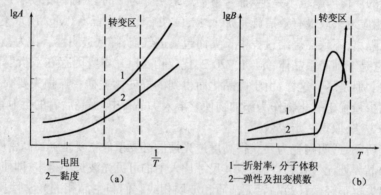

图 2-3-1　玻璃性质随温度变化关系曲线

第三类性质包括玻璃的光吸收、颜色等。这些性质与玻璃中离子的电子跃迁及原子或原子团的振动有关。

2.3.1　玻璃的黏度与表面张力

黏度又称黏滞系数。是流体(液体或气体)抵抗流动的量度。

表面张力是作用于液体表面单位长度上使液面收缩的力,它是由于液体表面的不平衡力场而产生的,使液体表面具有收缩到最小面积的趋势。

黏度和表面张力分别以符号 η、σ 表示,其国际单位分别为 Pa·s 和 N/m。

黏度与表面张力对玻璃生产的影响贯穿玻璃生产的全过程,因而有着极其重要的工艺意义。表 2-3-1 及表 2-3-2 分别列举了与黏度和表面张力有关生产过程。

表2-3-1　与黏度有关的生产过程

玻璃状态	固　态	黏　滞　状　态		液　态
		塑性状态	软化状态	
黏度范围/Pa·S	$>10^{13}$	$10^{13} - 10^9$	$10^9 - 10^{4 \sim 5}$	$10^3 - 10$
工艺过程	退火	显色、乳浊及其他热处理	成型	熔化

表2-3-2 表面张力对生产过程的影响

工 艺 过 程	表 面 张 力 的 影 响
澄　　清	气泡的内压力与玻璃液的表面张力有关
均　　化	不均体能否溶解扩散取决于不均体与周围玻璃液之间的表面张力差
成　　型	表面张力使玻璃液成型时具有自发收缩的趋势
热 加 工	借助于表面张力的作用,形成光滑表面
封　　接	玻璃液滴与金属的润湿角小于90°,有利于玻璃与金属的良好封接
耐火材料的侵蚀	玻璃液浸润耐火材料,加剧其对耐火材料的侵蚀

(1)影响玻璃黏度的因素

玻璃的黏度主要由化学组成和温度决定。

1)温度的影响。与大多数液体一样,玻璃的黏度随温度的升高而降低。$\eta - T$ 的基本关系式为:

$$\eta = \eta_0 \exp(E/kT) \tag{2-3-1}$$

式中　η_0——常数;

　　　E——黏滞流动活化能;

　　　K——玻耳兹曼常数;

　　　T——绝对温度。

由于 E 本身是温度的函数,实践中通常采用该式进行修正后的对数形式(即 Fulcher 方程)来计算玻璃在一定温度下的黏度。

$$\log\eta = A + B/(T - T_0) \tag{2-3-2}$$

式中　A、B、T_0 均为常数。

不同组成的玻璃,黏度随温度变化的快慢(以 $\Delta\eta/\Delta t$ 来表示)不同。在成型温度范围内,$\Delta\eta/\Delta t$ 越大,玻璃的料性越短;反之,$\Delta\eta/\Delta t$ 越小,玻璃的料性越长。图 2-3-2 中,A 玻璃的料性较 B 玻璃长,适用于生产成型过程时间较长的玻璃制品。

特定黏度所对应的温度点,为确定玻璃生产所采用的温度参数有着重要的指导意义。表 2-3-3 列举了常用黏度特征点的值及其相应的玻璃性质或状态。

2)组成的影响。硅酸盐玻璃的黏度首先取决于硅氧网络的连接程度,O/Si 比增大,玻璃黏度下降;反之,玻璃的黏度增大。

常见氧化物对玻璃黏度的影响概括如下:

①SiO_2、Al_2O_3、ZrO_2 等增大玻璃的黏度;

②碱金属氧化物可降低玻璃的黏度;

③碱土金属氧化物对玻璃黏度的影响需从两方面加以

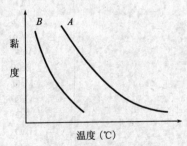

图 2-3-2　长性玻璃(A)
与短性玻璃(B)

考虑:一方面,类似于碱金属氧化物,导致大的阴离子团解聚,使黏度减小;另一方面碱土金属阳离子的场强较大,具有吸引氧离子到自己周围的能力,起到积聚网络的作用,从而导致黏度增大。应该说,前一种作用在高温是主要的,而后一种作用在较低温度下表现出来;

④PbO、CdO、Bi_2O_3、SnO 等能降低玻璃的黏度。

表2-3-3　玻璃的黏度特征点

黏度特征点	黏度值(Pa·s)	物　理　及　意　义
应　变　点	$10^{13.5}$	加热时,内应力开始消除,黏度高于此值,应力松弛停止,此时,加热也无法消除应力,因此,可作为工艺上的退火下限温度参考点。一般在此温度下,保温 4h,应力可大体消除
转　变　点	$10^{12.4}$	Tg 点,玻璃的结构发生变化,黏度高于此值,玻璃处于脆性状态;黏度低于此值,玻璃处于黏滞状态。玻璃的许多物理性质在该点发生突变,Tg 点也是鉴别非晶态固体是否为玻璃的一个重要依据
退　火　点	10^{12}	此点,应力 3min 消除 95%,工艺上作为退火上限,略高于 Tg 点
膨胀软化点	$10^{8\sim10}$	变形已开始,对应膨胀曲线最高点温度
软化温度	$10^{6.65}$	Littleton 软化点
工　作　点	10^{3}	操作上限温度,供料温度
熔　融　点	10^{1}	玻璃熔化温度

(2)影响表面张力的因素

1)温度的影响。对于一般液体,温度升高,质点间结合力减弱,液体的的表面张力减小。σ 与 T 的关系可用经验公式 $\sigma = \sigma_0(1 - bT)$ 表示。即 σ 随 T 的升高而成比例减小。通常,温度每升高 100K,表面张力下降 0.004～0.01N/m。但这种线形关系对硅酸盐熔体,只在一定温度范围内适用。这是因为硅酸盐熔体在温变过程中,发生阴离子团的聚合与解离,使得其 σ 与 T 的关系偏离线形变化规律。

2)组成的影响。根据表面张力的定义,组成玻璃的物质间的相互吸引力越小,其对玻璃表面张力的贡献越小。玻璃组成中常见氧化物对玻璃熔体的表面张力的影响概括于表 2-3-4。

表2-3-4　常见氧化物对玻璃熔体的表面张力的影响

类　　别	组　　份	组份的平均特性常数 σ_L（当温度为 1 300℃时）	备　　注
I 非表面活性组分	SiO_2	290	La_2O_3、Pr_2O_5、Nd_2O_3、GeO_2 也属于上述组成
	TiO_2	250	
	ZrO_2	(350)	
	SnO_2	(350)	
	Al_2O_3	380	
	BeO	390	
	MgO	520	
	CaO	510	
	SrO	490	
	BaO	470	
	ZnO	450	
	CdO	430	
	MnO	390	
	FeO	490	
	CoO	430	
	NiO	400	
	Li_2O	450	
	Na_2O	290	
	CaF_2	(420)	

续表

类　别	组　份	组份的平均特性常数 σ_{L} （当温度为 1 300℃时）	备　注
Ⅱ 中间性质的组分	K_2O Rb_2O、Cs_2O PbO B_2O_3 Sb_2O_3 P_2O_5	可变的,数值小可能为负值	Na_3AlF_6、Na_2SiF_6 也能显著地降低表面张力
Ⅲ 难熔表面活性强组分	As_2O_3 V_2O_5 WO_2 MoO_3 $CrO_3(Cr_2O_3)$ SO_3	可变的,并且是负值	这种组分能使玻璃的 σ 降低 20%～30%或更多

　　根据物理化学的概念和氧化物对玻璃的表面张力的影响,将玻璃组成中常见氧化物分为三大类,即增加玻璃的表面张力的非表面活性组分(第Ⅰ类)、明显降低玻璃的表面张力的强表面活性组分(第Ⅲ类)及中间性质组分(第Ⅱ类)。阴离子中 F^-、$[SO_4]^{2-}$ 能显著降低玻璃液的表面张力。800℃时,当玻璃中引入 1% 的 F^-,可降低玻璃熔体的表面张力 0.007N/m,进一步增加 F^- 的含量至 5% 时,每增加 1% 的 F^-,表面张力下降 0.003N/m。这是由于负一价的 F^- 较容易富集于玻璃熔体的表面。如玻璃熔体吸收或以其它形式引入 SO_2,则表面张力下降。如窗玻璃的表面张力 $\sigma = 0.309N/m$, 1% 的 SO_3 使表面张力降至 0.266N/m。

　　表面张力可根据玻璃的组成和各氧化物的表面张力因子通过加和法则来计算。

$$\sigma = (1/100)\sum \sigma_i p_i \qquad (2\text{-}3\text{-}3)$$

　　需要指出的是,采用不同文献提供的氧化物的表面张力因子计算出的表面张力数据常有较大的差异。

2.3.2　玻璃的密度

　　玻璃密度取决于构成玻璃的原子的质量以及玻璃结构网络的紧密程度和网络空隙的填充情况。由于玻璃密度的变化可精确至 $0.000\ 2g/cm^3$,远高于玻璃成分化学分析的精度,且密度的测量也较玻璃成分的化学分析容易进行,故生产上常通过测定玻璃的密度来监控玻璃成分的变化。

(1)玻璃成分对密度的影响

　　玻璃的密度与其组成之间的关系非常密切。首先,玻璃组成中的网络形成体氧化物确定了构成玻璃网络的基本结构单元的体积大小。如:$[BO_4]$ 的分子体积小于 $[SiO_4]$,所以在硅酸盐玻璃中以 B_2O_3 代 SiO_2,如果 B 以 $[BO_4]$ 形式存在,则玻璃的密度增加。对于同一种网络形成体氧化物,其配位形式也会影响到玻璃的密度。如 $[BO_3]$ 向 $[BO_4]$ 转变,可使玻璃密度增大。

对于网络中间体氧化物,当其处于网络空隙中时,通常使玻璃的密度上升。若其成为玻璃网络的一部分时,其对玻璃密度的影响取决于其对玻璃网络紧密程度的影响。如 Na_2O-CaO-SiO_2 玻璃中加入少量 Al_2O_3,由于 Al^{3+} 起到连接玻璃中原有断键的作用,而使玻璃网络的完整性增加,玻璃的密度增大;但若大量的 $[AlO_4]$ 取代 $[SiO_4]$,由于前者的分子体积较后者大,则导致玻璃的密度下降。

网络外体氧化物的阳离子填充在玻璃网络的空隙中,当这些阳离子的半径较小,未引起玻璃网络的扩张时,可增加玻璃的密度。如石英玻璃的密度约为 $2.0g/cm^3$,而 Na_2O-CaO-SiO_2 玻璃的密度为 $2.5\sim2.6g/cm^3$。但当网络外体氧化物的阳离子的半径较大时,其对玻璃密度的影响则取决于其对玻璃分子质量与分子体积的双重影响。

玻璃的密度可由基于加和法则的经验公式求得。

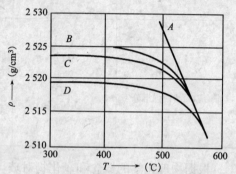

图 2-3-3 冷却速率对硼冕玻璃密度的影响
A—平衡态;B—1K/h;C—1.86K/h;D—9.87K/h

(2)温度对玻璃密度的影响

温度对玻璃密度的影响是温度对玻璃结构影响的外在表现。当温度低于玻璃的转变温度 T_g 时,温度升高玻璃的密度略有下降;温度高于 T_g,玻璃的密度显著下降。

(3)对玻璃密度的影响

从高温急冷所得的玻璃因继承了玻璃熔体高温下的松散、开放结构,其密度较慢冷或退火玻璃小。图 2-3-3 显示,冷却速率越大,玻璃密度越小。

2.3.3 玻璃的热学性质

玻璃的热膨胀系数、热稳定性为玻璃的主要热学性质。

玻璃的热膨胀系数有线膨胀系数 α 和体膨胀系数 β 之分,$\beta\approx3\alpha$。玻璃的热膨胀系数(α)与玻璃的退火、玻璃封接、玻璃的热稳定性密切相关。根据玻璃的热膨胀系数大小可将玻璃划分为:硬质玻璃($\alpha<60\times10^{-7}$/K)和软质玻璃($\alpha>60\times10^{-7}$/K)。

图 2-3-4 是典型的玻璃热膨胀曲线。由玻璃的热膨胀曲线可获得玻璃的转变温度 T_g 和膨胀软化温度 T_f 的值。

从图 2-3-4 可以看出,当温度低于玻璃的 T_g 点时,热膨胀随温度的升高呈线形增长,温度高于 T_g 点时,玻璃的热膨胀急剧增大。

由温度低于玻璃的 T_g 点时的热膨胀量来确定玻璃的热膨胀系数。图 2-3-4 所示的热膨胀曲线的线形段的斜率即为热膨胀系数。石英玻璃的热膨胀系数最小,为 5×10^{-7}/K,著名的 Pyrex 的热膨胀系数约为 33×10^{-7}/K,普通 Na_2O-CaO-SiO_2 玻璃的热膨胀系数约为 $80\sim90\times10^{-7}$/K。

根据热膨胀的原理可知,玻璃中非桥氧越少,玻璃的热膨胀系数越小。因此,碱金属氧化物的加入导致玻璃的热膨胀系数增大,且从 $Li_2O\rightarrow Na_2O\rightarrow K_2O$,阳离子半径增大,离子场强减小,热振动加剧,热膨胀系数增大越多。碱土金属氧化物的作用与此类似,但因其离子场强较碱金属阳离子大,对玻璃网络骨架有一定的积聚作用,故其对热膨胀系数的影响也较小。

　　玻璃的热膨胀系数可根据玻璃组成及氧化物的热膨胀系数因子由加和法则计算。依玻璃的组成系统不同,有多套不同的影响因子用于热膨胀系数的计算。计算时,要注意各种影响因子的使用范围。

　　热历史对玻璃热膨胀系数的影响与其对玻璃结构的影响相关联。开放的、疏松的结构升温时易膨胀。因此,急冷玻璃较慢冷玻璃的热膨胀系数大,见图 2-3-5。

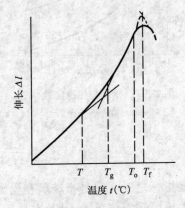

图 2-3-4　玻璃热膨胀曲线

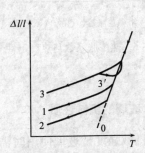

图 2-3-5　热历史对玻璃热膨胀的影响
1—正常冷却;2—慢冷;3—快冷;
3′—常规加热;0—平衡态曲线

　　玻璃的热稳定性是玻璃在非室温条件下使用时最重要的性能之一。常用玻璃能耐受的急变温度差来表示玻璃的热稳定性。

　　玻璃的热稳定性受玻璃制品的厚度、比热、导热系数、密度、强度、弹性模量、热膨胀系数等因素影响。常用下面的公式来表示玻璃的热稳定性。

$$K = \frac{P}{\alpha E}\sqrt{\frac{\lambda}{cd}} = B \cdot (\theta_1 - \theta_2) \tag{2-3-4}$$

式中　K——玻璃的热稳定性系数,$\text{℃·cm/s}^{1/2}$;

　　　　P——玻璃的抗张强度极限,kgf/mm^2;

　　　　α——玻璃的线膨胀系数;

　　　　E——玻璃的弹性模量,kgf/mm^2;

　　　　λ——玻璃的导热系数,cal/(cm·s·℃);

　　　　c——玻璃的热容,cal/(g·℃);

　　　　d——玻璃的密度,g/cm^3;

　　　　B——常数;

　　$\theta_1 - \theta_2$——导致玻璃破裂的最小急变温度,℃。

　　其中,热膨胀系数和厚度的影响最大。热膨胀系数越大,玻璃的热稳定性越差(图 2-3-6)。

玻璃的厚度越大,所能耐受急变温度差越小(图 2-3-7)。

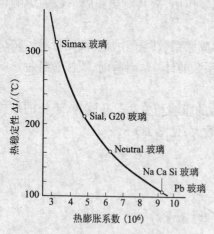

图 2-3-6　热膨胀系数与热稳定性

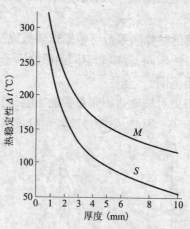

图 2-3-7　厚度与热稳定性

M—最大值;S—安全值

2.3.4　玻璃的机械性质

玻璃的机械强度是玻璃使用时需要考察的重要性能指标之一。它是指玻璃在受力过程中,从开始加载到断裂为止,所能达承受的最大应力值。按照受力情况的不同,有抗压强度、抗张强度、抗折强度、抗冲击强度等。玻璃的抗压强度一般要比抗张或抗折强度大一个数量级。

(1)玻璃的理论强度与实际强度

玻璃的理论强度是按不同的理论计算方法推导得出的,是无缺陷玻璃的强度。常用的玻璃理论强度数据是根据构成玻璃的物质的化学键强计算所得。因此,玻璃的理论强度等于断裂过程中产生新表面所需的能量,它可由 Griffith 方程(式 2-3-5)计算。

$$\sigma_t, theoretic = \sqrt{4E\gamma/\pi\alpha} \tag{2-3-5}$$

式中　$\sigma_t, theoretic$——玻璃的理论强度,N/m²;

E——弹性模量,N/m²;

γ——表面能,N/m;

α——原子间距。

对于硅酸盐玻璃,E、γ、α 分别为 7×10^{10}、0.3、1.6×10^{-10}。由式(2-3-5)可得玻璃的理论强度约为 1.3×10^{10}N/m²(13GPa)。实验测得的玻璃强度要比上述数值低 2~3 个数量级。一般玻璃的实际强度为 50~200MPa。

玻璃的实际强度与理论强度之间的巨大差异除与测量因素有关外,主要是由于玻璃内部存在组成、结构的不均匀性缺陷。此外,玻璃表面的微裂纹是导致玻璃实际强度低的重要原因之一。在外力作用下,裂纹尖端出现应力集中,当应力超过原子间作用力时,裂纹迅速扩展,而导致玻璃断裂。

由于玻璃的实际强度远低于其理论强度,因此玻璃的增强有很大的潜力。通常采用退火、钢化、表面处理(表面脱碱、火抛光、酸抛光、表面涂层、表面晶化、离子交换等)、微晶化等措施来提高玻璃的使用强度。

(2)影响玻璃强度的因素

影响玻璃强度的因素包括内因和外因两个方面。内因主要有:玻璃的组成、玻璃的宏观与微观缺陷。外因主要是玻璃的使用环境(如温度、湿度)、加载方式、试样的尺寸。

表2-3-5列举了各种氧化物对玻璃强度的影响因子σ_i。玻璃的强度σ_t可由氧化物的含量ρ_i及这些影响因子按式(2-3-6)所示的加和法则计算。

$$\sigma_t = \frac{1}{100}\sum \sigma_i\rho_i \qquad (2\text{-}3\text{-}6)$$

表2-3-5　氧化物对玻璃强度的影响因子(玻璃系统:$18Na_2O, 10CaO, 72SiO_2, wt\%$)

氧 化 物	抗张强度 (MN/m²)	抗压强度 (MN/m²)
Na_2O	20	20
K_2O	10	50
MgO	10	1 100
CaO	200	200
BaO	50	50
B_2O_3	65	900
Al_2O_3	50	1 000
SiO_2	90	1 230
P_2O_5	75	760
As_2O_5	30	1 000
ZnO	150	600
PbO	25	480

玻璃的宏观和微观缺陷与玻璃的熔化过程密切相关,设计合理的组成,减少玻璃的分相发生,提高熔化质量,获取组成均匀、缺陷少的玻璃是提高玻璃强度的重要手段。

从常温下开始升温,玻璃的强度先呈下降趋势,这是由于原子的热起伏随温度升高而增大,使玻璃中缺陷处的应变能增加,从而加剧微裂纹的扩大,导致玻璃的强度下降。当温度升至100℃以上,玻璃的强度又开始增大,这是由于玻璃表面的水挥发,减小了应力腐蚀的发生,进一步升至玻璃的转变温度以下,由于玻璃结构的调整以及表面微裂纹的钝化,玻璃的强度进一步提高。

随着试样尺寸的减小,玻璃的强度增加。图2-3-8显示出玻璃纤维的直径与其抗张强度之间的关系。

实验还发现,对直径相同的玻璃纤维,其强度随纤维长度的增加而下降。玻璃试样强度的这种尺寸效应在普通平板玻璃中也存在。一般的解释为:玻璃的尺寸减小,试样表面和内部发生缺陷的几率也随之减小,因而强度提高。

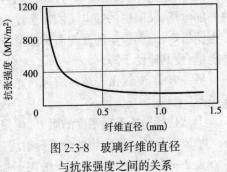

图 2-3-8　玻璃纤维的直径
与抗张强度之间的关系

(3)玻璃的硬度与脆性

玻璃的广泛使用在很大程度上得益于其具有高的硬度,但玻璃的脆性在很大程度上又限制了其使用。

一般玻璃的硬度在 5~7 之间。

与其他固体物质一样,玻璃的硬度首先取决于其内部化学键的强度和离子的配位数。通常,网络生成体阳离子使玻璃具有高的硬度,而网络外离子使玻璃的硬度下降。对于同类型的玻璃,随着网络外阳离子的场强的增大,玻璃的硬度上升。

各种氧化物提高玻璃硬度的能力由小到大的顺序是:

$$SiO_2 > B_2O_3 > (MgO、ZnO、BaO) > Al_2O_3 > Fe_2O_3 > K_2O > Na_2O > PbO$$

急冷玻璃由于其结构较慢冷玻璃疏松,因而硬度也较小。

玻璃的脆性常用抗冲击强度或抗压强度与抗冲击强度之比来表示。

玻璃的脆性与玻璃的成分、宏观均匀性、热历史、试样的形状与厚度等有关。

2.3.5 玻璃的光学性质

玻璃的主要光学指数包括折射率、色散。玻璃的主要光学性质包括玻璃对光的反射、吸收、透过。

(1)折射率(Refractive Index)

光通过二物质界面时,入射角 α 与折射角 β 的正弦之比即为折射率。一般以 n 表示。n 也可以用光在二种介质的传播速度之比来表示,如式 2-3-7 所示。

$$n = \sin\alpha / \sin\beta = c_1 / c_2 \tag{2-3-7}$$

若第一介质为真空,则 n 即为第二介质的绝对折射率。通常所说的折射率是玻璃对空气的相对折射率。

普通钠钙玻璃的 n 为 1.5 左右。高折射率玻璃微珠的折射率 n 在 1.9 以上。

影响折射率的因素主要有:

1)玻璃的组成。先分析一下,光由空气进入玻璃时速度变慢的原因。

首先,光是电磁波,玻璃可以看成各种带电基团的聚合体。光照射玻璃时,光波是一交变的外加电场,玻璃中的带电基团处于这一交变电场作用下,导致质点的极化变形,极化的结果产生偶极矩,而偶极矩的改变需要能量,这部分能量来自光波。所以光通过玻璃时,损失一部分能量,使其速度下降。

另一方面,光线由光疏介质进入光密介质,行进速度下降。因此,组成对 n 的影响具有如下关系:

①凡是能增加玻璃密度的组分,均使 n 增大;

②玻璃组成中氧化物的分子折射度越大,n 越大。

表 2-3-6 是玻璃中常见离子的离子折射度。从表中可以看出:玻璃形成体阳离子如 Si^{4+}、B^{3+}、P^{5+} 由于其与氧离子形成的键较强,不易极化,故离子折射度小。而半径大,易极化的离子,折射度大,含有这些离子的玻璃的折射率越大。如著名的捷克波希米亚晶质玻璃即为 $K_2O\text{-}CaO\text{-}SiO_2$。含 Ba^{2+}、Pb^{2+} 的玻璃折射率高,一方面因为这些离子的折射度大,另一方面含钡铅玻璃密度也大。

表2-3-6　玻璃中常见离子的离子折射度

Li⁺　0.2	Mg²⁺　0.28	Al³⁺　0.17	Si⁴⁺　0.1
Li^+　0.2	Mg^{2+}　0.28	Al^{3+}　0.17	Si^{4+}　0.1
Na^+　0.5	Ca^{2+}　1.33		B^{3+}　0.05
K^+　2.2	Pb^{2+}　3.1		P^{5+}　0.07
	Ba^{2+}　4.3		

2)温度的影响。对于一般玻璃,在温度低于玻璃的转变温度时,n一般随温度的升高略有上升($\Delta n = 0.1 \sim 12.08 \times 10^{-6}$)。温度进一步升高,玻璃的折射率急剧下降。

3)波长的影响。根据折射率的定义,折射率反应了光波和玻璃相互作用。因此,n除与玻璃有关外,还与光波本身有关。入射光的波长不同,玻璃的折射率不同,此即色散现象(见下一节)。国际上统一规定的波长标准有:

钠光谱的 D 线	黄色	$\lambda = 589.3nm$
氦光谱的 d 线	黄色	$\lambda = 587.6nm$
氢光谱的 F 线	浅蓝色	$\lambda = 587.6nm$
氢光谱的 C 线	红色	$\lambda = 587.6nm$
汞光谱的 g 线	浅蓝色	$\lambda = 435.8nm$
氢光谱的 G 线	浅蓝色	$\lambda = 434.1nm$

通常所说的折射率是以钠灯的 D 线($\lambda = 589.3nm$)为入射光时的测得的折射率,记为 n_D。玻璃的主折射率以前为 n_d 即氦的 d 线为入射光。现改为 n_e 即 $\lambda = 546.1nm$。此时 λ 对应为绿光,肉眼最敏感,测试方便。

(2)色散

玻璃的折射率随入射光波长的变化而变化的现象即为玻璃的色散。一般地,折射率随入射光波长的增大而减小,此即正常色散。但当光波波长接近于材料吸收带时,n 急剧增大,此即反常色散。发生反常色散是由于光通过玻璃时,某些离子的电子随光波的变化而产生振动,当电子振动的频率等于光波的振动频率时,发生共振,振动加强,从而大量吸收光能,光速大大减小,n 急剧增大。

色散在数值上是以折射率之差来表示的。如:平均色散 $n_F - n_C$,部分色散 $n_d - n_D$ 等。

色散倒数又称阿贝数,记为 v。

$$v = (n_D - 1)/(n_F - n_C) \tag{2-3-8}$$

通常将折射率低且色散大于 55 的玻璃称为冕牌玻璃,把折射率高而色散小于 50 的玻璃称为火石玻璃。

复色光通过光学系统时,由于各自对应的折射率不同因而成像在轴上的位置不同,从而呈现彩色光带,称这种现象为色差。可利用冕牌玻璃的凸透镜和火石玻璃的凹透镜组合可消除色差。

(3)玻璃的反射、吸收、透过

当光照射到玻璃上,一部分光被玻璃表面反射,一部分被玻璃所吸收,另一部分光透过玻璃。这三部分与入射光强度之比分别为反射系数 R、吸收系数 K、透过率 T,且 $R + K + T = 1$。

1)玻璃对光的反射。反射率 R 用来表示玻璃对光的反射能力。

它与玻璃表面的光滑程度、光的入射角、频率及玻璃的折射率有关。

当入射角为 90°时，

$$R = \left(\frac{n-1}{n+1}\right)^2 \tag{2-3-9}$$

所以，n 越大，R 越大。

反射会导致光损失，降低光的透过率。对于普通玻璃，$n=1.5$，当光的入射角为 90°时，反射率为 4%。

2)玻璃对光的吸收与透过。玻璃对光的吸收与透过遵循兰比尔定律，即

$$
\begin{aligned}
\mathrm{d}I/\mathrm{d}l &= -\alpha I \\
\ln(I/Io) &= -\alpha l \\
\ln T &= -\alpha l \\
T &= \mathrm{e}^{-\alpha l}
\end{aligned}
\tag{2-3-10}
$$

式中　T——透光率；

　　I——进入玻璃的入射光的强度（已扣除反射部分）；

　　Io——透过玻璃的光强度；

　　e——自然对数的底；

　　α——着色剂的吸收系数；

　　l——玻璃的厚度。

对于颜色玻璃，α 与着色剂的种类与浓度有关。即

$$\alpha = \sum \varepsilon c \tag{2-3-11}$$

其中 ε、c 分别为各着色剂的吸收系数与浓度。

由于着色剂的存在，颜色玻璃表现出对可见光的选择性吸收。

在实践中常以光密度 D 来表示玻璃对光的吸收与反射损失。D 与 T 的关系如下：

$$D = \log\left(\frac{I}{T}\right) \tag{2-3-12}$$

玻璃的可见光透过率是许多玻璃产品的重要性能指标之一。玻璃对可见光的吸收与反射能力是评价隔热玻璃性能的重要依据。

2.3.6　玻璃的电学性质

玻璃已被广泛应用于制造各种电气产品，从日常生活中的灯泡、日光灯到各种集成电路、电子元器件都可以见到玻璃。这不仅与玻璃价格低廉、易制成各种形状、可与金属封接、耐化学侵蚀等性能有关，还和玻璃的电学性能有关。

由于通常情况下，是利用玻璃的电绝缘性能，故本节主要讲玻璃的电阻率、介电常数，以及玻璃的导电机理。

(1)概述

1)玻璃的导电机理：

①离子导电。普通 $Na_2O\text{-}CaO\text{-}SiO_2$ 玻璃中[SiO_4]四面体在三维空间相互连接构成网络骨架,Na^+、Ca^{2+} 作为网络外体阳离子,填充在网络间隙中。硅氧骨架作为不动的基体是没有移动能力,不能参与导电,能参与导电的只是 Na^+、Ca^{2+}。以下的一组数据清楚地说明上述观点。伯特·贝哲的实验则证明,钠钙硅玻璃中的电流全部是由 Na^+ 作为载流子的,Ca^{2+} 的作用很小,可以忽略不计。

玻璃种类	SiO_2 玻璃	$CaO\text{-}Al_2O_3\text{-}SiO_2$ 玻璃	$Na_2O\text{-}CaO\text{-}SiO_2$ 玻璃
电阻率($\Omega\cdot cm$)	10^{17}	10^{15}	$10^{13\sim14}$

这种以离子作为载流子的导电过程,称为离子导电。其导电过程如下:在外加电场的作用下,离子的不规则热运动趋于稳定,长程迁移贯穿于整个玻璃体,玻璃即显示出导电性。

②电子导电。在玻璃中加入大量的可以呈现多种化合价的元素时(如在硅酸玻璃及硼酸盐玻璃中加 Fe_2O_3 及 MnO,或在磷酸盐玻璃中加入各种化合价的钒等),由于玻璃中出现了化合价多变的副族元素而出现部分未束缚的电子,在热激发条件下,即出现电子导电。

2)描述导电性能的参数。玻璃导电性能可用电导率 K 或电阻率 ρ 表示。两者互为倒数。由于常温下主要利用玻璃的绝缘性,提到更多的是电阻率。

$$R = \rho \frac{l}{s} \tag{2-3-13}$$

式中　R——电阻,以 Ω 为单位;

　　l——长度,m;

　　s——面积,截面积以 mm^2 为单位;

　　ρ——电阻率,其量纲为

$$[\rho] = \frac{[R][S]}{l} = \Omega\cdot m$$

常用单位 $\Omega\cdot cm$。故电导率的单位即为 $\Omega^{-1}\cdot cm^{-1}$。

(2)影响电阻率的因素

1)温度对电阻率的影响:

①低温时,电阻率与温度的关系如下式所示:

$$\log\rho = A + B/T \tag{2-3-14}$$

其中:A、B 为常数,$A = \log\dfrac{3KT}{n_0 q^2 s^2 v}$　$B = \dfrac{\Psi}{k}\log e$

式中　k——玻尔兹曼常数;

　　n_0——单位体积中的离子数;

　　q——离子电荷;

　　s——两个势垒间距;

　　Ψ——离子活化能;

　　e——自然对数的底。

由此式可以看出 $\log\rho$ 与 $1/T$ 成线性关系,电阻率随温度的升高而减小。

②高温时,电阻率与温度的关系如下式所示:

$$\log \rho = \alpha + \beta T + \gamma T^2$$

由于式中 β 为一很大的负值,所以 ρ 仍随温度的升高而下降。这就是为什么常温下是良好绝缘体的玻璃却可以采用电熔。因为高温下玻璃的电阻率已降至几个 $\Omega \cdot cm$,为实现玻璃的电熔化创造了条件。

综合所述,电阻率随温度的升高而减小。从理论上可对此解释如下:外加电场对载流子施加的作用是使原先无规则的热运动变成电场方向要求的定向移动。温度升高时,离子参与定向运动的数目和几率均增加。特别是高于 T_g 点以后,参与传递电流的离子种类也增加了,如常温下不参与导电的 Ca^{2+} 也重新参与导电,从而对外显示出导电性。

上述现象会导致这样的结果,即低温下绝缘的玻璃随温度升高可能会变成电的导体,这样在某些情况下会导致严重后果。为此,对电光源玻璃要特别关注其电阻率随温度的变化关系。

TK_{-100} 指标即是用来衡量电真空玻璃的电绝缘性能的。它是指电真空玻璃电阻率降至 $100\Omega \cdot cm$ 时的温度。因此,TK_{-100} 指标的值越高,玻璃的电绝缘性能越好。如石英玻璃的 TK_{-100} 指标为 $400℃ \sim 530℃$。

2)组成对电阻率的影响。根据上节所讲述的玻璃的导电机理,可以看出组成对电阻率的影响与玻璃中载流子的数量、迁移有关;后者则与网络及网络外其它离子的存在有关,这些总起来,即是组成对电阻率的影响。

①R_2O 的影响。纯石英玻璃的 ρ 达 $10^{17}\Omega \cdot cm$。微量的 Na_2O 可使石英玻璃的 ρ 明显减小。0.04ppm 的 Na_2O 可使石英玻璃的 ρ 降至 $10^{14}\Omega \cdot cm$;20ppm 的 Na_2O,使 ρ 降至 $10^9\Omega \cdot cm$。

因 K^+ 半径较 Na^+ 大,在玻璃网络骨架中迁移难;而 Li^+ 因其半径较 Na^+ 小,离子势高,对玻璃网络积聚作用,且 Li-O 键较 Na-O 强,故 K_2O、Li_2O 对降低电阻率的作用弱于 Na_2O。

混合碱效应可使 ρ 增大,TK_{-100} 指标提高。因为阳离子间的相互作用阻碍载流子的迁移。但温度升高,此效应减弱。多碱效应对 ρ 的影响更明显,ρ 比双碱时大 10^6 倍。

②RO 的影响。随着玻璃组成中 RO 的增加,玻璃的电阻率增大,且离子半径越大,ρ 越大。二价金属离子提高电阻率的顺序如下:

$$Ba^{2+} > Pb^{2+} > Ca^{2+} > Mg^{2+}$$

③Al_2O_3 的影响。Al_2O_3 对玻璃电阻率的影响较为复杂。

在玻璃组成系统不同、或玻璃中的 Al_2O_3 含量不同,Al^{3+} 可以 $[AlO_6]$ 或 $[AlO_4]$ 存在或二者兼而有之,既要考虑 $[AlO_6]$ 引起的网络空隙增大,有利于载流子的迁移,还要考虑 $[AlO_4]$ 所带负电荷作为载流子定域体所起的限制载流子定向移动的作用。

3)热处理的影响。慢冷玻璃,由于其结构较急冷玻璃致密,因而载流子的迁移阻力较大,电阻率较大。

分相对玻璃电阻率的影响则取决于分相玻璃中两相的结构与组成。若载流子富集于孤立相中,其在玻璃中的迁移能力大大减小,从而导致玻璃的电阻率减小。反之,玻璃的电阻率增大。

4)表面状态及环境。玻璃的表面状态及其所处的环境影响到玻璃的表面电导率。表面电导率是相对于体积电导率而言的。在潮湿空气玻璃的表面电导率比体电导率大得多,这是由于玻璃表面硅羟团与水相互作用的结果。但当温度高于 $100℃$,两者相同。因此,在玻璃表面涂覆增水层(如涂有机硅烷、石蜡),可提高玻璃的表面电阻率,这已用于生产玻璃绝缘子。而在玻璃表面被覆导电膜 SnO_2、TiO_2,降低其表面电阻率,以用于制作防雾、防霜、电致变色玻璃等。

2.3.7 玻璃的化学稳定性

玻璃抵抗水、酸、碱、盐、大气及其他化学试剂等侵蚀破坏的能力,统称为玻璃的化学稳定性。依据侵蚀介质的不同,分别称为耐水性、耐酸性、耐碱盐、耐候性。玻璃的化学稳定性通常以一定条件下,玻璃在侵蚀介质中的失重来表示。也有通过测定侵蚀介质的电导率或 pH 值的变化来反映玻璃的化学稳定性的报道。

玻璃的化学稳定性对其生产、使用有着重要影响。如:平板玻璃在存放、运输过程中黏片、发霉而导致产品报废;药用玻璃发生严重脱片,导致药液变质,严重威胁人体生命安全;化学仪器玻璃若化学稳定性差,则直接影响到实验分析结果的准确性。

实践中,通常是利用玻璃的化学化稳性高的特点。如高精度玻璃分析仪器;核废物固化玻璃等。但在某些特定条件下,化学稳定性差的玻璃也有一定的工业应用价值。如:Fe、Mn、Cu、Zn、B、Mn 等元素的磷硅酸盐玻璃可作为玻璃肥料使用;能溶于水的二元钠硅酸盐玻璃可用于生产粘结剂。

不论利用玻璃化学稳定性的哪一面,搞清其受侵蚀机理对于玻璃的组成设计及应用均有指导意义。

(1)侵蚀机理

1)水对玻璃的侵蚀。H_2O 对 $Na_2O\text{-}CaO\text{-}SiO_2$ 玻璃的侵蚀过程大体可分为三步:

①离子交换过程。$\equiv Si - O^- Na^+ + H^+ OH^- \longrightarrow \equiv Si - OH + NaOH$;　　　(2-3-14)

②水解过程。$\equiv Si - OH + H_2O \longrightarrow \equiv Si(OH)_4$;　　　(2-3-15)

③中和过程。$Si(OH)_4 + NaOH \longrightarrow Na_2SiO_3 + H_2O$。　　　(2-3-16)

这三步反应互为因果,循环进行。由于第二、三步的反应物均为第一步反应的生成物,其反应速度因而决定了水对玻璃的侵蚀的进程,故第一步反应是水对玻璃侵蚀过程的最主要环节。

2)酸对玻璃的侵蚀。酸(HF 除外)本身不与玻璃直接反应,它对玻璃侵蚀首先开始于酸溶液中水对玻璃的侵蚀。因此,浓酸因其中的水含量低于稀酸,而对玻璃的侵蚀作用较稀酸弱。

酸在侵蚀过程中起两方面的作用:(1)酸中 H^+ 浓度较水中大,所以酸加剧了玻璃表面 Na^+ 与 H^+ 间的离子交换,式(2-3-14)所示的反应加快;(2)酸中和了第一步反应产生的碱,阻碍 $Si(OH)_4$ 保护膜的的溶解过程,可减少玻璃的进一步受蚀。二者同时发生作用,谁占据主导地位取决与原始玻璃组成,如高碱玻璃,因 Na^+ 多,第(1)种作用强于(2),故耐酸性比耐水性差;而高硅玻璃,第(2)种作用占主导,故耐酸性大于耐水性。

HF 因能与 SiO_2 发生式 2-3-17 所示的化学反应,因此氢氟酸对硅酸盐玻璃的网络骨架直接的破坏作用。这是玻璃传统化学蚀刻、酸抛光、蒙砂等一系列工艺过程的基础。

$$SiO_2 + 4HF \longrightarrow SiF_4 + 2H_2O \qquad\qquad (2\text{-}3\text{-}17)$$

3)碱对玻璃的侵蚀。碱对硅酸盐玻璃的侵蚀较为严重,因为碱中的 OH 可以破坏硅酸盐玻璃的网络骨架。表2-3-7列举了在0.5N的碱溶液中玻璃表面的侵蚀深度。

表2-3-7　$13Na_2O \cdot 82SiO_2 \cdot 5R_mO_n$ 系统玻璃的碱侵蚀深度(μm)

R_mO_n	NaOH	Na_2CO_3	$NaOH + Na_2CO_3$	R_mO_n	NaOH	Na_2CO_3	$NaOH + Na_2CO_3$
BeO	1.5	0.8	1.5	B_2O_3	1.2	1.5	1.8
MgO	1.6	1.4	1.7	Al_2O_3	1.7	0.6	1.6
CaO	1.6	2.2	2.2	CeO_2	1.1	0.9	1.5
SrO	2.4	2.6	2.5	TiO_2	1.7	1.3	1.9
BaO	2.5	3.0	3.0	HfO_2	0.5	0.9	0.6
ZnO	1.5	1.0	1.8	Nb_2O_5	0.9	0.6	1.1
CdO	1.0	2.1	2.2	Ta_2O_5	1.2	0.3	0.7
PbO	2.3	1.8	2.1				

从表中可以看出,碱对玻璃的侵蚀不仅与OH^-离子的浓度有关,还与阳离子的种类有关。研究表明,碱对玻璃的侵蚀过程可分为三个阶段:

①碱溶液中的阳离子首先吸附在玻璃表面;

②吸附的阳离子有束缚周围OH的能力,故玻璃表面OH浓度升高,加剧碱对玻璃网络的进一步侵蚀;

③离子与碱金属反应生成硅酸盐,并溶解于碱溶液中。

4)大气对玻璃侵蚀作用。潮湿空气在玻璃表面凝结为水。若水量多,离子交换产生的NaOH被稀释;若水量少(如液滴侵蚀),产生的碱附着在玻璃表面,从而加剧玻璃的被侵蚀过程。

此外,大气中的CO_2、SO_2等溶解于水中,可中和玻璃表面受蚀析出的碱,破坏了玻璃表面已有的平衡,从而加剧对玻璃的侵蚀。

(2)影响玻璃化学稳定性的因素

1)玻璃的组成。玻璃网络完整性愈高,网络外离子愈少,玻璃化学稳定性愈好。如石英玻璃受水侵蚀表面只有50Å的水化层;而Na_2O含量为22%～24%的二元钠硅酸盐玻璃,则可溶于水制成水玻璃。

在玻璃中总碱量不变的前提下,以一种碱部分替代另一种碱,因混合碱效应,玻璃的化学稳定性提高。

在$R_2O\text{-}SiO_2$玻璃中,加入RO,其化学稳定性明显提高(特别是耐水性)。一方面R^{2+}-O键强大于R^+-O,对网络有积聚作用;另一方面,R^{2+}对R^+的迁移有压制效应。但RO的作用仍不及Al_2O_3作用,少量B_2O_3、Al_2O_3的加入,可连接玻璃中的断裂的网络,明显提高化学稳定性。

高价金属氧化物有利于提高玻璃的耐水性,原因缘于两个方面:

一方面,不同价态的金属氧化物的水解反应需水量不同。

$$\begin{array}{lcc} & H_2O & : \quad R_xO_y \\ R_2O + H_2O \longrightarrow 2ROH & 1 & 1 \\ RO + H_2O \longrightarrow R(OH)_2 & 1 & 1 \\ 1/3R_2O_3 + H_2O \longrightarrow 2/3R(OH)_3 & 1 & 1/3 \\ 1/2RO_2 + H_2O \longrightarrow 1/2R(OH)_4 & 1 & 1/2 \end{array}$$

可见,一个水分子足以使两个一价 R^{2+} 水解而只能使 1/2 个 R^{4+} 水解。

另一方面:水解产生的产物可阻碍水与玻璃进一步的作用,并阻碍碱金属离子的进一步扩散和离子交换反应。而电价高的水解产物,离解难(见表 2-3-8),阻碍了玻璃的进一步受侵蚀。

表2-3-8 金属氢氧化物的溶度积常数

NaOH	27.4mol/kg 水
KOH	20.0mol/kg 水
LiOH	4.0×10^{-2}
Ba(OH)$_2$	5.0×10^{-3}
Ca(OH)$_2$	1.4×10^{-4}
Mg(OH)$_2$	2.3×10^{-7}
Pb(OH)$_2$	3.6×10^{-13}
Zn(OH)$_2$	1.8×10^{-13}
Sn(OH)$_2$	3.2×10^{-17}
Al(OH)$_3$	1.0×10^{-23}
Zr(OH)$_2$	3.2×10^{-26}

根据上述原理,氧化物提高玻璃耐水化学稳定性的顺序可以排列如下:

$$ZrO_2 > Al_2O_3 > SnO > PbO > MgO > CaO > BaO > Li_2O > K_2O > Na_2O$$

这与实验结果是一样的。

2)侵蚀介质的种类。水汽侵蚀能力大于水。弱酸的侵蚀能力大于强酸,因前者中含水多。碱的侵蚀受阳离子吸附能力、OH^- 浓度以及生成的硅酸盐溶解度三方面影响。

3)热历史。急冷玻璃较慢冷玻璃的网络疏松,其中的离子迁移较容易,因而急冷玻璃的化学稳定性较差。玻璃退火时,若发生析碱,去除表面碱层后,则在玻璃表面形成富硅层,玻璃的化学稳定性因此而提高,此即生产中玻璃表面的霜化处理。

分相的玻璃的化学稳定性取决于相结构与新相的化学组成。若迁移率大的碱金属离子被包裹于孤立的液滴相中,则有利于提高玻璃的化学稳定性。反之,分相则导致玻璃化学稳定性下降。著名的 Vycor 玻璃就是由 NaO-B$_2$O$_3$-SiO$_2$ 玻璃经热处理分成具有连通结构的化学稳定性差的富钠硼相和化学稳定性高的富硅相后,再用酸侵蚀去钠硼相而留下富硅相制得的。

4)温度、压力的影响。室温下玻璃相对稳定。但加温加压后,水的电离大大增加,侵蚀作用加剧。如:0℃～100℃范围内,温度每升高 20K,侵蚀作用增大 10 倍。

在 0℃～100℃范围内,温度对玻璃化学稳定性的影响可以用下式来表示:

$$A = K\exp(-E_{ch}/RT) \tag{2-3-18}$$

式中 A——侵蚀量;

K——常数;

T——绝对温度;

E_{ch}——玻璃受侵蚀过程的活化能(对于多数玻璃,此值为 80kJ/mol, 相当于 Na$^+$ 的扩散活化能)。

在高于 100℃ 的压力釜中的对玻璃的耐水实验表明,玻璃受侵蚀过程的活化能降低到 25kJ/mol,因此高于 100℃ 时,玻璃的耐水性有较大幅度下降。温度进一步升高,一方面,SiO_2 在水热条件下的溶解度增大;另一方面,水侵入玻璃网络中,因此玻璃的受侵蚀过程进一步加剧。

3 其他胶凝材料和新材料

3.1 其他胶凝材料

胶凝材料在无机非金属材料中占有重要的地位,在国民经济发展中具有十分重要的作用。胶凝材料种类很多,除在前面已做详细论述的水硬性胶凝材料以外,还有气硬性胶凝材料如石灰、石膏、氯氧镁水泥等。

3.1.1 石 灰

石灰是将以碳酸钙为主要成分的原料,经适当温度煅烧后,所得到的以氧化钙为主要成分的物质。

生产石灰的原料主要是天然原料,如石灰石、白垩等。

(1)石灰的生产

石灰的生产实际上是碳酸钙的分解过程,其化学反应式如下:

$$CaCO_3 + Q \rightleftharpoons CaO + CO_2$$

碳酸钙的分解过程是吸热反应,1mol $CaCO_3$ 分解成 CaO 和 CO_2,需要 178kJ 热量,理论上分解 1kg $CaCO_3$ 需要 1 780kJ 热量。石灰石煅烧时实际上所需要的热量比理论值大得多,因为在生产中还有其他方面的热量消耗,例如原料中水分蒸发的耗热量、废气带走的热量、窑壁的热损失以及出窑石灰带走的热量。

碳酸钙的分解过程同时又是一个可逆反应。根据温度和周围介质中 CO_2 分压不同,反应可以向任一方向进行。在一定温度下,首先 $CaCO_3$ 开始分解,直到周围介质中形成的 CO_2 分压等于 CO_2 从 $CaCO_3$ 分解出来的压力时,分解过程终止。实际上,此时向右和向左两个方向的反应过程达到了动平衡状态。这时周围介质中的 CO_2 分压等于该温度下的最大分解压力。因此,为了使 $CaCO_3$ 分解生成 CaO,必须提高温度,使 $CaCO_3$ 的分解压力(即 CO_2 分压)高于周围介质中 CO_2 分压,或者及时排除 CO_2 气体,以降低周围介质中的 CO_2 分压,使其压力小于该温度下的分解压力。

图 3-1-1 表示 $CaCO_3$ 的分解压力与温度的关系。可见,$CaCO_3$ 在 600℃ 左右已开始分解,随温度提高分解速度加快,到 898℃ 时,分解压力达到

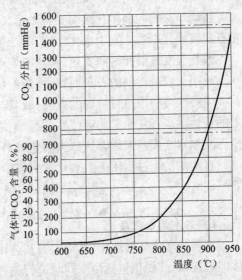

图 3-1-1 碳酸盐分解压力与温度的关系

1 个大气压,通常把这个温度作为 $CaCO_3$ 的分解温度。各个研究者所得的 $CaCO_3$ 分解温度变动很大,在实验室条件下测定时,$CaCO_3$ 的分解温度一般在 900℃~960℃。

在实际生产中,为了加速石灰石的煅烧过程,往往采用更高的煅烧温度。一般在生产中采用的煅烧温度常在 1 000℃~1 200℃。

(2)煅烧温度

石灰的煅烧温度主要与窑的形式、石灰石的致密程度、石块大小以及杂质含量有关。

石灰石结构越致密、粒度越大要求的煅烧温度愈高。而石灰石中的黏土杂质能降低石灰石的煅烧温度。石灰石中所含的菱镁矿杂质,其分解温度比 $CaCO_3$ 低得多,在 600℃~650℃时分解很快,此时所得的 MgO 具有良好的活性,但随着煅烧温度升高,活性降低。故当原料中菱镁矿含量增加时,在保证 $CaCO_3$ 分解完全的前提下,尽可能降低煅烧温度。

煅烧温度过高或过低和煅烧时间长短都会影响石灰的质量。因为石灰的活性主要由其内比表面积和晶粒尺寸大小所决定。当正常煅烧石灰石时,平均要分解出 40% 左右的 CO_2 气体,而其外观体积只缩小 10%~15%。因此,烧成的石灰呈多孔结构,其晶粒尺寸为 0.3~1μm;当煅烧温度提高并延长煅烧时间时,石灰将逐渐烧结,石灰的密度也不断增大。完全烧结时,石灰的密度可达 3 340$kg \cdot m^{-3}$。同时,其晶粒尺寸不断增大,而内比表面积则不断减小。布特的实验表明:CaO 在 900℃ 时晶粒尺寸为 0.5~0.9μm;1 000℃时为 1.2μm;1 100℃ 时为 2.5μm;1 200℃ 时,起初晶粒增大到 6~13μm,然后晶粒互相连生在一

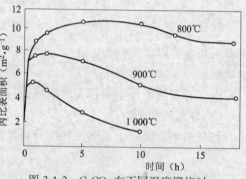

图 3-1-2　$CaCO_3$ 在不同温度煅烧时
石灰内比表面积与煅烧时间的关系

起;1 400℃ 以上时,经过长时期恒温燃烧得到完全烧结的 CaO,这就是通常所说的"死烧"。图 3-1-2 为 $CaCO_3$ 在不同温度下烧成的石灰其内比表面积随燃烧时间的变化。它表明随着煅烧温度提高和煅烧时间延长,石灰的内比表面积将逐渐减小。

过烧石灰的内部多孔结构变得致密,CaO 结晶变得粗大,消化时与水反应的速度极慢。它在石灰浆硬化以后才发生水化作用,其产生膨胀将引起硬化试体的崩裂或隆起。

煅烧温度过低和时间太短,石灰石烧不透,形成生烧。

对用于胶凝材料的石灰而言,烧成的块状生石灰仅仅是一个半成品。

生石灰可利用机械粉磨的方法,或其与水发生化学反应时能自动松散的特性变成干的粉末的特性生产石灰粉。前者产品的组成主要为 CaO;后者产品的组成主要为 $Ca(OH)_2$,这种生石灰加水变成粉末的方法称为消化或消解,成品称为消石灰粉。

石灰的消化过程用下面热化学式表示:

$$CaO + H_2O \Longrightarrow Ca(OH)_2 + Q$$

(3)石灰的水化硬化

石灰的水化又称消化,是指生石灰与水发生水化反应,生成氢氧化钙的过程。消化而得浆体即石灰浆,其硬化包括两个同时进行的过程:干燥和碳酸化。

石灰浆体在干燥环境中,多余的游离水分逐渐蒸发,在石灰浆内部形成大量的彼此相通的

毛细孔隙。这时,残留在孔隙内的游离水分形成了弯月面,从而产生毛细管压力,使颗粒聚结而互相粘结,产生强度。另外,当水分蒸发时,使液相中 $Ca(OH)_2$ 达到某种程度的过饱和,从而产生 $Ca(OH)_2$ 析晶过程,加强了石灰浆中原来的 $Ca(OH)_2$ 颗粒之间的结合。

石灰浆能吸收空气中 CO_2 而碳酸化,其反应如下:

$$Ca(OH)_2 + CO_2 + nH_2O \Longrightarrow CaCO_3 + (n+1)H_2O$$

上式表明,$Ca(OH)_2$ 与 CO_2 只有在水分存在下才能发生碳酸化过程,形成 $CaCO_3$。$CaCO_3$ 晶粒或是互相共生或与石灰粒子及砂粒相胶结。另外 $CaCO_3$ 的固相体积比 $Ca(OH)_2$ 固相体积稍微增大一些,使石灰浆体的结构更加致密。因此碳酸化也是石灰硬化的主要原因。

石灰浆体的碳酸化过程是从表层开始的,由于生成的碳酸钙层结构致密,阻碍了 CO_2 向内层渗透。因此其内层不易彻底碳酸化,同时浆体内部的水分也不易析出,硬化作用无法较快完成。故石灰浆在较长时间处于湿润状态,强度不高,为其显著缺点。从以上两过程也可看出,为了使硬化过程进行,都必须向环境排出水分,因此石灰不宜用于潮湿环境。

石灰浆在凝结硬化过程中收缩极大且发生开裂。因此,石灰浆不能单独使用,而必须掺入一些砂子等骨料。石灰砂浆中的砂子好像是砂浆中的骨架,它可减少收缩和防止开裂。掺砂可节省石灰用量,降低成本。此外,砂子可使砂浆形成较多的孔隙,以利于石灰浆内部水分的排除和吸收 CO_2。

3.1.2 氯氧镁水泥

氯氧镁水泥也称 sorel 水泥、菱苦土水泥或镁水泥,是一种高强镁质胶结料。法国人 sorel 于 1867 年发明。

氯氧镁水泥由苛性菱苦土粉加浓氯化镁溶液调和而得。

苛性菱苦土粉是将菱镁矿($MgCO_3$)经 600℃~800℃ 煅烧后,磨细制成。调和液除氯化镁溶液外,还可用硫酸镁、硫酸亚铁、盐酸、氯化亚铁和硝酸镁等可溶性盐的溶液。

与硅酸盐水泥相比,氯氧镁水泥力学性能优良、凝结硬化快、碱度低、能耗小,但耐水性很差,因而未能获得广泛应用。目前普遍认为要发展和推广氯氧镁水泥,解决其耐水性是关键。

(1)氯氧镁水泥水化机理

MgO-$MgCl_2$-H_2O 系统在常温下的主要水化产物是 $5Mg(OH)_2 \cdot MgCl_2 \cdot 8H_2O$(简称 5·1·8 相或 5 相,下同)和 $3Mg(OH)_2 \cdot MgCl_2 \cdot 8H_2O$(简称 3·1·8 相或 3 相,下同)。而且这些水化产物的形成和水化相的转变与 $MgO/MgCl_2$ 摩尔比,MgO 活性及其液相中的镁氧离子浓度有关。

Sorre 认为氯氧镁水泥浆初凝要先于 5·1·8 或 3·1·8 晶体的出现的实验事实说明了在反应过程中凝胶的形成是一个重要阶段。B·Malkovic 认为在 MgO-$MgCl_2$-H_2O 系统中结晶反应产物 5·1·8、3·1·8、$Mg(OH)_2$ 或其他混合物的生成取决于在溶液中 Mg^{2+}、Cl^- 的总浓度和溶液的 pH 值。5·1·8 相和 3·1·8 相形成的反应过程可由下列反应式表达:

$$5MgO + MgCl_2 + 13H_2O \longrightarrow 5Mg(OH)_2 \cdot MgCl_2 \cdot 8H_2O$$
$$3MgO + MgCl_2 + 11H_2O \longrightarrow 3Mg(OH)_2 \cdot MgCl_2 \cdot 8H_2O$$

氯氧镁水化反应过程中,其反应速度取决于 MgO 的活性,并且 MgO 与 $MgCl_2$ 的反应程度与氯氧镁水泥强度发展规律一致。有实验表明,试样水化 90min 内并未出现任何新的结晶相,90min 后才有少量的 5 相析晶,而 $Mg(OH)_2$(特征峰 4.77Å)并未出现,即便是水化三天也没有产生 $Mg(OH)_2$ 相的迹象。

试样水化初期,出现比表面积的最大值。比表面积大表明在水化过程中,MgO 颗粒在 $MgCl_2$ 溶液中溶解,表面形面了多孔无定形含 Cl^- 的水合离子,这一过程即为凝胶化过程。这时,水化物是以凝胶态存在于浆体中。MgO 活性不同,比表面积出现最大值的时间也就不同,MgO 活性较低时,其出现的时间较长,也就是其凝结硬化所需的时间较长,反之亦然。但当 MgO 以 $Mg(OH)_2$ 状态存在下,水化十分缓慢。

氯氧镁水泥水化机理目前尚存许多待认识的方面,需进一步研究确定。

(2)氯氧镁水泥的物化性能

事实上,镁水泥制品存在很多缺陷,比如变形大,抗水性差,"泛霜"(指镁水泥制品在潮湿环境下,表面会出现一层白白的粉末物质),"出汗"(指镁水泥制品在潮湿空气中,表面会出现水粒),所以,一百多年来,人们对镁水泥体系,即 MgO-$MgCl_2$-H_2O 体系进行了大量的研究,研究表明:构成镁水泥高强度的基础是 $5Mg(OH)_2 \cdot MgCl_2 \cdot 8H_2O$ 和 $3Mg(OH)_2 \cdot MgCl_2 \cdot 8H_2O$ 两种复盐晶体,这二种复盐晶体以结晶较好的棒状或结晶较差的凝胶状连结在一起,形成网络,即形成了高强度的硬化体。

1)氯氧镁水泥强度的影响因素。影响镁水泥性能的主要因素有:(1)$MgO:MgCl_2:H_2O$(摩尔比);(2)MgO 的活性和粒度;(3)添加剂:添加剂的种类和数量对 $5Mg(OH)_2 \cdot MgCl_2 \cdot 8H_2O$ 和 $3Mg(OH)_2 \cdot MgCl_2 \cdot 8H_2O$ 结晶形式有直接影响,较为流行的添加剂主要为 Fe、Si、P 等的复合型添加剂。对镁水泥性能影响最大的是 $MgO:MgCl_2:H_2O$(摩尔比),以 7:1:16 最为理想;其次是砂率,取 10% 较好;再其次是添加剂,总量为 10%。

2)氯氧镁水泥的耐水性。材料的耐水性是其与水长期接触或在水的作用下继续保持其性能不变的能力。氯氧镁水泥耐水性很差的突出表现是其硬化体强度在水中大幅度下降,可损失 60% 以上。一般认为影响耐水性的因素主要有以下几点:

①氯氧镁水泥硬化体是一个多孔性的多晶体堆积结构。由于其凝结硬化较快,水化热较大,水化物结晶过程的不均衡发展产生较大内应力,因而在硬化体内产生许多微裂缝。当硬化体浸水后,水沿着孔隙和裂缝进入体内,削弱水化物颗粒间的结合力;引起结晶接触点的溶解;甚至引起裂缝扩展,使结构受到破坏。因而导致硬化体在水中的强度下降。

②氯氧镁水泥的部分水化物在水中的可溶性甚大是耐水性差的主要原因。有试验证明:硬化体试件浸水后,其质量损失较大。Sorrentino 等人通过模拟雨水冲刷试验,指出每升水可溶解的物质达 200g 左右。表明硬化体中某些组份被水溶解了,这肯定会引起硬化体性能的变化。

③硬化试体浸水后水化物 5 相或 3 相会转变成 $Mg(OH)_2$ 相。随着浸水时间的延长,其 5 相或 3 相逐渐消失,而 $Mg(OH)_2$ 相逐渐增多。

这种相转变的机理是水化物的水解反应过程。5 相和 3 相都是强酸弱碱盐,在水的作用下,发生如下的水解反应:

$$[Mg_3(OH)_5(H_2O)_x]^+ \cdot Cl \cdot (4-x)H_2O + H_2O \underset{}{\overset{OH^-}{\rightleftharpoons}} 3Mg(OH)_2 \downarrow + H^+ + Cl^- + 4H_2O$$

$$[Mg_2(OH)_3(H_2O)_x]^+ \cdot Cl \cdot (4-x)H_2O + H_2O \underset{}{\overset{OH^-}{\rightleftharpoons}} 2Mg(OH)_2 \downarrow + H^+ + Cl^- + 4H_2O$$

由于 $Mg(OH)_2$ 相在水中的溶解度小(约为 $10^{-4}mol/L$)而沉积, HCl 可与部分 $Mg(OH)_2$ 反应:

$$2HCl + Mg(OH)_2 = MgCl_2 + 2H_2O$$

形成了可溶于水的 $MgCl_2$。因此被溶解的是水化物水解后产生的可溶性组份——$MgCl_2$ 和结晶水,而不是水化物本身。更确切地说是先发生了水化物的水解,然后才有可溶性物质的溶解。

改善耐水性的方法主要有:

a. 选择合理的配比和工艺方法

按 MgO-$MgCl_2$-H_2O 三元相图确定氯氧镁水泥的配比,使硬化体中形成 5 相或 3 相和部分 $Mg(OH)_2$ 相,尽量避免形成可溶的凝胶相。

就影响水泥水化热和水化速度的工艺方法却有两种不同的处理途径。有些文献指出用分批加入 MgO 粉的工艺或预水化和预搅拌技术来降低水化热和水化速度,减少水化物的晶体缺陷和结晶内应力引起的裂缝,以改善硬化体结构。有些专利则采用加热硬化工艺或采用部分脱水或无水氯化镁为原料,使硬化时间缩短到 6min,且 9min 内达到放热峰值,以降低硬化体的溶失率。但仅用工艺的办法难以取得令人满意的改善效果。

b. 改变氯氧镁水泥的水化物组成与结构

通过调整配比,将 5 相或 3 相转变成不可溶的碳酸复盐,形成 Mg^{2+}/Cl^- 的摩尔比大于 5 的水化物或其与硅酸盐、碳酸盐的联结晶体;改变 5 相或 3 相晶体中的结晶水数量;形成认为水稳定性好的 5 相的取代产物 $4Ca(OH)_2 \cdot Mg(OH)_2 \cdot MgCl_2 \cdot 8H_2O$;改变 5 相晶体为 5 相凝胶等等。但要改变现有氯氧镁水泥硬化体中水化物组成与结构,形成耐水的具有胶凝特性的水化物和硬化体,还有待进一步研究氯氧镁水泥的水化硬化机理。

c. 掺加抗水外加剂

掺加抗水外加剂对改善氯氧镁水泥耐水性效果明显。所采用的外加剂可以分成以下四类:磷酸和磷酸盐;硅酸和硅酸盐;有机化合物和合成树脂;其他化合物。其中改善效果最好的是磷酸和磷酸盐,而且可溶性的磷酸盐又比难溶的效果好,但作用机理的观点不同。

一种观点认为它们的改善机理如同硅酸盐水泥中掺加石膏稳定 C_3A 一样,磷酸盐被吸附在 5 相或 3 相晶体颗粒表面,形成不溶性磷酸盐层或在孔隙中沉淀阻止水进入。

另一种观点认为,这些外加剂中真正起关键作用的是磷酸根离子 $[PO_4]^{3-}$,而它们的改善机理可能与它们对 5 相或 3 相在水中的水解反应的抑制作用有关。现已证明:在磷酸根的作用下,虽然在硬化体中没有发现与磷酸根有关的新物相,也不改变正常水化物的组成,但其水化物在水中不转变成 $Mg(OH)_2$ 或转变得非常缓慢。

3.1.3　石　膏

石膏分为两类,一类是天然石膏,包括天然二水石膏和天然硬石膏两种;另一类是工业副产品,如烟气脱硫石膏、磷石膏、氟石膏等。天然二水石膏由两个结晶水的硫酸钙($CaSO_4 \cdot 2H_2O$)为主要组成的层积岩石;天然硬石膏主要由无水硫酸钙($CaSO_4$)所组成的沉积岩石;石膏矿石中还含有不同的杂质,主要为黏土物质和碳酸盐类。烟气脱硫石膏呈粉末状,含水为 10% 左右。这两类石膏均可生产石膏胶凝材料。

(1)石膏胶凝材料的制备

石膏胶凝材料一般是用二水石膏或烟气脱硫石膏为原料,经一定热处理后制得。二水石膏受热脱水过程中,根据热处理条件的不同,得到产品的结构和性质是不同的。下面的示意图为流程二水石膏的晶体结构、化学组成与热处理制度的关系。

由图 3-1-3 可知,二水石膏在干燥空气中加热至 110℃～170℃,则脱水形成 β-半水石膏,继续加热至 200℃～360℃,β-半水石膏转化为 β-无水石膏Ⅲ。二水石膏在饱和蒸气压力下,温度为 120℃～140℃,有液态水存在的条件下进行热处理,则脱水成 α-半水石膏,继续加热至 200℃～230℃ 转化为 α-无水石膏Ⅲ。无水石膏Ⅲ在温度 400℃ 以上转化为无水石膏Ⅱ。温度为 1 180℃ 时无水石膏Ⅱ转化为无水石膏Ⅰ。

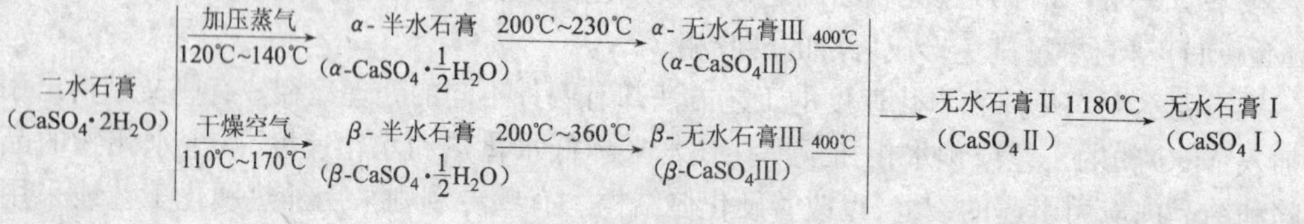

图 3-1-3　二水石膏的晶体结构、化学组成与热处理制度的关系

α 型与 β-半水石膏同为石膏胶凝材料,β-半水石膏是普通建筑石膏的主要部分,而 α-半水石膏是高强建筑石膏的主要部分。标准稠度需水量,α-半水石膏约为 0.4～0.45,而 β-半水石膏则为 0.7～0.85;试件的抗压强度,β-半水石膏试件的抗压强度只有 7.0～10.0MPa,而 α-半水石膏则可达 24.0～40.0MPa。

(2)石膏的水化硬化

石膏与适量的水混合,成为可塑性浆体,然后很快失去流动性、硬化并产生强度,最终成为坚硬的固体。由于石膏胶凝材料的组成与性质不同,因此水化硬化的机理不尽相同。

1)半水石膏。半水石膏加水后发生化学反应:

$$CaSO_4 \cdot \frac{1}{2}H_2O + \frac{3}{2}H_2O \longrightarrow CaSO_4 \cdot 2H_2O + Q$$

关于半水石膏的水化硬化机理,主要有两种理论:一种是结晶理论(或称溶解沉淀理论);一种是胶体理论(或称局部化学反应理论)。结晶理论认为半水石膏加水拌合后,首先是半水石膏溶解于水,很快达到过饱和状态;于是,水化生成的溶解度较小的二水石膏以连接的针状晶体的形态从溶液中析出,形成网络结构使石膏浆体硬化。胶体理论则认为半水石膏首先在水中溶解,但在结晶成二水石膏之前,水与固体半水石膏反应形成某种吸附络合物或某种凝胶体。

2)硬石膏。天然硬石膏和无水石膏Ⅱ单独水化非常慢,但加入活化剂后,其水化速度大大加快。

硬石膏在活化剂的作用下,水化能力增强,凝结时间短,强度提高。根据活化剂性能的不同,分为:硫酸盐活化剂(Na_2SO_4、$NaHSO_4$、K_2SO_4、$KHSO_4$、$Al_2(SO_4)_3$、$FeSO_4$ 及 $KAl(SO_4)_2 \cdot 12H_2O$ 等)和碱性硬化活化剂(石灰 2%～5%、煅烧白云石 5%～8%、碱性高炉矿渣 10%～15%、粉煤灰 10%～20% 等)。

活化剂的加入,1d 之内水化较快,3d 之后水化较慢。在活化剂中以 $KAl(SO_4)_2$、煅烧明矾石、明矾和 $NaHSO_4$ 效果较好,其硬石膏净浆试件的 7d 干燥强度都在 60.0MPa 以上。从经济和实用来看,以煅烧明矾石为优。前苏联学者布得尼可夫(л.л.Будников)认为硬石膏具有组成络合物的能力,在有水和盐存在时,硬石膏表面生成不稳定的复杂水化物,然后此水化物又分解为含水盐类和二水石膏。正是这种分解反应生成的二水石膏不断结晶,使浆体硬化。据此,可以写出如下反应式:

$$m\,CaSO_4 + 盐 \cdot n\,H_2O(活化剂) = 盐 \cdot m\,CaSO_4 \cdot n\,H_2O(复盐)$$

$$盐 \cdot m\,CaSO_4 \cdot n\,H_2O = m\,CaSO_4 \cdot 2H_2O + 盐 \cdot (n-2m)\,H_2O(活化剂)$$

当掺有硅酸盐水泥熟料、碱性高炉矿渣、石灰等碱性活化剂时,除上述活化作用外,硫酸盐还可作为矿渣玻璃体的激发剂,反应结果能生成水化硫铝酸钙,使硬化石膏浆体强度进一步提高,抗水性也有所增强。

二水石膏在 800℃~1 000℃ 温度下煅烧,所得高温煅烧石膏磨成细粉即成为硬石膏胶凝材料。煅烧过程中原料中夹杂的碳酸钙和部分石膏分解产生的氧化钙(约 2%~3%)即作为硬化活化剂。高温煅烧石膏的凝结硬化,如上述一样,也是在活化剂作用下无水石膏转化生成二水石膏为前提条件的。

3.2　复合材料工艺

3.2.1　绪　论

(1)引言

复合材料是继天然材料、加工材料和合成材料之后发展起来的新一代材料。复合材料一词出现于 20 世纪 50 年代,但有关它的确切定义却至今尚未定论。按通常的说法,复合材料是指由两种或两种以上不同性质的单一材料,通过一定的工艺过程复合而成的,性能优于原材料的多相固体材料。复合材料区别于任意混合材料的一个主要特征是多相结构中存在着复合效应。

原始复合材料的出现,可以追溯到几千年前。我们的祖先在黏土中加入切碎的稻草用以制砖坯搭建土屋,这可以说是人类制造复合材料的开端,以后又出现麻与大漆构成的漆器,以砂石和水泥复合得到的混凝土等。现代意义上的复合材料最早出现于 1932 年,美国人首先发明了玻璃纤维增强塑料。由于玻璃纤维增强塑料具有轻质、高强度、隔热、不反射电磁波等特点,故当时在军工上得到了应用,最为典型的例子是二次世界大战期间(1940~1945 年)美国用玻璃纤维增强聚酯树脂制造的军用雷达罩、飞机油箱甚至飞机机身和机翼。最初的复合材料是采用手糊工艺制作的,随之又出现了真空袋和压力袋成型工艺、缠绕成型工艺、模压成型工艺、喷射成型工艺、片状模塑料、拉挤成型工艺等连续化生产工艺。随着复合材料在军事工业中的发展和应用,同时开展了相应的基础研究并开始向民用工业发展。从此,为复合材料的高速发展开创了良好的开端,并奠定了复合材料列入重要材料领域的基础。

20 世纪 60 年代还相继出现了以碳纤维和聚芳酰胺纤维等高性能纤维为增强材料的所谓先进复合材料及热塑性复合材料,70 年代则又出现以金属、陶瓷、水泥、石膏等为基体材料的金属、无机非金属基复合材料。可以预料,随着现代科学技术的发展,在各门学科的推动和相互渗透下,复合材料的研究和应用将飞速发展,并成为衡量一个国家科学技术发展水平的重要标志之一。

(2)复合材料的分类

随着材料品种不断增加,人们为了更好地研究和使用材料,需要对材料进行分类。

材料的分类,历史上已有很多方法。如按材料的化学性质分类,有金属材料、非金属材料之分。按物理性质分类,有绝缘材料、磁性材料、透光材料、半导体材料、导电材料、耐高温材料等。按用途分类,有航空材料、电工材料、建筑材料、包装材料等。还有更简单的分类方法,即概括为结构材料与功能材料两大类。

复合材料的分类方法也有不少。如根据增强原理分类,有弥散增强型复合材料、粒子增强型复合材料和纤维增强型复合材料。根据复合过程的性质分类,有化学复合的复合材料、物理复合的复合材料和自然复合的复合材料。根据复合材料的功能分类,有电功能复合材料、热功能复合材料、光功能复合材料等。根据本书提出的复合材料含义和命名原则,复合材料的分类有如下几种。

1)根据基体材料类型分类

①金属基复合材料;

②聚合物基复合材料;

③无机非金属基复合材料。

2)根据增强纤维类型分类

①碳纤维复合材料;

②玻璃纤维复合材料;

③有机纤维复合材料;

④硼纤维复合材料;

⑤混杂纤维复合材料。

3)根据增强物的外形分类

①连续纤维增强复合材料;

②纤维织物或片状材料增强的复合材料;

③短纤维增强的复合材料;

④粒状填料增强复合材料。

4)同质复合的与异质复合的复合材料

①同质复合的复合材料包括碳纤维增强碳复合材料,不同密度的同种聚合物的复合等;

②异质复合的复合材料,前面分类中提到的多属此类。

人们最常用的还是按照复合材料的基体不同进行分类,即分为金属基复合材料、聚合物基复合材料、无机非金属基复合材料三大类。

(3)复合材料的特性与特点

从复合材料的分类中,我们已经知道,复合材料种类繁多。不言而喻,不同种类的复合材料具有不同的性能特性。然而,复合材料也有一些共同的特性。聚合物基复合材料(也称为纤维树脂复合材料)代号为 FRC(或 FRP),由于其固有的优点,是复合材料中发展最迅速、应用最广泛的一类复合材料。我们就以聚合物基复合材料为例,来说明复合材料的性能特性。聚合物基复合材料具有的特性与特点如下。

1)质量轻、强度高。聚合物基复合材料的突出优点是比强度高和比模量高(即强度与密度之比、模量与密度之比）。表 3-2-1 列出了各种材料的力学性能及相应的比强度和比模量。

表3-2-1　各种材料的力学性能

材　料　名　称	密度 （kg/m³）	拉伸强度 （GPa）	弹性模量 （10²GPa）	比强度 （10⁶m²s²）	比模量 （10⁸m²s²）
钢	7 800	1.03	2.10	0.13	0.27
铝合金	2 800	0.47	0.75	0.17	0.26
钛合金	4 500	0.96	1.14	0.21	0.25
玻璃纤维/聚酯树脂复合材料	1 800	1.06	0.40	0.53	0.20
高强碳纤维/环氧复合材料	1 450	1.50	1.40	1.03	0.97
高模碳纤维/环氧复合材料	1 600	1.07	2.40	0.67	1.50
芳纶纤维/环氧复合材料	1 400	1.40	0.80	1.00	0.57
硼纤维/环氧复合材料	2 100	1.38	2.10	0.66	1.00
硼纤维/铝复合材料	2 650	1.00	2.00	0.38	0.75

由表 3-2-1 可见，树脂基复合材料的密度约为钢的 1/4，铝的 1/2。其比强度都比钢、铝合金高 4～6 倍，比模量一般也比钢、铝合金高。因此，树脂基复合材料结构件在强度和刚度相同的情况下，其质量可以大幅度减轻。这在提高构件的使用性能方面，是现有其他任何材料所不能比拟的。

2）可设计性。复合材料的可设计性是其区别于传统材料的根本特点之一。复合材料的可设计性具体体现在两个方面：一是力学设计；二是功能设计。力学设计将赋予制品一定的强度及刚度，而功能设计将带给制品除力学性能外的其他特性和耐热性、耐化学腐蚀性、电性能、生物性能、磁性能等。换言之，可设计性是指设计人员可以根据制品需要的性能，对物理、化学及其他性能进行设计。随着材料科学的迅速发展，不断涌现出新的高性能的纤维材料和基体材料，这赋予复合材料可设计性更大的自由空间。设计人员可以在对复合材料设计结构的同时，对增强纤维和基体材料的类型、含量、分布及取向等进行设计。例如，可针对某耐腐蚀产品的要求选用合适的树脂，也可使纤维方向与制品的主应力方向一致，从而可以最有效地利用材料。这对那些在强度和重量上均有严格要求的制品非常重要。因此，复合材料的这一特点可以实现制品的优化设计，从而做到既安全可靠又经济合理。

3）工艺性能好。复合材料的工艺性能十分优越，其成型方法多种多样，成型条件机动灵活。人们可以根据产品的性能要求、几何形状尺寸、产品用途、生产批量大小等，自由选择成型方法。根据不同情况，既可手工模具法成型，又可采用机械成型；既可间歇式成型，又可连续化成型；既可采用多次成型法，又可一次整体成型；对于特大型制品，还可以进行现场成型。就成型条件而论，既可室温固化成型，又可加热加压固化成型；既可在几十秒内固化成型完毕，又可在一周或更长的时间内彻底固化。

上述复合材料的三种特性是所有复合材料的通性，也是复合材料的根本特点。对于不同性质的复合材料还具有如下性能。

4）抗疲劳性能好。疲劳破坏是材料在交变载荷作用下，由于裂缝的形成和扩展而形成的低应力破坏。金属材料的疲劳破坏往往是没有明显预兆的突发性破坏。而树脂基复合材料中纤维能阻止裂纹的扩展，因此其疲劳破坏总是从纤维的薄弱环节开始，逐渐扩展到纤维与树脂的结合界面上，破坏前有明显的征兆。大多数金属材料的疲劳强度极限是其拉伸强度的 40%～50%，而碳纤维树脂复合材料的疲劳强度极限可为其拉伸强度的 70%～80%。

5)减震性好。结构的自振频率除与结构形状有关外,还与结构材料比模量的平方根成正比。由于复合材料的比模量高,因此,用这类材料制成的结构件具有高的自振频率。同时,复合材料中的基体界面具有吸震能力,使材料的振动阻尼很高,对相同形状和尺寸的梁进行振动试验得知,轻金属合金梁需9s才能停止振动,而碳纤维复合材料梁只需2.5s就停止了同样大小的振动。即树脂基复合材料制成的结构件不易引起工作时的共振,可以避免因共振而产生的破坏。

6)耐腐蚀性好。复合材料的耐化学腐蚀性能是通过选择基体材料来实现的。一般来讲陶瓷基复合材料和树脂基复合材料的耐化学腐蚀性能好。在树脂基复合材料中不同的树脂基体,其耐化学腐蚀性能也不相同。聚乙烯酯树脂较通用型聚酯树脂有较高的耐化学腐蚀性,有碱纤维较无碱纤维的耐酸介质性能好。通常聚合物基复合材料对低浓度的酸、碱、盐、有机溶剂有较好的抗腐蚀能力,而且具有抗气候、海水、微生物作用的良好性能。因此,被广泛用于化工行业的贮罐、容器、管道及船舶外壳等需要耐腐蚀性的场合。

目前的聚合物基复合材料也存在着一些缺点,如一些手工工艺的稳定性差;复合材料的性能分散性大;长期耐高温性能不好;材料硬度小等。这些也是复合材料科学发展中需要解决的问题。

我国复合材料的发展起步较晚,在尖端技术部门和研究机构,对复合材料的了解,是紧跟世界发展水平的,国外的先进工艺手段我国基本上也都具备。目前约有80%的聚合物基复合材料产品,采用简单的手糊工艺成型,生产效率低,产品质量不稳定,因而需要尽快提高。

3.2.2　无机非金属基复合材料

无机非金属基复合材料,通常是以水泥、玻璃、陶瓷、石膏等无机非金属材料为基体材料,用各种纤维(或晶须)为增强材料的一类复合材料。其物理、力学性能与单一的无机材料相比,均有很大程度的提高。在无机非金属基复合材料系列中,有纤维增强水泥复合材料、纤维增强陶瓷复合材料、纤维增强石膏复合材料等,分别介绍如下。

(1)陶瓷基复合材料

陶瓷是具有轻质、耐磨、耐高温、耐腐蚀和硬度大等优异性能的脆性材料,脆性是其最大的弱点,限制了其作为结构材料的使用。在许多高新技术中尤其是航空航天技术领域内,对结构材料的要求是轻质高强、耐高温、抗氧化、耐腐蚀和高韧性。由此,出现了陶瓷基复合材料,陶瓷基复合材料可克服陶瓷脆性和高温韧性差的缺点。当用高强度、高模量的纤维或晶须增强陶瓷材料后,其高温强度和韧性可大幅度提高。陶瓷与陶瓷基复合材料的性能比较见表3-2-2。

表3-2-2　几种典型的陶瓷基复合材料与陶瓷基体性能比较

材料名称	基体	增强材料	抗弯强度(MPa)	断型韧性(MPa·$m^{1/2}$)
氧化铝陶瓷	Al_2O_3		550	4.00~5.00
复合材料	Al_2O_3	SiC晶须	800	8.70~10.50
碳化硅陶瓷	SiC		500	4.00
复合材料	SiC	SiC纤维	750	25.00
氧化锆陶瓷	ZrO_2		200	5.00
复合材料	ZrO_2	SiC纤维	450	22.00

近些年来,陶瓷基复合材料的研究多集中在纤维与基体之间的相容性、低温制备技术和纤维表面处理技术等方面。要制备好的陶瓷基复合材料,对纤维增强材料还需要进行以下两个方面问题的研究。第一要提高陶瓷纤维或晶须的性能,据理论推算无机纤维的理论强度约为 $0.03\sim0.17E$(其中 E 为弹性模量),而目前研制的无机纤维性能指标与理论计算值还相差很大,因此,陶瓷纤维或晶须性能提高还有很大的潜力。第二必须考虑纤维或晶须与陶瓷基体在化学性质和物理性质上的相容性。

近年来低温制备技术的研究十分活跃。气相或液相浸渍的纤维比热压或加压烧结的温度均低,从而减少了加工过程中纤维与基体之间的有害化学反应。如气相 CH_3SiCl_3/H_2 中沉积 SiC 纤维在预成型坯上的工艺已用于生产,使一些复杂的大型制品得以制造。目前来讲,大多数陶瓷基复合材料多采用热压烧结或加压烧结工艺制备,如何提高陶瓷基体粉末的活性也是当今研究工作中活跃课题,通过新技术合成活性极高的超微细陶瓷粉末,可极大地降低纤维或晶须与陶瓷基体的烧结温度或者缩短烧结的高温时间,从而制得性能优良的陶瓷基复合材料。

在陶瓷基复合材料的制备过程中,首先必须考虑增强材料与基体的相容性,正是基于这点要求,需要对纤维或晶须进行表面处理,提高纤维或晶须与陶瓷基体的结合强度,减少或避免纤维或晶须与基体的有害化学反应的发生,从而提高整体复合材料的性能。近年来纤维或晶须表面处理技术有很大发展。常用的表面处理方法有化学气相沉淀、化学气相浸渍、化学反应沉积、熔态浸渍、等离子喷涂等方法。

当前,世界各工业发达国家对高性能、耐高温的结构材料都十分重视,而大部分高性能、耐高温的结构材料都是复合材料。陶瓷基复合材料的成型方法主要有:注浆法、浸渍法、气相沉积法、直接氧化沉积法、热压法等。

注浆法可以用于成型大型、结构复杂的薄壁制品,注浆成型包括粉浆制备、石膏模制作、粉浆浇注,注好的试件经干燥后进入烧结炉烧成陶瓷基复合材料制品。

化学气相沉积法是将纤维(或晶须)制成预成型体,然后置于化学气相沉积炉内,通过高温条件下的气相反应形成复合材料基体物质沉积,填充于纤维骨架中,从而获得陶瓷基复合材料制品。

直接氧化沉积法是将陶瓷纤维预制成型件置于熔融铝合金的上面,通过选择合适的铝合金成分及炉体温度和气氛,使浸透到纤维织物物中的铝与空气中的氧发生反应生成 Al_2O_3,沉积于纤维表面,形成含有少量残留金属的致密氧化铝陶瓷基体,并与增强纤维复合在一起形成了陶瓷基复合材料。表 3-2-3 为部分陶瓷基复合材料的原料、制备方法和应用领域。

表3-2-3　部分陶瓷基复合材料的原材料、制备方法和应用领域

增 强 材 料	基 体 材 料	制 备 方 法	应 用 范 围
AlN 纤维	AlN	热压	涡轮叶片
Si_3N_4 纤维	Si_3N_4	热压	涡轮叶片
$3Al_2O_3 \cdot SiO_2$ 纤维	$3Al_2O_3 \cdot SiO_2$,Al_2O_3	浇注及烧结成型	生物医学材料
C 纤维	Al_2O_3 C,SiC,TiC Si_3N_4	热压 化学气相沉积 热压	涡轮叶片 高温材料 结构材料

续表

增 强 材 料	基 体 材 料	制 备 方 法	应 用 范 围
BN 纤维	Al_2O_3 BN	热压 化学气相沉积	切削刀具 绝热材料
SiC 纤维	SiC, Si_3N_4 等	热压或烧结成型	高温部件
ZrO_2 纤维	Al_2O_3	定向固定	气轮机部件
Si_3N_4 晶须	ZrO_2	热压	耐热性材料
α-Al_2O_3 晶须 SiC 晶须 Si_3N_4 晶须	TiO_2	热压	抗热震性材料
Si_3N_4 晶须	Si_3N_4	热压	抗冲击性材料

(2)水泥基复合材料

1)水泥基复合材料简介。水泥基复合材料是以水泥净浆、砂浆或混凝土为基体,以各种类型的纤维为增强材料,经特定的工艺制成的一类复合材料。它属于无机胶凝材料基复合材料的一种,无机胶凝材料基复合材料还包括石膏基复合材料、菱苦土基复合材料等。在无机胶凝材料基复合树料中研究和应用最多的是纤维增强水泥基复合材料。因此,本教材主要介绍纤维增强水泥基复合材料。

纤维增强水泥基复合材料又可以简称为纤维增强水泥复合材料或纤维/水泥复合材料,其品种也是比较繁多的。按增强纤维种类的不同就有,玻璃纤维、石棉纤维、钢纤维、聚丙烯纤维、碳纤维、KevLar 纤维、植物纤维等,按增强纤维的形态不同还有,短切纤维、连续纤维、纤维织物等;按水泥种类的不同及成型方法的不同也可以将纤维/水泥复合材料分成若干类型。

纤维增强水泥复合材料的成型工艺是借助于现代已成熟的复合材料(如玻璃钢、混凝土制品、石棉水泥等)的成型工艺及设备发展起来的。迄今为止,国际上用于纤维增强水泥基复合材料的成型工艺方法大致有预拌浇注法、喷射法、抄取法、流浆法、螺旋挤压法、注射法、缠绕法、离心法等。对于不同的纤维/水泥复合材料制品,可根据设计和使用要求,选择不同的成型工艺方法。

2)纤维增强水泥基复合材料的性能及应用。纤维增强水泥基复合材料与普通混凝土相比,其显著特点是轻质高强,具有良好的断裂韧性。其拉压强度比一般在 $1/6 \sim 1/4$(普通混凝土为 $1/10$)。它既可做墙体材料,又可用于强度要求不高的结构材料。钢纤维强度高,弹性模量比混凝土高大约 4 倍,钢纤维增强水泥复合材料作为结构材料使用较为理想。聚丙烯纤维,虽然强度高,加工也比较方便,但其弹性模量不到混凝土的 $1/4$,因此其复合材料作为结构材料并不理想。玻璃纤维强度高、弹性模量比混凝土高大约 1 倍。同时材料来源广、易加工、成本低,是应用最为广泛的一种纤维/水泥复合材料。

为了深入了解纤维/水泥复合材料的性能,有必要了解纤维增强水泥基复合材料与纤维增强树脂基复合材料相比,在材料内部结构上的区别。除基体材料本身的性质不同外,水泥基复合材料还具有以下几个特征。水泥是粉状物料组成的,虽然水泥水化时形成一些凝胶及矿物,但是水泥基体仍然是多孔体系,其孔隙尺寸约为 $0.5 \sim 50 \mu m$,孔隙的存在不仅会影响基体本身的性能,还会使基体与纤维形成局部接触,影响纤维与基体的界面结合;水泥基体的弹性模量高于树脂基体的弹性模量,也就是说纤维与水泥基体的弹性模量比不大,甚至有些纤维(如有机纤维、植物纤维等)与水泥基体的弹性模量比小于 1,这会导致在复合材料中的应力传递效应大大下降;水泥的水化产物是呈碱性的物质,除金属纤维外对其他大多数的纤维具有一定的腐蚀作用,这会影响制品的耐久性能。以上几点是我们在设计、使用纤维/水泥复合材料时需要重点注意的问题。几种常用的纤维和水泥基体性能见表 3-2-4。

表3-2-4　常用纤维和水泥基体性能

材 料 名 称	容积密度 (g/cm³)	抗拉强度 (MPa)	弹性模量 (MPa)	极限延伸率 (%)
低碳钢纤维	7.8	2 000	200	3.5
不锈钢纤维	7.8	2 100	160	2.0～3.0
温石棉纤维	2.6	500～1 800	150～170	2.0～3.0
青石棉纤维	3.4	700～2 500	170～200	2.0～3.5
抗碱玻璃纤维	2.7	1 400～2 500	70～80	2.0～3.0
中碱玻璃纤维	2.6	1 000～2 000	60～70	3.0～4.0
无碱玻璃纤维	2.54	3 000～3 500	72～77	3.6～4.8
高模量碳纤维	1.9	1 800	380	0.5
高强碳纤维	1.9	2 600	230	1.0
聚丙烯单丝	0.9	400	5～8	18
Kevlar-49	1.45	2 900	133	2.1
Keclar-29	1.44	2 900	69	4.0
尼龙单丝	1.1	900	4	13.0～15.0
水泥净浆	2.0～2.2	3～6	10～25	0.01～0.05
水泥砂浆	2.2～2.3	2～4	25～35	0.005～0.015
水泥混凝土	2.3～2.45	1～4	30～40	0.01～0.02

　　玻璃纤维强度好、弹性模量高、材料来源广、成本低,玻璃纤维增强水泥复合材料是纤维/水泥复合材料中应用最为广泛的一种。特别在我国当前的墙体材料改革和建筑节能形式下,玻璃纤维增强水泥复合材料被用于制作新型的内外墙体材料、屋面材料,对于淘汰实心黏土砖节约土地、节约能源,发挥了重要作用。玻璃纤维增强水泥复合材料的成型方法很多,现将几种主要成型工艺制品主要物理性能指标列于表 3-2-5。

表3-2-5　几种主要成型工艺制品主要物理性能指标

制造方法 性　能	喷射-空吸法	直接喷射法	预混注入法	螺旋挤压法	顶混压制法
抗弯强度(MPa)	35～40	30～35	9.8	13.5	18
冲击强度(J/m²)	(18～25)×10³	(12～18)×10³	86×10³	92×10³	90×10³
容积密度(g/cm³)	2.0～2.2	2.0～2.2	1.6	1.74	1.8
纤维含量(质量比%)	5.0	5.0	2.5	2.5	2.5
纤维长度(mm)	38	38	20	20	20
砂/水泥	0.30	0.33	0.40	0.26	0.10

石棉纤维增强水泥复合材料也是我国应用较为普遍的一种复合材料。石棉/水泥复合材料的典型产品为石棉板(瓦)及石棉水泥管道等。石棉水泥板(瓦)主要用于建筑上的屋面材料及墙体围护结构,石棉水泥管主要用于城市和农业输水、输油系统。此外,石棉水泥管还可用作低、中、高压风管、热水管、排污管、电缆管和落水管等。石棉纤维增强水泥复合材料主要采取抄取法成型,成型工艺技术和设备比较完善。需要说明的是石棉纤维粉尘对人体有害,这在一定范围内限制了石棉水泥制品的使用。由于石棉水泥制品在世界范围内已建立了雄厚的生产基础,因而在今后一个相当长的时期内,石棉水泥工业仍将继续存在。石棉纤维增强水泥板的主要物理性能指标见表3-2-6。

表3-2-6 石棉纤维增强水泥板主要物理性能指标

成 型 条 件 性 能		加 压 板	不 加 压 板
抗弯强度(MPa)	干燥时	30	24
	受潮强度保留率(%)	90	90
抗冲击强度(J/m²)	干燥时	22×10^3	25×10^3
	受潮强度保留率(%)	100	100
吸水率(%)		17	24
容积密度(kg/m³)		1 800	1 550

钢纤维水泥复合材料是由钢纤维增强水泥砂浆或混凝土所组成的。与混凝土相比,钢纤维水泥复合材料的冲击韧性提高最为明显,可以提高 10~50 倍,抗弯强度可以提高 70%~100%,抗拉强度可以提高 30%~50%,抗压强度增加不太明显可提高 10%~20%。同时材料的耐疲劳性能、表面抗烈性能有显著提高,热传导系数提高 10%~30%。目前美国、日本、英国等国在机场跑道、桥梁、高速公路、隧道等领域已广泛应用钢纤维水泥复合材料。我国钢纤维水泥复合材料的研究与应用尚在起步阶段,在上述领域研究的应用也已经开始,并且在新型墙体板材中发现了很好的应用前景。钢纤维水泥复合材料目前采用的成型方法主要是喷射成型法和预混浇注法。

除上述几种纤维增强水泥基复合材料外,还有人工合成有机纤维、植物纤维增强水泥,高性能纤维如碳纤维、Kevlar 纤维增强水泥基复合材料等,多种具有开发前途的水泥基复合材料。

另外,近些年来石膏基复合材料和菱苦土基复合材料也得到了较为迅速的发展。石膏基复合材料是以各种纤维增强建筑石膏得到的一种复合材料。我国石膏资源丰富,居世界之首。石膏开采方便能耗低,又有许多化学石膏(属工业废渣如磷石膏、氟石膏等)可以应用,因此石膏资源十分丰富,石膏基复合材料也是大有发展前途的一类复合材料。石膏基复合材料具有质量轻、保温隔热、吸音性能好、成型工艺简单等特点。另外石膏基复合材料还具有呼吸功能,可以调节建筑物内的干湿度,提高居住环境的舒适度。石膏基复合材料也是近些年来发展较快的一类复合材料,无论是生产工艺技术、产品成型设备及对石膏基体材料的改性方面,都取得了很大的成就。目前的石膏基复合材料产品主要有纸面石膏板、雕塑石膏板、石膏基植物纤维复合板、石膏空心轻质墙板等,在建筑领域发挥了很好的作用。菱苦土基复合材料(又称氯氧镁水泥基复合材料),是纤维增强氯氧镁水泥得到的一类复合材料,具有质量轻、强度高、耐温性能好、原材料成本低、生产工艺简单等特点。但是多年来由于氯氧镁水泥的耐水性差,限制了其开发应用。近些年来,通过活性硅改性技术、聚合物改性技术等,并掺加一些憎水剂、防水剂使得氯氧镁水泥的耐水性能有了大幅度的提高。由此,菱苦土基复合材料也取得了快速发展,目前的主要产品有屋面瓦、复合地板、建筑装饰板、通风管道、板式活动房屋等。

3.3　发展中的新材料

社会进入 20 世纪以后,随着科学技术的迅速发展,各种适应高科技的新型材料不断涌现,为新技术划时代的突破创造了条件。可以说,没有半导体单晶硅材料,就没有微电子工业;有了光导纤维,光纤通信才得以实现。材料、信息、能源是现代文明的三大支柱,其中先进材料更是关键,尤其是高新材料。

目前,鉴于传统材料在许多应用中已达到极限,近年来除在提高和改善它们的性能方面取得丰硕成果外,还利用先进手段或理论指导,发现了许多新材料,如高温超导、多孔硅、富勒碳烯、多孔金属、超轻合金、超硬材料等。纳米结构材料等各种新型先进材料的开发正在加速,其特点是高性能化、功能化、复合化。传统的金属材料、无机材料、有机材料的界线正在消失,材料科学已成为多学科互相交叉、相互渗透的科学。下面简要介绍几种。

3.3.1　纳米材料

纳米材料的结构单元介于宏观物质和微观原子、分子的中间领域。在纳米晶材料中,界面原子占极大比例、而且原子排列互不相同,界面周围的晶格原子结构互不相关,从而构成了与晶态和非晶态不同的一种新的结构状态,使它具有独特性能。如纳米金属 Pd 的比热比其多晶材料高 2 倍;纳米晶 Cu 的自扩散系数比铜单晶中的扩散系数大 10^{19} 个数量级;纳米晶 Al 的硬度比普通 Al 的高 8 倍;纳米陶瓷材料的超塑性以及纳米晶材料的磁、光、电和热等特殊性能,使其成为材料科学领域研究的热点,也为材料应用开拓了一个新领域。

(1)纳米材料的性能

1)小尺寸效应:当超微粒子的尺寸与光波波长、德布罗意波长以及超导态的相干长度,或透射深度等物理特性尺寸相当或更小时,周期性的边界条件将被破坏,声、光、电、磁、热力学等特征均呈现新的变化。

2)表面与界面效应:由于纳米微粒的比表面积极高,使处于粒子表面的原子数增多,表面原子缺少邻近配位,极不稳定,这种原子的活性不但使纳米粒子表面运输和结构变化,而且引起表面电子自旋构象和电子能谱的变化。

3)量子尺寸效应:当微粒尺寸下降到纳米级时,准连续能带变为离散级能带,从而导致同一种材料的光吸收或光发射的特征波长不同。

(2)纳米材料的制备

纳米材料的制备方法有物理法、化学法、高温合成等方法。

1)物理法——Mechanical ball milling method。该方法应用于纳米金属及其合金的制备,通过高能球磨的作用是不同金属元素相互作用形成纳米化合物的新方法,是一个由大晶粒变成小晶粒的过程,也可用此方法制备铁氧体。如:

$$\alpha - Fe_2O_3 + 0.5ZnO + 0.5NiO \xrightarrow{\text{球磨}} Ni_{0.5}Zn_{0.5}Fe_2O_4$$

此方法合成的 Ni－Zn 铁氧体晶粒可为纳米级,经 800℃ 热处理后,晶粒表现为亚铁磁性。

制备产品的性能特征:粒径:20～200nm,也可得到 5～20nm 粒径的粒子;缺点:易引入杂质,很难得到均匀的细小颗粒,分散性较差,晶体缺陷多,能耗高。

2)化学法。

①化学共沉淀法。工艺过程:金属离子共沉淀→过滤→洗涤→干燥→焙烧→所需产物(注:沉淀物过滤、水洗时,控制 pH=7)。

特点:工艺简单、经济、易于工业化、成分均匀、容易控制产品的成分,是一种经典的方法。但容易引入杂质,可能为原料不纯而引入,同时沉淀过程中常出现胶状沉淀,难于过滤和洗涤;当沉淀不均匀时,易造成粒子间的团聚,烧结后形成较大的颗粒。

②熔盐法。该方法是在共沉淀的基础上,将得到的沉淀物与一定量的 NaCl、KCl 均匀混合,在 800℃～1 000℃进行热处理,冷却后用热水洗去 NaCl 和 KCl,干燥后可获得分散性好、颗粒均匀的纳米材料。

盐的作用:在烧结过程中主要起助熔作用,不参与化学反应,生成的单畴粒子分散在 NaCl 和 KCl 的结晶态中,不易聚集成较大的晶粒,比较容易得到分散性好的产物。例如,用该方法得到的平均粒径为 60nm 的 $BaFe_{12}O_{19}$,但烧成温度不宜过高。

③溶胶-凝胶法:

a. 传统胶体型。控制溶液中金属离子的沉淀过程,使形成的颗粒不团聚成大颗粒而沉淀,得到均匀的溶胶,在经过蒸发溶剂(脱水)得到凝胶。

b. 无机聚合物型。通过可溶性聚合物(常用的有聚乙烯醇、硬脂酸、聚丙稀酰胺等)在水或有机相中的溶胶-凝胶过程,使金属离子均匀地分散在其凝胶中。

c. 络合型。利用络合剂(如柠檬酸)将金属离子形成络合物,再经过溶胶-凝胶过程形成络合物凝胶。

特点:该方法可用来制备几乎任何组分的纳米材料。

能保证严格控制化学计量比,易实现高纯化;工艺简单、反应周期短,反应温度、烧结温度低;产物粒径小,分布均匀。

其原因是凝胶中含有大量的液相或气孔,在热处理中不易使颗粒团聚故得到的产物分散性好。

④水热法。该法是水热反应,反应在高温高压下,以水为介质进行的化学反应。

工艺过程:例如钡铁氧体在 Ba^{2+}、Fe^{3+} 可溶性盐的水溶液中,加入碱溶液进行共沉淀,把得到悬浊液放入高压反应釜中,在 200℃～300℃进行水热处理后,再经水洗、干燥、热处理得到六角片状钡铁氧体纳米材料。

特点:粒子不团聚,制得的磁粉分散性好、结晶好,粒晶分布较窄,产物纯度高,是目前进行铁氧体合成和应用研究比较活跃的方法之一。

但水热法要求原料纯度高,成本较高,反应中需要高压釜,工艺复杂。

⑤金属有机物水解法。利用金属醇盐能溶于有机溶剂并可能发生水解,生成沉淀物,热处理沉淀物后可得到所需的纳米材料。该反应一般是在碱性溶液中进行,多以氨水为介质。

Haneda K 等人利用乙酰丙酮或环氧树脂制得 $Sr(C_5H_7O_2)_2$ 和 $Fe(C_5H_7O_2)_2$ 等醇盐为原料制备了平均粒径 50～60nm 的 $SrFe_{12}O_{19}$ 纳米磁粉。

工艺:锶、铁醇盐→在 C_2H_5OH 中搅拌→回流 —氨水→ 水解→过滤→干燥→热处理→产物。

特点:产物颗粒分布均匀,成分和形状比较容易控制,纯度高;但成本高,金属醇盐的制备较困难。

⑥玻璃结晶化法。该方法是把 BaO、Fe_2O_3 及少量的 CaO、TiO_2 等反应物和 B_2O_3 在铂金坩埚中,在高温下熔融混合,然后将熔融物倒入冷却压轧机的双辊之间急轧制,制成玻璃体非晶物质,在经晶化热处理析出钡铁氧体结晶粒子,最后用弱酸洗去 B_2O_3 和多余的 BaO,得到钡铁氧体纳米粒子。

特点:产物纯度高,结晶性好,粒晶小且分布均匀,分散性也好。其缺点是反应温度过高($>1\,300℃$),淬火工艺难以掌握。

⑦有机树脂法。一定量的硝酸铁溶于蒸馏水中,加入浓氨水,水洗沉淀至中性,再溶解于浓缩的柠檬酸溶液,根据化学计量比加入钡、锶的碳酸盐。柠檬酸具有强的络合性,在很短时间内就形成均匀的溶液,然后再添加一定量的乙二醇溶液,加热脱水,直到黏性大的剩余物。在 $200℃\sim300℃$ 加热,使之固化,于 $450℃$ 灼烧除去有机物,经高温处理得到目的产物。

⑧液体混合技术。该方法是将上述方法结合起来,采取优势互补,效果较好。

a. 水热与熔盐法结合。在水热沉淀物中加入适量的助熔剂 $NaCl$ 或 $BaCl_2$(加入量为沉淀物的 $5\sim200wt\%$),进行机械混合,在 $700℃\sim900℃$ 焙烧 $1h$,然后用稀盐酸漂洗焙烧后的磁粉,以清除多余的 Ba^{2+},再用蒸馏水除去 $NaCl$ 和 $BaCl_2$,干燥后得到平均粒径 $50nm$ 的 $BaFe_{12-x}Co_xTi_xO_{19}$ 纳米材料。

b. Sol-gel 与共沉淀结合。将得到的钡、铁柠檬酸络合物溶胶滴加到无水乙醇溶液中,得到均匀的黄色沉淀物,再经干燥,焙烧制得平均粒径小于 $100nm$ 的 $BaFe_{12}O_{19}$。

3)高温合成法

①自蔓延高温合成法,简称 SHS。合成铁氧体的 SHS 方法的反应方程式为:

$$2nk\,Fe + n(1-k)(Fe_2^{3+}O_3^{2-}) + 0.5m(M_2^rO_r^2) + 1.5nk\,O_2 = (M_2^rO_r^2)_{0.5m}(Fe_2^{3+}O_3^{2-})_n$$

式中,M 代表铁氧体特征金属;R 为该金属的化合价;m、n 为整数;k 为控制放热反应的系数,可通过经验或热力学计算得出。k 值愈大,温度愈高,反应速度愈快。

工艺流程:原料混合物→前处理(干燥、破碎、分级、混合、挤压)→燃烧合成→后处理→SHS 产品前处理包括干燥、破碎、分级、混合、挤压。燃烧合成是用电热装置、气体加压设备和热真空室,以钨丝线圈通电或电火花点火等方法局部点燃引燃剂(点火温度 $1\,500℃\sim3\,000℃$ 连续可调),依靠其反应产生的足够热量引燃反应物粉体。后处理包括破碎、研磨、分级。目前,已用 SHS 方法合成出性能优良的 Mn-Zn、Ni-Zn、Mg-Mn 及 Ba、Sr 等铁氧体粉末。

特点:该方法效率高,节能,具有良好的工业化前景。

②低温燃烧合成法。低温燃烧合成是相对于自蔓延高温合成而提出的。它是采用硝酸盐水溶液-有机燃料混合物为原料,在较低点火温度和燃烧放热温度下,简便快捷地制备出多组分氧化物粉体。

特点:利用原料自身的燃烧放热即可达到化合反应所需的高温;燃烧速度快、产生气体,使形成的粉末不易团聚生长,能够合成比表面积高的粉体;液相配料,易于保证组分的均匀性。

采用低温燃烧合成法可制备超细铁氧体 MFe_2O_4($M=Ba$、Mn、Fe、Mg、Ni、$Zn\cdots$)。

金属的硝酸盐与燃料 $C_2H_6N_4O_2$ 按摩尔比为 $1:2.5$ 混研成膏或以尽量少的水溶解,置于耐热玻璃容器中,然后放入马弗炉中,膏状物(或溶液)发生熔化(沸腾)、脱水、分解并产生大量

的气体 N_2、H_2O、CO_2 等,最后物料变浓、膨胀成泡沫状,充满整个容器并伴随有炽热的火焰。火焰持续约 2min,整个燃烧过程在 5min 内结束。

低温燃烧合成工艺中,燃烧火焰温度是影响粉末合成的重要因素之一。火焰温度影响燃烧产物的化合形态和粒度等,燃烧火焰温度,则合成的粉末粒度较粗。

燃烧反应的最高温度与混合物的化学计量有关,富燃料体温度要高些,贫燃料体温度要低些,甚至发生燃烧不完全或硝酸盐分解不完全的现象。此外,点火温度也影响燃烧火焰的温度,加热点火温度高时,燃烧温度也高。因此,可通过控制原材料种类、燃料加入量以及点火温度等,控制燃烧合成温度,进而控制粉体的粒度等特性。

特性:能够获得晶粒细小的粉末。

此外还有特殊干燥法(冷冻干燥法、超临界流体干燥法)、喷雾热解、气溶胶热解法等。

3.3.2 智能材料

智能材料是指对环境具有可感知、可响应并具有功能发现能力的新材料。日本高木俊宜教授将信息科学融于材料的物性和功能,于 1989 年提出了智能材料(Intelligent materials)概念。

美国的 R·E·Newnham 教授围绕具有传感和执行功能的材料材料提出了灵巧材料(Smart materials)概念,又有人称之为机敏材料。他将灵巧材料分为三类:

被动灵巧材料——仅仅能识别外界变化等材料;

主动灵巧材料——不仅能识别外界的变化,经执行线路能诱发反馈回路,而且响应环境变化的材料;

很灵巧材料——有感知、执行功能,并能响应环境变化,从而改变性能系数的材料。

R·E·Newnham 灵巧材料和高木俊宜智能材料概念的共同之处是,材料对环境的响应性。

自 1989 年以来,先是在日本、美国,尔后是西欧,进而世界各国的材料界均开始研究智能材料。学家们研究将必要的仿生(biominetic)功能引入材料,使材料和系统达到更高的层次,成为具有自检测、自判断、自结论、自指令和执行功能的新材料。智能结构常常把高技术传感器或敏感元件与传统结构材料和功能材料结合在一起,赋予材料崭新的性能,使无生命的材料变得有了"感觉"和"知觉",能适应环境的变化,不仅能发现问题,而且还能自行解决问题。

由于智能材料和系统的性能可随环境而变化,其应用前景十分广泛。例如飞机的机翼引入智能系统后,能响应空气压力和飞行速度而改变其形状;进入太空的灵巧结构上设置了消震系统,能补偿失重,防止金属疲劳;潜水艇能改变形状,消除湍流,使流动的噪声不易被测出而便于隐蔽;金属智能结构材料能自行检测损伤和抑制裂缝扩展,具有自修复功能,确保了结构物的可靠性;高技术汽车中采用了许多灵巧系统,如空气-燃料氧传感器和压电雨滴传感器等,增加了使用功能。其他还有智能水净化装置可感知而且能除去有害污染物;电致变色灵巧窗可响应气候的变化和人的活动,调节热流和采光;智能卫生间能分析尿样,作出早期诊断;智能药物释放体系能响应血糖浓度,释放胰岛素,维持血糖浓度在正常水平。

国外对智能材料研究与开发的趋势是,把智能性材料发展为智能材料系统与结构。这是当前工程学科发展的国际前沿,将给工程材料与结构的发展带来一场革命。国外的城市基础建设中正构思如何应用智能材料构筑对环境变化能作出灵敏反应的楼层、桥梁和大厦等。这是一个系统综合过程,需将新的特性和功能引入现有的结构中。

　　美国科学家们正在设计各种方法,试图使桥梁、机翼和其他关键结构具有自己的"神经系统""肌肉"和"大脑",使它们能感觉到即将出现的故障并能自行解决。例如在飞机发生故障之前向飞行员发出警报,或在桥梁出现裂痕时能自动修复。他们的方法之一是,在高性能的复合材料中嵌入细小的光纤材料,由于在复合材料中布满了纵横交错的光纤,它们就能像"神经"那样感受到机翼上受到的不同压力,在极端严重的情况下,光纤会断裂,光传输就会中断,于是发出即将出现事故的警告。

　　(1)智能材料的构思

　　一种新的概念往往是各种不同观点、概念的综合。智能材料设计的思路与以下几种因素有关:(1)材料开发的历史,结构材料→功能材料→智能材料;(2)人工智能计算机的影响,也就是生物计算机的未来模式、学习计算机、三维识别计算机对材料提出的新要求;(3)从材料设计的角度考虑智能材料的制造;(4)软件功能引入材料;(5)对材料的期望;(6)能量的传递;(7)材料具有时间轴的观点,如寿命预告功能、自修复功能,甚至自学习、自增殖和自净化功能,因外部刺激时间轴可对应作出积极自变的动态响应,即仿照生物体所具有的功能。例如,智能人工骨不仅与生体相容性良好,而且能依据生体骨的生长、治愈状况而分解,最后消失。

　　1)仿生与智能材料。智能材料的性能是组成、结构、形态与环境的函数,它具有环境响应性。生物体的最大特点是对环境的适应,从植物、动物到人类均如此。细胞是生物体的基础,可视为具有传感、处理和执行三种功能的融合材料,因而细胞可作为智能材料的蓝本。

　　对于从单纯物质到复杂物质的研究,可以通过建立模型实现。模型使复杂的生物材料得解,从而创造出仿生智能材料。例如,高分子材料是人工设计的合成材料,在研究时曾借鉴天然丝的大分子结构,然后合成出了强度更高的尼龙。目前,已根据模拟信息接受功能蛋白质和执行功能蛋白质,创造出由超微观到宏观的各种层次的智能材料。

　　2)智能材料设计。用现有材料组合,并引入多重功能,特别是软件功能,可以得到智能材料。随着信息科学的迅速发展,自动装置(Automaton)不仅用于机器人和计算机这类人工机械,更可用于能条件反射的生物机械。

　　此自动装置在输入信号(信息)时,能依据过去的输入信号(信息)产生输出信号(信息)。过去输入的信息则能作为内部状态贮存于系统内。因此,自动装置由输入、内部状态、输出三部分组成。将智能材料与自动装置类比,两者的概念是相似的。

　　自动装置 M 可用以下 6 个参数描绘:

$$M = (\theta, X, Y, f, g, \theta_0)$$

式中 θ 为内部状态的集; X 和 Y 分别代表输入和输出信息的集; f 表示现在的内部状态因输入信息转变为下一时间内部状态的状态转变系数; g 要是现在的内部状态因输入信息而输出信息的输出系数; θ_0 为初期状态的集。

　　为使材料智能化,可控制其内部状态 θ、状态转变系数 f 及输出系数 g。例如对于陶瓷,其 θ、f、g 的关系,即是材料结构、组成与功能性的关系。设计材料时应考虑这些参数。若使陶瓷的功能提高至智能化,需要控制 f 和 g。

　　一般陶瓷是微小晶粒聚集成的多晶体,常通过添加微量第二组分控制其特性。此第二组分的本体和微晶粒界两者的性能均影响所得材料特性。

　　实际上,第二组分的离子引入系统时,其自由能($G = H - TS$)发生变化,为使材料的自由能(G)最小,有必要控制焓(H),使熵(S)达最适合的数值。而熵与添加物的分布有关,因此陶瓷的功能性控制可通过优化熵来实现。熵由材料本身的焓调控,故为使陶瓷具有高功能进而达到智能化的目的,应使材料处于非平衡态、拟平衡态和亚稳定状态。

对于智能材料而言,材料与信息概念具有同一性。而某一 L 符号的平均信息量$\varPhi$ 与几率P 状态的信息量 $\log P$ 有关,即

$$\varPhi = \sum_{i=l}^{N} P_i \cdot \log P_i$$

此式类同于热力学的熵,但符号相反,故称负熵(negentropy)。因熵为无序性的量度,负熵则是有序性的量度。

3)智能材料的创制方法。基于智能材料具有传感、处理和执行的功能,因而其创制实际上是将此类软件功能(信息)引入材料。这类似于生体的信息处理单元——神经原,可融各种功能于一体[图 3-3-1(a)],将多种软件功能寓于几纳米到数十纳米厚的不同层次结构[图 3-3-1(b)],使材料智能化。此时材料的性能不仅与其组成、结构、形态有关,更是环境的函数。智能材料的研究与开发涉及金属系、陶瓷系、高分子系和生物系智能材料和系统。

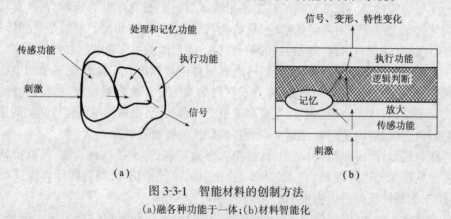

图 3-3-1　智能材料的创制方法
(a)融各种功能于一体;(b)材料智能化

(2)智能无机非金属材料

智能无机非金属材料很多,在此介绍几种较为典型的智能无机非金属材料。

1)智能陶瓷。如,氧化锆增韧陶瓷,氧化锆晶体一般有三种晶型:

$$单斜相\ ZrO_2(m) \underset{950℃}{\overset{1\ 150℃}{\rightleftharpoons}} 四方相\ ZrO_2(t) \overset{2\ 370℃}{\rightleftharpoons} 立方相\ ZrO_2(c)$$

其中 t-ZrO_2 转化为 m-ZrO_2 相变具有马氏体相变的特征,并且相变伴随有 3%～5%的体积膨胀。不加稳定剂的 ZrO_2 陶瓷在烧结温度冷却的过程中,就会由于发生相变而严重开裂。解决的办法是添加离子半径比 Zr 小的 Ca、Mg、Y 等金属的氧化物。

氧化锆相变可分为烧成冷却过程中相变和使用过程中相变,造成相变的原因,前者是温度诱导,后者是应力诱导。两类相变的结果都可使陶瓷增韧,按照增韧机理分别称为微裂纹增韧和应力诱导下的相变增韧。

当 ZrO_2 晶粒尺寸比较大而稳定剂含量比较小时,陶瓷中的 t-ZrO_2 晶粒在烧成后冷却至室温的过程中发生相变,相变所伴随的体积膨胀在陶瓷内部产生压应力,并在一些区域形成微

裂纹。当主裂纹在这样的材料中扩展时,一方面受到上述压应力的作用,裂纹扩展受到阻碍;同时由于原有微裂纹的延伸使主裂纹受阻改向,也吸收了裂纹扩展的能量,提高了材料的强度和韧性,这就是微裂纹增韧。

由于 ZrO_2 相变温度很高,借助温度变化来设计智能材料是不可行的,需要研究应力诱导下的相变增韧,应力诱导下的相变增韧在 ZrO_2 增韧陶瓷中是最主要的一种增韧机制。

材料中的 t-ZrO_2 晶粒在烧成后冷却至室温的过程中仍保持四方相形态,当材料受到外应力的作用时,受应力诱导发生相变,由 t 相转变为 m 相。由于 ZrO_2 晶粒相变吸收能量而阻碍裂纹的继续扩展,从而提高了材料的强度和韧性。相转变发生之处的材料组成一般不均匀,因结晶结构的变化,导热和导电率等性能随之而变,这种变化就是材料受到外应力的信号,从而实现了材料的自诊断。

对氧化锆材料压裂而产生裂纹,在 300℃ 热处理 50h 后,因为 t 相转变为 m 相过程中产生的体积膨胀补偿了裂纹空隙,可以再弥合,实现了材料的自修复。

对于材料使用中产生的疲劳强度及膨胀状况等,可通过材料的尺寸、声波传播速度、导热和导电率的变化进行在位观测。

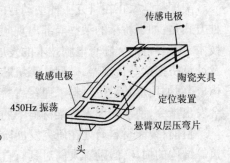

图 3-3-2 PZT 双压电晶片的
录像磁头定位装置

2)灵巧陶瓷。灵巧陶瓷是灵巧材料的一种,它能够感知环境的变化,并通过反馈系统作出相应的反应。用若干多层锆钛酸铅(PZT)可制成录像磁头的自动定位跟踪系统,日本利用 PZT 压电陶瓷块制成了 Pachinko 游戏机。

录像磁头的自动定位跟踪系统的原理是,在 PZT 陶瓷双层悬臂弯曲片上,通过布设的电极将其分为位置感受部分和驱动定位部分。位置感受部分即为传感器,感受电极上所获得的电压通过反馈系统施加到定位电极上,使层片发生弯曲,跟踪录像带上的磁迹,见图 3-3-2。

Pachinko 游戏机也应用了类似的原理。

利用灵巧陶瓷制成的灵巧蒙皮,可以降低飞行器和潜水器高速运动时的噪声,防止发生紊流,以提高运行速度,减少红外辐射达到隐形目的。

根据上述原则,完全有可能获得很灵巧的材料。这种材料能够感知环境的多方面变化并能在时间和空间两方面调整材料的一种或多种性能参数,取得最优化响应。因此,传感、执行和反馈是灵巧材料工作的关键功能。

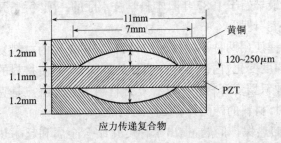

图 3-3-3 具有"Moonie"形状的传感器

3)压电仿生陶瓷。材料仿生是材料发展的方向之一。日本研究人员正在研究鲸鱼和海豚的尾鳍和飞鸟的鸟翼,希望能研究出像尾鳍和鸟翼那样柔软、能折叠、又很结实的材料。

图 3-3-3 为模拟鱼类泳泡运动的弯曲应力传感器。传感器中两个金属电极之间有一很小的空气室,PZT 压电陶瓷起覆盖

泳泡肌肉的作用。因空气室的形状类似于新月,故称为"Moonie"复合物。此压电水声器应用特殊形状的电极,通过改变应力方向,使压电应变常数 d_h 增至极大值。当厚的金属电极因声波而承受静水压力时,一部分纵向应力转变为符号相反的径向和切向应力,使压电常数 d_{31} 由负值变为正值,它与 d_{33} 叠加,使 d_h 值增加。这类复合材料的 $d_h \cdot g_h$ 值比纯 PZT 材料的大250倍。

应用 PZT 纤维复合材料和"Moonie"型复合物设计开发的执行器元件,可以消除因声波造成的稳流。

(3)智能混凝土

一些科学家目前在研制一种能自行愈合的混凝土。设想把大量的空心纤维埋入混凝土中,当混凝土开裂时,事先装有"裂纹修补剂"的空心纤维会裂开,释放出粘结修补剂把裂纹牢牢地粘在一起,防止混凝土断裂。这是一种被动智能材料,即在材料中没有埋入传感器监测裂痕,也没有在材料中埋入电子芯片来"指导"粘接裂开的裂痕。

美国科学家正在研究一种主动智能材料,能使桥梁出现问题时自动加固。他们设计的一种方式是:如果桥梁的某些局部出现问题,桥梁的另一部分就自行加固予以弥补。这一设想在技术上是可行的。随着电脑技术的发展,完全可以制造出极微小的信号传感器和微电子芯片及计算机把这些传感器、微型计算机芯片埋入桥梁材料中。桥梁材料可以用各种神奇的材料构成,例如用形状记忆材料。埋在材料中的传感器得到某部分材料出现问题的信号,计算机就会发出指令,使事先埋入桥梁材料中的微小液滴变成固体而自动加固。

目前,智能材料尚处在研究发展阶段,它的发展和社会效应息息相关。飞机失事和重要建筑等结构的损坏,激励着人们对具有自预警、自修复功能的灵巧飞机和材料结构的研究。以材料本身的智能性开发来满足人们对材料、系统和结构的期望,使材料结构能"刚""柔"结合,以便适应环境的变化。因此,如何将软件功能引入材料、系统和结构中,这是研究的重要内容之一;同时,要加速发展智能材料科学,进行探索型理论研究、应用基础研究和先驱开发研究。

3.3.3 梯度功能材料

随着现代科学技术的发展,对材料性能提出了更高的要求。我们知道,无机非金属材料如陶瓷具有耐高温、抗腐蚀等特点,但却具有难以克服的脆性;而金属具有强度高、韧性好等优点,但在高温和腐蚀环境下却难以胜任。因此金属和陶瓷的组合材料受到了极为广泛的重视,由于金属和陶瓷的组合使用,则可以充分发挥两者长处,克服其弱点。然而用现有技术使金属和陶瓷粘合时,由于两者界面的膨胀系数不同,往往会产生很大的热应力,引起剥离、脱落或导致耐热性能降低,造成材料的破坏。

梯度功能材料(简称 FGM)的研究开发,最早始于1987年日本科学技术厅的一项"关于开发缓和热应力的梯度功能材料的基础技术研究"计划。

所谓梯度功能材料,是依据使用要求,选择使用两种不同性能的材料,采用先进的材料复合技术,使中间部分的组成和结构连续地呈梯度变化,内部不存在明显的界面,从而使材料的性质和功能,沿厚度方向也呈梯度变化的一种新型复合材料。这种复合材料的显著特点是克服了两材料结合部位的性能不匹配因素,同时,材料的两侧具有不同的功能。

虽然 FGM 的最初目的是解决航天飞机的热保护问题,提出了梯度化结合金属和超耐热陶瓷这一新奇想法。现在,随着 FGM 的研究和开发,其用途已不局限于宇航工业,其应用已扩大到核能源、电子、光学、化学、生物医学工程等领域,其组成也由金属-陶瓷发展成为金属-合金、非金属-非金属、非金属-陶瓷、高分子膜(Ⅰ)-高分子膜(Ⅱ)等多种组合,种类繁多,应用前景十分广阔。

(1)梯度功能材料的制备

材料的性能取决于体系选择及内部结构,对梯度功能材料必须采取有效的制备技术来保证材料的设计。下面是已开发的梯度材料制备方法。

1)化学气相沉积法(CVD)。通过两种气相均质源输送到反应器中进行均匀混合,在热基板上发生化学反应并沉积在基板上。该方法的特点是通过调节原料气流量和压力来连续控制改变金属-陶瓷的组成比和结构。用此方法已制备出厚度为 $0.4\sim2mm$ 的 SiC-C,TiC-C 的 FGM 材料。

2)物理蒸发法(PVD)。通过物理法使源物质加热蒸发而在基板上成膜的制备方法。现已制备出 Ti-TiN,Ti-TiC,Cr-CrN 系的 FGM 材料。将该方法与 CVD 法结合已制备出 3mm 厚的 SiC-C-TiC 等多层 FGM 材料。

3)等离子喷涂法。采用多套独立或一套可调组分的喷涂装置,精确控制等离子喷涂成分来合成 FGM 材料。采用该法须对喷涂压力、喷射速度及颗粒粒度等参量严格控制,现已制备出部分稳定氧化锆-镍铬等 FGM 材料。

4)颗料梯度排列法。颗料梯度排列法又分为颗粒直接填充法及薄膜叠层法。前者将不同混合比的颗粒在成型时呈梯度分布,再压制烧结。后者是在金属及陶瓷粉中掺微量粘结剂等,制成泥浆并脱除气泡压成薄膜,将这些不同成分和结构的薄膜进行叠层、烧结,通过控制和调节原料粉末的粒度分布和烧结收缩的均匀性,可获得良好热应力缓和的梯度功能材料,现已制备出部分稳定氧化锆-耐热合金的 FGM 材料。

5)自蔓延高温合成法(SBS)。利用粉末间化学放热反应产生的热量和反应的自传播性使材料烧结和合成的制备方法。现已制备出 $A1\text{-}TiB_2$,$Cu\text{-}TiB_2$,$Ni\text{-}TiC$ 等体系的平板及圆柱状 FGM 材料。

6)液膜直接成法。将聚乙烯醇(PVA)配制成一定浓度的水溶液,加一定量单体丙烯酰胺(AM)及其引发剂与交联剂,形成混合溶液,经溶剂挥发、单体逐渐析出、母体聚合物交联、单体聚合与交联形成聚乙烯醇(PVA)-聚丙烯酰胺(PAM)复合膜材料。

7)渗成型法。将已交联(或未交联)的均匀聚乙烯醇薄膜置于基板上,涂浸一层含引发剂与交联剂的 AM 水溶液。溶液将由表及里向薄膜内部浸渗,形成具有梯度结构的聚合物。

(2)梯度功能材料的应用

FGM 最重要的应用领域是航天工业,在其他领域也有着广阔的应用前景,见表 3-3-1。

表3-3-1　梯度功能材料的应用

工 业 领 域	应 用 范 围	材 料 组 合、预 期 效 果
核工程	核反应第一壁及周边材料 电器绝缘材料 等离子体测量、控制用窗材	耐放射性、耐热应力 电器绝缘性 透光性
光学工程	高性能激光器组 大口径 CRIN 透镜、光盘	光学材料的梯度组成 高性能光学产品

续表

工 业 领 域	应 用 范 围	材 料 组 合、预 期 效 果
生物医学工程	人造牙、人造骨 人工关节 人造脏器	陶瓷气孔分布的控制 陶瓷和金属、陶瓷和塑料 提高材料的生物相容性和可靠性
传感器	超声波诊断装置、声纳 支架一体化传感器	传感器材料和支架材料梯度组成 压电体的梯度组成 提高测量精度,苛刻环境使用
化学工程民用范围	功能性高分子膜催化剂 燃料电池 纸、纤维、衣服、食品、建材	金属、陶瓷、塑料、玻璃、蛋白质、水泥
电子工程	电磁体、永久磁铁 超声波振子 陶瓷振荡器 硅、化合物半导体混合 IC 长寿命加热器	压电体的梯度组成 磁性体的梯度组成 金属的梯度组成 Si 和化合物梯度组成 提高性能,重量减轻,体积变小

3.3.4 复合功能材料

复合材料是一种多相复合体系,它可以通过不同物质的组成、不同相的结构、不同含量及不同方式的复合而制备出来,以满足各种用途的需要。目前复合材料的复合技术已能使聚合物材料、金属材料、陶瓷材料、玻璃、碳质材料等之间进行复合,相互改性,使材料的生产和应用得到综合发展。

(1)导电复合材料

在聚合物基体中,加入高导电的金属与碳素粒子、微细纤维通过一定的成型方式而制备出导电复合材料,加入聚合物基体中的这些添加材料可分为两类——增强剂和填料。

增强剂是一种纤维质材料,它或者是本身导电,或者通过表面处理来获得导电率。这类增强材料用的较多的是碳纤维,其中聚丙烯腈碳纤维制成的复合材料比沥青基碳纤维增强复合材料具有更加优良的导电性能和更高的强度。

导电复合材料中使用较多的填料为炭黑,它具有小粒度、高石膏结构、高表面孔隙度和低挥发量等特点,其加入量为 5%~20%。金属粉末也常用作填料,其加入量为 30%~40%。选择不同材质、不同含量的增强剂和填料,可获得不同导电特性的复合材料。

(2)透光复合材料

美国维斯特·考阿斯特公司最早成功地研制了无碱玻璃纤维增强不饱和聚酯型透光复合材料。根据温度、建筑采光、化工防腐等各种应用的需要,制成的透光复合材料有耐光学腐蚀的、自熄的、耐热的(120℃)、透紫外光的、透红橙光的以及特别耐老化的特性。但总的来说,不饱和聚酯型透光复合材料透紫外光能力差、耐光老化性不好。为此,美国、日本等又先后开发研制了有碱玻璃纤维增强丙烯酸型透光复合材料,其光学特性、力学性能都比不饱和聚酯型的透光复合材料有明显改进。

以玻璃纤维增强聚合物为基体的透光复合材料其性能取决于基体(树脂)、增强剂(玻璃纤维)及填料、纤维与树脂间界面的粘接性能以及光学参数的匹配。一般来说,强度和刚度等力学性能主要由纤维所承担,纤维的光学性能一般较固定,而树脂与材料的各种化学、物理性能有关。

(3)隐身复合材料

随着电磁波探测、红外探测技术的日新月异的发展,给作战用的飞机、导弹、舰艇、坦克造成了致命的威胁,因而大大促进了人们对隐身技术的研究。

雷达涂覆型吸波材料包括涂料(主要为铁氧体)和贴片(板)(为橡胶、塑料和陶瓷)。日本研制的一种宽频高效吸波涂料是由电阻抗变换层和低阻抗谐振层组成的双层结构,其中变换层是铁氧体和树脂的混合物,谐振层则是铁氧体、导电短纤维与树脂构成的复合材料。

红外隐身材料主要集中于红外涂层材料,现有两类涂料。一种是通过材料本身(例如使用能进行相变的钒、镍等氧化物或能发生可逆光化学反应的材料)或某些结构和工艺,使吸收的能量在涂层内部不断消耗或转换而不引起明显的升温;另一类涂料是在吸收红外能量后,使吸收后释放出来的红外辐射向长波转移,并处于探测系统的效应波段外,达到隐身目的。涂料中的粘合剂、填料(形态、大小、结构)、涂层的厚度与结构都直接影响到红外隐身效果。

(4)压电复合材料

压电材料有广泛的用途,无机压电材料品种多,压电性能良好,但其硬而脆的特性给它的加工和使用带来困难。某些高分子材料,如聚偏二氟乙烯经极化、拉伸后亦有压电性,但由于必须经拉伸、极化,材料刚度增大,难于制成复杂形状,并且具有较强的各向异性。这两类压电材料都具有压电性能好、综合性能差的弱点。

将无机压电材料颗粒与聚合物材料复合后,可制得具有一定压电性的复合材料,如将钛酸铅与聚偏二氟乙烯或聚甲醛复合而得到的,压电复合材料,虽然压电性不十分突出,但其柔软、易成型,尤其是可制成膜状材料,大大拓宽了压电材料的用途。最重要的是由于其压电性及其他性能的可设计性,因而可以同时实现多功能,这是普通压电材料所无法比拟的。

(5)超导复合材料

超导材料有着广泛的应用潜力,然而高临界转化温度的氧化物超导体脆性大,虽有一定的抵抗压缩变形的能力,但其拉伸性能极差,成型性不好,使得超导体的大规模实用受到了限制。用碳纤维增强锡基复合材料通过扩散粘接法将 $YBa_2Cu_3O_2$ 超导体包覆于其中,从而获得良好的力学性能、电性能和热性能的包覆材料。试验发现,随着碳纤维体积含量增加,碳纤维/锡钇钡铜氧复合材料的拉伸强度不断提高。由于碳纤维基本承担了全部的拉伸载荷,所以在断裂点之前,碳纤维/锡材料包覆的超导体,一直都能保持超导特性。

(6)陶瓷基功能复合材料

陶瓷基功能复合材料是复合材料的一个重要领域,它具有耐磨、耐腐蚀、绝热、电绝缘等优异特性。除通过碳化硅纤维、氧化铝纤维的加入改善陶瓷脆性提高结构性能外,陶瓷基复合材料的优异功能特性越来越受到人们的极大关注。

①耐热、抗激光辐射的复合材料。碳化硅增强玻璃陶瓷基复合材料在氧化环境中,能经受 1 300℃的高温。厚为 0.229cm、含有四层碳化硅纤维布的碳化硅增强 10% 二氧化钛和 90%二氧化硅的陶瓷基复合材料层板,经功率为 120W/cm² 的二氧化碳激光辐照,60min 后才能使二氧化硅烧蚀。

氧化铝纤维增强陶瓷基复合材料具有抗激光破坏的能力,适宜作天线罩。在中等激光功率密度下,厚为 0.762cm 的 65% 氧化铝纤维增强氧化铝致密复合材料,抗二氧化碳激光的烧穿时间为 7s;而在高激光功率密度下,其烧穿时间为 5s。

②高热性能绝热复合材料。隔热材料是利用低热导率延缓热量向内部传导而达到防热目的,可用于导弹、航天器外表面或内部以及发动机、推进机贮箱的隔热。二氧化硅纤维、硼硅酸铝纤维和少量碳化硅粉末所组成的耐高温的纤维增强复合绝热材料制成的防热瓦已用于航天飞行器上。

综上所述,新材料在整个高技术发展中的先导和基础作用日趋明显,新材料本身已成为当代高技术的重要组成部分,中国新材料的研究、开发必将迅猛发展,它将推动传统材料工业的改造并促进新材料工业的形成。

参 考 文 献

1 材料科学技术百科全书编辑委员会编 . 师昌结等主编 . 材料科学技术百科全书 . 北京:中国大百科全书出版社,1995

2 沈威,黄文熙,闵盘荣编著 . 水泥工艺学 . 武汉:武汉工业大学出版社,1991

3 F.M. 李著 . 唐明述等译 . 水泥和混凝土化学 . 第三版 . 北京:中国建筑工业出版社,1980

4 H.F.W.Taylor.Cement Chemistry.St Edmundsbury Press Ltd.,1990

5 沈曾荣等译 . 水泥工艺进展 . 北京:中国建筑工业出版社,1983

6 西北轻工业学院主编 . 玻璃工艺学 . 北京:中国轻工出业出版社,1982

7 胡道和编 . 水泥工业热工设备 . 武汉:武汉工业大学出版社,1994

8 陆佩文等编 . 无机材料科学基础 . 武汉:武汉工业大学出版社,1996

9 陈全德,陈晶,崔素萍等编著 . 水泥预分解技术与热工系统工程 . 北京:中国建材工业出版社,1997

10 W.D. 金格瑞等著 . 清华大学无机非金属材料教研组译 . 陶瓷导论 . 北京:中国建筑工业出版社,1982

11 王培铭主编 . 无机非金属材料学 . 上海:同济大学出版社,1999

12 刘康时等编著 . 陶瓷工艺原理 . 广州:华南理工大学出版社,1990

13 武汉建筑材料工业学院,华东化工学院,浙江大学合编 . 玻璃工艺原理 . 北京:中国建筑工业出版社,1981

14 林宗寿主编 . 无机非金属材料工学 . 武汉:武汉工业大学出版社,1999

15 H. 舒尔兹编 . 黄照柏译 . 玻璃的本质结构与性质 . 北京:中国建筑工业出版社,1984

16 王啸穆编 . 陶瓷工艺学 . 北京:中国轻工业出版社,1994

17 西北轻工业学院等编 . 陶瓷工艺学 . 北京:中国轻工业出版社,1980

18 曹文聪,杨树森编 . 普通硅酸盐工艺学 . 武汉:武汉工业大学出版社,1996

19 A.M. 内维尔著 . 李国泮等译 . 混凝土性能 . 北京:中国建筑工业出版社,1983

20 袁怡松,吴柏诚,罗红旗编著 . 颜色玻璃 . 北京:中国轻工出业出版社,1987

21 黄士萍编著 . 玻璃与玻璃制品生产加工技术及其质量检验标准规范实务全书 . 西安:三秦出版社,2003

22 干福熹主编 . 现代玻璃科学技术(上、下) . 上海:上海科学技术出版社,1990

23 干福熹主编 . 光学玻璃 . 北京:科学出版社,1964

24 M.B.Volf.Techanical Approach to Glass.Elsevier Science Publishers,1990

25 刘雄亚,谢怀勤主编 . 复合材料工艺及设备 . 武汉:武汉工业大学出版社,1994

26 周祖福主编 . 复合材料学 . 武汉:武汉工业大学出版社,1995

27 赵玉庭,姚希曾主编 . 复合材料聚合物基体 . 武汉:武汉工业大学出版社,1992

28 Wang Zhonglin.Handbook of Nanophase and Nanostructured Materials Synthesis. 北京:清华大学出版社,2003

29 姚康德主编 . 智能材料 . 天津:天津大学出版社,1996

30 高技术新材料要览编委会编 . 高技术新材料要览 . 北京:中国科学技术出版社,1993